U0900964

江苏省“十四五”首批职业教育规划教材

“十三五”江苏省高等学校重点教材

（编号：2020-2-173）

高速铁路桥隧施工与维护

蒋　伟　冯淑珍　主编

北京交通大学出版社

·北京·

内 容 简 介

本书遵循职业教育改革精神，将高速铁路桥隧施工与维护知识、技能分解为12个工作情境，每个工作情境又涵盖若干职业能力，并通过学习目标、思政目标、情境引入进行课程知识、技能导入，以贴合职业教育学生认知特点，提升教学效果。本书主要内容包括：高速铁路桥隧概述，明挖基础施工，桩基础施工，沉井基础施工，墩台施工，预制预应力混凝土简支箱梁施工，预应力混凝土梁桥位现浇梁，连续梁桥施工，高速铁路桥梁养护维修，隧道洞口施工，隧道洞身施工，高速铁路隧道养护维修。

本书适合作为高等职业技术学校、中等职业技术学校铁道工程技术、高速铁路施工与维护、铁道桥梁隧道工程技术专业的教材，也可供铁道工程技术人员参考。

图书在版编目（CIP）数据

高速铁路桥隧施工与维护 / 蒋伟，冯淑珍主编. —北京：北京交通大学出版社，2021.9（2023.2 重印）

ISBN 978-7-5121-4581-8

Ⅰ. ① 高… Ⅱ. ① 蒋… ② 冯… Ⅲ. ① 高速铁路–铁路桥–桥梁施工 ② 高速铁路–铁路桥–桥梁工程–维护 ③ 高速铁路–铁路隧道–隧道施工 ④ 高速铁路–铁路隧道–隧道工程–维护 Ⅳ. ① U448.13 ② U459.1

中国版本图书馆 CIP 数据核字（2021）第 208399 号

高速铁路桥隧施工与维护
GAOSU TIELU QIAO-SUI SHIGONG YU WEIHU

策划编辑：刘 辉　　责任编辑：刘 辉
出版发行：北京交通大学出版社　　电话：010–51686414　　http://www.bjtup.com.cn
地　　址：北京市海淀区高梁桥斜街44号　　邮编：100044
印 刷 者：艺堂印刷（天津）有限公司
经　　销：全国新华书店
开　　本：210 mm×285 mm　　印张：18　　字数：552千字
版 印 次：2021年9月第1版　　2023年2月第2次印刷
定　　价：49.80元

本书如有质量问题，请向北京交通大学出版社质监组反映。对您的意见和批评，我们表示欢迎和感谢。
投诉电话：010-51686043，51686008；传真：010-62225406；E-mail：press@bjtu.edu.cn。

前　言

截至 2020 年底，我国铁路营业里程已达 14.63 万 km，其中高速铁路营业里程已达 3.8 万 km，是目前世界上高速铁路发展最快、在建规模最大、运营里程最长、运营时速最高、系统技术最全、集成能力最强的国家。

经过二十多年的试验、研究和建设，我国高速铁路在工程施工、高速列车运行控制、运营维护等技术领域实现重大突破，已经全面掌握了高速铁路设计、施工、运营、维修等关键技术，形成了具有中国特色的高速铁路技术标准体系。

作为高速铁路中重要的工程基础设施——桥梁与隧道，在高速铁路建设中占有很大的比重。我国高速铁路桥梁有 1 万多座，总长约 2 万 km，高速铁路隧道 2 000 多 km，高速铁路桥隧长度已经超过高速铁路线路总长度的一半，因此桥隧施工是高速铁路建设的关键技术。我国在高速铁路桥隧施工和运营实践中，取得了大量创新性成果，积累了丰富的经验，已形成具有国际先进水平的高速铁路桥隧技术标准、施工规范和维修规则。

本书融入课程思政元素，以职业教育学生的职业能力培养为核心，以高速铁路桥隧施工与维护的最新技术标准、规范和规则为依据，按照桥隧施工过程，以工程案例为引领，教材内容对接职业能力，教学情境对接工作情境。本书内容涵盖了桥梁基础施工、墩台施工、预应力混凝土简支梁施工、连续梁桥施工、隧道施工、高速铁路桥隧养护维修等领域。

本书由南京铁道职业技术学院蒋伟、冯淑珍担任主编并统稿，具体编写分工如下：蒋伟编写工作情境 1～5，冯淑珍编写工作情境 6、8、10，黑龙江交通职业技术学院陈学玲编写工作情境 7，中铁桥隧技术有限公司崔海编写工作情境 9，南京铁道职业技术学院王玉华编写工作情境 11，中铁十六局集团第四工程有限公司田小路编写工作情境 12。

本书在编写过程中借鉴了许多书籍、论文，搜集了大量现场资料，在此向这些文献的著作者表示感谢。由于编者水平有限，加上工程施工规范和技术标准频繁更新，本书难免存在疏漏和不足之处，敬请广大读者批评指正。反馈本书意见，索取样书和教学资源，请与出版社编辑刘辉联系（邮箱：cbslh@jg.bjtu.edu.cn；QQ：39116920）。

编　者

2021 年 9 月

目　　录

工作情境 1

高速铁路桥隧概述

思政目标

（1）结合中国高速铁路桥隧发展动向，激发学生爱国情怀，树立民族自豪感。

（2）培养一丝不苟、精益求精的工匠精神。

（3）培养创新意识。

学习目标

1. 知识目标

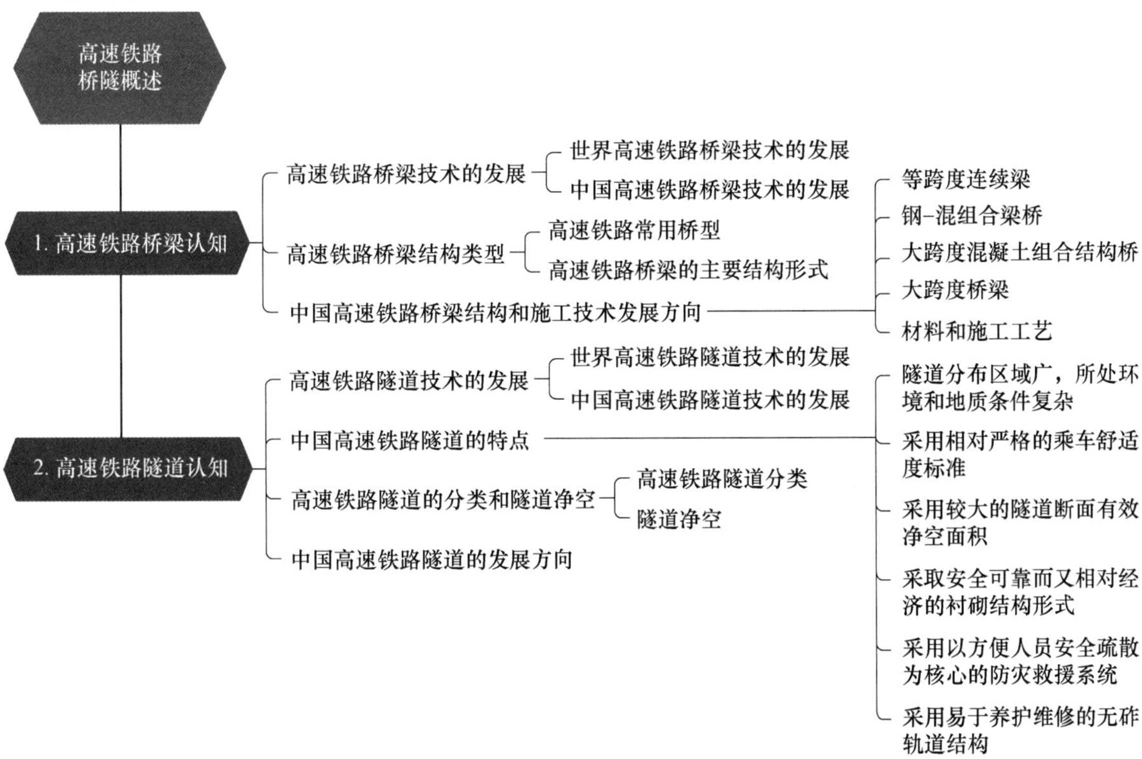

2. 能力目标

（1）能够围绕具体的高速铁路桥隧施工项目进行资料收集，并了解世界高速铁路桥隧和中国高速铁路桥隧的发展现状。

（2）具备分析高速铁路桥隧结构形式的能力。

（3）了解中国高速铁路桥隧发展方向。

3. 素质目标

（1）养成全面思考问题的习惯，了解中国高速铁路桥隧发展的方向。

（2）培养综合运用知识从事较复杂的技术工作的职业素养。

职业能力 1.1　高速铁路桥梁认知

职业能力情境引入

高速铁路是当今世界的一项重大技术成就，它集中反映了一个国家铁路线路结构、列车牵引动力、高速运行控制、高速运输组织和经营管理等方面的技术进步，也体现了一个国家的科技和工业水平。高速铁路是社会经济发展的必然产物，其有利于促进城市一体化发展的进程。在经济发达、人口密集的地区，高速铁路的经济和社会效益非常显著。高速铁路以其速度快、安全性好、正点率高、全天候运行、舒适方便、输送能力大、能耗低、污染轻等一系列技术优势，成为世界许多国家和地区旅客运输发展的共同趋势。建造大量高架桥代替路基是高速铁路线路的重要特点，桥梁施工与维护是高速铁路工程施工与运营维护的重要组成部分。高速铁路桥梁施工与维护职业能力的养成，要从了解高速铁路桥梁概况开始。

1.1.1　高速铁路桥梁技术的发展

1. 世界高速铁路桥梁技术的发展

从 1964 年日本建成世界上第一条时速 200 km 高速铁路以来，法国、德国、意大利、西班牙、瑞典、韩国等国家和地区也相继建成了各具特点的高速铁路。高速铁路带来的经济和社会效益，对国民经济和科学技术的发展发挥了重要的作用。

为了保证高速行车的安全与舒适，高速铁路各项技术标准要求均很高。由于高架车站、桥梁数量众多，如何快速、优质地建造满足高速铁路运营、养护、维修等特殊要求的桥梁工程结构，成为各国研究的关键问题。在大规模建设高速铁路之前，各国均投入了大量的人力和物力进行前期试验和研究，其目的是针对科研成果进行验证和改进，为大规模建设高速铁路提供科学、实用和系统的设计标准及施工方法。

通过多年的研究和工程实践，世界各国在高速铁路桥梁的设计理论、制造工艺、架设技术、项目管理等方面取得了长足发展。

2. 中国高速铁路桥梁技术的发展

中国是世界上高速铁路发展最快、技术系统最全、集成能力最强、运营里程最长、运营速度最高、在建规模最大的国家。中国高速铁路桥梁发展历程如图 1–1 所示。广珠城际铁路桥梁比重最高，达到 90%以上；京津城际铁路桥梁比重达到 88%；全长 1 318 km 的京沪高速铁路桥梁总长达 1 060 km，桥梁比重为 80%，其中丹昆特大桥长 164.8 km，创我国铁路桥梁长度之最。2019 年开工的常泰长江大桥即将刷新世界上最大跨度的公铁两用斜拉桥的纪录，2017 年竣工的天生港专用航道桥是目前世界上最大跨度的公铁两用钢拱桥。

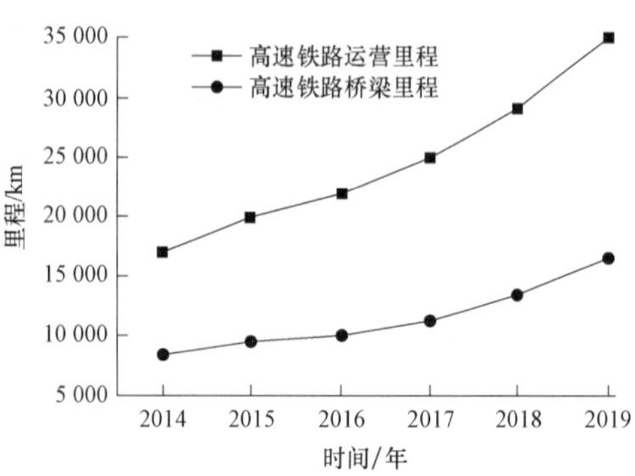

图 1–1　中国高速铁路桥梁发展历程

中国铁路不断学习、借鉴世界发达国家高速铁路建设技术和成功经验，探索和积累符合我国国情的高速铁路桥梁建设的技术标准及设计、施工技术，在桥梁设计、施工、科研及建设管理等方面实现了重大跨越。我国深水大跨桥梁建造技术进入世界先进行列，大吨位桥梁建造技术取得重大突破。特殊结构桥梁广泛运用，拥有自主知识产权的高速铁路桥梁技术标准体系已基本形成。我国高速铁路日趋完善的桥梁工程技术具有以下基本特征。

（1）已形成独具特色的技术标准体系。

（2）桥梁总长度占比高，预应力混凝土梁大量应用。

（3）成功研发高速铁路标准梁建造成套技术。

（4）特殊结构桥梁及大跨度桥梁建造水平居于世界前列。

（5）组合结构桥梁的应用形成新的特色。

1.1.2　高速铁路桥梁结构类型

1. 高速铁路常用桥型

在高速铁路建设中，综合考虑建筑物与地基变形、控制工后沉降、少占良田、环境保护，以及维修养护等多种因素，通过桥梁与路基工程的技术经济比较，加大桥梁占比，大量修建高架桥成为必然选择。为适应不同地区的自然环境差异，我国在客运专线建设中广泛采用特殊结构桥梁，数量之多在国内铁路建设史上前所未有，在世界其他国家高速铁路建设中也是少有的。与此同时，设计者也开始更加重视桥梁建筑设计的美学理念。

针对我国国情，技术人员在高速铁路桥梁设计和施工技术方面开展了大量科技攻关，研究了各种桥梁结构的技术特征和建造方案，大量采用了以跨度 32 m 为主的双线混凝土整体箱梁，形成了独特的常用跨度桥梁建造模式，在线路跨越山谷、河流、铁路、道路等立交工程中，通常采用混凝土连续梁、连续刚构、拱桥及组合梁等刚度大的特殊结构。

2. 高速铁路桥梁的主要结构形式

现有的高速铁路桥梁主要以简支梁桥为主，其中预应力混凝土简支梁具有构造简单、受力明确、施工便捷、耐久性好等优点，是高速铁路桥梁的主要结构形式，并且以跨度 24 m、32 m 简支箱梁的应用最为广泛。随着高速铁路的发展，对桥梁的跨度提出了更高的要求，跨度 40 m、56 m、64 m 简支箱梁得到广泛应用。

我国铁路建设标准既要适度超前，又要与各地经济、社会发展水平相适应。以高速铁路为主骨架的快速铁路网，按 3 个速度等级来建设："八纵八横"主通道的部分高铁按 300 km/h 及以上的标准建设；高铁延伸线、连接线及城际铁路按 200～250 km/h 的标准建设；客货并重的快速铁路及中西部大部分铁路按 200 km/h 以下的标准建设。

1）高速铁路桥梁常用跨度的确定

世界各国各地区的高速铁路桥梁均有较为常用的跨度，如法国高速铁路常采用 40 m 跨度等高连续梁，德国高速铁路常采用墩中心距为 44 m 和 58 m 的简支梁，意大利、西班牙高速铁路常用跨度 24 m 简支梁。目前我国常用的高速铁路桥梁以 24 m、32 m 预应力混凝土箱梁为主。

2）高速铁路简支梁截面形式

我国高速铁路客运专线箱梁主要分三大类，分别是 300～350 km/h 客运专线无砟轨道箱形梁，200～250 km/h 客运专线（兼顾货运）有砟轨道箱形梁和 250 km/h 客运专线（城际铁路）有砟、无砟轨道箱梁，以适应不同地区的经济发展水平，满足全国不同地区的快速交通需求。不同速度等级对应不同的设计标准，其构造形式亦有较大的区别。

（1）双线无砟整孔简支箱梁。

双线无砟整孔简支箱梁是我国现阶段 300～350 km/h 客运专线中应用最广泛的箱梁类型，桥上正线间距采用 5.0 m。在应用该梁型的各条高速铁路线路中，京津城际铁路、郑西客运专线、武广客运专线采用的简支箱梁桥面宽度为 13.4 m。经过 2008 年桥面系统优化后，该梁型应用于石武、京石、沪杭、宁杭、杭甬、合蚌等客运专线中时，采用的桥面宽度则为 12.0 m。为利用现有施工设备和模板，除桥面宽度进行调整外，箱梁的其他外形尺寸与桥面系优化前一致，其具体尺寸如图 1–2 所示。

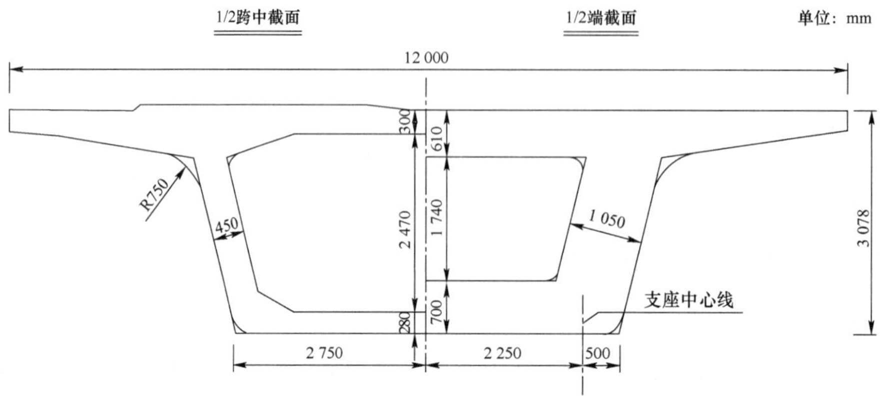

图 1–2 300～350 km/h 高速铁路整孔简支箱梁截面

（2）双线有砟整孔简支箱梁。

双线有砟整孔简支箱梁是我国现阶段 200～250 km/h 客运专线中应用最广泛的箱梁类型，桥上正线间距采用 4.6 m。我国在合宁、合武、甬台温、石太、福厦、厦深、南广等客运专线中均采用了图 1–3 所示的截面形式，设计荷载为中活载，有砟轨道兼顾货运。经过桥面系优化后，箱梁截面的桥面板宽度由 13.0 m 优化为 12.2 m。其派生型号为无砟轨道箱梁，桥面宽度为 11.6 m，设计荷载为 ZK 活载。

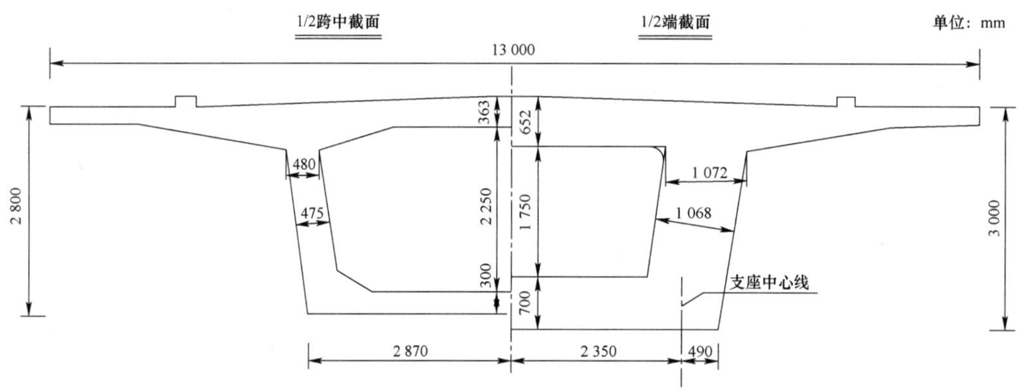

图 1–3 200～250 km/h 高速铁路整孔简支箱梁截面

1.1.3 中国高速铁路桥梁结构和施工技术发展方向

1. 等跨度连续梁

结合高速铁路无缝线路的铺设要求，等跨度预应力混凝土连续梁每联的桥跨数至少应包括 2 孔、3 孔两种形式，常用的经济跨度以 24 m、32 m 为主，以桥上不设轨缝伸缩调节器及纵向传力装置为基础，若无缝线路容许，还可以采用 4 孔一联的等跨度预应力混凝土连续梁。考虑到我国目前建设的高速铁路多处于冲积平原地带，地质条件一般较差，桥墩的沉降难以控制在准确的范围内，小跨度混凝土连续梁对变形的影响较为敏感，且难以适配；另外，按照目前掌握的施工方法，小跨度混凝土连续梁只能采用现场浇筑和使用造桥机浇筑施工，工期和工程投资不易控制，故在当前设计和开工建设的高速铁路桥梁上未大量采用，但随着高速铁路向山区发展，此种桥式会有发展空间。

等跨度先简支后连续的结构形式：先由工厂预制 24 m、32 m 先张或后张简支梁，通过机械化运输架设后，再通过现场张拉体内或体外预应力形成连续梁。这样既有利于工厂制造及机械化运架的高质量、高速度，又可以改善线路的线性条件，提高乘客舒适性，可适应更高的运营速度。

2. 钢–混组合梁桥

组合梁桥可分为两种：结合梁桥和混合梁桥。结合梁桥的代表桥型是波形钢腹板结合梁桥，是由波形钢腹板取代预应力混凝土箱梁中的混凝土腹板，由波形钢腹板、混凝土顶板、混凝土底板、体内索和体外索组合而成。混合梁桥主梁由钢梁和混凝土梁在桥梁纵向通过适当的连接构成。2018 年主跨合龙的昌赣客专赣州赣江特大桥主桥结构采用（35 + 40 + 60 + 300 + 60 + 40 + 35）m 混合梁斜拉桥，设计时速 350 km，首次将箱形钢-混组合梁用于高速铁路大跨度斜拉桥。

3. 大跨度混凝土组合结构桥

我国高速铁路以无砟轨道为主，桥梁竖向变形必须适应设置无砟轨道的技术条件，另外，设置温度调节器的控制条件随着研究的深入，不断向更大跨度发展，在这样的条件下，一般用在混凝土材料上控制收缩徐变的方式，难以满足铺设轨道系统的精度要求，采用大跨度混凝土组合结构使混凝土桥梁受力的方向性更加明确和直接。采用组合结构桥，在合理控制徐变的前提下可以大幅度提高铁路桥梁的跨越能力。

4. 大跨度桥梁

随着我国高速铁路的发展，桥梁跨度会不断加大。大跨度桥梁的常用桥式无非是悬索桥、斜拉桥、拱桥，并有相应的经济跨度范围。如新建的连（云港）镇（江）铁路五峰山长江大桥采用主跨 1 092 m 公铁两用悬索桥结构（四线铁路设计速度 250 km/h，8 车道公路），该桥于 2021 年 6 月 30 日通车，代表了大跨度悬索桥结构在我国高速铁路上的新应用。

5. 材料和施工工艺

高性能混凝土的研究，可以减少预应力混凝土梁的徐变，提高混凝土结构的耐久性；超级钢的应用可以大大降低桥梁自重并提高桥梁的跨越能力；研究桥梁施工的大型机具装备，研究顶推及转体施工工艺和施工装备，以便解决特殊条件下的桥梁施工问题。

学习评价

根据所学内容完成下面的一体化学习任务单。

职业能力养成任务名称：高速铁路桥梁认知

姓名：________　　所属学习小组：________　　得分：________

说明：在规定时间内交回一体化学习任务单以便教师评价学习效果。

高速铁路桥梁认知

- 2017年竣工的（　　）桥是目前世界上最大跨度的公铁两用钢拱桥。
- 简述我国高速铁路桥梁工程基本特征。
- 我国常用跨度桥梁建造大量采用了以跨度（　　）m为主的双线混凝土整体箱梁。
- 以高速铁路为主骨架的快速铁路网，按3个速度等级来建设："八纵八横"主通道的部分高铁按（　　）km/h及以上的标准建设；高铁延伸线、连接线及城际铁路按（　　）km/h的标准建设；客货并重的快速铁路及中西部大部分铁路按（　　）km/h以下的标准建设。
- 中国高速铁路客运专线箱梁主要分哪些大类?
- 双线无砟整孔简支箱梁是我国现阶段 300～350 km/h 客运专线中应用最广泛的箱梁类型，桥上正线间距采用（　　）m。采用的桥面宽度则为（　　）m。
- 双线有砟整孔简支箱梁是我国现阶段 200～250 km/h 客运专线中应用最广泛的箱梁类型，桥上正线间距采用（　　）m。
- 简述中国高速铁路桥梁结构和施工技术发展方向。

职业能力 1.2　高速铁路隧道认知

职业能力情境引入

高速铁路行车速度快，基础设施技术标准高，尤其是线路平面曲线半径远大于普速铁路，在山岭地区选线设计时必然出现大量的桥隧工程设计方案，隧道工程在线路总长度中所占比例和长大隧道数量也随之提高。以我国云、贵、川山岭地区新建高速铁路为例，隧道长度占线路长度的比例高达 70% 以上。就隧道建造施工技术而言，高速铁路隧道与普速铁路隧道之间的差异主要体现在隧道净空断面面积大小、洞口结构和轨道结构形式等方面。

1.2.1　高速铁路隧道技术的发展

1. 世界高速铁路隧道技术的发展

随着世界高速铁路的迅猛发展，高速铁路隧道的建设规模越来越庞大。世界上建设高速铁路最早的国家是日本，1964 年建成运营的日本东海道新干线是世界上第一条高速铁路。考虑到工程建设的经济性，也因当时对隧道空气动力学缺乏相关的实践经验，日本新干线隧道的净空断面面积较小，单洞双线隧道净空断面有效面积只有 62～64 m^2，是目前世界各国双线高速铁路隧道中断面面积最小的。为了与已建成的新干线相匹配，适应较小的隧道净空断面面积，日本高速列车头部都设计为流线型，车体也加强了密封性能，而扩大隧道断面的措施至今没有采用。考虑到高速铁路空气动力学特性，日本高速铁路隧道大多采用单洞双线断面，较少采用双洞单线断面。即使是长度大于 20 km 的隧道，如八甲田隧道、岩手一户隧道、饭山隧道等，也没有采用双洞单线隧道方案。早期的新干线隧道内一般采用碎石道床，后来修建的隧道内一般采用无砟轨道，并且以板式无砟轨道居多。

2. 中国高速铁路隧道技术的发展

中国高速铁路建设起步较晚，但发展迅速，已经是世界上高速铁路运营里程最长的国家。从 1980 年至 2020 年的 40 年间，中国共建成铁路隧道 12 412 座，总长约 17 621 km（占中国铁路隧道总长度的 90%）。“十三五”期间建成铁路隧道 3 387 座，总长约 6 592 km。“十三五”期间中国新增开通运营铁路隧道长度如图 1–4 所示。其中，高速铁路隧道长度在 2 000 km 以上，超过世界其他国家高速铁路隧道的总和。我国各客运专线中，长度大于 10 km 的特长隧道共有 8 座，分别是石太线的太行山隧道（27 800 m）和南梁隧道（11 526 m）、合武线的大别山隧道（13 256 m）和金寨隧道（10 766 m）、温福线的霞浦隧道（13 099 m）、武广线的大瑶山一号隧道（10 081 m）、广深港线的狮子洋隧道（10 800 m）、厦深线的大南山隧道（12 701 m）。其中狮子洋隧道采用盾构法施工，其他隧道均采用钻爆法施工。

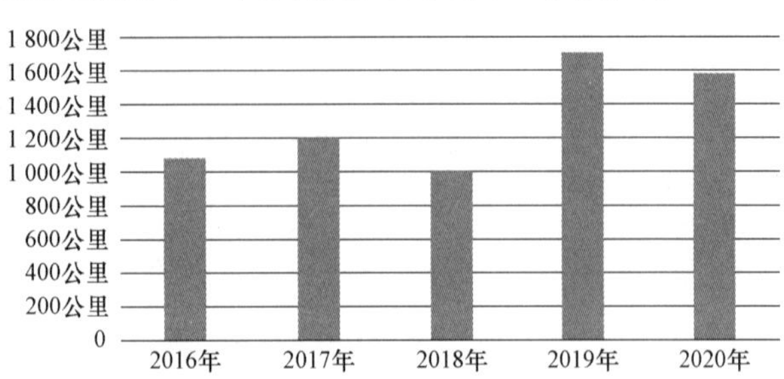

图 1–4　“十三五”期间中国新增开通运营铁路隧道长度

1.2.2　中国高速铁路隧道的特点

中国高速铁路隧道标准体系既不同于德国、法国等欧洲国家标准体系，也不同于日本、韩国等亚洲国家标准体系，而是结合中国国情和中国地质条件、环境条件、建设与运营管理水平创建的中国特色的标准体系。与国外高速铁路隧道相比，中国高速铁路隧道主要有以下特点。

1. 隧道分布区域广，所处环境和地质条件复杂

中国国土面积大，高速铁路隧道在东北、华北、华东、中南、西南和西北地区均有分布，所通过区域的地形及地质情况异常复杂。东北地区气候寒冷，隧道工程要重点考虑防冻害问题；西北地区黄土分布广泛，隧道工程要重点解决大断面黄土隧道的施工技术问题；华东地区（尤其东南沿海地区）岩性坚硬，要解决火成岩的不均匀风化技术难题；中南地区江河较多，经常遇到长距离穿越江河的技术难题；西南地区岩溶隧道发育，需要攻克岩溶隧道的突泥、突水等地质灾害问题等。

2. 采用相对严格的乘车舒适度标准

当列车高速进入隧道时，列车前方的空气受到压缩，列车后方则形成一定的负压，这样隧道内的瞬变压力将有一个波动，瞬变压力的变化会造成旅客耳朵的不适，这种舒适度通常采用一定时间内压力单调变化值来进行评估。不同国家采用的舒适度标准不同，有些国家相对严格，有些国家则比较宽松。中国高速铁路采用相对严格的乘车舒适度标准，双线铁路隧道采用 1.25 kPa/3 s，单线隧道采用 0.8 kPa/3 s，仅双线隧道在会车时采用相对宽容值 2.0 kPa/3 s。

3. 采用较大的隧道断面有效净空面积

高速铁路隧道净空有效面积的大小与相应的移动设备标准、乘车舒适度标准、防灾救援及经济性要求有关，各国采用的标准相差比较大。以日本为代表的一些国家采用较小隧道断面净空面积方案，通过提高运营车辆的密封性能，达到节约工程投资的目的，日本新干线运营速度 270 km/h 的双线隧道断面净空面积为 64 m^2。以韩国为代表的一些国家适当加大隧道断面净空面积，缓解高速铁路隧道的空气动力学效应，韩国首尔至釜山高速铁路设计速度 350 km/h，双线隧道断面净空面积为 107 m^2。德国科隆至法兰克福高速铁路设计速度 300 km/h，双线隧道断面净空面积为 92 m^2。中国高速铁路采用相对较大断面净空面积的方案，设计速度 350 km/h 的双线隧道断面净空面积为 100 m^2，设计速度 250 km/h 的双线隧道断面净空面积为 92 m^2。

4. 采取安全可靠而又相对经济的衬砌结构形式

由于高速铁路的安全性要求极高，隧道的支护结构必须满足安全可靠和耐久性要求。所以中国高速铁路实施暗挖法施工的隧道均采用复合式衬砌，实施明挖法施工的隧道采用明洞式钢筋混凝土结构，实施盾构法施工的隧道采用管片式衬砌。主要施工方法以矿山法为主。复合式衬砌的初期支护承担施工阶段全部荷载和运营阶段的主要荷载，二次衬砌作为安全储备，承担由于初期支护可能劣化而作用于二次衬砌上的荷载或由于软岩蠕变、环境条件变化等引起的附加荷载。

5. 采用以方便人员安全疏散为核心的防灾救援系统

中国高速铁路隧道防灾救援系统是按照“列车在隧道内发生火灾时，应控制列车驶出隧道进行疏散；如果列车不能驶出隧道，应控制列车停靠在紧急救援站进行疏散和救援”的指导思想进行设计的。隧道防灾疏散遵循洞外疏散和紧急救援站疏散为主的原则。高速铁路隧道内均设置一定宽度的疏散通道，另外根据隧道的分布情况不同，设置有紧急救援站、紧急出口、避难所等疏散设施。紧急救援站满足发生火灾和非火灾事故时列车停车后人员疏散要求；紧急出口、避难所及横通道满足发生非火灾事故时人员疏散要求。

6. 采用易于养护维修的无砟轨道结构

由于中国是人口大国，高速铁路客流量巨大，列车运行密度大，可用于运营维护的天窗时间非常短。另外中国高速铁路隧道数量多，里程长，运营维护工作量也比较大。为尽量减少高速铁路隧道的运营维护工作量，中国高速铁路隧道内宜采用易于养护的无砟轨道为主的道床形式。设计速度目标值为 350 km/h 的高速铁路隧道，全部采用无砟轨道；设计速度目标值为 250 km/h 的长度大于 1 km 的隧道内，一般采用无砟轨道，其他隧道内可采用有砟轨道。

1.2.3 高速铁路隧道的分类和隧道净空

1. 高速铁路隧道分类

高速铁路隧道有多种分类方式。

（1）高速铁路隧道按洞线设置方式分为单洞双线隧道和双洞单线隧道。通常情况下，高速铁路隧道考虑空气动力学效应和经济性，多采用单洞双线隧道，较少采用双洞单线隧道。在特殊条件下，如隧道很长，考虑养护维修、防灾救援等需要，采用双洞单线隧道。综合比较，采用单洞双线隧道比采用双洞单线隧道有利。

从运营和维护条件看，采用单洞双线隧道方案，阻塞比较小，可有效提高乘车舒适度；而采用双洞单线隧道方案则有利于防灾救援。从地质条件看，在软弱破碎围岩地段，考虑到施工难度和风险，宜选用跨度较小的双洞单线隧道方案；当地质条件好时，可选用单洞双线隧道方案。从施工方法看，当采用盾构施工时，考虑施工风险，采用直径较小的双洞单线隧道方案较为稳妥，施工风险相对较小。从运营通风看，双洞单线隧道方案可以充分利用列车活塞风改善隧道内的环境条件，而单洞双线隧道方案利用活塞风效果较差。就工程投资而言，双洞单线隧道方案通常较单洞双线隧道方案造价高20%～40%，特别是在硬岩地段，单洞双线隧道方案具有明显的成本优势。

我国高速铁路在进行隧道设计时，选择单洞双线隧道方案还是选择双洞单线隧道方案，通常遵循下列原则。

① 当隧道长度小于 10 km 时，一般采用单洞双线隧道方案，可利用施工时的辅助坑道作为防灾救援和人员疏散的紧急出口。

② 当隧道长度为 10～20 km 时，应结合隧道两端引线，车站布点等相关工程情况进行系统的经济技术比选，也可结合防灾救援及养护维修考虑，采用双线隧道加贯通平导的方案进行比较。

③ 当隧道长度大于 20 km 时，从防灾救援方面考虑，一般采用双洞单线隧道方案，如已竣工通车的兰武二线乌鞘岭隧道（长 20 050 m）和石太客运专线太行山隧道（长 27 839 m）等。

（2）高速铁路隧道按隧道长度分为短隧道、中长隧道、长隧道、特长隧道。我国《铁路隧道设计规范》（TB 10003—2016）将隧道按长度分类如下。

① 特长隧道——全长 10 000 m 以上。

② 长隧道——全长 3 000 m 以上至 10 000 m。

③ 中长隧道——全长 500 m 以上至 3 000 m。

④ 短隧道——全长 500 m 及以下。

（3）高速铁路隧道按隧道穿越的地理环境分为山岭隧道、下穿城市隧道、跨越江河湖海的水下隧道等。

（4）高速铁路隧道按隧道施工采用的开挖方法分为钻爆法开挖隧道、非爆矿山法开挖隧道、盾构法施工隧道。

（5）高速铁路隧道按隧道在运营过程中是否排水分为排水型隧道、控制排水型隧道和完全防排水型隧道。

（6）高速铁路隧道按隧道衬砌结构类型可分为单层衬砌隧道、复合式衬砌隧道、预制拼装式衬砌隧道。

隧道衬砌结构类型的选择应综合考虑地质及埋深等环境条件、断面形状与大小、防水要求、使用功能、施工方法和工程概预算等因素。目前，高速铁路隧道常用的衬砌结构类型有单层衬砌（模筑混凝土衬砌）、复合式衬砌、（预制）拼装式衬砌等。

单层衬砌多用于围岩稳定性较好的隧道，一般由单层或多层混凝土构成承载结构。单层衬砌与复合式衬砌的本质区别就是各支护层间不设置隔离层（防水板），其支护层与衬砌层是一体的，共同组成支护体系，各层间能够充分传递剪力。

复合式衬砌结构一般由中间设置隔离（防水）层的内、外两层结构组成，内层结构与外层结构之间可以传递压力，但不传递剪力。外层结构一般采用喷锚支护，内层结构一般采用模筑混凝土（或钢筋混凝土）衬砌。复合式衬砌具有以下优点。

① 防水性能好，在地下水发育地段，复合式衬砌的防水性能明显优于单层衬砌。

② 外层结构采用喷锚支护，能适应围岩变形并能充分发挥围岩自身的承载能力，具有良好的经济性。

③ 内层结构采用模筑混凝土，既可保证隧道内表面光滑平整，也进一步提高了结构的安全性。

目前复合式衬砌已成为世界各国高速铁路隧道衬砌结构的主流。

拼装式衬砌一般用于盾构法施工的隧道，隧道开挖后，利用管片拼装机将预制好的管片按规定的形状拼装成隧道衬砌结构。管片的类型有钢筋混凝土管片、钢管片、铸铁管片、钢–混凝土复合管片等，目前最常用的是钢筋混凝土管片。拼装式衬砌结构断面形状一般为圆形，也有矩形、单拱形、连拱形等形式。

2. 隧道净空

隧道净空是指隧道衬砌的内轮廓线所包围的空间。隧道净空是根据“隧道建筑限界”确定的，而“隧道建筑限界”是根据“基本建筑限界”确定的，“基本建筑限界”又是根据“机车车辆限界”确定的。

“限界”是一种规定的轮廓线，这种轮廓线以内的空间是保证列车安全运行所必需的。“建筑限界”是建筑物不得侵入的一种限界。本书介绍的建筑限界引自《铁路技术管理规程（高速铁路部分）》和《铁路隧道设计规范》（TB 10003—2016）。

1）机车车辆限界

机车车辆限界是指机车车辆最外轮廓的限界尺寸。要求所有在线路上行驶的机车车辆停在平坡直线上时，车体所有部分都必须容纳在此限界范围内而不得超越。我国对全国铁路线上正在运行的各种型号机车和车辆，均做了全面的调查和统计，把需要保证的横断面规定为“机车车辆限界”，其能满足各种型号的机车车辆在横断面尺寸上的最大需要。同时，还考虑了列车装载货物的不同情况，机车车辆无论空、重状态，均不得超出机车车辆限界。客运专线铁路机车车辆上、下部限界分别如图 1–5、图 1–6 所示。

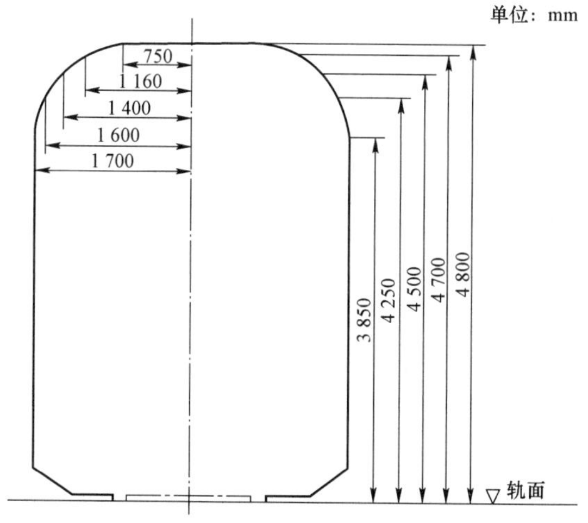

图 1–5　客运专线铁路机车车辆上部限界

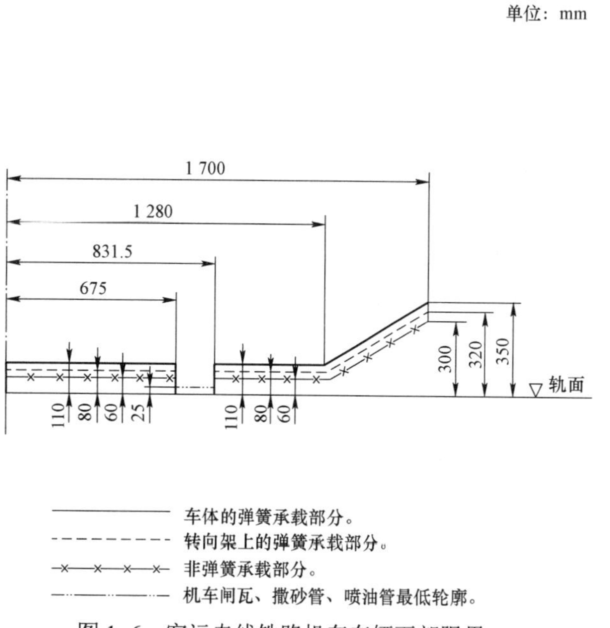

图 1–6　客运专线铁路机车车辆下部限界

客运专线铁路机车车辆在客货共线铁路运用时，还应符合客货共线铁路机车车辆限界要求。

2）客运专线铁路建筑限界

针对铁路上的各种建筑物，规定了“铁路基本建筑限界”的概念。这个限界是指全国铁路线路上所有的建筑物都不允许侵入的轮廓线，以保证机车车辆（包括超限车辆，其最大装载高度为 5 650 mm+接触网结构高度，宽为 4 880 mm）的安全运行及建筑物和设备不受损坏。

一切建（构）筑物、设备，均不得侵入铁路建筑限界。与机车车辆有直接作用的设备，在使用中不得超过规定的侵入范围。客运专线铁路建筑限界如图 1–7 所示。

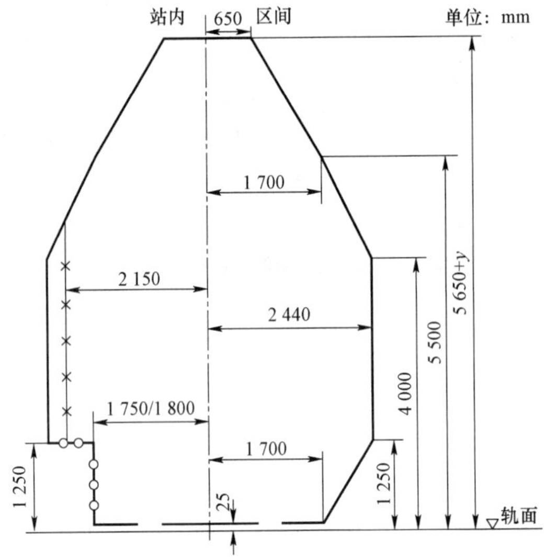

—×—×—×-：信号机、高架候车室结构柱和接触网、跨线桥、天桥、电力照明、雨棚等杆柱的建筑限界（正线不适用）。

-o-o-o-o-o-：① 站台建筑限界（侧线站台为 1 750 mm；正线站台，无列车通过或列车通过速度不大于 80 km/h 时为 1 750 mm，列车通过速度大于 80 km/h 时为 1 800 mm）。

② 站内反方向运行矮型出站信号机的限界为 1 800 mm。

————：各种建（构）筑物的基本限界，也适用于桥梁和隧道。

y：接触网结构高度。

图 1–7　客运专线铁路建筑限界

1.2.4　中国高速铁路隧道的发展方向

中国修建了 3 200 km 的高速铁路隧道，初步形成了中国高速铁路隧道技术体系，但是还有很多不足之处，很多方面还需要完善和提高。今后中国高速铁路隧道的发展重点如下。

（1）形成更加完善的技术体系。

中国高速铁路隧道虽然初步形成了自主的技术体系，但对有些技术标准的研究还不够深入，理论基础还需要加强。未来中国高速铁路隧道应立足国情，自主创新，形成科学的设计标准、施工技术标准、建设管理和运营维护标准等更加完善的技术体系。

（2）隧道断面尺寸和设计参数的优化。

中国已经成为名副其实的高铁大国，中国高速动车组的研发和制造技术已经达到国际领先水平。随着这些移动装备水平的提高，应进一步优化高速铁路隧道的有效净空面积，并优化隧道结构的设计参数，在确保安全可靠的前提下，提高中国高速铁路隧道的经济性。

（3）提高大型机械化施工水平。

由于中国高速铁路隧道建设迅猛，大型隧道施工机械需求量大，而国内成熟的隧道施工专用大型机械比较少，以至于很多隧道施工采用人工操作小型机具进行开挖和支护作业。随着大型隧道施工机械国产化程度的提高，以及中国劳动力成本的不断上升，今后中国的高速铁路隧道施工发展方向应该是大型机械化配套作业的模式。形成地质超前预报、施工超前支护、开挖作业、初期支护作业、仰拱施工、防水板铺设、二次衬砌的浇筑和养护作业等多条机械化配套作业线。有条件的隧道采用盾构机等大型机械的非钻爆作业，可显著节约人力资源，更好地保证施工安全和质量。

（4）提高隧道建设信息化管理水平。

利用信息化手段对高速铁路隧道建设过程中的勘察、设计、施工和监测等方面的数据进行集中高效管理，借助虚拟现实、地理信息空间分析等技术手段，为高速铁路隧道的建设、管理、运营、维护等提供信息共享方式，实现对隧道全生命周期的数字化管理等是未来高速铁路隧道的发展方向。并且随着计算机技术、数据库技术、GIS 技术、空间信息技术、三维仿真与模拟技术、数控技术等高新技术在高速铁路隧道方面的应用与研究的不断深入，以及物联网技术、云计算技术的逐步引入，运用信息化、数字化的手段对隧道的建设和运营全生命周期进行管理是必然的发展趋势。

学习评价

根据所学内容完成下面的一体化学习任务单。

职业能力养成任务名称：高速铁路隧道认知

姓名：______________　　所属学习小组：____________　　得分：__________

说明：在规定时间内交回一体化学习任务单以便教师评价学习效果。

高速铁路隧道认知

- 世界上建设高速铁路最早的国家是（　　）。
- 太行山隧道采用（　　）法施工，狮子洋隧道采用（　　）法施工。
- 简述中国高速铁路隧道的特点。
- 高速铁路隧道按洞线设置方式分为（　　）隧道和（　　）隧道。
- 简述如何根据实际情况选择单洞双线隧道或双洞单线隧道。
- 当隧道长度小于10 km时，一般采用（　　）隧道方案。
- 当隧道长度大于20 km时，从防灾救援方面考虑，一般采用（　　）隧道方案。
- 简述我国《铁路隧道设计规范》（TB 10003—2016）将隧道按其长度进行分类的方法。
- 按隧道衬砌结构类型，衬砌可分为（　　）衬砌、（　　）衬砌、（　　）衬砌。
- 绘制客运专线铁路机车车辆建筑限界图。
- 简述中国高速铁路隧道的发展方向。

工作情境 2

明挖基础施工

思政目标

（1）具备吃苦耐劳的素质，树立安全第一的思想。

（2）培养一丝不苟、精益求精的工匠精神。

（3）具备一定的分工协作、组织协调能力。

学习目标

1. 知识目标

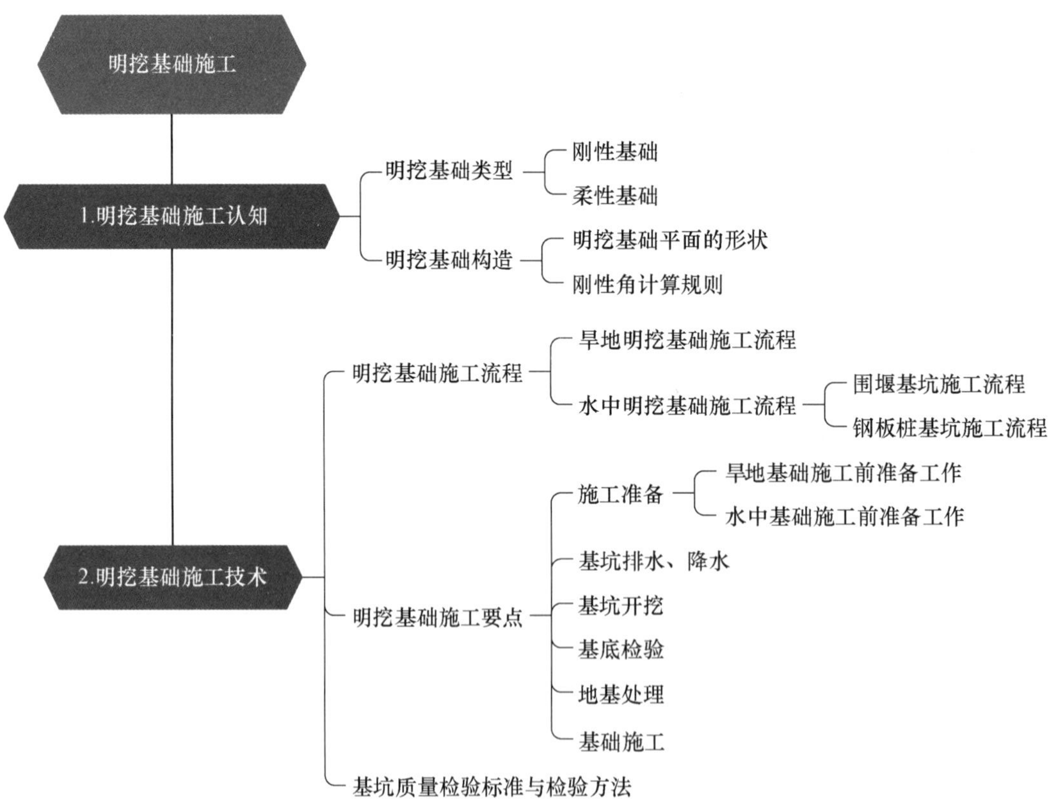

2. 能力目标

（1）能够围绕明挖基础施工技术交底文件进行资料收集，能够熟练运用办公软件编制技术交底文件。

（2）能够根据不同施工环境为项目选择合适的施工方案，并具备编制明挖基础施工方案的能力。

（3）能够根据现场施工条件，具备在工程师指导下对明挖基础事故提出处理方案的能力。

（4）具备撰写明挖基础施工汇报材料的能力。

（5）具备检验明挖基础施工质量的能力。

3. 素质目标

（1）培养综合运用知识从事较复杂技术工作的职业素养。

（2）培养严谨、认真、实事求是的科学作风。

工作情境引入

北京至沈阳客运专线京冀段××标段，正线长度为 23.131 km，起讫里程 DK50+400.00～DK73+530.91，标段内设桥梁特大桥 1 座。线路经过区的地貌类型主要为冲洪积平原、丘陵和中低山区。除京沈正线在密云东部进入燕山山脉外，其他线路及车站、动车段等全部位于冲洪积平原。线路在密云附近进入燕山山脉，地形渐趋陡峻，由平原边缘的剥蚀丘陵逐渐过渡到低中山区。地层上部主要为 4～5 m 的黏性土、粉土，下部主要为 500 kPa 的卵石土和粗圆砾土，地质条件相对较好，宜采用支撑法明挖基础。路基支挡工程一般宜采用明挖基础，路堤工程除了丘间洼地外基底稳固。陡坡多，基岩裸露，丘陵、缓坡及沟谷处或辟为耕地或被茂密植物所覆盖。

根据工程情况，部分地质条件较好地段，桥梁基础采用支撑法明挖基础，基础平面呈矩形、六边形、八边形等多种形状，基础通常采用 C30、C40 钢筋混凝土结构。

桥梁基础和桥台、桥墩统称为桥梁下部结构。桥梁基础的作用是把桥梁自重及作用于桥梁上的各种荷载传至地基，其在桥梁结构物的设计与施工中，占有极为重要的地位。桥梁基础对结构物的安全使用和工程造价有很大的影响。

职业能力 2.1　明挖基础施工认知

2.1.1　明挖基础类型

明挖基础的平面形状有圆形、矩形、八角形等，以矩形为主。明挖基础的厚度除需保证地基有足够承载力外，还要求基础底面低于冲刷线和土壤冻结线，以保证桥梁不受冲刷和冻害影响。

天然地基上的浅基础根据受力条件及构造分为刚性基础和柔性基础两大类。

柔性基础：基础在基底反力作用下，在某一断面产生弯曲拉应力和剪应力，若超过了基础圬工的强度极限值，在基础中配置足够数量的钢筋，这种基础称为柔性基础，如图 2–1（a）所示。

刚性基础：基础在外力（包括基础自重）作用下，基底的地基反力为σ，此时基础的悬出部分，如图 2–1（b）所示 $a—a$ 断面左端，相当于承受着强度为σ的均布荷载的悬臂梁，在荷载作用下，$a—a$ 断面将产生弯曲拉应力和剪应力。当基础圬工具有足够的截面使材料的容许应力大于由地基反力产生的弯曲拉应力和剪应力时，$a—a$ 断面不会出现裂缝，这时，基础内不需要配置受力钢筋，这种基础称为刚性基础。

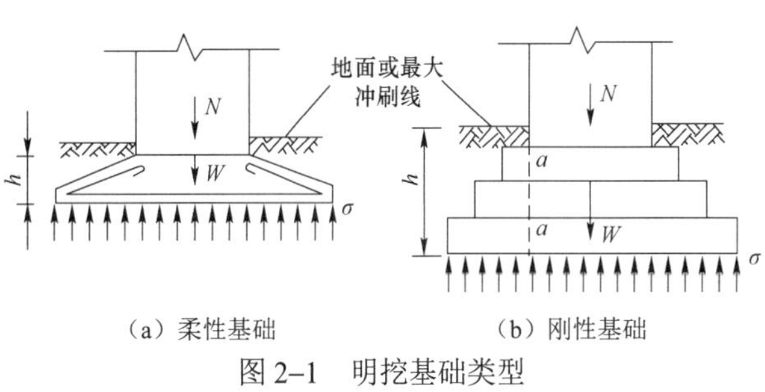

（a）柔性基础　　（b）刚性基础

图 2–1　明挖基础类型

高速铁路桥梁浅基础所用材料为高性能混凝土，基础类型为刚性基础。

2.1.2 明挖基础构造

明挖基础平面的形状，应和墩台身的形状相配合，如矩形墩应用矩形基础，圆形墩应用圆形或八角形基础。截面较为复杂的墩台，为便于施工，也常采用矩形基础。由于地基强度通常比墩台基础材料的强度低得多，因此基础底面的尺寸需要扩大，以使基底产生的最大压应力不超过持力层的容许承载力。通常用限制各台阶正交方向的坡线与竖直线所成夹角 α（称为刚性角）来控制，刚性角根据基础受力情况为 35°～45°。故基础底面长、宽尺寸与基础厚度有如下关系式：

$$\left.\begin{aligned}&\text{长度（横桥向）}\ a=l+2H\tan\alpha\\&\text{宽度（顺桥向）}\ b=d+2H\tan\alpha\end{aligned}\right\}\qquad(2\text{–}1)$$

式中：l——墩、台身底截面长度，m；

d——墩、台身底截面宽度，m；

H——基础厚度，m；

α——刚性角，墩、台身底截面边缘至基础边缘连线与铅垂线间的夹角。

基础顶面外缘至墩台底边边缘的距离，叫作基础的襟边，其作用如下。

（1）扩大基础的底面积，增加基础承载力。

（2）便于调整基础施工时在平面尺寸上可能发生的偏差。

（3）便于施工操作、搭设浇筑墩台混凝土所需要的模板和支架。

通常，桥梁墩、台基础采用的襟边最小宽度为 0.2 m。

当基础的高度较大时，将基础做成台阶状，为方便施工和节省圬工，多采用厚 1 m 的逐层扩大的登高台阶。浅基础的埋置深度通常不超过 5 m，故台阶数可采用 1～5 层。基础顶面一般稍低于地面。

职业能力 2.2 明挖基础施工技术

2.2.1 明挖基础施工流程

1. 旱地明挖基础施工流程

旱地明挖基础施工流程如图 2–2 所示。

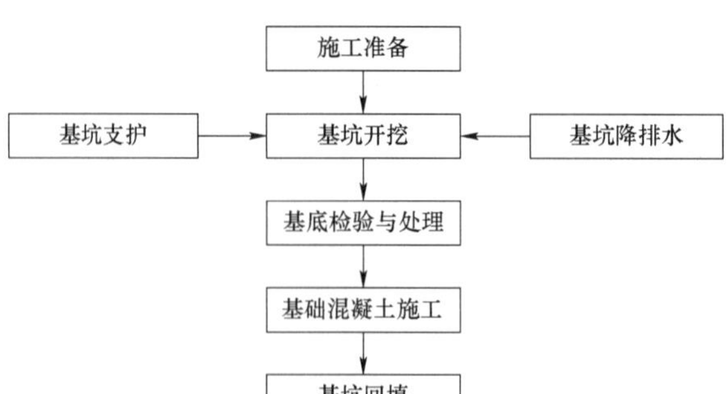

图 2–2 旱地明挖基础施工流程

2. 水中明挖基础施工流程

1）围堰基坑施工流程

围堰基坑施工流程如图 2–3 所示。

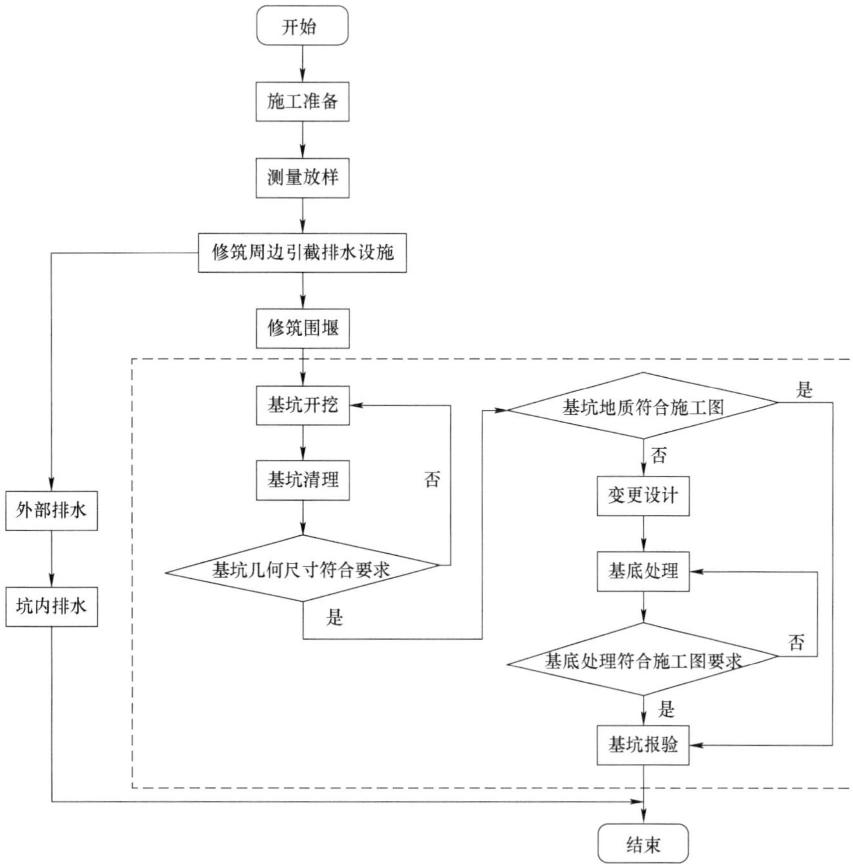

图 2–3　围堰基坑施工流程

2）钢板桩基坑施工流程

钢板桩基坑施工流程如图 2–4 所示。

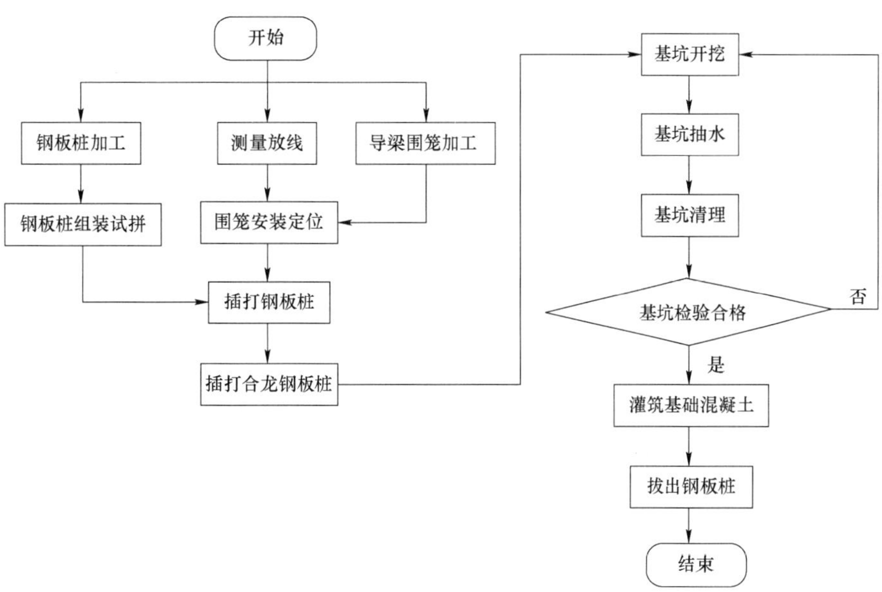

图 2–4　钢板桩基坑施工流程

2.2.2 明挖基础施工要点

1. 施工准备

1）旱地基础施工前准备工作

在基坑开挖前，先进行基础的定位放样工作，以便正确地将设计图上的基础位置准确地设置到桥址上。要准确放样确定基础轴线、边线位置及高程，并用骑马桩将中心位置固定。

基础定位放样：将设计图纸上的基础位置和尺寸标定到实际工地上。

定位放样可分为垂直定位和水平定位两种。垂直定位是定出墩台基础各部分的高程，可借助施工现场的水准基点进行；水平定位是定出基础在平面上的位置，确定基础各部分尺寸。

2）水中基础施工前准备工作

水中基础施工前，首先应采用围堰或临时改河措施排除水流影响，同时在开挖过程中要采取措施排除坑外渗水和地下水，施工难度比旱地施工难度大，施工成本也增加很多。下面介绍围堰和钢板桩的施工。

（1）围堰施工。

在基坑外围设置一道封闭的临时性挡水结构物，阻断河水流向基坑，才能使基坑处于正常的、能够开挖的状态。这种临时性挡水结构物通常称为围堰。围堰一般有土石围堰、草（麻）袋围堰、钢板桩围堰、钢筋混凝土桩围堰、套箱围堰等。

① 围堰施工一般技术要求。

a. 围堰顶面应高出施工期间可能出现的最高水位不小于 0.5 m。

b. 对河流断面被围堰压缩而引起的冲刷，应有防护措施。

c. 围堰应尽量做到防水严密，减少渗漏。

d. 堰内面积应满足基础施工的需要。

e. 围堰应满足强度、稳定性的要求。

f. 构筑围堰时，堰内坡脚至基坑边缘距离，视河床土质及基坑深度而定，但不得小于 1 m，以保证围堰坡脚稳定；围堰顶面高出施工期最高水位不小于 50 cm。

② 围堰类型及施工要求。

a. 土围堰。

土围堰适用于水深不超过 2 m，流速不大于 0.3 m/s，施工中无冲刷或冲刷很小，河床稳定，且河底土壤透水性较小的情况。因此土围堰常用于河流两岸浅滩、河水较浅的地方。

土围堰的断面，根据使用的土质成分和渗水程度及围堰本身在水压力作用下的稳定性而定。一般顶宽在 1.5 m 以上，外侧边坡（靠水一面）不小于 1:2，内侧（靠基坑一面）边坡不小于 1:1，内侧坡脚至基坑顶边缘距离不小于 1.0 m。

b. 草（麻）袋围堰。

草（麻）袋围堰适用于水深 2.5 m 左右、流速 1.5 m/s 左右且河床透水性不强的情况。与土围堰相比，其能抵抗较强的水流冲刷，有时与土围堰配合使用。

草（麻）袋围堰的断面，一般堰顶宽度为 1～2 m，水深在 1 m 左右时，用单层草（麻）袋做围堰，顶宽为 1 m，水深在 1.5 m 以上时，须用双层草（麻）袋做围堰，则顶宽为 2～2.5 m。有时为了用堰顶做运输道路，则需适当加宽。在双层草（麻）袋之间，用黏土填心，外侧边坡 1:1～1:0.5，内侧边坡 1:0.5～1:0.2，围堰内侧边坡的坡脚至基坑顶边缘的距离不小于 1 m。

先清除堰底河床上的杂物、树根、石块等，以减少渗漏，自上游开始填筑至下游合龙。构筑时不宜直接往水中倒土，而应将土倒在已出水面的堰头上，并顺坡填入水中，以防流失 （离析），导致渗漏。筑堰材料宜用黏性土或砂黏土。

c. 土袋围堰。

用草（麻）袋或土工织物（无纺土工布）袋装松散黏质土，无黏质土时也可装砂土。装土量为袋容量的 1/2～2/3，袋口以铁丝或麻丝（或塑料带）缝合。土袋围堰如图 2–5 所示。堆码土袋时，要求上下左右相互错缝，并应堆码整齐；在水中堆码土袋可用一对带钩的杆子钩拉到位。

图 2–5　土袋围堰

围堰在填筑、使用过程中应定期检验其位移和沉降情况，并做好保养；特别是在汛期施工时更应加强，以保证施工安全。围堰在施工和使用中，应按航运管理部门有关规定设置信号标志和夜间红灯。工程竣工后应按航道规定及时拆除围堰。拆除围堰时，应采取措施防止撞击墩身。

d. 钢板桩围堰。

钢板桩本身强度大、防水性能好，打入土中穿透力强，不但能穿过砾石、卵石层，也能切入软岩层和风化层。一般河床水深为 4～8 m 且为较软岩层时，其最为适用。堰深一般在 20 m 以内。若有超出，板桩可适当接长。

在河水较深的地方，常用围笼进行钢板桩围堰施工。围笼不仅是支撑结构，而且可作为插打钢板桩的导向架，还可在其上安设施工平台、施工机具等。

钢板桩横截面的形状有 4 类：平形（直形）、Z 形、槽形及工字形，其中槽形截面模量较大，适用于承受较大水压力、土压力的围堰，其施工方便，是国内应用较多的形式。钢板桩围堰的平面形状有圆形、矩形和圆端形。在深基础中多用圆形，其受力最理想，支撑结构最简单，但占河道面积大。浅基坑多用矩形围堰，其占河道面积小，但受水流冲击力大。

在施工中钢板桩彼此以锁口相连。锁口形状有 3 类：阴阳锁口、环形锁口和套形锁口。套形锁口板桩两边为勾状形，勾头为榫，勾身为槽。

（2）钢板桩施工要点。

钢板桩施工如图 2–6 所示。需要注意：插打钢板桩，应对桩板进行认真检查，要求板面平直，接口预拼严密；采用定型规格桩板时，接口类型应一致；桩板插打应从上游开始，至下游合龙；插桩时应对正接口，借助桩锤自重缓慢插入。必要时可低锤慢击；应随时检查偏斜，发现偏斜可用撬棍滑车纠正。

（a）起吊钢板桩

（b）插打钢板桩

图 2–6　钢板桩施工

钢板桩施工过程如下。

① 围笼安装。

当水较深时，常用围笼（以钢或钢木构成的框架）作为钢板桩的定位和支撑。即先在岸上或驳船上拼装围笼，运至墩位定位后，在围笼内插打定位桩，把围笼固定在定位桩上，然后在围笼四周的导框内插打钢板桩。

② 插打与合龙钢板桩。

合龙口钢板桩插打方法分为 3 种。

a. 逐块（组）插打。该方法可用较矮的吊桩设备，桩架移动线路较短，速度较快，但合龙误差大。

b. 先插合龙后再打。该方法使用较高吊桩设备，桩架移动线路长，进度较慢，但合龙误差小。

c. 开始的一部分逐块插打，后一部分则先插合龙后再打。该方法进度较快且合龙误差小，最为常用。

插打前，在锁口内应涂抹防水混合料，组拼桩时应用油灰和棉絮捻塞拼接缝。

插打钢板桩的次序，对圆形围堰，应自上游开始，经两侧至下游合龙；对矩形围堰，从上游一角开始，至下游合龙。

插打钢板桩时应严格控制好桩的垂直度，尤其是第一根桩要从两个垂直方向同时控制，确保垂直不偏。在垂直导向设备导向下，一般先将全部钢板桩逐根或逐组插打到稳定深度，然后依次打入直至设计深度。

钢板桩可用锤击、振动或辅以射水等方法下沉，但在黏土地基中不宜使用射水。锤击时宜使用桩帽，以分解冲击力并保护桩头。

钢板桩围堰在合龙处往往形成上窄下宽或上宽下窄的状态。可将邻近一段钢板桩墙的上端向外推开，以使上下宽度接近；必要时，可根据实测宽度，做一块异形钢板桩，合龙时，先将异形钢板桩插下，再插最后一块标准钢板桩。

③ 抽水堵漏。

抽水前，应将钢板桩与导框之间空隙用垫木塞紧，以保证导框受力均匀。

④ 钢板桩的拔除。

钢板桩是多次重复使用的设备，基础或墩身筑出水面后即可拔出钢板桩，拆除围堰。

2. 基坑排水、降水

基坑坑底一般位于地下水位以下，地下水会经常渗进坑内，因此必须设法把坑内的水排除，以利施工。排水方法有集水坑排水法、井点排水法、板桩法、沉井法。集水坑排水法适用面较广，除严重流砂外，一般情况均可使用。井点排水法适用于基坑土质不好，地下水位较高，挖基较深，坑壁不易稳定，用集水坑排水法有流砂涌泥现象产生的基坑。板桩法、沉井法适用于基坑较深，土质渗透性较大的基坑。

1）集水坑排水法

开挖基坑如有渗水时，可以沿坑底四周基础范围以外挖排水沟和集水井，使坑壁渗水沿四周排水沟汇合于集水井，然后用抽水机排出，如图 2–7 所示。抽水设备的排水能力应大于渗水量的 1.5～2.0 倍。排水沟的大小应根据渗水量的大小而定，排水沟底宽不小于 0.3 m，纵坡为 1‰～5‰，集水井一般设在下游位置，井深应大于进水龙头高度。

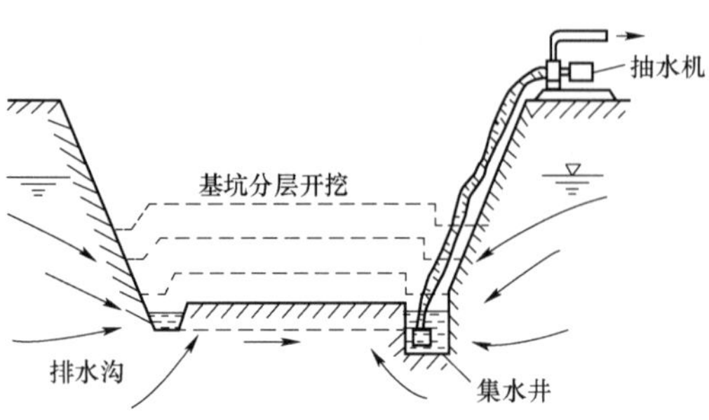

图 2–7　集水坑排水

2）井点排水法

开挖基坑如有渗水时，也可以在基坑周围，打入带有过滤管头的井点管，在地面与集水总管连接起来，通到抽水系统将水排出，井点降水现场和井点排水法布置如图 2–8 所示。

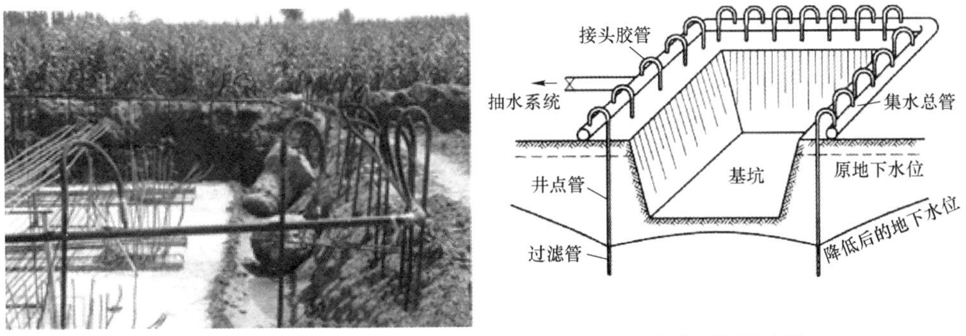

(a)井点降水现场　　(b)井点排水法布置

图 2–8　井点降水现场和井点排水法布置

轻型井点排水适用于渗透系数为 10^{-2}～10^{-5} cm/s 的土壤中。降水深度一般可达 3～6 m，多级井点可达 6～12 m，超过 10 m 时应选用喷射井点或深井井点法。具体可视土层的渗透系数、要求降低地下水位的深度及工程特点等，选择适宜的设备。各种井点法的适用范围见表 2–1。

表 2–1　各种井点法的适用范围

序号	井点法类别	土层渗透系数/（cm/s）	降低水位深度/m
1	轻型井点法	10^{-2}～10^{-5}	3～12
2	喷射井点法	10^{-3}～10^{-6}	8～20
3	电渗井点法	＜10^{-6}	宜配合其他形式降水使用
4	深井井点法	≥10^{-5}	＞10

使用井点排水法时应注意以下事项。

（1）降低土层中地下水位时，应尽可能将滤水管埋设在透水性较好的土层中。

（2）在水位降低的范围内设置水位观测孔，其数量视工程情况而定。

（3）应对整个井点系统加强维护和检查，保证不间断地进行抽水。

（4）应考虑水位降低区域构筑物受降水影响而可能产生的沉降，并应做好沉降观测，必要时采取防护措施。

3. 基坑开挖

1）旱地基坑开挖

（1）土质地基开挖。

在墩台或其他建筑物附近开挖基坑时，应采取适当的防护措施。弃土堆置地点不得妨碍开挖基坑及其他作业，不能影响坑壁稳定，同时应满足水土保持和环境保护的有关要求。

基坑大小应满足基础施工的要求。渗水土质的基坑，坑底开挖尺寸需按基坑排水设计（包括排水沟、集水井、排水管网等）和基础模板设计而定，一般基底应比设计平面尺寸各边增宽 50～100 cm。基坑可采用垂直开挖、放坡开挖，无支护放坡开挖基坑如图 2–9 所示，钢板桩基坑支护如图 2–10 所示，具体应根据地质条件、基坑深度、施工期限与经验，以及有无地表水或地下水等现场因素来确定。当基坑深度在 5 m 以内，施工期较短，坑底在地下水位以上，土的湿度正常，土层构造均匀时，基坑坑壁坡率可参考表 2–2 确定。

图 2-9　无支护放坡开挖基坑

图 2-10　钢板桩基坑支护

表 2-2　基坑坑壁坡率

坑壁土类	坑壁坡率		
	坡顶无荷载	坡顶有静荷载	坡顶有动荷载
砂类土	1:1	1:1.25	1:1.5
碎石、卵石类土	1:0.75	1:1	1:1.25
粉质土、粉土质砂	1:0.67	1:0.75	1:1
黏质土	1:0.33	1:0.5	1:0.75
极软岩	1:0.25	1:0.33	1:0.67
软质岩	1:0	1:0.1	1:0.25
硬质岩	1:0	1:0	1:0

基坑深度大于 5 m 时，应将坑壁坡度适当放缓或加设平台，如果土的湿度可能引起坑壁坍塌时，坑壁坡度应缓于该湿度下土的天然坡度。

坑顶与动载间至少应留有 1 m 宽的护道。若工程地质和水文地质不良或者动载过大，还要增宽护道或采取加固措施。

如果放坡开挖场地受限或工程量太大，可按具体情况采用挡板支撑、钢木结合支撑、混凝土护壁（喷射混凝土护壁、现浇混凝土护壁）、钢板桩围堰、锚杆支护及地下连续墙等防护措施。

基坑开挖可以采用人工开挖，也可以采用挖掘机、推土机、装载机等机械进行开挖，但无论采用哪一种方法施工，基底均应避免超挖，已经超挖或松动部分应予以清除。若施工时间较长，可能遇到暴雨天气时，应在基坑外设临时截水沟或排水沟，防止雨水流入基坑内，使坑内土质变化。任何土质基坑挖至设计高程后，都不能长时间暴露、扰动或浸泡而削弱其承载能力。一般土质基坑在快挖至基底高程时，应保留 20～30 cm 厚土层，在基础砌（浇）筑前人工突击挖除，迅速检验，随即进行基础施工。

① 坑壁不需加固的基坑。

对于在干涸无水河滩、河沟中，或虽有水但经改道后，筑堤能排除地表水的河沟；在地下水位低于基底或渗透量少、不影响坑壁稳定；基础埋置不深，施工期较短，挖基坑时不影响邻近建筑物安全的施工场所，可考虑选用坑壁不加固的基坑。

基坑施工过程中应注意以下几点。

a. 在基坑顶缘四周适当距离处设置截水沟，并且要防止水沟渗水，以避免地表水冲刷坑壁，影响基坑坑壁稳定性。

b. 基坑顶面边缘应留有护道，静载时距离基坑边缘不小于 0.5 m，动载时距离基坑边缘不小于 1.0 m；在垂直坑壁的基坑边缘设置护道时还应适当增加护道的宽度，水文地质条件欠佳时应有加固措施。

c. 施工时应经常注意观察坑边缘顶面有无裂缝，坑壁有无松散和塌落现象发生，确保施工安全。

d. 基坑施工不可延续时间过长。基坑应尽量在少雨季节施工。

e. 基坑宜用原土及时回填，对桥台及有河床铺砌的桥墩基坑，则应分层夯实。

② 坑壁需加固的基坑。

当基坑壁土质不易稳定，并有地下水渗入，或放坡开挖场地受到限制，或基坑较深、放坡开挖工程量较大，不符合技术经济要求时，可视具体情况，采取基坑开挖后护壁的加固措施。护壁加固方式可采用挡板撑木式支撑、混凝土护壁和锚桩式支撑等。

挡板撑木式支撑的形式有：直衬板式支撑，如图 2–11 所示，适用于深度较小的基坑；横衬板式支撑，如图 2–12 所示，适用于深度较大的基坑。

对于有坑壁支撑的施工，根据土质的不同，可采用木料或钢木组合形式，各部分尺寸应考虑土压力的作用，通过计算确定。

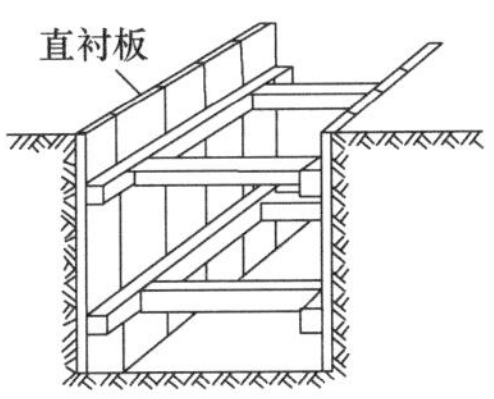

图 2–11　直衬板式支撑

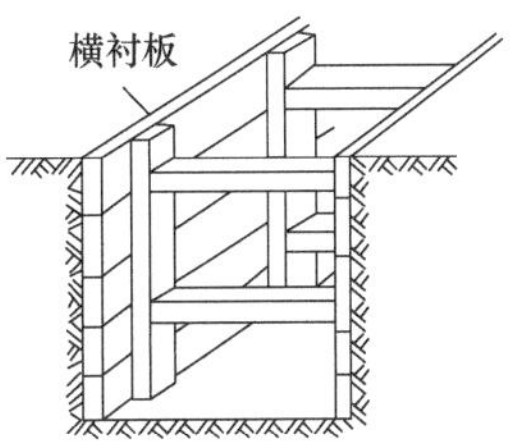

图 2–12　横衬板式支撑

混凝土护壁是先开挖基坑，然后做混凝土护壁，再进行基坑开挖，然后进行护壁施工，以此类推。根据混凝土施工方法不同，可分为喷射混凝土护壁（见图 2–13）和现浇混凝土护壁两类。

图 2–13　喷射混凝土护壁

喷射混凝土护壁施工的特点是：在基坑开挖限界内，先向下挖一段土，随即用混凝土喷射机喷射一层含速凝剂的混凝土，以保护坑壁，然后向下逐段挖深喷护。每段一般为 0.5～1 m，视土质情况而定。

根据经验，一般喷护厚度为5～8 cm，最大厚度不宜超过20 cm，一次喷护需1～2 h。一次喷护如达不到设计厚度，应等第一次喷层终凝后再补喷，直至要求厚度为止。喷护的基坑深度应按地质条件决定，一般不宜超过10 m。

现浇混凝土护壁基坑开挖视地质稳定情况，一般挖深1～1.8 m，即应立模浇筑混凝土。拆模时间应根据掺速凝剂数量、气温条件、混凝土达到支撑强度等要求来决定，通常超过24 h便可拆模。挖一节浇一节直至基底。每次安装模板时，在上下节之间留有高0.2 m的浇注口，最后用混凝土堵塞；浇筑护壁厚度视基坑大小及土质条件而定，一般厚度取8～15 cm，必要时可采用钢筋混凝土护壁。对于圆形基坑，开挖面应均匀分布，对称施工，及时浇筑。

对于大面积基坑，采用大型挖掘机施工，且不能安装撑木时，可采用锚桩式支撑（见图2–14）、斜撑式支撑（见图2–15）和锚杆式支撑（见图2–16）。

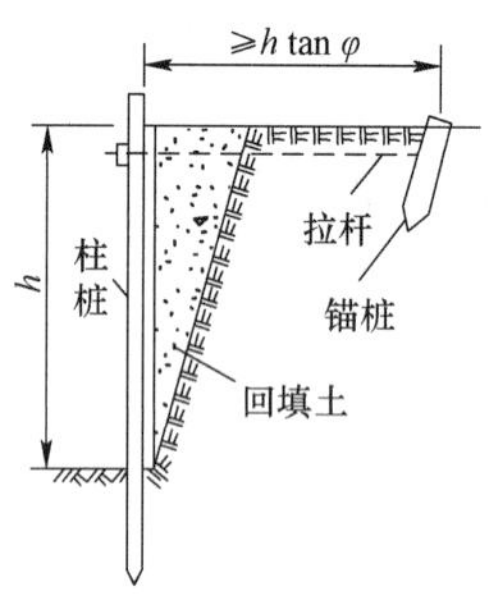

图2–14　锚桩式支撑

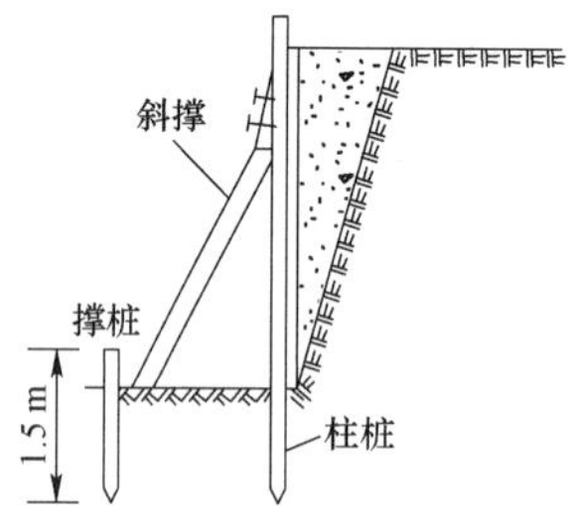

图2–15　斜撑式支撑

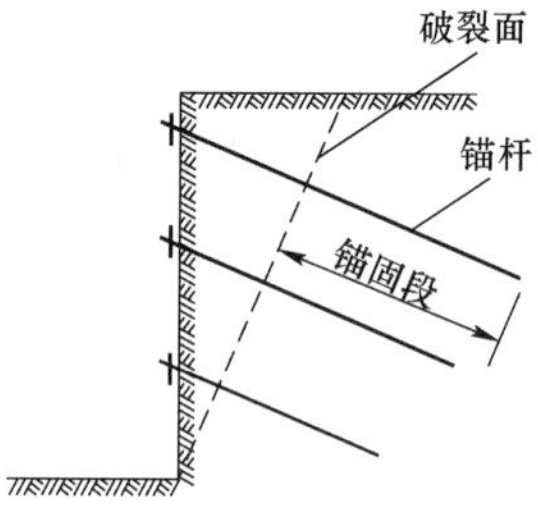

图2–16　锚杆式支撑

（2）岩石地基开挖。

岩石地基开挖，硬质岩可以垂直向下开挖，一般设计开挖深度为风化层厚度的新鲜基岩、微风化或弱风化岩层都可做基础持力层。一般采用人工开挖，必要时可进行松动爆破，但要严格控制爆破深度和用药量，防止过量爆破引起持力层松动破坏。根据岩层的风化程度、倾向、倾角及发育情况，采用适当方法进行坑壁防护。挖出的渣石必须运至指定地点，不能对施工安全或周围群众生产、生活，以及生态环境造成危害。

2）水中基坑开挖

水中基坑开挖采取围堰、井点降水等抽排水措施后，开挖方法及要求与旱地基坑开挖相同，对于排水挖基有困难或具有水中挖基的设备时，可采用下列设备进行基坑开挖。

（1）水力吸泥机：适用于砂类土及砾卵石类土，不受水深限制，其出土效率可随水压、水量的增加而提高。

（2）空气吸泥机：适用于水深5 m以上的砂类土或夹有少量碎卵石的基坑，浅水基坑不宜采用；在黏土层使用时，应与射水配合进行，以破坏黏土结构；吸泥时应向基坑内注水，使基坑内水位高于河水位约1 m，以防止流砂或涌泥。

（3）挖掘机：适用于各种土质，但开挖时不要破坏基坑边坡的稳定，可采用反铲挖掘和吊机配抓泥斗挖掘。

4. 基底检验

基础是隐蔽工程，在基础浇筑前应按规定检验基坑施工是否符合设计要求。一般应在基坑快挖至基底前，首先由施工负责人自检并报请检验，确认合格后填写地基检验表，经检验签证的地基检验表由施工单位保存，作为竣工交验资料；未经签证，不得砌筑基础。基底检验的目的是：确定地基的容许承载力、基坑位置与高程是否与设计文件相符，以确保基础的强度和稳定性，不致发生滑移等问题。

5. 地基处理

天然地基上的基础是直接靠基底土壤来承担荷载的，故基底土壤状态的好坏，对基础及墩台上部结构的影响极大，不能仅检查基底地质情况与容许承载力大小，还应为土壤更有效地承担荷载创造条件，即要进行基底处理工作，基底处理方法视基底土质而异。

1）岩石基底

对于未风化岩层基底，应将岩面上的松碎石块、淤泥、苔藓等清除干净；对于倾斜岩层的岩面，应将岩面凿平或凿成台阶，使承重面与重力线垂直，以免滑动；对于风化的岩层基底，则应按基础尺寸凿除已风化的表面岩层，尽量不留或少留坑底富裕量，浇筑基础圬工时，同时将坑底填满，封闭岩层。砌筑基础前，岩层表面应用水冲洗干净。

2）碎石类或砂类土层基底

承重面应修平整。砌筑基础时，应先铺一层 2 cm 厚浓稠水泥砂浆，以保证砌材与基底面间密贴接触。

3）黏性土层基底

基底整修时，应在天然状态下铲平，不能扰动土壤天然结构，不得用回填土夯平，以保证天然地基的原有结构。必要时可向基底夯入 10 cm 以上厚度的碎石，碎石层顶面不得高于基底设计高程。基坑挖完处理后，应在最短期间内完成砌筑基础，防止基坑暴露过久。

4）软土层基底

基底软土层的厚度小于 2 m 时，可将软土层全部挖除，换以中粗砂、砾石、碎石等力学性能较好的填土，分层夯实；软土层厚度较大时，可采用砂桩挤密法或其他桩式挤密法进行处理。

5）湿陷性黄土基底

根据土质特点，可采用重锤夯实法、挤密桩法、换填等措施进行加固，改善土层性质。

应尽量避免在雨季施工，基底必须有防水设施；开挖后的地基应立即回填或进行基础浇筑，以免外露导致水浸泡；基础回填不得使用砂、砾石等透水性材料，应用原土加夯回填。

6）冻土层基底

冻土基础开挖宜用天然或人工冻结法施工，并应保持基底冻层不融化；若基底为融沉土或强融沉土，砌筑基础前应在基底铺设一层厚 10～30 cm 的粗砂垫层或厚 10 cm 的混凝土垫层作为隔热层。

6. 基础施工

为了方便施工和保证施工质量，明挖基坑中的基础施工应尽可能地使基底处于无水的情况。基础施工可分为干地基上基础施工、排水基础施工及水下灌注基础施工三种情况。为保证及时浇筑基础，避免基底土质变差，基础结构物的用料应在挖基完成前准备好。

1）干地基上基础施工

（1）干地基上基础施工的混凝土基础应在基底无水情况下浇筑，混凝土终凝前不得浸水。

（2）基础各层之间及基础与墩台的施工接缝设置应符合设计要求，当设计无要求时应符合下列规定。

① 接缝面一般应为水平面，边缘应处理平整。

② 混凝土间施工接缝，应设直径不小于 16 mm 的钢筋，钢筋埋入深度和露出长度均不应小于钢筋直径的 15 倍，间距不应大于 20 cm（设计有连接或护面钢筋时可不另设）。使用光圆钢筋时两端应设半圆形标准弯钩，使用带肋钢筋时可不设弯钩。连接钢筋的混凝土保护层厚度应符合有关规定。

（3）施工缝处混凝土凿毛应符合下列规定：混凝土浇筑前，应凿除既有混凝土表面的水泥砂浆薄层、松动石子或软弱混凝土层，并应用水冲净、湿润，但不得积水。

② 接缝面凿毛应在距混凝土外缘 2～3 cm 以内进行，并使接缝面露出 75%以上新鲜混凝土面。混凝土凿毛时应达到下列强度：人工凿毛时混凝土强度不小于 2.5 MPa，风动机等机械凿毛时混凝土强度不小于 10 MPa。

（4）经凿毛处理的混凝土面在浇筑新混凝土前，宜在既有混凝土面上铺一层厚 10～20 mm、比混凝土水胶比略小的胶砂比为 1:2 的水泥砂浆，或铺一层厚约 30 cm 的混凝土，其粗骨料用量宜比新浇筑混凝土减少 10%。

2）排水基础施工

如基坑有渗漏，则应沿基坑底四周基础范围以外挖集水沟，将水引至集水坑，然后用水泵排出坑外，再进行基础混凝土施工。

排水砌筑施工要求在无水状态下砌筑圬工。禁止带水作业及用混凝土将水赶出模板外的浇筑方法，基础边缘部分应严密隔水。水下部分圬工必须待水泥砂浆或混凝土终凝后才允许浸水。

3）水下灌注基础施工

水下灌注基础施工只有在排水困难时采用。基础圬工的水下灌注分为水下封底和水下直接灌注两种。

（1）水下混凝土封底后再排水进行基础圬工施工。

当基坑周围有较好的防水设施（如板桩围堰开挖的基坑），但基坑渗漏严重时，可采用水下灌筑混凝土封底的方法。待封底混凝土强度达到要求后进行排水，清除封底混凝土表面浮浆，冲洗干净后再进行基础圬工的施工。

水下封底混凝土应在基础底面以下。封底只是起防止渗水的作用，封底混凝土只作为地基，而不作为基础本身，因此不得侵占基础厚度。

水下封底混凝土层的最小厚度由以下条件控制：封底之后，要从基坑内抽干水，钢板桩同封底混凝土组成一个整体，其自重应能保证不被浮起；同时，封底混凝土在基底面上受到向上作用的水压力时应有足够强度，不致向上挠曲而折裂。故为满足防渗漏要求，封底混凝土的最小厚度一般为 2 m 左右。

（2）水下混凝土的灌注。

现今桥梁基础施工中广泛采用的是导管法，如图 2–17 所示，混凝土经导管输送至坑底，并迅速将导管下端埋没，随后混凝土不断地输送到被埋没的导管下端，从而迫使先前输送到的但尚未凝结的混凝土向上和向四周推移。随着基底混凝土的上升，导管亦缓慢地向上提升，直至达到要求的封底厚度，则停止灌入混凝土，并拔出导管。当封底面积较大时，宜用多根导管同时或逐根灌注，按先低处后高处，先周围后中部的次序并保持大致相同的高程进行，以保证混凝土充满基底全部范围。导管的有效作用半径，因混凝土的坍落度和导管下口的压力大小而异。当压力为 0.1～0.25 MPa 时，导管作用半径为 3.0～4.0 m。

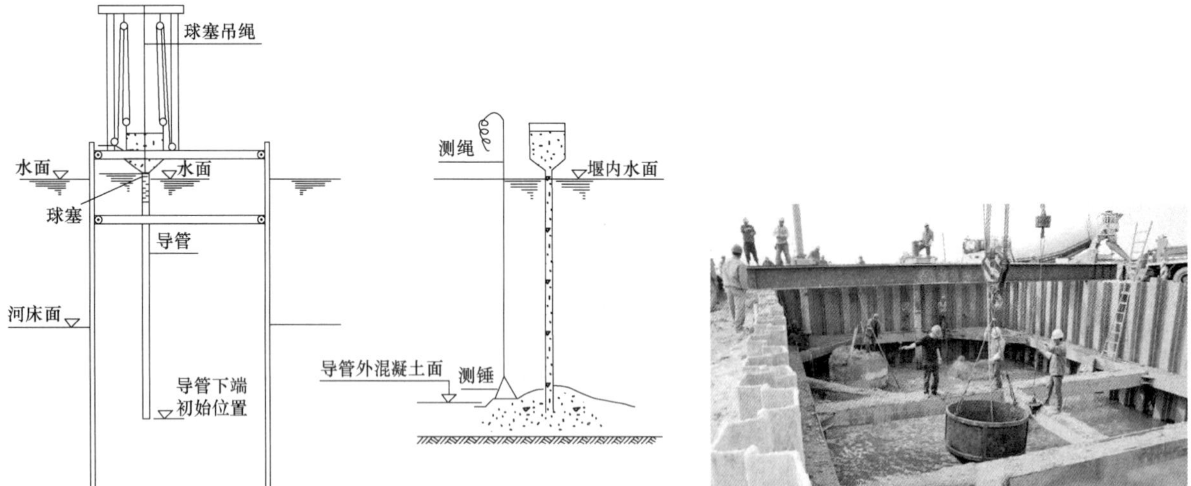

图 2–17　导管法灌筑水下混凝土

在正常情况下，灌注的水下混凝土仅其表面与水接触，其他部分的灌注状态与空气中灌注无异，从而保证了水下混凝土的质量。与水接触的表层混凝土，可在排干水而外露时予以凿除。

采用导管法灌注水下混凝土要注意以下几个问题。

① 导管应试拼装，球塞应进行试验，施工时严格按试拼的位置安装。导管试拼后，应封闭两端，充水加压，检查导管有无漏水现象。导管各节的长度不宜过大，连接应可靠而又便于装拆，以保证拆卸时中断灌注时间最短。

② 为使混凝土有良好的流动性，粗骨料粒径以 20～40 mm 为宜。坍落度应不小于 18 cm，水泥用量比空气中同等级的混凝土增加 20%。

③ 必须保证灌注工作的连续性，在任何情况下不得中断灌注。在灌注过程中，应经常测量混凝土表面的高程，以便正确掌握导管的提升量。导管下端务必埋入混凝土内，埋入深度一般不应小于 0.5 m。

④ 水下混凝土的流动半径，要综合考虑对混凝土质量的要求、水头的大小、灌筑面积的大小、基底有无障碍物，以及混凝土拌和机械的生产能力等因素来决定。通常，流动半径在 3～4 m 范围内可保证封底混凝土的表面不会有较大的高差，只要处理得当，就可以保证封底混凝土的防水性能。

浇注基础时，应做好与台身、墩身的接缝连接，具体要求如下。

a）混凝土基础与混凝土墩台身的接缝周边应预埋直径不小于 16 mm 的钢筋或其他铁件，埋入与露出的长度不应小于钢筋直径的 30 倍，间距不大于钢筋直径的 20 倍。

b）混凝土或浆砌片石基础与浆砌片石墩台身的接缝，应预埋片石作榫，片石厚度不应小于 15 cm，片石的强度不低于基础或墩台身混凝土或砌体的强度。

c）施工后的基础平面尺寸，其前后、左右边缘与设计尺寸的容许误差不大于±50 mm。

2.2.3 基坑质量检验标准与检验方法

基坑质量检验与验收应符合《高速铁路桥涵工程施工质量验收标准》（TB 10752—2018）的规定，具体要求如下。

1. 基坑

1）主控项目

① 基坑平面位置、坑底尺寸满足设计要求。

检验数量：施工单位、监理单位全部检查。

检验方法：观察和尺量。

② 基底地质条件及承载力必须符合设计要求。

检验数量：施工单位和监理单位全部检查。

检验方法：施工单位观察或进行标准贯入、触探仪检测；监理单位观察和见证检测；勘察设计单位对全部桥梁地基进行现场确认。

③ 基底高程的允许偏差和检验方法应符合表 2–3 的规定。

表 2–3 基底高程的允许偏差和检验方法

序号	地质类别	允许偏差/mm	检查方法
1	土	±50	测量检查
2	石	+50，–200	

检验数量：施工单位对每个基坑检查不少于 5 处。

④ 基坑回填前不应有积水、淤泥。

检验数量：施工单位、监理单位全部检查。

检验方法：观察。

⑤ 基坑回填料类别和填筑质量应符合设计要求。

检验数量：施工单位、监理单位全部检查。

检验方法：观察，施工单位试验检验；监理单位检查试验报告。

⑥ 基坑回填顶面高程应符合设计要求。

检验数量：施工单位、监理单位全部检查。

检验方法：观察，测量。

2）一般项目

① 混凝土表面质量的验收应符合《铁路混凝土工程质量验收标准》（TB 10424—2018）的相关规定。

② 基础施工的允许偏差和检验方法应符合表 2–4 的规定。

表 2–4　基础施工的允许偏差和检验方法

序号	项目	允许偏差/mm	检验方法
1	基础前后、左右设计边缘距设计中心线	±50	测量检查，每边不少于 2 处
2	基础顶面高程	±30	测量检查，每 10 m^2 一处且不少于 5 处

2. 钢板桩施工质量检验标准与检验方法

施工质量检验与验收应符合《高速铁路桥涵工程施工质量验收标准》（TB 10752—2018）的规定。钢板桩围堰质量标准及检验方法如下。

（1）钢板桩桩顶高程符合工艺设计要求。打钢板桩过程中，当导向设备失效，钢板桩桩顶达到工艺设计高程时，平面位置允许偏差：水中打桩为 20 cm，陆地打桩为 10 cm。

（2）经过整修或焊接的钢板桩应做锁口，并通过试验。

（3）钢板桩接长时，应采用等强度钢板桩焊接接长，相邻钢板桩接头上下错开 2 m 以上。

（4）钢板桩围堰宽度应根据水深、流速、土质和围堰长宽比等因素来确定，但宽度不应少于 2.5 m。

（5）钢板桩因倾斜无法合龙时，应使用特制楔形钢板桩。

（6）同一围堰内，使用不同类型的钢板桩时，应将两种不同类型的钢板桩的各一半拼接成异型钢板桩。

学习评价

根据所学内容完成下面的一体化学习任务单。

职业能力养成任务名称：明挖基础施工技术

姓名：________________　　所属学习小组：______________　　得分：__________

说明：在规定时间内交回一体化学习任务单以便教师评价学习效果。

明挖基础施工

- **1. 明挖基础类型和构造**
  - 设计明挖基础时，桥梁墩、台基础采用的襟边最小宽度为（　　）m。
  - 浅基础的埋置深度通常不超过（　　）m。
  - 襟边的作用是什么?
  - 天然地基上的浅基础根据受力条件及构造分为（　　）基础和（　　）基础两大类。
  - 明挖基础的平面形状有（　　）、（　　）、（　　）等，以（　　）为主。
- **2. 明挖基础施工流程**
  - 明挖基础的施工工序为：施工准备→（　　）→基底检验和处理→（　　）→基坑回填。
  - 水中基础修筑时修筑围堰工序的紧前工序是（　　）。
  - 水中基础修筑时插打钢板桩的紧后工作是（　　）。
- **3. 施工准备工作**
  - 修筑围堰时，围堰顶面应高出施工期间可能出现的最高水位不小于（　　）m。
  - 修筑围堰时，堰内坡脚至基坑边缘距离，不得小于（　　）m，以保证围堰坡脚稳定。
  - 钢板桩插打的平面允许偏差不超过（　）cm。
  - 围堰修筑时自（　　）开始填筑至（　　）合龙。
  - 简述合龙口钢板桩插打的3种方法。
- **4. 基坑降水、排水**
  - 基坑排水方法有（　　）、（　　）、（　　）、（　　）等。
  - 井点降水时，降水深度（　　）m选择一级井点，（　　）m选择多级井点，超过（　　）m时应选用喷射井点或渗井井点法。
- **5. 基坑开挖**
  - 基坑可采用垂直开挖、（　　）、（　　）或其他加固的开挖方法。
  - 放坡开挖时，坑顶与动载间至少应留有（　　）m宽的护道。
- **6. 地基检验与处理**
  - 列出地基检验的项目。
  - 处理碎石类或砂类土层基底时，承重面应修整平整。砌筑基础时，应先铺一层2 cm厚浓稠（　　），以保证砌材与基底面间密贴接触。
- **7. 基础施工**
  - 如何设置基础各层之间及基础与墩台间的施工接缝?
  - 接缝面混凝土凿毛时应达到：人工凿毛时混凝土强度不小于（　　）MPa，风动机等机械凿毛时混凝土强度不小于（　　）MPa。
  - 经凿毛处理的混凝土面在浇筑新混凝土前，宜在既有混凝土面上铺一层厚（　　）mm、比混凝土水胶比略小的胶砂比为1:2的水泥砂浆，或铺一层厚约（　　）cm的混凝土，其粗骨料用量宜比新浇筑混凝土减少10%。
  - 简述浇筑水下混凝土基础的施工要点。
- **8. 基坑质量检验标准与检验方法**
  - 基坑检查的主控项目包括哪些内容?
  - 检验土质地基基坑时，土质地基基坑允许偏差为（　　）mm。

工作情境 3

桩基础施工

思政目标

（1）培养良好的职业道德和敬业精神。

（2）培养吃苦耐劳、脚踏实地的工作作风。

（3）具备一定的组织协调能力。

学习目标

1. 知识目标

（1）钻孔桩施工技术。

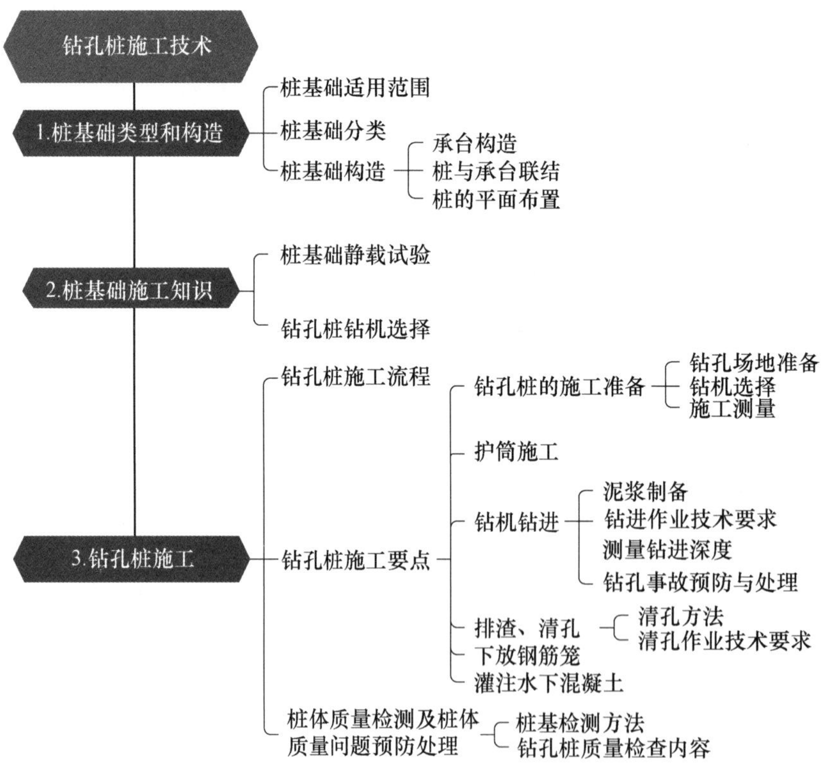

（2）承台施工技术。

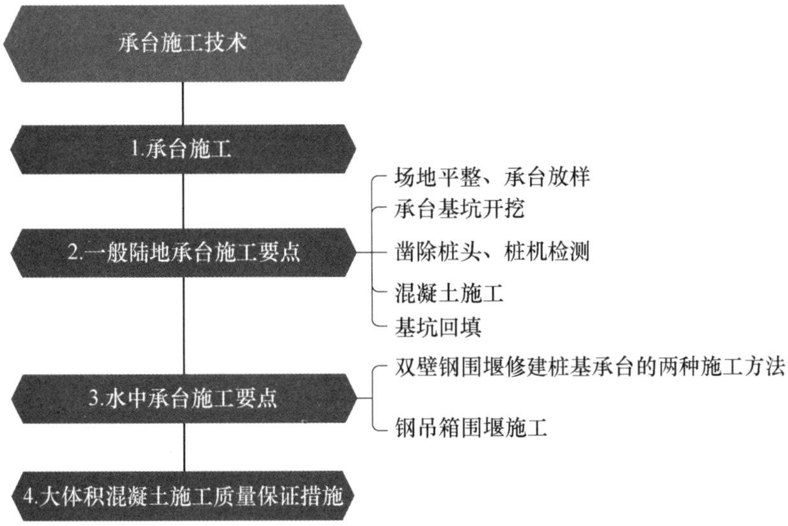

2. 能力目标

（1）能够围绕钻孔灌注桩基础、承台施工技术交底文件进行资料收集，能够熟练运用办公软件编写技术交底文件。

（2）能够根据不同施工环境为项目选择合适的施工方案，并具备编制钻孔灌注桩基础、承台施工方案的能力。

（3）能够根据现场的施工条件，具备在工程师指导下对钻孔灌注桩基础、承台施工一般事故提出处理方案的能力。

（4）具备撰写钻孔灌注桩基础、承台施工汇报材料的能力。

3. 素质目标

（1）养成忠于职守、以数据说话的工作作风。

（2）培养综合运用知识从事较复杂技术工作的职业素养。

职业能力 3.1　钻孔桩施工技术

职业能力情境引入

邯济铁路联络线工程 DK16+179.33～DK28+962.62 区段钻孔灌注桩施工项目主要涉及特大桥 1 座（跨东绕城高速公路特大桥）、大桥 2 座（稼轩路大桥、杨家河大桥）。为了降低成本，项目部需要制订经济合理的桩基础施工技术方案，技术方案应该综合考虑施工方法比选、施工机具设备选用、施工技术人员配备、施工进度安排要求等因素。最终经方案比选，选择钻孔灌注桩施工方案，如图 3–1 所示。

图 3–1　邯济铁路桥钻孔灌注桩施工

高速铁路常用跨度桥梁基础，非岩石地基一般采用桩基础，桩径大多为 1.0 m、1.25 m、1.5 m 和 2.0 m。一般情况下，简支梁桥基础选用 8ϕ1.25 m 钻孔灌注桩，连续梁桥基础选用 8ϕ1.5 m 钻孔灌注桩。

3.1.1 桩基础类型和构造

1. 桩基础适用范围

桩基础是深基础的一种，由桩和承台构成。采用一根桩来传递和承受上部结构荷载的独立基础称为单桩基础。由 2 根以上桩组成的桩基础称为群桩基础。与浅基础相比，其构造形式、设计理论、传力方式、施工方法都有很大的不同。其传力方式为上部结构的荷载通过承台和桩传递到地基中，桩基础的施工需要较复杂的机具和设备，但可以节省材料和减少浅基础的开挖土方量，施工过程中不会遇到浅基础中的防水、防渗漏等复杂问题，并且承载力高，沉降量小且均匀，可以承受较大的垂直和水平荷载，是我国高速铁路桥梁基础中应用最广泛的基础形式。

2. 桩基础分类

（1）桩基础按桩的材料分为钢筋混凝土桩、预应力混凝土桩、组合材料桩等。高速铁路桥梁工程中的桩基础多采用钢筋混凝土桩。在同一桩基础中，不宜采用不同直径、不同材料和长度相差过大的桩。

（2）桩基础按桩的施工方法分为预制桩、钻孔灌注桩和挖孔灌注桩。

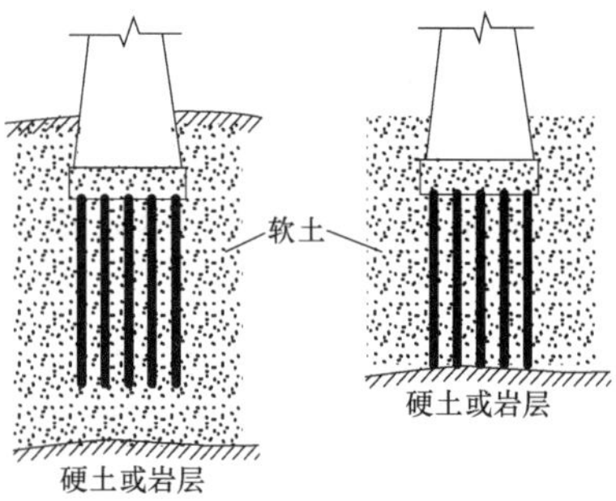

(a) 摩擦桩　(b) 柱桩

图 3–2　摩擦桩和柱桩

（3）桩基础按桩的承载性状分为摩擦桩和柱桩（又称端承桩或支承桩），如图 3–2 所示。摩擦桩是指桩端置于较软的土层中，其轴向荷载主要由桩侧摩擦阻力承担，桩底土的反力起较小的作用；柱桩指桩底支承在坚硬土层（岩石）上，其轴向荷载可以认为是全部由桩底（或桩尖）地基来支承。柱桩有支立于岩层面上和嵌入岩层内 2 种情况。

（4）桩基础按承台板底面所处的位置分为高桩式桩基础和低桩式桩基础。高桩式桩基础指承台板底面（基桩的顶面）位于地面或局部冲刷线以上的桩基础，也称为高式桩承台，简称为高桩承台或高承台；反之称为低桩承台或低承台。这两种桩基础在结构上稍有区别，在承受外力和土对桩基的抗力作用上基本相同。

（5）桩基础按桩的布置形式分为单排桩和多排桩（群桩）桩基。桩基只有单根或仅在与水平力作用平面相垂直的同一平面内有几根（即单列桩）时，称为单桩或单排桩基；桩基排列的行数和列数均不少于 2 的桩基，称为多排式桩基。

3. 桩基础构造

桥梁桩基础由承台和桩群组成。承台的作用，是将各桩桩顶联结成一个整体，以支承墩台，将墩台所受的荷载传给基桩。

（1）承台构造。

承台为钢筋混凝土结构，为刚性板，其平面形式和尺寸，取决于墩台身底面的形式和尺寸，也与桩的布置和数量有密切的关系。承台的底部布置一层钢筋网，当基桩桩顶主筋伸入承台板联结时，此项钢筋网在越过桩顶处不应截断。一般承台的厚度不小于 1.5 m，混凝土强度等级不得低于 C30。

桩顶直接埋入承台内，且桩顶作用于承台的受压应力超过承台混凝土的局部承压应力时，应在每一根桩的顶面以上设置 1～2 层直径不小于 12 mm 的钢筋网，钢筋网的每边长度不应小于桩径的 2.5 倍，其网孔为 100×100 mm～150×150 mm。

（2）桩与承台联结。

桩和承台的联结方式有 2 种。

① 基桩桩顶主筋伸入承台板内：一般桩身伸入承台板内的长度为 100 mm，桩顶伸入承台板内的主筋长度应根据钢筋种类及混凝土等级选用合适的锚固长度。箍筋的直径不应小于 8 mm，箍筋的间距可采用 150～200 mm。

② 基桩桩顶直接埋入承台板内：多用于预制预应力（普通）钢筋混凝土桩。桩径小于 0.6 m 时，基桩桩顶埋入承台板内长度不应小于桩直径的 2 倍；桩径 0.6～1.2 m 时，基桩桩顶埋入承台板内长度不应小于 1.2 m；桩径大于 1.2 m 时，基桩桩顶埋入承台板内长度不应小于桩径。

（3）桩的平面布置。

墩台桩基础中，基桩的平面布置形式有行列式和梅花式（也称棋盘式），如图 3–3 所示。挖孔浇筑桩的直径或边宽不宜小于 1.25 m。各类桩在承台板底面处的中心位距不应小于 1.5 倍的设计桩径。钻（挖）孔灌注的摩擦桩中心距不应小于 2.5 倍设计桩径，钻（挖）孔灌注柱桩的中心距不应小于 2 倍设计桩径。

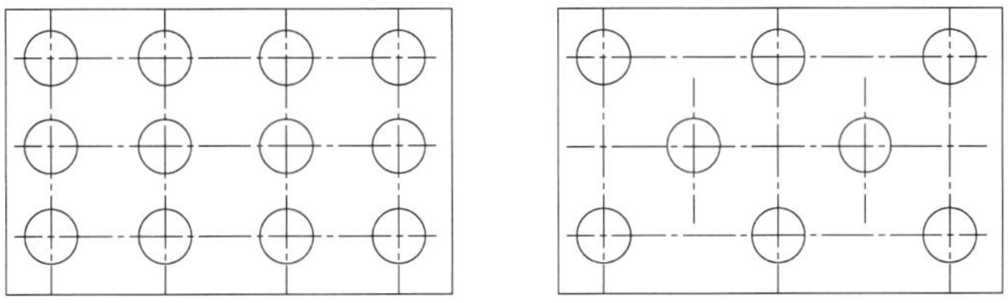

(a) 行列式　　(b) 梅花式

图 3–3　桩基的布置形式

各类桩的承台板边缘至最外一排桩的净距，当桩径 $d \leqslant 1$ m 时，不得小于 $0.5d$，且不得小于 0.25 m；当桩径 $d>1$ m 时，不得小于 $0.3d$，且不得小于 0.5 m。对于钻孔灌注桩，d 为设计桩径；对于矩形截面的桩，d 为桩的短边宽。

成孔桩径是指在成孔后的平均直径。对于钻孔桩来说，它按施工时钻头类型分别按设计桩径（通常指钻头直径）增大下列数值：旋转锥 3～5 cm，冲击锥 5～10 cm，冲抓锥 10～15 cm，挖孔桩的成孔桩径等于设计桩径。钻孔桩中计算桩周摩擦力、桩身自重、桩的间距时采用成孔桩径；计算桩身内力、桩底支承力、桩身材料强度等时，采用设计桩径。

3.1.2　桩基础施工知识

1. 桩基础静载试验

在桩基础施工现场，对试桩（和实际设计桩的参数指标相同）直接加载到破坏，以确定其承载力的方法称为静载试验。一般在特大桥，技术、结构、地质条件复杂的大中桥桩基工程中，均需按设计要求进行静载试验或动力振动试验以确定桩的承载力。

在进行静载试验时，常用的加载装置如图 3–4 所示，主要设备有锚桩、锚梁、横梁、千斤顶等。在试桩周围打下 4 或 6 根锚桩，锚桩离试桩的距离应不大于 $3d$（d 为试桩直径），锚桩上连以锚梁（工字钢梁），锚梁下穿过横梁，在试桩和横梁之间放置千斤顶，用千斤顶对试桩分阶段加压。沉降量可以用千分表、挠度仪和水平仪等进行观测（为了满足测量的精度，一般对称布置）。

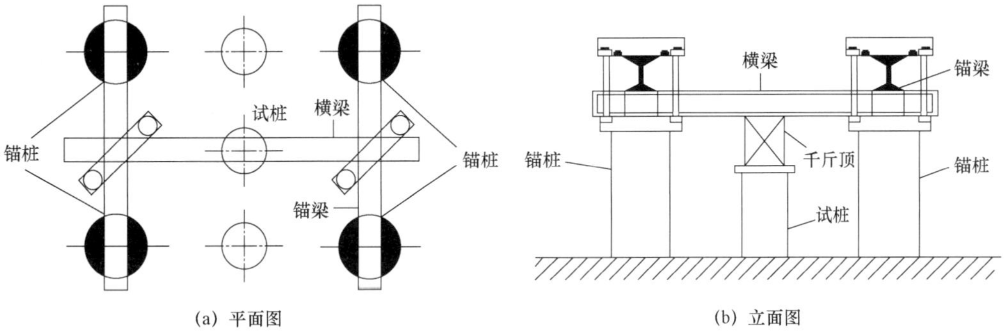

(a) 平面图　　(b) 立面图

图 3–4　桩基的静载试验

试桩加载应沿桩轴向均匀、无冲击和分阶段进行，每阶段荷载增加量为预计极限荷载的 1/15～1/10。

加载一次后，每隔 5～20 min 读一次下沉值，一直读到其下沉终止后，才能加下一阶段的荷载，根据每一个阶段下沉随时间变化的数据，可以得出沉降–时间（s–t）和沉降–荷载（s–P）曲线，如图 3–5 所示。下沉的终止标准为：砂性土在最后 30 min 内（黏性土在最后 60 min 内），桩的下沉量不超过 0.1 mm。

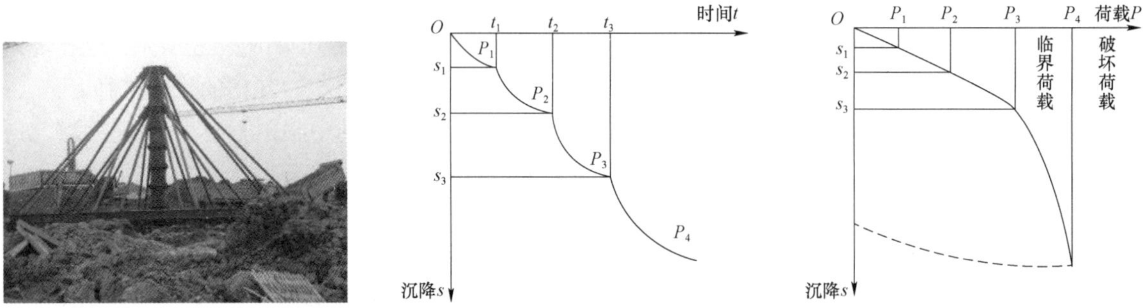

图 3–5　静载试验及试验曲线

试桩破坏的标准是：桩顶总沉降量大于或等于 40 mm，同时最后一阶段的下沉量大于前一阶段的 5 倍，或者施加本级荷载一个昼夜后，桩的下沉仍没有终止。一般将破坏前一级荷载作为极限荷载 P_j。

桩的轴向受压容许承载力确定为：

$$[P]=\frac{P_j}{K}$$

式中，K 为安全系数，对于永久性的建筑物，取 K=2.0；对于临时性建筑物，取 K=1.5。

2. 钻孔桩钻机选择

铁路桥梁钻孔桩的钻进设备包括冲击钻机、旋转钻机、旋挖钻机，以及套管钻机等。

1）冲击钻机

冲击钻孔系统设备由冲击钻头、三脚立架、卷扬机组成，如图 3–6 所示。冲击钻机适用于桩径不大于 2.5 m，桩深不大于 60 m 的钻孔桩施工。

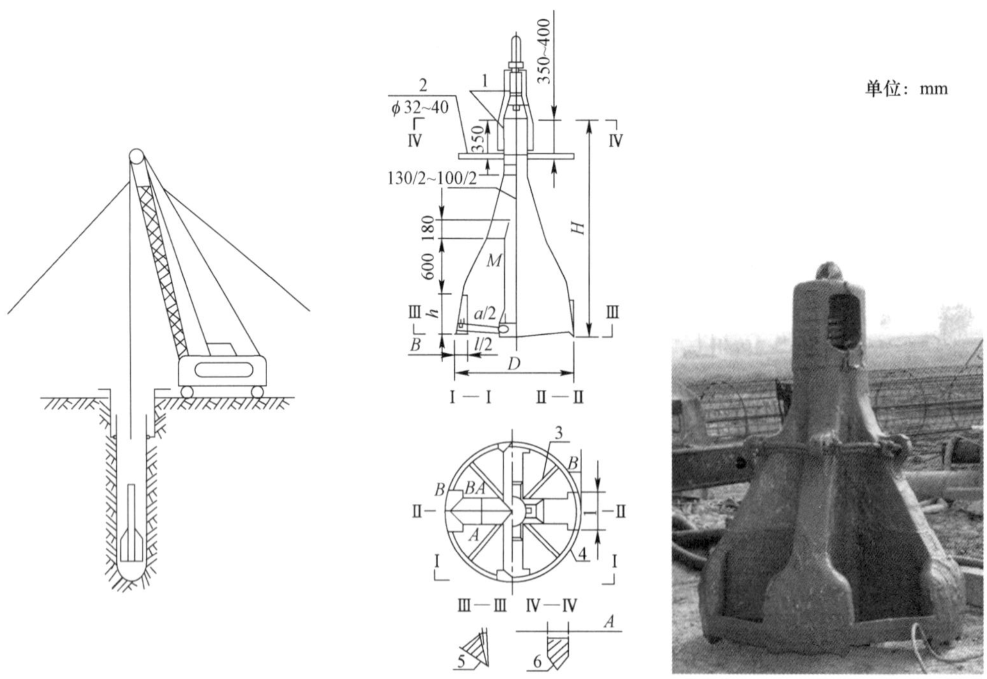

图 3–6　冲击钻孔系统设备

冲击钻机具有以下特点。

（1）冲击钻机应用范围广，适用于除淤泥和淤泥质土以外的各种地质条件的钻孔桩施工。

（2）冲击钻机（十字形钻头）特别适用于卵石、坚硬漂石、岩层及各种复杂地质钻孔桩施工。

（3）冲击钻机造孔后，孔壁四周形成一层密实土层，对稳定孔壁、提高桩基承载能力均有一定作用。

（4）冲击钻机钻孔速度相对较慢，不宜在普通土中使用。

2）旋转钻机

旋转钻机按照泥浆的循环方式分为正循环旋转钻机和反循环旋转钻机。正循环旋转钻机一般适用桩径不大于 2.5 m 的钻孔桩施工，桩深最大可达 100 m；反循环旋转钻机一般适用于桩径不大于 3 m 的钻孔桩施工，桩深最大可达 120 m。

（1）正循环旋转钻机。

正循环旋转钻机的主要部件为转盘、卷扬机、钻架、泥浆泵和钻杆等。正循环钻孔如图 3–7 所示，其主要适用于黏性土，砂类土，含少量砾石、卵石（含量少于 20%）的土，软岩。

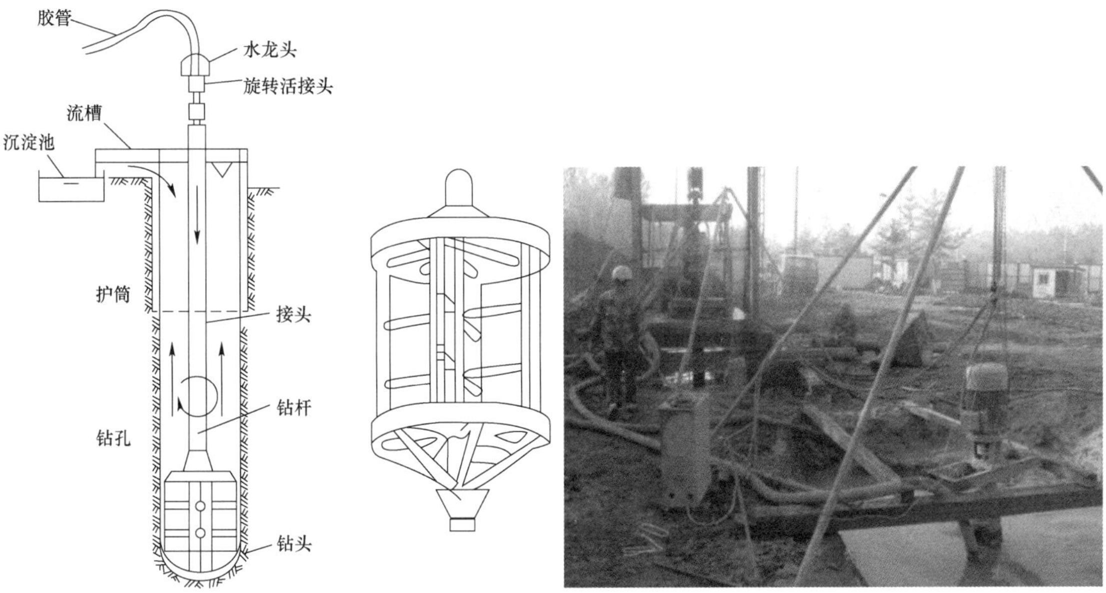

（a）正循环钻孔示意图　　（b）正循环钻孔施工

图 3–7　正循环钻孔

（2）反循环旋转钻机。

反循环旋转钻机的主要部件与正循环旋转钻机相同，但一般不需要泥浆泵。按照吸泥浆方式的不同，另配置泥石泵（吸泥泵）与真空泵，或空气吸泥机、水力吸泥机等，如图 3–8 所示。反循环旋转钻机主要适用于黏性土，砂类土，含少量砾石、卵石（含量少于 20%，粒径小于钻杆内径 2/3）的土，软岩。

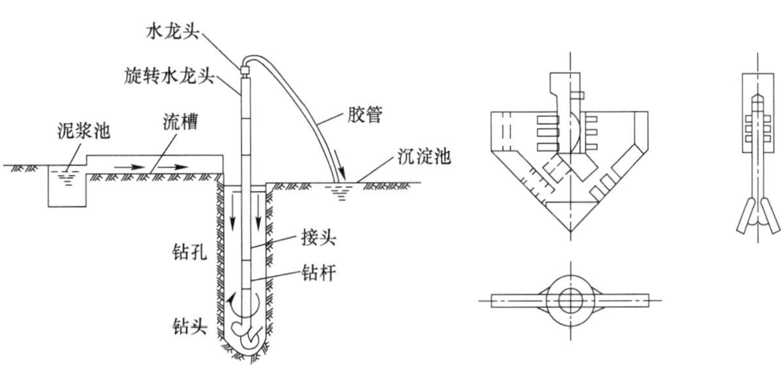

图 3–8　反循环钻孔示意图

3）旋挖钻机

旋挖钻机如图 3–9 所示，其施工工艺被誉为“绿色施工工艺”。旋挖钻机能自动定位，垂直旋挖，具有成孔质量好、速度快、工作效率高、环保、泥浆污染少等特点。

图 3–9　旋挖钻机

旋挖钻机适用于各种土质地层，如砂类土、砾石、卵石、软–中硬基岩等。通常旋挖钻机适合的钻孔深度在 40～60 m 之间，钻孔直径在 2 m 以内。

旋挖钻机是我国高速铁路桥梁桩基础施工的主流设备。旋挖钻机的结构由底盘、钻杆、钻具、动力头、电子控制系统组成。

4）套管钻机

套管钻机如图 3–10 所示，其是在成孔过程中同时以机械手段下沉一个可以重复使用的钢质套管，成孔后在浇筑水下混凝土的同时，逐步将钢质套管拔出。套管钻机适用于黏性土层、砂类土，但不宜在地下水位以下有厚于 5 m 的细砂层的地质条件下使用。套管钻机工作程序如图 3–11 所示。

图 3–10　套管钻机

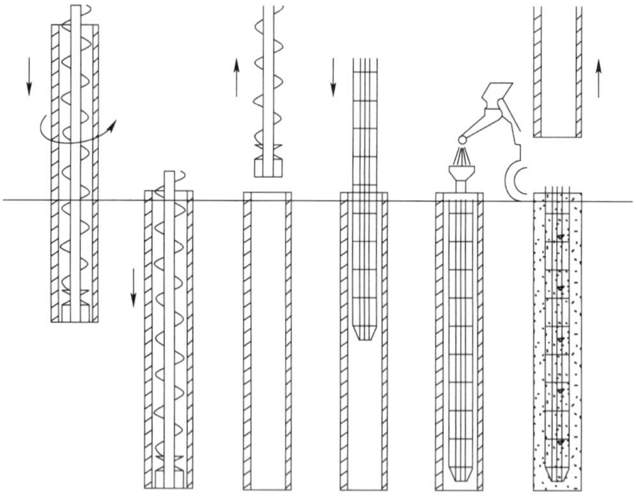

图 3–11　套管钻机工作程序

3.1.3　钻孔桩施工

1. 钻孔桩施工流程

旱地钻孔灌注桩施工工艺及质量控制流程如图 3–12 所示。

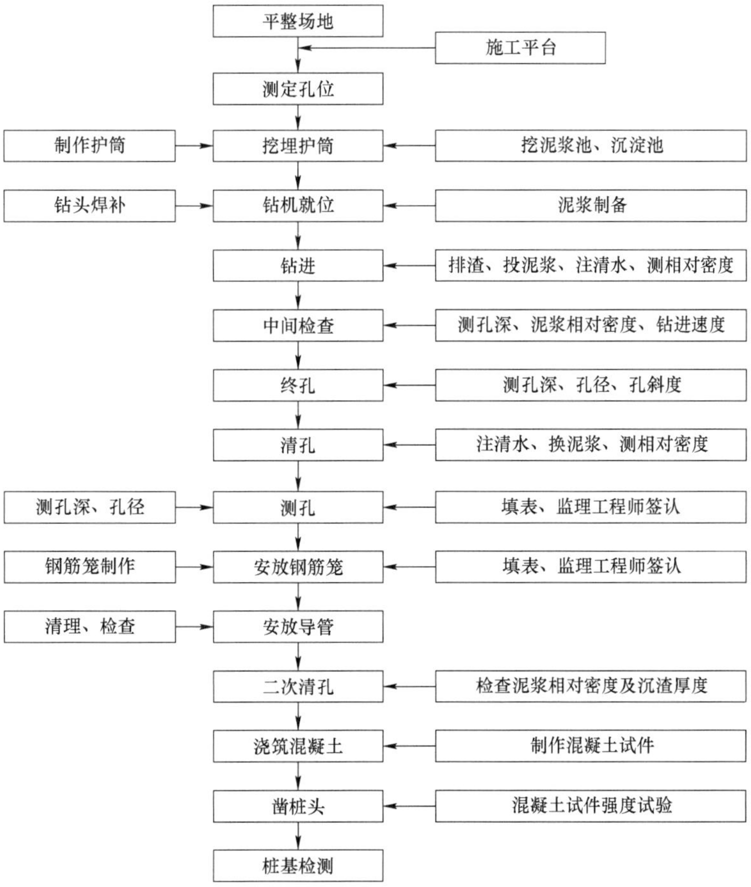

图 3–12　旱地钻孔灌注桩施工工艺及质量控制流程

2. 钻孔桩施工要点

1）钻孔桩的施工准备

（1）钻孔场地准备。

① 在旱地上，应清除杂物，整平场地，如遇软土，适当处理。

② 在浅水中，宜用筑岛或围堰法施工，筑岛面积或围堰内面积应按钻孔方法、钻机大小要求确定。筑岛及围堰顶面应高出施工水位 0.5 m。

③ 在深水中，可搭设工作平台。平台底宜设在施工水位以上并应确保牢固、稳定，能支承钻机和完成钻孔作业。如水流平稳，钻机可设在船上，但应锚固稳定。

（2）钻机选择。

铁路桥梁钻孔桩可选用的钻机有冲击钻机、旋转钻机、旋挖钻机、套管钻机等钻孔设备。根据地层特性选择合适的钻机。桩位地层地质变化较大时，可选用不同类型钻机施工。

（3）施工测量。

钻孔桩施工放样前应按规定布设测量控制网，补充施工需要的桥梁中线桩及水准点，并测定各墩台中心和纵横向十字线位置；同一墩台各桩位中心测设完成后应对各桩中心的相对位置进行复核测量，复核无误后及时测放护桩；开工前将水准点引至墩台附近，并对墩台位置处地面高程进行测量核对；测量记录、计算成果和图表应记录清楚、标注准确、签署完整，并应复核和检算。未经复核的资料严禁使用；钻孔桩施工过程中，应经常对现场施工控制桩进行检查、复核，如超过允许偏差时，应分析原因，予以补救和改正。

2）护筒施工

（1）护筒可采用钢板制作，也可用钢筋混凝土制作。一般钢护筒厚度宜为 6～12 mm，钢筋混凝土护筒厚度宜为 8～10 cm。高度根据地质情况确定，钻孔桩的护筒内径应大于设计桩径，具体数值根据采用的钻机类型确定。护筒顶面宜高出施工水位或地下水位 2 m，并高出施工底面 0.5 m，且同时满足孔内泥浆面高度的要求。周边用黏土夯填密实，可用锤击、加压或振动等方法下沉护筒。在岸摊上埋设护筒时，黏性土、粉土中的护筒埋设深度不宜小于 1 m，砂类土中埋设护筒深度不宜小于 2 m，在水中筑岛施工的护筒埋入河床下 1 m 左右。护筒中心与桩位中心应重合，要求埋设护筒的顶面中心与设计桩位允许偏差不得大于 5 cm，倾斜度不得大于 1%。

（2）护筒的作用是固定桩位、导向钻头、隔离地面水、保护孔口地面及提高孔内水位，以增大对孔壁的静水压力，防止坍塌。

3）钻机钻进

（1）泥浆制备。

泥浆原料宜选用优质黏土，有条件时，应优先采用膨润土造浆。为提高泥浆黏度和胶体率，可在泥浆中掺入烧碱或碳酸钠等添加剂，其掺量应经过试验确定。造浆后应检验全部性能指标，钻进中应随时检验泥浆相对密度和含砂率。

钻孔灌注桩施工中泥浆的作用是：护壁（防渗、防水帷幕）；以孔内高于地下水位的泥浆的侧压力平衡孔壁土压力和孔周水压力，抵抗孔周水渗入孔内，维持孔壁稳定；悬浮土渣，携带土渣出孔，不使土渣沉入孔底造成钻孔困难，影响桩底沉渣厚度。

（2）钻进作业技术要求。

① 钻孔作业要求。

钻孔就位前，应对钻孔的各项准备工作进行检查，包括场地与钻机坐落处的平整和加固，主要机具的检查与安装；需及时填写施工记录表，交接班时应交代钻进情况及下一班应注意事项；钻机底座和顶端要平稳，在钻进和运行中不应产生位移和沉陷。回转钻机顶部的起吊滑轮缘、转盘中心和桩位中心三者应在同一铅垂线上，偏差不超过 2 cm；钻孔作业应分班连续进行，经常对钻孔泥浆性能指标进行检验，不符合要求时要及时调整；每班检查孔体偏斜情况，及时采取纠偏措施。

a）钻孔前，应按施工设计文件提供的工程地质、水文地质资料绘制地质剖面图，挂在钻台上，以便针对不同地层选择不同的钻头、钻进压力、钻进速度及适当的泥浆相对密度。

b）无论采用何种方法钻孔，开孔的孔位必须准确，孔位偏差不得大于 5 cm，应使初成孔竖直、圆顺、坚实。

c）钻孔时，孔内水位应高于护筒底脚 0.5 m 以上或地下水位 1.5～2.0 m 以上，在冲击钻进中取渣时和停钻后，应及时向孔内补水或泥浆，保持水头高度和泥浆相对密度及黏度。

d）钻进过程中，钻头起落速度应均匀，不得过猛或骤然变速，钻渣不得堆积在钻孔周围。

e）钻孔作业应连续进行，因故停钻时，有钻杆的钻机应将钻头提离孔底 5 m 以上，其他钻机应将钻头提出孔外，孔口应加护盖。

f）钻孔过程中应经常检查并记录土层变化情况，并与地质剖面图核对。

② 钻具和钻头选择。

在一般黏性土、淤泥、淤泥质土，以及砂土中，宜采用笼式钻头；在砂卵石层、强风化层中，可用镶焊硬质合金刀头的笼式钻头；遇孤石或旧基础结构时，可用带硬质合金刀的筒式钻头；在硬岩中，可用牙轮钻头；冲孔式钻孔一般采用十字形冲击钻头。冲击钻头分冲孔钻头、冲岩钻头、修孔钻头、扩孔钻头。钻头的直径与设计桩径相比，冲孔钻头、冲岩钻头小 50～80 mm；修孔钻头大 10～20 mm；扩孔钻头大 60～100 mm。冲击钻头必须设置打捞装置。

③ 钻进速度的确定。

钻孔时，应根据土层类别、孔径大小、钻孔速度及供浆量来确定相应的钻进速度。在淤泥和淤泥质土层中，应根据泥浆补给情况，严格控制钻进速度，一般不宜高于 1 m/min；松散砂层中，钻进速度不宜超过 3 m/h；在硬土层中或在岩层中的钻进速度以钻机不发生跳动为准。

（3）测量钻进深度。

一般用测绳系重锤（1～2 kg）从孔底量至护筒顶部或转盘顶面，从量得的总深度中减去护筒顶部或转盘顶面至钻孔原地面高度，即为钻进深度。重锤如图 3–13 所示，在钻进中测量，可以自转盘顶面以下累计各钻杆长度加上原钻杆长度和钻锥高度，减去转盘至地面高度，得出钻进深度，如图 3–14 所示。对于卷扬机起吊锥头的冲击钻孔，可以在吊锥头的钢丝绳上用红色油漆做出标记，随时掌握进深。

图 3–13　重锤

图 3–14　测量钻孔孔深

（4）钻孔事故预防与处理。

钻孔桩钻进过程中若发现斜孔、弯孔、缩颈、坍孔或沿护筒周围冒浆，以及地面沉陷等情况，应停止钻进，采取有效措施后，方可继续施工。钻孔事故预防、处理措施见表 3–1。

表 3–1　钻孔事故预防、处理措施

钻孔事故	预防、处理措施
坍孔	坍孔不严重时，可回填至坍孔位置以上，采取改善泥浆性能、加高水头、埋深护筒等措施继续钻进；若坍孔严重，应立即将钻孔全部用砂或小砾石夹黏土回填重钻。 为避免坍孔，应加大泥浆相对密度，快速钻进；对于使用冲击法成孔，应减小冲程，可以预填碎石土或片石，反复冲砸以加固孔壁
孔身偏斜、弯曲	可在偏斜处吊挂钻锥反复扫孔，使钻孔正直。偏斜严重时应回填黏性土至偏斜处，待沉淀密实后重钻。 钻机底座平正，保证钻杆垂直；钻机安装牢固，机架不摆动，保证钻杆和吊绳始终对准孔心；将基底夯实，防止不均匀沉降引起钻机倾斜；加强机械保养维修，减小钻进过程中钻杆的抖动
扩孔、缩孔	要采取防止塌孔和防止钻锥摆动过大的措施，避免扩孔。缩孔是钻锥磨损过大，焊补不及时或因地层中有遇水膨胀的软土、黏土、泥岩造成的，应及时焊补钻锥，或者应选用失水率小的优质泥浆护壁
钻孔漏浆	若发现护筒内水头不能保持，水位下降，证明有漏浆现象。对于上部渗透性强地层引起的漏浆，可以将护筒周围换填黏土夯实，增加护筒沉埋深度。加稠泥浆，可以减小孔内水的渗透。用冲击法钻孔，还可填入片石、碎卵石土，反复冲击以密实孔壁。钻孔漏浆必须及时补水、补浆，保持孔内水头，防止塌孔。在进入空洞前，应预备足够的泥浆，做好补浆准备
梅花孔或十字槽孔	多见于冲击钻孔。其往往因钻锥的转向装置失灵，泥浆太稠，钻锥旋转阻力过大；或冲程太小，钻锥来不及旋转而形成。应采用片石或卵石与黏土的回填钻孔，待填料沉实后再重新冲击钻进
糊钻、埋钻	常见于循环回转钻进和冲击钻进。应对泥浆稠度、钻渣进出口、钻杆内径大小、排渣设备进行检查计算，并选择适当的钻进速度。若已严重糊钻，应提出钻锥，清除钻渣。遇到塌方或其他原因造成埋钻时，应使用空气吸泥机吸走埋钻的泥砂
卡钻、掉钻	常发生在冲击钻孔时。卡钻后不能强提，只宜轻提。可以用小冲击锤或用冲、吸的方法将钻锥周围的钻渣松动后再提出。掉钻落物时，宜迅速用叉、钩、绳套等工具打捞。在岩层中冲击钻孔，钻头磨损快，在更换钻头后应首先扩孔，防止卡钻。在穿透溶洞顶板时，要小冲程反复冲击，慢慢击穿岩层，不可猛冲快进

4）排渣、清孔

可采用泥浆循环或抽渣筒等排渣方法。如采用抽渣筒排渣，在钻进 4～5 m 深后，每钻进 0.5～1 m 应抽渣一次，并补给泥浆，冲击钻孔可投入黏土 0.3～0.6 m^3，浇注清水。钻到施工图标示桩底高程后，应立即清孔。

（1）清孔方法。

① 抽渣法适用于冲击钻孔或冲抓钻孔。

② 吸泥法适用于土质密实不易坍塌的冲击钻孔。

③ 换浆法适用于正、反循环旋转钻孔。

（2）清孔作业技术要求。

① 无论采用何种方法清孔，在抽渣和吸泥时应及时向孔内注入清水或新鲜泥浆保持孔内水位。

② 手摸孔内排除或抽出的泥浆，若无 2～3 mm 的颗粒，可认为清孔是合格的。

③ 浇筑水下混凝土前，允许沉渣厚度应符合设计要求，设计无要求时，柱桩不大于 50 mm，摩擦桩不大于 200 mm。

5）下放钢筋笼

二次清孔结束后，立即下放钢筋笼。钢筋笼长度超过吊装能力，可以分段制作，向孔内安装时，钢筋笼的连接采用现场焊接或采用套筒法接长。

（1）完成机械设备和施工器具的准备，包括混凝土生产设备、起重吊装设备、电焊设备、供电设备、混凝土浇筑设备、检测试验设备等。

（2）按规定的时间提前约请监理工程师现场检验成孔、钢筋笼、混凝土配比，以及原材料、混凝土拌制的质量，避免停工待检。

（3）钢筋骨架的保护层厚度可用与桩同强度等级混凝土旋转垫块支撑保证。垫块设置密度按竖向每隔 2 m 设置一道，每一道沿圆周设置 4～6 个。

（4）钢筋笼吊装入孔后不影响清孔时，应在清孔前进行吊放。钢筋笼吊装过程中应严防孔壁坍塌。钢筋笼入孔后应准确、牢固定位，上端应均匀设置吊环或固定杆件，防止在浇筑混凝土过程中发生变位。

（5）声测管的设置应符合设计要求，确保接头严密不漏水（浆）。

6）灌注水下混凝土

（1）灌注水下混凝土导管及漏斗应符合下列规定。

① 水下混凝土导管在平面上的布设根数和间距，应根据每根导管的作用半径和桩底面积确定；灌注水下混凝土的导管直径应根据桩底面积确定。

② 导管内壁应光滑，内径应一致，接口应严密；直径可为 20～30 cm，中间节长度宜为 2 m 等长，底节可为 4 m；漏斗下宜用 1 m 长导管。

③ 使用前应试拼、试压，不得漏水，各节应统一编号，在每节上按自下而上标示尺度；导管组装后轴线偏差不宜大于孔深的 0.5%，亦不宜大于 10 cm；组装时，连接螺栓的螺帽宜在上；试压的压力宜为孔底静水压力的 1.5 倍。

④ 导管长度可根据孔深和孔口工作平台高度等因素确定，漏斗底距钻孔口应大于一节中间导管长度；漏斗容量应满足首批混凝土浇筑量要求。

（2）水下混凝土的配制除应符合现行《高速铁路桥涵工程施工技术规程》（QCR 9603—2015）的有关规定外，还应符合下列规定。

① 胶凝材料用量不宜小于 350 kg/m³。

② 粗骨料宜采用连续级配，最大粒径不应大于钢筋净距和导管内径的 1/4，且不应大于 60 mm。

③ 混凝土应按较设计强度提高 15%配制，坍落度宜为 180～220 mm。

（3）水下混凝土灌注过程中要满足以下要求。

① 首批灌注混凝土的数量应能满足导管首次埋置深度和填充导管底部的需要，漏斗底口处必须设置严密的隔水装置，并能顺利排出导管底口。

② 混凝土拌制物运至灌注地点时，应检查其均匀性和坍落度等。

③ 首批混凝土拌和物下落后，混凝土应连续灌注，中途不得停顿，每根桩的灌注时间宜安排在首批混凝土初凝前完成。

④ 在灌注过程中，特别是在潮汐地区和有承压力地下水地区，应注意保持孔内水头。导管的埋置深度宜控制在 2～6 m，最小埋深不得小于 1 m。

⑤ 在灌注过程中，应经常测探井孔内混凝土面的位置，及时调整导管埋深。

⑥ 为防止钢筋骨架上浮，当灌注的混凝土顶面距钢筋骨架底部 1 m 左右时，应降低混凝土的灌注速度。

⑦ 灌注的桩顶高程应比设计高程高出一定长度，以保证混凝土的强度，在灌注将近结束时，应核对混凝土的灌入数量，以确定所测混凝土的灌注高度是否正确。

⑧ 使用全护筒灌注水下混凝土时，当混凝土面进入护筒后，护筒底部应始终在混凝土面以下，随导管的提升，逐步上拔护筒。

⑨ 在灌注即将结束，发生灌注困难时，可在孔内加水稀释泥浆，并掏出部分沉淀土，使灌注工作顺利进行。

⑩ 桩身混凝土灌注工作结束后，处于地面及桩顶以下井孔口的整体式刚性护筒应立即拔出；处于地面以上并能拆卸的护筒，应待混凝土抗压强度达到 5 MPa 后方可拆除。

3. 桩体质量检测及桩体质量问题预防措施

1）桩基检测方法

常用的桩基检测方法有：声波透射法、钻孔取芯法、静载试验法、高应变法和低应变法等。对常规桩基，可根据条件选择一种或多种方法检测。对质量要求高、地质复杂区、质量离散性大的桩，应采用静载试验或钻芯法检验。

2）钻孔桩质量检查内容

钻孔桩质量检查内容包括主控项目和一般项目。

（1）主控项目。

① 钻孔到设计深度后，桩底地质情况应符合设计要求。

检验数量：施工单位、监理单位全部检查；勘察设计单位对有代表性的桩进行现场确认，对柱桩和可溶性岩石等复杂地质条件下的桩基应逐桩确认。

检验方法：检查施工记录，观察。

② 孔径、孔深不应小于设计值，孔型应符合设计要求。

检验数量：施工单位、监理单位全部检查。

检验方法：测量检查和用检孔器或成孔检测仪器检查。

③ 灌注水下混凝土前应清底，孔底沉渣厚度应符合设计要求。设计无要求时，摩擦桩孔底沉渣厚度不大于 200 mm、柱桩不大于 50 mm。

检验数量：施工单位、监理单位全部检查。

检验方法：测量。

（2）一般项目。

钻孔桩钻孔允许偏差和检验方法如表 3–2 所示。

表 3–2　钻孔桩钻孔允许偏差和检验方法

序号	项目		允许偏差	检验方法
1	护筒	顶面中心位置	50 mm	测量检查
		倾斜度	1%	
2	孔位中心		50 mm	
3	倾斜度		1%	测量或超声波检查

检查数量：施工单位全部检查。

学习评价

根据所学内容完成下面的一体化学习任务单。

职业能力养成任务名称：钻孔桩施工技术

姓名：________　　所属学习小组：________　　得分：________

说明：在规定时间内交回一体化学习任务单以便教师评价学习效果。

钻孔桩施工技术

1. 类型和构造

- 桩基础按桩的承载性状可分为（　　）和（　　）。
- 桩基础桩按材料可分为钢筋混凝土桩、（　　）、组合材料桩等。高速铁路桥梁工程中的桩基础多采用（　　）桩。
- 桩基础按施工方法可分为：（　　）、桩尖爆扩桩、（　　）和管柱。
- 桩基础按承台板底面所处的位置可分为（　　）桩基础和（　　）桩基础。

2. 施工知识

- 在桩基础荷载试验中，桩下沉的终止标准为：砂性土在最后30 min内（黏性土在最后60 min内），桩的下沉量不超过（　　）mm。
- 在桩基础荷载试验中，试桩破坏的标准是：桩顶总沉降量大于或等于（　　）mm，同时最后一阶段的下沉量大于前一阶段的（　　）倍，或者施加本级荷载（　　）后，桩的下沉仍没有终止。
- 铁路桥梁钻孔桩的钻进设备包括冲击钻机、（　　）、旋挖钻机及（　　）等钻孔设备。
- 如何根据土层特性选择合理的钻机类型?

3. 钻孔桩施工

- 如何根据环境做钻孔准备?
- 护筒的作用是固定桩位、（　　）、隔离地面水、（　　），以增大对孔壁的静水压力，防止坍塌。
- 按材料分，护筒可采用钢板制作，也可用（　　）制作。
- 钻孔灌注桩施工中经常会使用泥浆润滑，泥浆除了润滑功能，还有哪些作用?
- 钻孔灌注桩钻孔时，孔内水位应高于护筒底脚（　　）m以上或地下水位（　　）m以上，用（　　）测量钻进深度，测量从（　　）量至（　　）或转盘顶面的深度，然后计算孔深。
- 钻孔灌注桩施工中，如何处理坍孔事故?
- 钻孔排渣可采用（　　）或（　　）等方法。
- 钻孔桩清孔法清孔后的孔底沉渣厚度，端承桩不得大于（　　）mm，或不大于设计规定值；摩擦桩不得大于（　　）mm。
- 冲孔桩清孔时，若设计无要求时，桩柱应不大于（　　）mm，摩擦桩不大于（　　）mm。
- 钻孔灌注桩浇筑水下混凝土过程中，导管的埋置深度宜控制在（　　）m。
- 钻孔灌注桩浇筑水下混凝土过程中，为防止钢筋骨架上浮，当浇筑的混凝土顶面距钢筋骨架底部（　　）m左右时，应降低混凝土的浇筑速度。
- 钻孔灌注桩浇筑水下混凝土过程中，应待混凝土抗压强度达到（　　）MPa后方可拆除护筒。
- 处于地面以上并能拆卸的护筒，混凝土应按较设计强度提高15%配制，坍落度宜为（　　）mm。
- 常用的桩基检测方法有：声波透射法、（　　）、静载试验法、（　　）和低应变法等。
- 钻芯法可以检测桩长、（　　）、桩底沉渣厚度，判定、鉴别桩底岩土性状，判定桩身完整性类别。
- 简述断桩产生的原因。
- 如何预防清孔过程中沉渣过厚的问题?

职业能力 3.2 承台施工技术

职业能力情境引入

京沪高速铁路××标××特大桥（DK359+000～DK369+000）段，线路长 10 km，基础采用钻孔灌注桩，群桩基础。该标段承台尺寸多样，以 10.4 m×5 m×2 m+6.8 m×2.6 m×0.5 m 为主，共 313 个承台，所在地质多为粉土和粉质黏土，遇水易成泥，同时该区段地下水非常丰富，施工难度较大，混凝土标号为 C35、C40。地下水位埋深一般在 3.0～6.0 m。大风多集中在 3、4 月，年平均降雨量在 560～800 mm，70%的降雨主要集中在 7、8 月，年平均温度在 11～14 ℃，极端最高气温为 40 ℃，最冷月平均气温在 –4 ℃左右，沿线土壤最大冻结深度为 0.5 m。承台施工如图 3–15 所示。

图 3–15 承台施工

3.2.1 承台施工

陆地承台施工流程如图 3–16 所示。具体承台施工过程如图 3–17 所示。

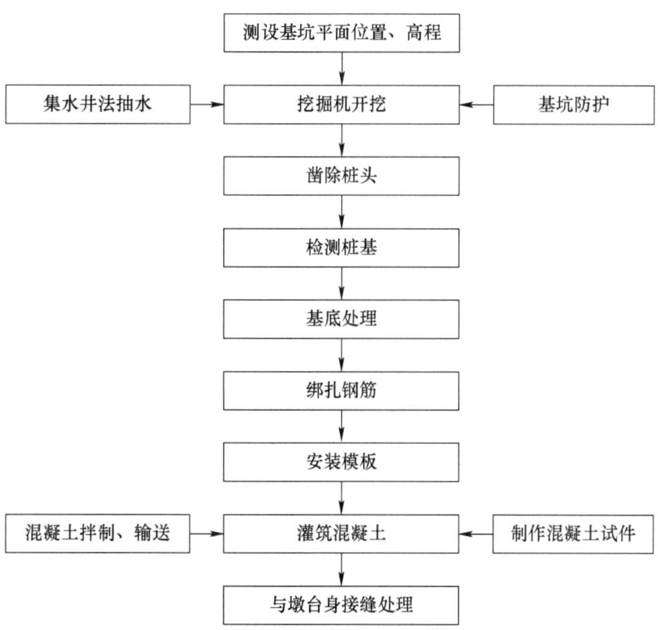

图 3–16 陆地承台施工流程

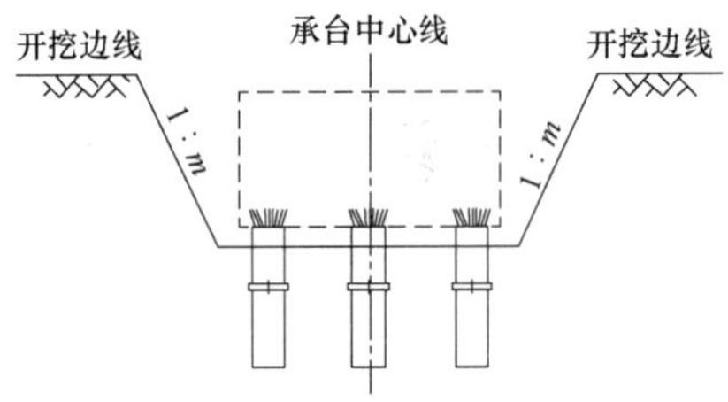

（a）测量组测定承台中心线位置、地面高程，计算并标定开挖边线。长臂挖掘机开挖，坡度依现场情况而定

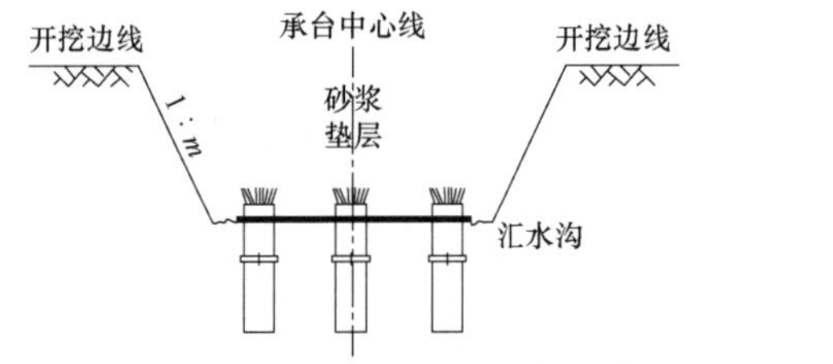

（b）开挖基坑至承台底高程以下 10 cm，并在基坑内设汇水井，换填 M5 浆砌片石，凿除桩头，用砂浆打垫层作为浇筑承台的底模

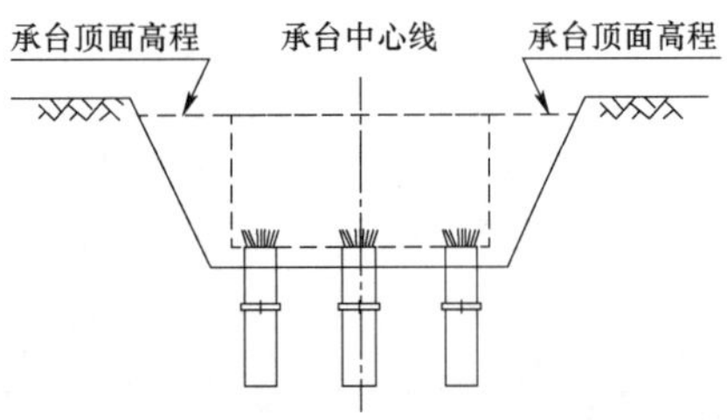

（c）用全站仪复测承台中心线、承台底高程。打设中心线桩号，标定承台顶面高程位置

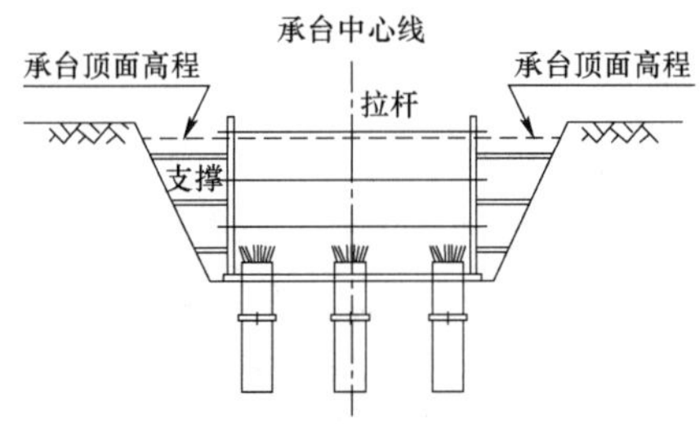

（d）在垫层上放出承台边线，绑扎承台钢筋，立模板，浇筑承台

图 3–17　承台施工过程

3.2.2　一般陆地承台施工要点

1. 场地平整、承台放样

桩身混凝土达到一定的强度后进行基坑开挖。平整场地后，测量人员根据设计准确测出承台位置。然后根据地面高程和放坡系数确定承台基坑开挖边线并用白灰做好标记，承台基坑底部尺寸按承台尺寸加上模板厚度外，每边再预留 50 cm 的工作面。

2. 承台基坑开挖

采用人工配合挖掘机及自卸汽车进行基坑开挖，按标明的开挖线开挖承台基坑，在开挖过程中随时监控开挖深度、边坡系数及坑底平整度，坑底预留 30 cm 人工清底，并根据地质情况，设置木桩或钢管桩等临时支护措施，防止边坡坍塌。

（1）当基坑有水时，水量不大时在基坑内承台尺寸以外设集水坑集中抽水，保证承台施工期间承台底部无水。

（2）当基坑有水且水量较大，坑壁不能自稳时，基坑底部坑壁处采用钢板护壁，再在基坑内承台尺寸以外设集水坑集中抽水，保证承台施工期间承台底部无水。

（3）当地下水位高，采用集水坑抽水不能满足要求时，采用井点降水法降水。

（4）承台开挖完后，基坑周围即时安设防护栏杆及安全网，栏杆距基坑边缘 1 m，栏杆高度在 1.2 m 左右。栏杆上挂设安全网，安全网挂设应稳固、顺直、伸展。基坑口周围 3 m 范围内禁止堆放重物以避免坑壁垮塌。

3. 凿除桩头、桩基检测

凿除桩头过程如图 3–18 所示。破桩头前，应在桩体侧面用红油漆标注高程线，以防桩头被多凿。凿除过程中保证不扰动设计桩顶以下的桩身混凝土。桩头凿完后应报监理验收，并经超声波等各种方法检测合格后方可浇筑混凝土垫层。

（a）测量放线

（b）无齿锯环切

（c）剥出桩头钢筋

（d）切断桩头

（e）吊离桩头

（f）桩头清理

图 3–18　凿除桩头过程

4. 混凝土施工

（1）钢筋绑扎。

（2）承台基坑开挖至设计基底高程，经检验合格，并对基底面进行清理、修整后，立即浇筑基础垫层混凝土。

（3）模板。承台模板宜采用整体大块钢模，模板立设在钢筋骨架绑扎完毕后进行。

（4）混凝土浇筑。

混凝土浇筑总的原则为：由低到高，由四周向中间，分期分批浇筑。

混凝土采用集中拌和、自动计量、罐车运输、泵送混凝土施工、插入式振捣器振捣。混凝土应在无水条件下浇筑，混凝土浇筑期间，由专人检查预埋钢筋和其他预埋件的稳固情况。混凝土浇筑完毕后，在顶部混凝土初凝前，对其进行二次振捣，并压实抹平。大体积混凝土承台采取温控措施时应进行专门设计。

（5）养生。在混凝土浇筑完成并且初凝后，予以洒水养护，以保证混凝土表面经常处于湿润状态为宜，养生期应符合规范要求。

（6）混凝土拆模。

应在侧模混凝土强度达到 2.5 MPa 以上，且其表面及棱角不因拆模而受损时，方可进行承台混凝土拆模。

5. 基坑回填

拆模后，检查承台周围混凝土没有任何缺陷后，按设计要求的填料和质量及时回填。

3.2.3 水中承台施工要点

深水低桩承台根据水深情况，可采用单壁或双壁钢围堰方案。特别是双壁钢围堰由于刚度大，整体稳定性好，可将桩基和承台施工综合考虑，即前期作为钻孔桩施工的工作平台，后期作为承台施工的钢围堰。深水高桩承台可采用单壁或双壁钢吊箱方案。

1. 双壁钢围堰修建桩基承台的两种施工方法

（1）先下围堰并在其上设工作平台进行基桩施工的施工方法。

（2）先进行基桩施工后下围堰，在清基封底后抽水浇筑承台混凝土。

双臂钢围堰应根据水深、流速、承台结构尺寸等进行详细的设计、检算、审核后方可投入加工。双壁钢围堰施工时，围堰浮运、定位、接高、水中下沉、落底、土中下沉和清基等作业规范，可参考《双壁钢围堰设计及施工技术规范》（DB50/T 960—2019）。

2. 钢吊箱围堰施工

双壁钢吊箱围堰铁驳上拼装如图 3–19 所示。

图 3–19　双壁钢吊箱围堰铁驳上拼装

对深水高桩承台，可采用吊箱围堰施工。

（1）吊箱围堰设计。对吊箱围堰进行专门设计，除结构尺寸、强度、刚度、吊装方法满足施工要求外，还要做好抗浮力和防漏水设计。

（2）结构形式。钢吊箱围堰是为了在无水环境下施工而设计的临时阻水结构，其结构主要由底板、侧板、内支撑、吊挂系统 4 部分组成。

① 底板。围堰底板结构除满足浇筑水下封底混凝土和抽水浇筑承台混凝土时受力以外，还要考虑定位桩施工偏差因素，使加劲肋和横梁避开桩孔位置。

② 侧板。围堰侧板根据施工具体情况采用单壁或双壁。当利用边板做承台外模时，要保证满足承台结构尺寸要求。

③ 内支撑。内支撑框梁直接作用于围堰侧板上。其主要作用是减小围堰侧板的计算跨度，从而改善围堰侧板受力状况；在围堰侧板计算时得到内支撑所受荷载，从而对其进行各项检算。

④ 吊挂系统。吊挂系统由支撑分配梁、吊杆、钢护筒及其顶部所设牛腿或分配梁组成。其主要承

受竖向荷载，最不利受力工况与底板相同。

⑤ 各部件的组拼。钢吊箱围堰的底板直接承托侧板，在侧板底部与底板顶面用加劲板焊接；内支撑框架梁则先放在侧板牛腿上，再与支撑构架栓连，最后在内框梁与围堰侧板间用钢板焊实；吊挂系统中支承分配梁直接放在钢护筒顶部牛腿上，待围堰下沉到位后通过吊杆将围堰底板与支承分配梁连接，这样围堰所受竖向荷载就可传至钢护筒上。

⑥ 水中承台及墩台混凝土浇筑完成后，应将承台顶面以上的钢结构临时结构物清除，防止危及通航安全，避免漂浮物堆积。

（3）钢吊箱施工方法及质量要求。

吊箱围堰视水深情况，采取在浮箱上或工作平台上先组拼成整体，再浮运、吊装到已沉好的定位桩上，或采取在基桩外侧搭设临时工作平台进行现场组拼，吊装到定位桩上。

钢吊箱围堰的施工包括加工、拼装、下沉就位、堵漏、封底混凝土浇筑。

① 钢吊箱加工及拼装。

钢吊箱在岸上分多块加工，组拼而成。采用焊接时，焊后须做焊缝强度检测；采用螺栓连接时，则在各分块之间加填高弹海绵或橡胶垫，用螺栓夹紧以止水。

吊箱围堰拼装质量要求：内侧平面尺寸偏差不大于长、宽的 1/700，做承台外模时，承台范围不小于设计尺寸。

② 下沉就位。

利用大吨位浮吊，在定位船上拼装钢吊箱围堰，将围堰吊挂于钢护筒顶部所设钢牛腿或分配梁上。

钢吊箱围堰就位质量应符合下列规定。

a）内侧平面对角线偏差不大于对角线长度的 1/500。

b）底板预留孔位偏差不大于 $\pm$20 mm，结构接缝满足水密要求。

c）围堰整体最大倾斜度不大于箱体高的 1/50，且承台顶面处基础边缘距设计中心线尺寸偏差不大于 50 mm；箱体高程满足设计要求。

d）围堰中线扭转角不大于 1°。

e）围堰做承台外模时，中轴线偏位不大于 15 mm。

③ 围堰堵漏。

围堰定位后，用内装黏土的编织袋（ϕ150 mm 左右），构成内径与钻孔桩护筒外径大致相同的圆形结构，套于护筒上顺势下放，以达到在围堰底板与钢护筒外壁间堵漏的效果，必要时由潜水员下去检查、堵漏。

④ 封底混凝土施工。

钢吊箱围堰水下封底混凝土厚度，按抽水时围堰不上浮原则计算确定，采用多导管对称、分块浇筑混凝土。

在封底混凝土达到设计强度后，抽干围堰内的水，将封底混凝土表面整平，检查、修整，确定无渗漏现象，然后切割钢护筒，进行钻孔桩桩头处理，绑扎承台钢筋，设置降低水化热影响的冷却管及各种预埋件，检查合格后按照前述承台施工工艺施工即可。

3.2.4　大体积混凝土施工质量保证措施

（1）优化混凝土配合比，进行混凝土水化热工计算，绘制混凝土内部温度变化曲线，以指导施工，采取相应的措施，控制混凝土内部温度。

① 水泥品种和用量。

选用低水化热水泥（如矿渣水泥），掺粉煤灰，降低水化热；掺缓凝型减水剂，以节约水泥，延长缓凝时间，延迟水泥水化热峰值；在生产及浇筑时要对配料运送、泵送过程及其他设备采取遮阳或冷却措施。

② 骨料的最大粒径与级配。

改善骨料级配，在保证混凝土强度的前提下，尽量降低砂率，尽可能减少水泥用量，优化骨料级配。

③ 外加剂。

大体积混凝土采用泵送施工技术，除满足基本力学特性外，还应具备如下特殊性能：使大体积混凝土尽可能地水化升温，保证混凝土有良好的可泵性和在高气压下的施工性，保证混凝土结构的耐久性。

④ 掺和料。

加入泵送混凝土中的掺和料主要有粉煤灰。粉煤灰掺入混凝土中起润滑作用，可以改善混凝土拌和物的和易性，提高混凝土的流动性，有利于泵送。

（2）控制混凝土浇筑温度。降低混凝土浇筑入模温度；避免在气温高时浇筑混凝土，混凝土的浇筑应安排在一天中气温较低时进行。

① 分层浇筑。采取薄层浇筑以利散热，分层厚度小于 30 cm，通过分层，增加散热面积，降低水化热温度。

② 在混凝土内预埋冷却水管。通过冷却水管实现冷却水循环，经热交换作用，降低混凝土的温升峰值，以达到减小内外温差的目的。

③ 加强混凝土的养护和保温。混凝土浇筑后，注意覆盖保温，加强养生，并保证混凝土结构内外温差不超过 25 ℃。

学习评价

根据所学内容完成下面的一体化学习任务单。

职业能力养成任务名称：承台施工技术

姓名：____________ 所属学习小组：____________ 得分：__________

说明：请完成任务单，在规定的时间交回任务单以便教师评价学习效果。

承台施工技术

- 1.施工流程
  - 承台施工中，桩基检测工序的紧前工序是（　　）。
  - 承台施工中，混凝土浇筑工序的紧后工序是（　　）。
- 2.承台施工
  - 承台基坑开挖施工中，采用（　　）方法进行基坑开挖。
  - 承台基坑开挖施工中，承台基坑坑底预留（　　）cm人工清底。
  - 承台施工前要先破桩头，破桩头前应在桩体侧面用（　　）标注高程线，以防桩头被多凿。
  - 凿桩头过程中，应保证不扰动设计桩顶以下的桩身混凝土。桩头凿完后应报与（　　）验收，并经（　　）检测等各种检测合格后方可浇筑混凝土垫层。
  - 混凝土浇筑总的原则为：由（　　）到（　　），由四周向中间，（　　）浇筑。
  - 承台混凝土拆模时，侧模应在混凝土强度达到（　　）MPa以上，且其表面及棱角不因拆模而受损时，方可拆除。
  - 大体积混凝土浇筑时，采取（　　）浇筑以利散热，分层厚度小于（　　）cm，通过分层，增加散热面积，降低水化热温度。

工作情境 4

沉井基础施工

思政目标

（1）培养良好的安全责任意识。

（2）培养诚实守信、爱岗敬业精神。

（3）具备严谨、规范的工作作风。

学习目标

1. 知识目标

- 沉井基础施工
  - 1.沉井施工认知
    - 沉井优点
    - 沉井构造
      - 井壁
      - 刃脚
      - 内隔墙
      - 井孔
      - 凹槽
      - 射水管
      - 封底混凝土和顶盖板
  - 2.沉井施工技术
    - 沉井施工流程
    - 沉井施工要点
      - 整平场地
        - 在无水区的场地
        - 在岸滩或浅水地区的场地
        - 在深水或流速较大地区的场地
      - 底节沉井的制造
        - 铺设垫木
        - 立模板及支撑、绑扎钢筋
        - 混凝土浇筑与养生
        - 拆模及抽垫
      - 沉井下沉
      - 沉井接高
      - 基底检验和处理
    - 沉井施工质量检验

2. 能力目标

（1）能够围绕沉井基础施工技术交底文件进行资料收集，能够熟练运用办公软件编写技术交底文件。

（2）能够根据不同施工环境为项目选择合适的施工方案，并具备编制沉井基础施工方案的能力。

（3）能够根据现场的施工条件，具备在工程师指导下对沉井基础施工一般事故提出处理方案的能力。

（4）具备撰写沉井基础施工汇报材料的能力。

3. 素质目标

（1）养成忠于职守、以数据说话的工作作风。

（2）培养综合运用知识从事较复杂技术工作的职业素养。

职业能力 4.1 沉井施工认知

工作情境引入

铜陵长江大桥跨江主桥长 1 290 m，为公铁两用斜拉桥，跨径布置为 90 m+240 m+630 m+240 m+90 m，主跨 630 m。主墩 3#主塔墩采用圆端沉井基础，下端平面尺寸为 62.4 m×38.4 m，顶端平面尺寸为 64 m×40 m，沉井总高度 68 m，上部为 18 m 高钢筋混凝土沉井，下部为 50 m 高钢沉井，总重约 5 000 t，竖向分六节在工厂制造，现场整节段组拼接高，通过定位船定位后吸泥下沉；沉井底面位于细圆砾土层，沉入覆盖层约 35 m。铜陵长江大桥沉井如图 4–1 所示。

本工作情境将重点介绍我国高速铁路常用沉井基础施工的过程。

图 4–1 铜陵长江大桥沉井

4.1.1 沉井优点

沉井是一种依靠自身重力克服井壁摩阻力后逐渐下沉到设计高程，然后经过混凝土封底并填塞孔，最后成为结构物基础的井筒状结构。沉井施工如图 4–2 所示。沉井具有以下优点。

图 4–2 沉井施工

（1）沉井结构截面尺寸和刚度大，承载力高，内部空间可以利用，可用于较深处地下工程的施工。

（2）沉井施工不需要复杂的机械设备，在排水和不排水情况下，均能施工。

（3）可用于各种复杂地形、地质和场地狭窄条件下的施工，对邻近建筑物影响较小，甚至无影响。

（4）当沉井尺寸较大时，在制作和下沉过程中，均能采用机械化施工。

（5）可在地下水很丰富，土的渗透系数大，难以将地下水排开，地下有流砂或有其他不利土层等情况下施工。

（6）与大规模开挖施工相比，可大大减少挖、运、回填土方量，加快施工进度，降低施工费用。

4.1.2　沉井构造

沉井由井壁（侧壁）、刃脚、内隔墙、井孔、封底混凝土和顶盖板等组成，如图 4–3 所示。

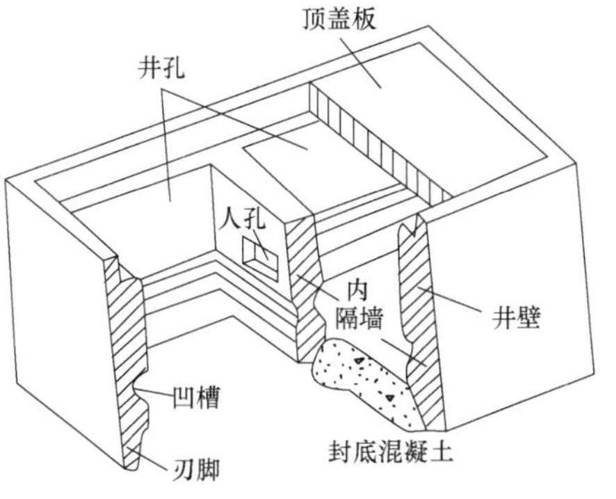

图 4–3　沉井构造

1. 井壁

井壁是沉井的主体，作为施工时的围堰，用以挡土、隔水；提供足够的重量，使沉井能克服阻力顺利下沉；沉至设计高程并经填心后，作为墩台基础。

2. 刃脚

井壁最下端一般都做成刀刃状的“刃脚”。其作用是在沉井自重作用下易于切土下沉，刃脚应具有足够的强度。

3. 内隔墙

内隔墙的主要作用是增加沉井在下沉过程中的刚度，减小井壁受力计算跨度。

4. 井孔

井孔尺寸应满足施工要求，宽度（直径）不宜小于 3 m，井孔布置应对称于沉井中心轴，便于对称挖土使沉井均匀下沉。

5. 凹槽

凹槽设在井孔下端近刃脚处，其作用是使封底混凝土与井壁有较好的接合。凹槽深度约为 0.15～0.25 m，高约为 1 m。

6. 射水管

当沉井下沉深度大，穿过的土质又较硬，下沉产生困难时，可在井壁中预埋射水管。射水管应均匀布置，以利于控制水压和水量来调整下沉方向，一般水压不小于 600 kPa。

7. 封底混凝土和顶盖板

沉井沉至设计高程进行清基后，便浇筑封底混凝土。封底混凝土底面受地基土和水的反力，因此要求封底混凝土有一定厚度。对于岩石地基可用 C15 混凝土；对于一般地基可用 C20 混凝土。顶盖板厚度一般为 1.5～2.0 m。井孔中填充的混凝土，其强度等级不应低于 C10。

职业能力 4.2　沉井施工技术

4.2.1　沉井施工流程

本书以筑岛沉井施工为例介绍沉井施工流程，沉井施工流程如图 4–4 所示。

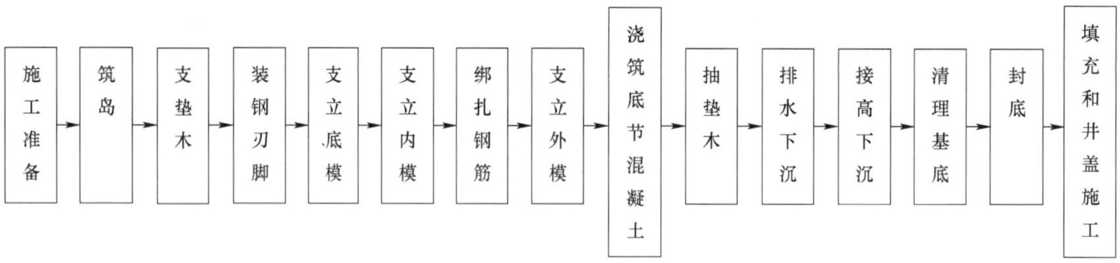

图 4–4　沉井施工流程

4.2.2　沉井施工要点

1. 整平场地

制作沉井前，应先整平场地，要求地面及岛面承载力符合设计要求。如不能满足承载力要求，应采用换填、打砂桩、填筑反压土等加固措施。

1）*在无水区的场地*

在无水地区，天然地面土质较好时，只需将地面杂物清除干净，整平地面，就可在基础位置上制造和下沉沉井。为了减小沉井的下沉深度也可在基础位置处挖一浅坑，在坑底制造沉井且下沉。在一般情况下，应在整平场地上铺不小于 0.5 m 厚的砂或砂砾层。

2）*在岸滩或浅水地区的场地*

在岸滩或浅水地区，需先填筑无围堰土岛。筑岛施工时，应考虑筑岛后压缩流水断面，加大流速和提高水位的影响。

筑岛应符合下列规定。

（1）筑岛材料应用透水性好、易于压实的砂类土、砾石、较小的卵石，且不应含有影响岛体均匀受力及抽垫下沉的块体（包括冻块）。

（2）筑岛的尺寸，应满足沉井制作及抽垫等施工的要求；无围堰筑岛护道宽度不宜小于 2 m，临水面坡度可采用 1:2；有围堰筑岛确定护道宽度时，应满足沉井重量等荷载产生的对围堰侧压力的要求。

（3）岛面应高出施工水位 0.5 m 以上，有流冰时应适当加高。

（4）在斜坡上或靠近堤防两侧筑岛时，应制定防止滑移的措施。

3）*在深水或流速较大地区的场地*

水深在 3.5 m 以内，流速为 1.5～2 m/s 的河床，可用草（麻）袋装砂砾堆成有迎水面的围堰；当流速为 2～3 m/s 时，如河床坚实平坦，不能打桩时，可用石笼或木笼堆成有迎水面的围堰，在内层码放草袋，然后填砂筑岛。

当水深在 3～5 m 之间，流速很大时，如果河床为能打入板桩的地层，可以选择采用木板桩围堰。钢板桩围堰筑岛多用于水深（一般在 15 m 以内）流急、地层较硬的河流。围堰筑岛的护道宽度，应满足沉井重量等荷载和对围堰所产生的侧压力的要求。

筑岛材料应选用透水性好、易于压实的土（砂类土、砾石、较小的卵石），且不应含有影响岛体受力及抽垫下沉的块体（包括冻块）；岛面及地基承载力应满足设计要求；岛面应高出施工水位 0.5 m 以上，有流冰时应适当加高；在斜坡上筑岛时应制订防止滑移的措施。

2. 底节沉井的制造

底节沉井的制造包括铺设垫木、立沉井模板及支撑、绑扎钢筋、浇筑混凝土、拆模及抽垫木等工序，如图 4–5 所示。

（a）挖土胎膜

（b）放置刃脚支撑

（c）支钢模

（d）绑钢筋

图 4–5　沉井制造

1）铺设垫木

制造沉井前，挖土胎膜，然后在刃脚处对称铺满垫木，并使长短垫木相间布置，铺垫木时，要先铺最后拆除的几根主要垫木，然后再铺其余垫木。设计未规定时，沉井的“定位垫木”应安排在周边相隔 90° 的四个点上，沉井垫木布置如图 4–6 所示。垫木底面压应力不大于 0.1 MPa，垫木一般为枕木或方木。

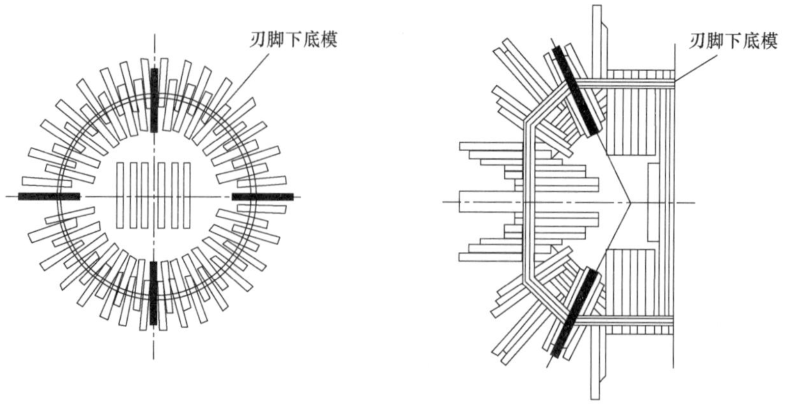

（a）圆形沉井　　（b）矩形沉井

图 4-6　沉井垫木布置

为抽垫方便，沉井垫木应沿刃脚周边的垂直方向铺设。支垫布置应满足设计和抽垫要求并进行分区编号，垫木下须用砂填实，其厚度不小于 0.3 m。垫木间也要用砂填平。各垫木的顶面应与刃脚的底面相吻合。

2）立模板及支撑、绑扎钢筋

如有钢刃脚时，垫木铺好后要先拼装就位。然后立内模，其顺序如下：刃脚斜坡底模，隔墙底模，井孔内模；再绑扎与安装钢筋；最后安装外模和模板拉杆。外模板接触混凝土的一面要平整，使制成的沉井外壁光滑，以利于下沉。

模板及支撑应具有足够的强度、刚度和稳定性；模板应光滑平顺；内隔墙与井壁连接处支垫应联成整体，底模支撑应支在垫木上，以防止不均匀沉陷。

3）混凝土浇筑与养生

沉井混凝土应沿井壁四周对称浇筑，避免因偏载产生不均匀沉陷，并逐层振捣，最好一次浇完。混凝土浇筑完成 12 h 后，即可遮盖浇水养护。

4）拆模及抽垫

在混凝土强度达到 2.5 MPa 以上时，方可拆除直立的侧面模板，且应先内后外；底节沉井达到设计强度 100%，其上各节沉井达到设计强度 70%以上后，方可拆除其他部位的支撑与模板，开始下沉沉井。

沉井抽垫前，应将抽垫次序和垫木编号用油漆标示在沉井外壁上，抽垫前应将沉井内外杂物清除，并准备适量的用于回填的砂土。

拆模的顺序是：井孔模板、外侧模板、隔墙支撑及模板、刃脚斜面支撑及模板。撤除垫木必须在底节沉井混凝土已达到设计强度后进行。抽垫应分区、依次、对称、同步地进行。

撤除垫木的顺序是：先撤内壁下垫木，再撤短边下垫木，最后撤长边下垫木。长边下垫木是隔一根撤一根，然后以四个定位垫木（应用红油漆标明）为中心，由远而近对称地撤。最后同时撤除四个定位支垫处垫木。每撤出一根垫木，在刃脚处随即用砂土回填捣实，以免沉井开裂、移动或倾斜。

3. 沉井下沉

1）下沉施工方法

撤完垫木后，可在井内挖土消除刃脚下土的阻力，使沉井在自重作用下逐渐下沉。井内挖土方法可分排水挖土和不排水挖土两种。只有在稳定的土层中，且渗水量小，不会因抽水引起翻砂时，才可边排水边挖土，否则，只能进行水下挖土。

挖土方法和机具应根据工程的具体条件，合理选择。在排水下沉时，可用抓土斗或人工挖土。用人工挖土时，必须切实防止基坑涌水翻砂，特别是要查明土层中有无“承压水层”，以免在该土面附近挖土时，承压水突破土层涌进沉井，危及人身安全，埋没机具设备。不排水下沉时，可使用空气吸泥机、抓土斗、水力吸石筒、水力吸泥机等挖土。

2）沉井下沉过程中的注意事项

（1）正确掌握土层情况，做好下沉测量记录，随时分析和检验土的阻力与沉井重量的关系。

（2）在正常下沉时应均匀挖土，不使内隔墙底部受到支承。在排水下沉时，设计在支承位置处的土，应在分层挖土中最后挖除。为防止沉井下沉时偏斜，应控制井孔内的除土深度和井孔间的土面高差。

（3）随时调整偏斜，这一点在下沉初期，尤其重要。

（4）弃土应远离沉井，以免造成偏压。在水中下沉时，应注意河床因冲刷和淤积引起的土面高差，必要时应在井外除土调整。

（5）在不稳定的土层或砂土中下沉时，应保持井内水位高出井外一定水位差，防止翻砂，必要时要向井孔内补水。

（6）下沉至设计高程以上 2 m 前，应控制井孔内挖土量，并调平沉井。

3）加速沉井下沉的几项措施

（1）注水法：提高井内水位，使井内水压大于井外，水向外渗流以减少摩阻力。

（2）抽水法：降低井内水位，使井外水压大于井内，水向内渗流以减少摩阻力。同时也减小浮力，但对于易引起翻砂涌水的地层，则不宜采用。

（3）高压射水：在较坚硬的土层中利用抓土斗或吸泥机在水下除土时，可辅以高压射水，以松动及冲散土层，便于抓（吸）土。

（4）炮振下沉：当井孔底坑已较深，刃脚下土层已掏空，沉井仍不下沉时，可在井孔中央的地面上放置炸药起爆，使刃脚已悬空的沉井受震下沉。

（5）压重下沉：沉井施工尚未接筑完成时（接筑上一节沉井），可利用接筑圬工压重，也可在沉井顶上压重物迫使沉井下沉。

（6）泥浆套法：用特制的泥浆（由黏土、水、碳酸钠等材料调制而成）在井壁外形成一个泥浆润滑套，泥浆能稳固住土壁，降低井壁的摩阻力，如图 4–7 所示。

（a）安装泥浆槽

（b）泥浆套助沉

图 4–7　泥浆套法

（7）空气幕法：在井壁预埋压气管道，下沉中通过出气孔喷射压缩空气，压缩空气沿井壁上升，在井壁外产生一个空气帷幕，使井壁与土壤脱离接触，周边摩阻力降低，当不通压缩空气时，摩阻力即可恢复，下沉中要停要沉可以控制。施工中应注意，在喷气时必须自上而下，否则可能造成气流不沿外壁上升而向下经过刃角由井孔内逸出，造成翻砂。

4. 沉井接高

沉井一般在井顶下沉至距地面不小于 0.5 m，不小于水面 1.5 m 时接高。接筑时，下节沉井应尽量调平，使上下两节沉井的中轴线保持在一条直线上，以利下沉到正确位置。为防止沉井在接高时突然下沉或倾斜，如图 4–8 所示，必要时在刃脚下回填一部分碎（卵）石。为加强上下两节沉井接头面的连接，底节沉井的顶部应预留接缝钢筋或凹槽，并将接缝处混凝土表面凿毛洗净，接高的混凝土也应均匀浇筑，使沉井均匀沉落。

图 4–8　沉井倾斜

1）沉井倾斜

（1）原因：挖土不对称；刃脚遇到障碍物顶住而未及时发现。沉井倾斜大多发生在沉井下沉不深的时候，下沉较深时，只要控制得好，很少发生倾斜。

（2）纠正方法：可采用纠偏土、偏压重、顶部施加水平力或刃脚下设支垫等方法。

2）沉井下沉排除障碍物

沉井下沉遇孤石可采取潜水员水下排除或爆破等方法。在水下爆破时，每次装药量不应超过 0.2 kg TNT 当量。遇铁件时，可采取水下切割排除。沉井通过的底层夹有胶结硬层时，可采取钻孔投放炸药的办法预先破碎硬层。

5. 基底检验和处理

1）基底检验

沉井下沉到设计高程后，应对地基进行检验和清理，为封底做好准备。基底检验内容包括：基底平面位置、尺寸大小；基底高程；基底的地质情况、承载力是否与设计要求相符；基底处理和排水情况是否符合规范要求。基底的检验方法包括：用测绳量测不排水下沉的井孔范围内岩石的高程，必要时钻取岩芯复查基底岩层成分；水下潜水员量测隔墙下岩面高程，量测刃脚嵌入风化岩层的宽度，摸探残存风化岩块。

2）基底处理

沉井封底包括干封底和湿封底，如图 4–9 所示。

（a）干封底

（b）湿封底

图 4–9　沉井封底

沉井水下混凝土封底时，与围堰内水下混凝土封底要求相同。水下封底混凝土达到设计要求强度时，把井中水排干，再充填井内圬工。若井孔不填或仅填以砂土时，则应在井顶浇筑钢筋混凝土顶盖板。

湿封底施工参照桩基础水下混凝土施工。

4.2.3　沉井施工质量检验

（1）混凝土沉井制作允许偏差和检验方法应符合表 4–1 的规定。

表 4–1　混凝土沉井制作允许偏差和检验方法

序号	项目		允许偏差/mm	检验方法
1	平面尺寸	长、宽	±0.5%，且不大于 120	测量每边不少于 2 处
		直径	±0.5%，且不大于 120	尺量不少于 4 处
		对角线	±1%，且不大于 180	尺量
2	井壁厚度		±15	尺量不少于 4 处
3	井壁表面平整度		5	2 m 靠尺量不少于 4 处

检验数量：施工单位每节沉井全部检查。

（2）就地制作沉井下沉至设计高程后，允许偏差和检验方法应符合表 4–2 的规定。

表 4–2　就地制作沉井下沉至设计高程后，允许偏差和检验方法

序号	项目	允许偏差	检验方法
1	顶面中心位置	h/50 mm	测量
2	倾斜度	1/50	测量
3	平面扭角（矩形、圆端形）	1°	
4	顶、底面高程	±20 cm	测量 4 点

注：h 为沉井高度（mm）。

检验数量：施工单位全部检查。

（3）沉井下沉至设计高程后，基底地质条件应满足设计要求。

检验数量：施工单位、监理单位全部检查。

检验方法：施工单位观察或进行标贯、触探仪检测；监理单位观察和见证检测。

（4）清理后的基底距隔墙底的高度、刃脚埋深和有效面积应符合设计要求。在软土中沉井沉至设计高程并清基后，应进行沉降观测，沉降满足设计要求时，方可封底。沉井填充应符合设计要求。沉井应在封底混凝土强度达到设计强度后方可抽水填充。

检验数量：施工单位、监理单位全部检查。

检验方法：施工单位观察、测量；监理单位见证检测。

学习评价

根据所学内容完成下面的一体化学习任务单。

职业能力养成任务名称：沉井施工技术

姓名：________________　　　所属学习小组：______________　　　得分：__________

说明：在规定时间内交回一体化学习任务单以便教师评价学习效果。

沉井施工技术

1.沉井构造

- 沉井封底分为干封底和湿封底，铜陵长江大桥的沉井封底做的是（　　）。
- （　　）是一种依靠自身重力克服井壁摩阻力后下沉到设计标高，然后经过混凝土封底并填塞孔，最后成为结构物基础的井筒状结构。
- 沉井由井壁（　　）、（　　）、内隔墙、井孔、封底和顶盖板等组成。
- 沉井沉至（　　）进行清基后，便浇筑封底混凝土。
- 沉井刃脚的作用是（　　）。

2.沉井施工

- 施工流程
  - 沉井排水下沉的紧前工作是（　　）。
  - 沉井清理基底的紧后工作是（　　）。
- 施工要点
  - 沉井筑岛施工时，岛面应高出施工水位（　　）m以上。
  - 当沉井所处的地面及岛面所处土层不能满足承载力要求时，应采取（　　）、（　　）、（　　）等加固措施。
  - 沉井施工中，底节沉井的制造包括铺设垫木、（　　）、绑扎钢筋、（　　）、拆模及抽垫木等工序。
  - 下沉底节沉井时，混凝土必须达到（　　）强度，其余各节允许到（　　）强度。
  - 简述沉井施工时撤除垫木的顺序。
  - 简述沉井下沉过程中要注意哪些问题。
  - 沉井的助沉措施有哪些?
- 质量检查
  - 简述沉井基底检验包括的项目。
  - 沉井下沉至设计标高后，检验基底地质条件的方法有（　　）、（　　）、（　　）。

工作情境 5

墩台施工

思政目标

（1）培养严谨、认真、实事求是的科学作风。

（2）培养安全生产的理念。

（3）具备一定的组织协调能力。

学习目标

1. 知识目标

（1）普通墩台施工技术。

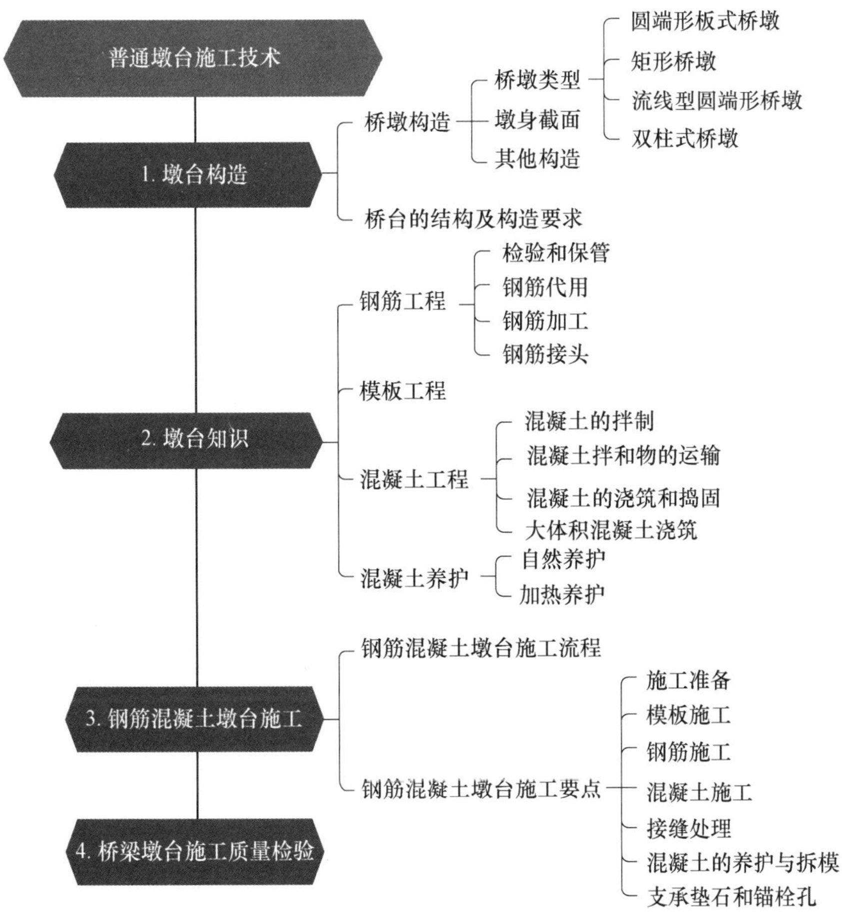

（2）高墩施工技术。

- 高墩施工技术
  - 1. 爬模法施工
    - 爬模法施工知识
      - 爬模法的特点
      - 爬模法的适用范围
      - 爬模构造
    - 爬模法施工流程
    - 爬模法施工要点
      - 模板施工
      - 爬模安装
      - 模板的拆除、整修、涂刷脱模剂、爬模的爬升
  - 2. 翻模施工
    - 翻模施工的特点和翻模的构造
    - 翻模法施工流程
      - 塔吊翻模施工
      - 液压翻模施工
    - 翻模法施工要点
      - 塔吊翻模施工
        - 塔吊、电梯的安装
        - 模板制作
        - 模板安装
        - 钢筋和混凝土作业
        - 模板翻升作业
        - 垂直度控制
        - 拆除模板
      - 液压翻模施工要点
  - 3. 施工质量检验

2. 能力目标

（1）能够围绕桥梁墩台施工技术交底文件进行资料收集，能够熟练运用办公软件编写技术交底文件。

（2）能够根据不同施工环境为桥梁墩台施工项目选择合适的施工方案，并具备编制桥梁墩台施工方案的能力。

（3）能够根据现场的施工条件，具备在工程师指导下对桥梁墩台施工一般事故提出处理方案的能力。

（4）具备撰写桥梁墩台施工汇报材料的能力。

3. 素质目标

（1）养成忠于职守、用数据说话的工作作风。

（2）培养综合运用知识从事较复杂的技术工作的职业素养。

职业能力 5.1　普通墩台施工技术

图 5–1　南溪铁路特大桥桥墩浇筑

职业能力情境引入

南溪铁路特大桥全长 2 299.85 m，该桥桥墩大部分高度较小，最大墩高 16 m。高度 15m 以下实体桥墩采用大块钢模板一次整体浇筑成型，高度 15m 以上实体桥墩分段立模浇筑，采用混凝土输送车运输，泵送入模，墩身模板和钢筋采用汽车吊垂直吊装作业。墩身浇筑完成后先带模浇水养生，拆模后覆塑料膜养生。南溪铁路特大桥桥墩浇筑如图 5–1 所示。

墩身施工技术相对比较成熟，当墩身高度在 15 m 以下时，宜采用整体模板一次立模，连续灌注混凝土。当墩身高度为 16～40 m 时，宜采用大块模板翻模施工。当墩身高度

大于 40 m 时，宜采用液压爬模的施工方法。

5.1.1　墩台构造

桥墩是多孔桥梁中处于相邻桥孔之间支承上部结构的构造物。桥墩一般由顶帽、托盘、支承垫石和墩身组成。桥台是桥梁两端支承上部结构的构筑物。桥台一般由顶帽、托盘、支承垫石和台身组成。

1. 桥墩构造

1）桥墩类型

在高速铁路桥梁设计中，桥梁构造设计要考虑与周围环境相协调，在不增加过多投资的情况下，应注意适当考虑艺术造型效果以满足景观要求。更重要的是，高速铁路桥墩要有良好的实用性，能够满足高速铁路的功能性要求，因此，要考虑尽可能减少在运营期的经常性养护和维修作业，方便运营管理，降低桥梁养护维修费用。根据以上原则，我国高速铁路桥梁桥墩外观形式大致可分为 4 种。

（1）圆端形板式桥墩。

圆端形板式桥墩有空心墩和实体墩之分，圆端形板式桥墩的截面是在矩形两端各接一个半圆，对水流的阻碍较小，能减轻水流的局部冲刷，一般用在桥轴垂直线与水流交角小于 15° 时，能承受比其他墩身截面更大的横向偏心力，在铁路桥梁中使用较广泛，如图 5–2、图 5–3 所示。

圆端形板式桥墩在有景观要求地段或无水地段可根据实际需要使用。

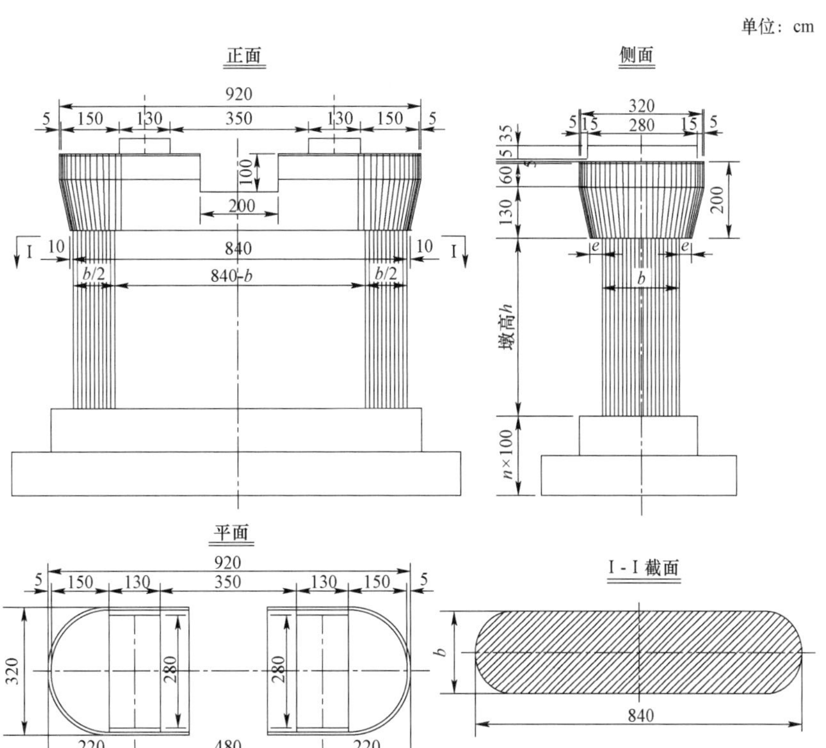

图 5–2　圆端形板式桥墩结构

图 5-3　京沪高速铁路线路上的圆端形板式桥墩

（2）矩形桥墩。

矩形桥墩有空心墩和实体墩之分，矩形桥墩的截面是矩形。其截面外形简单，施工方便，圬工数量较省，但对水流阻力较大，会导致桥墩局部冲刷严重，一般用于无水或静水处，或用于高桥墩的最高水位以上部分，如图 5-4、图 5-5 所示。

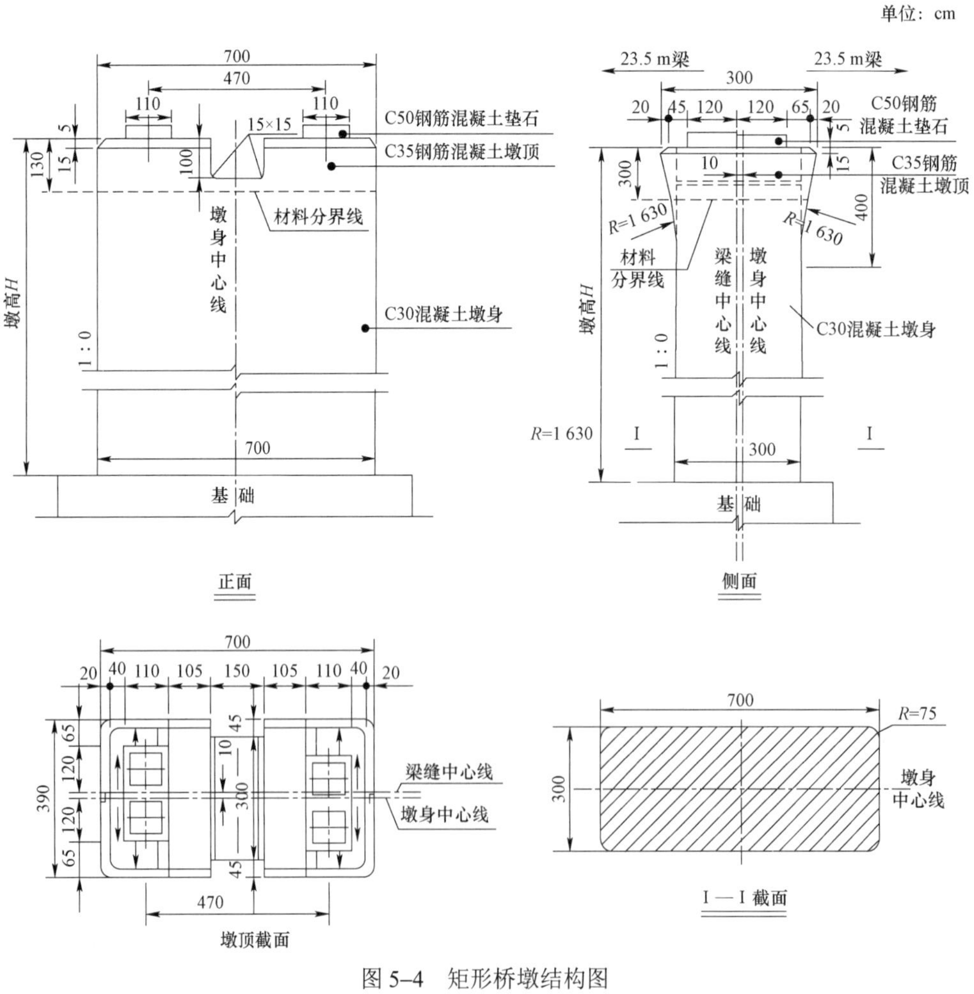

图 5-4　矩形桥墩结构图

图 5–5　京沪高速铁路线路上的矩形桥墩

（3）流线型圆端形桥墩。

流线型圆端形桥墩是在高速铁路建设中发展起来的一种桥墩，有空心墩和实体墩之分，是高速铁路桥梁中广泛采用的一种形式，如图 5–6、图 5–7 所示。其特点是顶帽和墩身部分通过曲线连接，线形美观，一般流线型桥墩的墩身是圆端形。

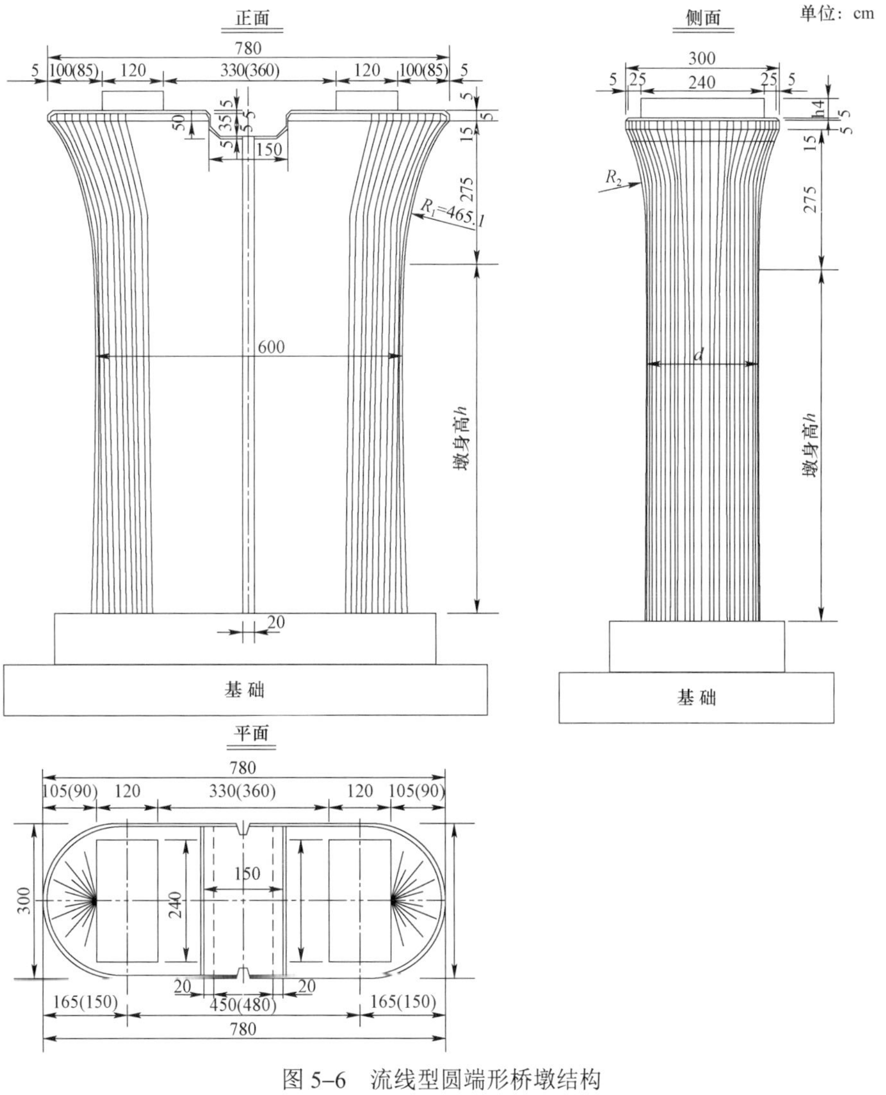

图 5–6　流线型圆端形桥墩结构

图 5–7　京沪高速铁路线路上的流线型圆端形桥墩

（4）双柱式桥墩。

为了使桥墩外观协调、美观，便于施工并节约模板，24 m 和 32 m 简支梁桥墩均采用相同的尺寸，如图 5–8、图 5–9 所示。

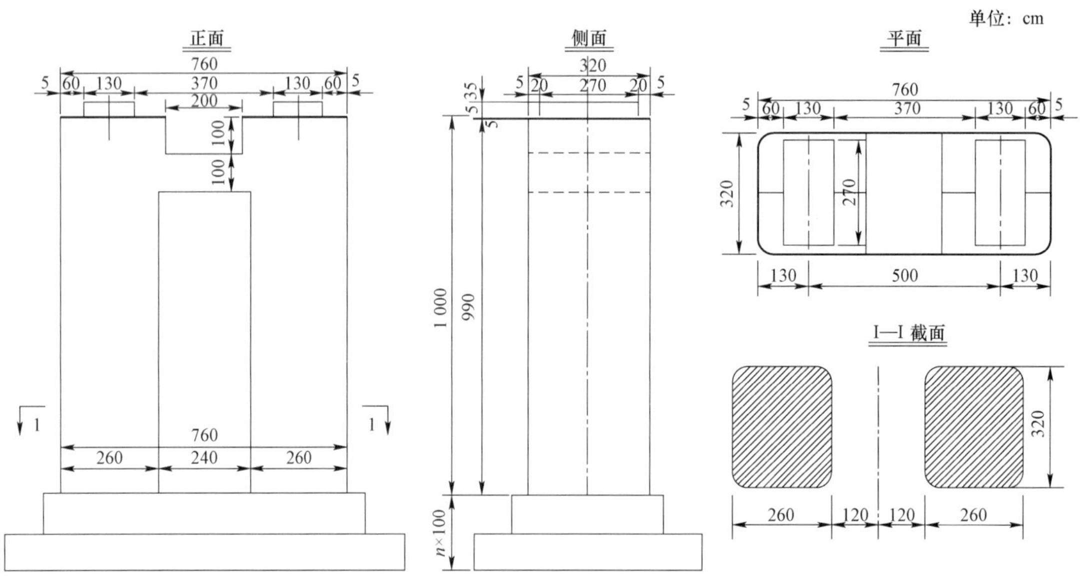

图 5–8　双柱式桥墩结构

图 5–9　京沪高速铁路线路上的双柱式桥墩

2）墩身截面

墩身截面分为矩形和圆端形 2 种，直、曲线上采用相同的截面尺寸，墩高在 20 m 及以下时主要采用实体桥墩，超过 20 m 时可采用空心墩，并以圆端形空心墩为主。空心墩与实体墩相比能有效地实现桥墩的轻型化，降低地基基础的要求，节省圬工数量和工程投资，在高桥墩中应用普遍。

3）其他构造

（1）顶帽、托盘和支承垫石。

高速铁路桥墩广泛采用流线型顶帽。流线型桥墩顶帽形状酷似“流线型花瓶”，如图 5–10 所示。顶帽高度为 2 950 mm，顶、底部截面均为圆端形，“腰身”正面及侧面均由圆弧面构成，主视图“横桥向”腰身弧径为 4 651 mm（此半径尺寸仅适用在圆弧端部中心线处），侧视图“顺桥向”腰身弧径为 7 812 mm（此半径尺寸适用于整个侧弧面），顶帽侧面由圆弧部与侧弧部“相贯”构成，顶帽、托盘及墩身相互间不设飞檐。

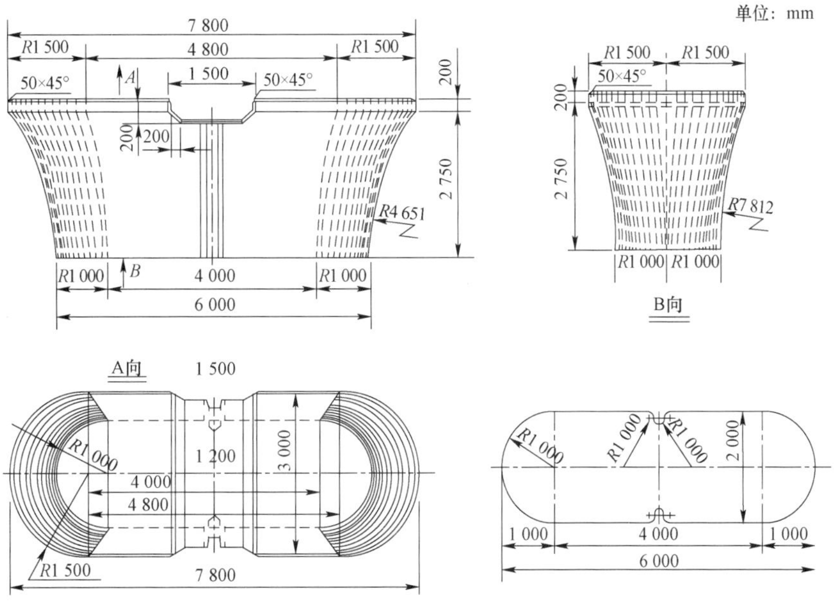

图 5–10　流线型桥墩顶帽混凝土结构

为了满足顶梁、维修和更换支座的需要，高速铁路桥墩的支承垫石均比普通铁路桥墩的要高，其配筋采用间距 5 cm、直径 12 mm 的 HRB335 钢筋，钢筋弯钩采用直钩，箍筋采用直径 10 mm 的 Q235 钢筋。

根据《高速铁路设计规范》（TB 10621—2014）的相关规定，顶帽、托盘和支承垫石的构造要满足以下要求。

① 顶帽上应设置配钢筋的支承垫石，支承垫石应高出顶帽排水坡的上棱。

② 支承垫石到墩台边缘距离及垫石高度应考虑梁顶的空间。

③ 支承垫石外边缘距顶帽边缘为 0.2 m，支承垫石外缘距支座底板边缘为 0.2 m。

④ 顶帽为圆弧形时横桥方向的支承垫石角至顶帽最近边缘的最小距离与顺桥方向相同，顶帽为矩形时，横桥方向的支承垫石角至顶帽边缘的最小距离为 0.5 m。

⑤ 支承垫石边缘距顶帽边缘距离应考虑特殊设备的架设要求。

（2）附属设施。

为便于梁部及支座的检查和维修工作，在墩顶设置吊篮及墩顶凹槽。吊篮采用角钢支架形式，吊篮的人行步板采用钢板，能够及时拆卸、更换。另外，在墩顶凹槽上设置与梁端部底板连接的爬梯。爬梯设置于活动支座一方，便于养护维修人员开展检查和维修工作。桥墩上设置了排水管，如图 5–11 所示，墩顶设排水坡。

图 5–11　桥墩上的排水管

2. 桥台的结构及构造要求

在目前的高速铁路桥梁设计中，广泛采用了一种新的桥台形式，即一字形（矩形）桥台。

一字形桥台（见图 5–12）是介于耳墙式桥台与 T 形桥台之间的一种新桥台。它以混凝土砌块代替耳墙式桥台的耳墙部分与路基相连，台身长度适当增加，台身后坡采用直墙式，前墙采用斜坡式，台身截面采用矩形截面，从平面看，台身纵向尺寸较横向尺寸小很多，形状像一字形，故称为一字形桥台。

在京津城际、石太客专，以及京沪高铁、哈大高铁等高铁及客运专线、客货共线铁路上，普遍采用了一字形（矩形）桥台。针对不同的梁型，分别设计了适用于有砟或无砟桥面简支箱梁（24 m，32 m）、小跨度（3×24 m，2×32 m）连续箱梁、斜交刚构连续梁的单双线、正斜交一字形（矩形）桥台。

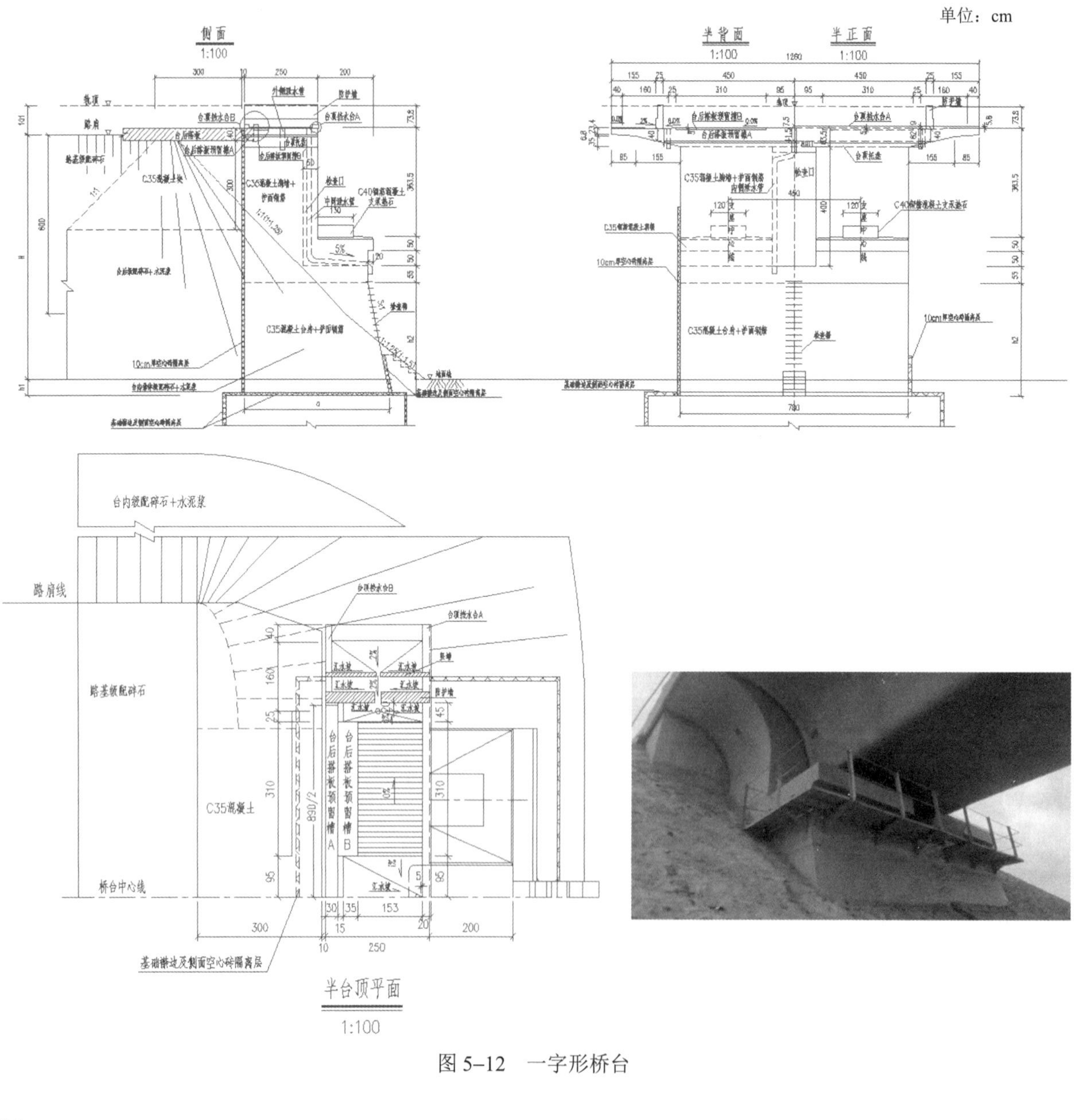

图 5–12　一字形桥台

5.1.2　墩台知识

1. 钢筋工程

高速铁路桥梁钢筋混凝土构件用钢筋参照《铁路混凝土工程施工质量验收标准》（TB 10424—2018）和《高速铁路桥涵工程施工质量验收标准》（TB 10752—2018）的相关规定，一般使用Ⅰ级（HPB235）和Ⅱ级（HRB335）热轧钢筋。

1）检验和保管

钢筋进场时，应对钢筋质量指标进行全面检查，钢筋检查应按批检查钢筋直径、每延米重量并抽取试件做屈服强度、抗拉强度、伸长率和冷弯试验等试验。钢筋检验数量以同牌号、同炉罐号、同规格的钢筋，每 60 t 为一批，不足 60 t 也按一批计量。监理单位按施工单位抽检次数的 10%进行见证取样，至少一次。

成型钢筋进场时应抽取试件做屈服强度、抗拉强度、伸长率和重量偏差检验。对于热轧钢筋制成的成型钢筋，当有施工单位或监理单位的代表驻厂监督生产过程，并提供原材钢筋力学性能的第三方检测报告时，可仅进行重量偏差检验。

钢筋均应附有出厂合格证明或试验报告单，并经工地现场做二次复试，质量合格方能使用。如发现钢筋有脆断、焊接或力学性能不正常时，应取样试验或做必要的化学成分分析。

应在工地设库房或料棚，按钢号、类型、直径等分别存放钢筋，钢筋必须离开地面不小于 20 cm。Ⅱ～Ⅳ级的钢筋，其外形极为相像，但强度差别很大，因此，对钢筋的品种牌号必须分清，应采用挂牌制管理。

堆存钢筋的库棚及工作房不能存放酸性物质和油、盐一类的物品，并应远离有害气体，以免污染或腐蚀钢筋。库房或料棚的四周应挖掘排水沟，经常保持库棚内地面干燥，防止钢筋锈蚀。

2）钢筋代用

应按设计文件要求使用钢筋。个别特殊情况必须代用时，应按相关规定进行检算并办理相关手续。

3）钢筋加工

（1）钢筋调直。

钢筋在使用前必须调直。直径在 10 mm 以下的钢筋，一般卷成圆盘，称为盘条；直径在 10 mm 以上的钢筋，长度为 6～12 m，大多弯成 U 形以便运输装卸。

盘条可用绞磨或绞车拉直；较粗的钢筋，可放在扳柱铁板上用扳子将硬弯大致扳直，然后在工作平台上用手锤整直所有慢弯，直至钢筋在工作台上可以来回滚动方为合格；也可采用功率较大的慢速卷扬机拉直慢弯，但应控制钢筋的伸长率不得超过 0.1%。

（2）除锈。

氧化作用会引起钢筋表面生锈。钢筋表面生锈初期，出现的黄褐色斑点或斑痕叫作水锈或色斑，这种斑锈若在焊接部位应清除干净，其余可不处理。但当斑痕已成为一层锈皮，用锤击就能剥落时，就会影响混凝土与钢筋的黏结，这种锈皮必须清除干净。预应力混凝土构件中的钢筋除锈要求更严，钢筋或钢丝带有色斑、锈皮的均应清除。

简单的钢筋除锈方法有用钢丝刷或砂盘除锈，也可以采用机械喷砂除锈，如图 5–13（a）所示。

（a）喷砂除锈

（b）钢筋切断机

（c）钢筋弯曲机

（d）钢筋焊接连接

图 5–13　钢筋加工

（3）配料。

钢筋配料工作，就是根据设计图样和施工规范的要求，计算每种规格钢筋的根数和长度，按钢筋规格、数量汇总成表格以统筹安排进行配料，力求避免浪费。

一般情况下，受拉的光面钢筋的末端应弯成 180° 的半圆形弯钩，标准弯钩如图 5–14 所示。设计图样上标注钢筋尺寸时，对于有弯钩的钢筋，应注明至钢筋端点的尺寸。因此，在计算下料长度时，必须算出钢筋弯钩增加的长度。

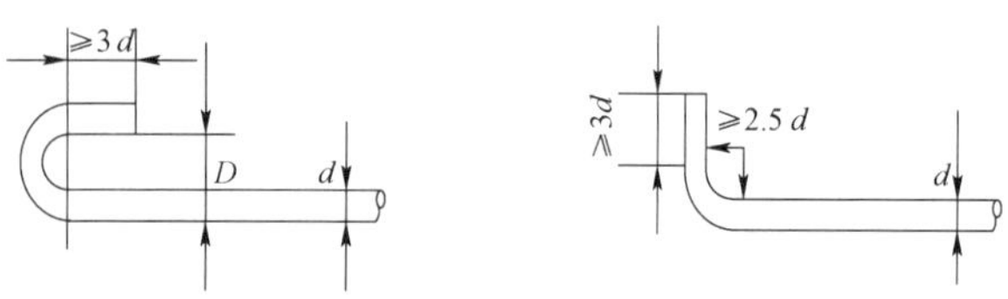

(a) 钢筋末端180°弯钩　(b) 钢筋直角弯钩

图 5–14　标准弯钩

钢筋经过弯曲，因塑性变形引起的长度增加，称为钢筋弯曲伸长值，不同弯起角度的钢筋的弯曲伸长值如表 5–1 所示，一般情况下 45°、90°、180° 弯曲的伸长值分别为 $0.5d$、$1.0d$、$1.5d$。但伸长值与钢筋材质、直径、弯曲度及加工方式有关，采用时宜通过试弯校核。计算下料长度时应减去钢筋弯曲伸长值。

表 5–1　不同弯起角度的钢筋的弯曲伸长值

弯起角度	30°	45°	60°	90°	135°	180°
弯曲伸长度	$0.35d$	$0.5d$	$0.85d$	$1.0d$	$1.25d$	$1.5d$

钢筋的接头应按施工规范要求布置。焊接接头，一般先焊接后下料，只需考虑其部位问题；绑扎接头要考虑其搭接长度。

钢筋下料长度计算：

下料长度＝直段长度+斜段长度+弯钩增加长度－弯曲伸长值

如采用搭接（搭接焊或绑扎接头）时：

下料长度＝直段长度+斜段长度+弯钩增加长度+搭接长度－弯曲伸长值

（4）钢筋的切断。

① 手工切断：可切断直径 6～32 mm 的钢筋。盘条可用断丝钳，较粗的钢筋可用钢筋切断机［见图 5–13（b）］切断。手工切断劳动强度大，工效低。

② 手动切断机：利用杠杆原理来切断钢筋，一般只能切断直径 19 mm 以下的钢筋。

③ 电动切断机：电动切断机效率高，适用于工程量较大的工地，可以切断直径 6～40 mm 的钢筋，直径较小的钢筋可一次切断数根。

（5）钢筋弯曲成型。

将已切断的钢筋弯成所要求的尺寸形状，是钢筋加工中的主要工序之一。如钢筋弯曲成型不正确，或翘曲不平，将使绑扎、安装变得困难，甚至造成质量事故。钢筋弯曲成型时，应按设计弯曲角度一次弯曲成型，不应反复弯折。

钢筋的弯曲成型有机械及人工两种方法。

① 机械弯筋，即使用钢筋弯曲机［见图 5–13（c）］进行弯制，其工作效率高，劳动强度低，适用于大型建筑工地，可弯直径 6～40 mm 的钢筋。

② 人工弯钢筋所用的工具设备主要有以下几种。

a）工作台。工作台台面用硬木做成。

b）卡盘。卡盘是弯制粗钢筋的主要工具之一，由钢板底盘（厚约 12 mm）和扳柱（ϕ22～25 mm 钢筋柱）组成，如图 5–15 所示，卡盘有两种式样：一种是在钢板底盘上焊四个扳柱，另一种是在钢板底盘上焊三个扳柱。其中，四柱式适用于弯制较粗的钢筋，三柱式对大小钢筋均适用。要进行弯制钢筋工作，应准备不同规格的扳手一套。

c）摇扳。摇扳是弯制细钢筋的工具，由钢板底盘、扳柱、扳手组成，如图 5–16 所示。图 5–16（a）为弯制单根钢筋的摇扳，适用于弯曲 ϕ12 mm 以下的钢筋；图 5–16（b）为弯制多根钢筋的摇扳，其每次可弯曲 4 根 ϕ8 mm 的钢筋（适用于箍筋弯制）。

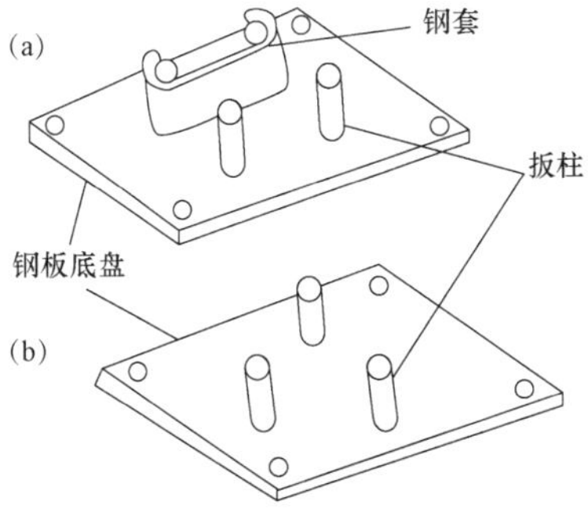

图 5–15　卡盘

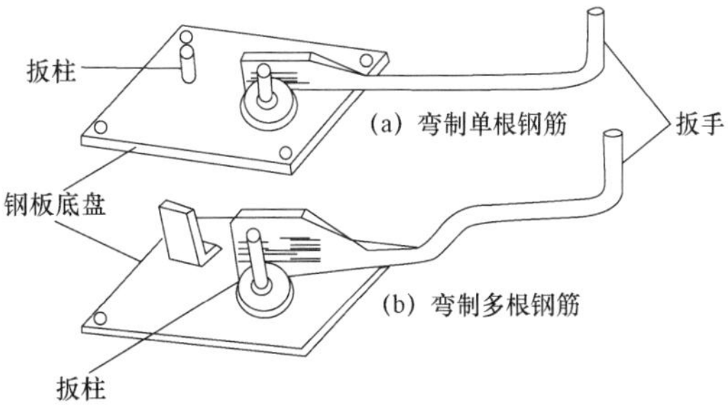

图 5–16　摇扳

d）钢筋扳子。钢筋扳子与卡盘配合用于弯制粗钢筋。钢筋扳子分为横口扳子和顺口扳子（见图 5–17）两种。钢筋扳子的扳口尺寸要比被弯制钢筋的直径大 2 mm 为宜。

钢筋的弯制和钢筋末端弯钩应符合设计要求。其检验数量，施工单位按钢筋编号抽检 10%，且不少于 3 件，监理单位按施工单位抽检数量的 10% 进行平行检验，且不少于 1 件。

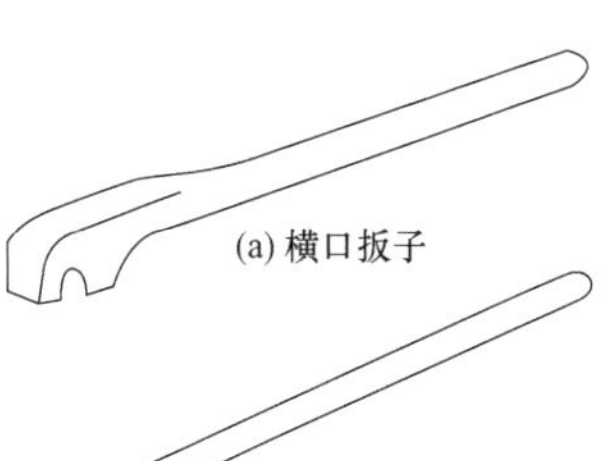

图 5–17　钢筋扳子

4）钢筋接头

钢筋接头的形式有绑扎、焊接、机械连接 3 种，如图 5–18 所示。

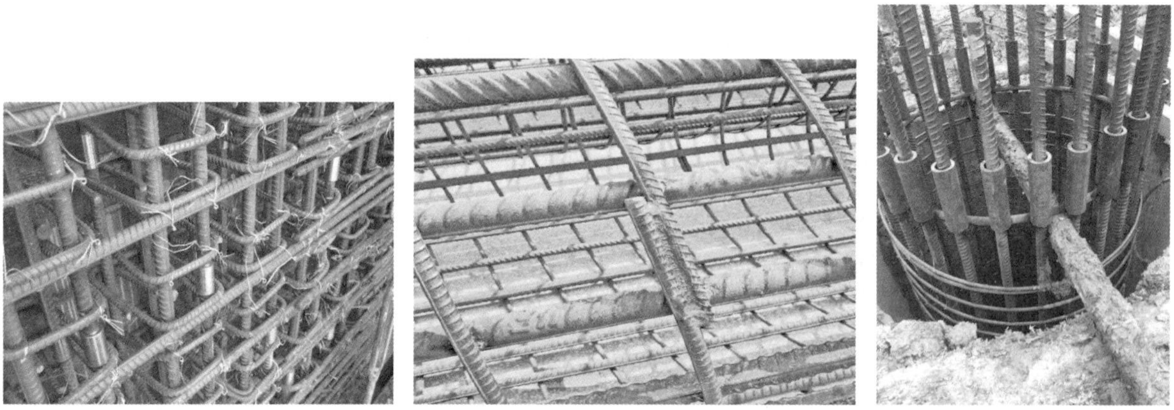

（a）绑扎　　（b）焊接　　（c）机械（套筒）连接

图 5–18　钢筋接头

（1）绑扎接头。

绑扎接头是把钢筋按规定搭接起来，在搭接部分的中心和两端用铅丝扎紧，如图 5–19 所示。绑扎接头依靠钢筋搭接部分锚固在混凝土中来传力，钢筋直径超过 25 mm 时不应采用绑扎接头。

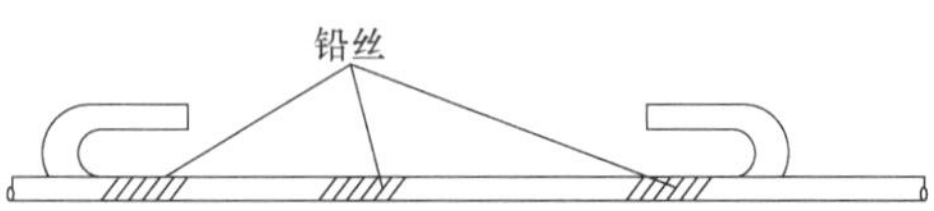

图 5–19　绑扎接头

绑扎接头操作方便，但其缺点是：① 不如焊接接头牢固可靠，特别是在钢筋直径较大时；② 要消耗较多的钢材；③ 占地大，用于钢筋密集的结构时，浇筑混凝土有困难；④ 效率低，进度慢。

（2）焊接接头。

焊接接头有节约钢材、提高工程质量、缩短工期的优点，特别适用于钢筋工程量较大的工程。钢筋焊接连接如图 5–13（d）所示。焊接接头分接触对焊和电弧焊两种。

① 接触对焊。这是一种成本低、质量好、效率高的接头方式。其工作原理是使钢筋的端面接触，通电发热到一定程度，再加压顶锻，把两根钢筋对接成一体。接触对焊又分为电阻对焊和闪光对焊两种。

电阻对焊要求焊机有较大的功率，钢筋的端头面必须加工铣平且与钢筋轴线垂直。此种接头可能含有部分金属氧化物，质量不够理想，耗电量大，一般较少采用。

闪光对焊有很多优点：质量较好，焊接点平整牢固；用电省，只需电阻对焊的 1/3～1/2 功率；生产效率高，平均 20 s 左右接头一次，而电阻对焊一个接头需 50 s 左右；焊件端头不需要加工铣平。

② 电弧焊。其工作原理是使用交流、直流两类电焊机，利用电弧产生的热能，把钢筋末端和焊条（或帮条和焊条）熔化，冷却凝固后便形成焊接接头。

电弧焊焊条应选用低碳、低合金、高强度钢焊条，并符合国家标准。焊条的型号、直径和钢筋直径与焊接形式有关，应按规定选用。

（3）机械连接接头。

钢筋机械连接常有套筒挤压连接、锥螺纹套筒连接、直螺纹套筒连接 3 种形式，是近年来大直径钢筋现场连接的主要方法。

① 套筒挤压连接：亦称钢筋套筒冷压连接。它是将需连接的带肋钢筋插入特制钢套筒内，利用液压驱动的挤压机侧向加压数道，使钢套筒产生塑性变形，套筒塑性变形后即与带肋钢筋紧密咬合达到连接的效果。它适用于竖向、横向及其他方向的较大直径带肋钢筋的连接。与焊接相比，套筒挤压连

接的接头强度高，质量稳定可靠，是目前各类钢筋接头中性能最好、质量最稳定的接头形式。

② 锥螺纹套筒连接：利用锥形螺纹套筒将两根钢筋端头对接在一起，利用螺纹的机械咬合力传递拉力或压力。

③ 直螺纹套筒连接：将钢筋待连接的端头用滚轧加工工艺滚轧成规整的直螺纹，再用配套的直螺纹套筒将两钢筋对接拧紧，实现连接。

受力钢筋的连接方式、接头位置应符合设计要求。钢筋接头应设置在承受应力较小处，并应分散布置。“同一区段内”有接头的受力钢筋截面面积占受力钢筋总截面面积的百分率应符合设计要求。无设计要求时应符合以下规定。

① 焊接接头在受弯构件的受拉区不应大于 50%，轴心受拉构件不应大于 25%。

② 机械连接接头的受弯构件不应大于 50%，轴心受拉构件不应大于 25%。

③ 绑扎接头在构件的受拉区不应大于 25%，在受压区不应大于 50%。

④ 钢筋接头应避开钢筋弯曲处，距离弯曲点的距离不应小于钢筋直径的 10 倍。

⑤ 在同一根钢筋上应少设接头，同一连接区段内，同一根钢筋上不应超过 1 个接头。其中，焊接接头或机械连接接头的同一区段长度为 $35d$（d 为纵向受力钢筋的较大直径），且不小于 500 mm；绑扎接头的同一区段长度为 1.3 倍搭接长度，且不小于 500 mm；凡接头中点位于该连接区段长度内的接头均属于同一连接区段。

⑥ 当施工中分不清受拉区或受压区时，接头设置应符合受拉区规定。

2. 模板工程

高速铁路桥涵施工宜优先选用整体式钢模板，参照《高速铁路桥涵工程施工质量验收标准》（TB 10752—2018）的相关规定，其构造要求如下。

（1）墩台模板宜采用统一制作的定型整体式钢模板。模板板面应平整，接缝应严密不漏浆，拆、装施工操作方便。施工中应制订模板的安装、使用、拆卸及保养等有关措施和注意事项。

（2）墩台模板及支架应具有足够的强度、刚度与稳定性，能可靠地承受施工过程中可能产生的各项荷载，保证结构物各部分形状、尺寸准确。

（3）模板安装前应进行试拼，检查合格后，对其进行编号存放。墩台模板采用整体分段吊装时，其分段高度应根据吊装能力并结合墩台结构分段情况确定，一般宜为 2～4 m，并应有足够的整体性和刚度。

（4）墩台模板必须与承台或基础顶面密封，密封材料不得侵入墩身。

3. 混凝土工程

1）混凝土的拌制

混凝土的拌制就是将水泥、水、砂石骨料和外加剂等原材料在一起均匀拌和的过程。搅拌后的混凝土要求均质，且达到设计要求的和易性与强度。

拌制混凝土配料时，必须严格按照施工配料单进行。各项材料允许的配料误差为：水泥及外掺混合材料±2%，水及外加剂溶液±2%，粗细骨料±5%。

（1）搅拌机的分类。混凝土的拌制方法有人工与机械两种，一般采用机械拌制，只有零星小工程方可采用人工拌制。混凝土机械拌制，一般使用混凝土搅拌机。搅拌机分自落式与强制式两种，自落式搅拌机适用于塑性混凝土，强制式搅拌机适用于干硬性混凝土。

（2）影响搅拌机工作的因素。为了获得均匀、优质的混凝土拌和物，除合理选择搅拌机型号外，还必须确定搅拌机的转速、装料容积、投料顺序和搅拌时间等。

（3）投料顺序。在确定混凝土各种原材料的投料顺序时，应考虑如何才能保证混凝土的搅拌质量，减少机械磨损和水泥飞扬，减少混凝土的粘罐现象，降低能耗和提高劳动生产率等。目前采用的装料顺序有一次投料法、二次投料法等。

① 一次投料法是将砂、石、水泥依次放入料斗后再和水一起进入搅拌筒进行搅拌。当采用自落式搅拌机时常用的加料顺序是先倒石子，再加水泥，最后加砂。这种加料顺序的优点是水泥位于砂石之间，进入拌筒时可减少水泥飞扬，同时，砂和水泥先进入拌筒形成砂浆，可缩短包裹石子的时间，也避免了水对石子表面的不良影响，提高搅拌质量。

② 二次投料法又可分为预拌水泥砂浆法和预拌水泥净浆法。预拌水泥砂浆法是将水泥、砂和水投入拌筒搅拌 1～1.5 min 后，加入石子再搅拌 1～1.5 min。预拌水泥净浆法是先将水和水泥投入拌筒搅拌 1/2 搅拌时间，再加入砂石搅拌到规定时间。实验表明，由于预拌水泥砂浆法或预拌水泥净浆法对水泥有一种活化作用，因而搅拌质量明显高于一次投料法。若水泥用量不变，混凝土强度可提高 15%左右，或在混凝土强度相同的情况下，可减少水泥用量约 15%～20%。

当采用强制式搅拌机搅拌轻骨料混凝土时，若轻骨料在搅拌前已经预湿，则合理的加料顺序应是：先加粗、细骨料和水泥搅拌 30 s，再加水继续搅拌到规定时间。若在搅拌前轻骨料未经预湿，则先加粗、细骨料和总用水量的 1/2 搅拌 60 s，或再加水泥和剩余 1/2 用水量搅拌到规定时间。

（4）搅拌时间。搅拌时间指从全部原材料装入拌筒时起，到开始卸料时止的时间。超过一定限度后，混凝土的强度不再随着搅拌时间的增加而增加，而且时间过长，将导致混凝土出现离析现象，多耗电能，增加机械磨损，降低搅拌机的生产效率。

2）混凝土拌和物的运输

混凝土从搅拌机卸出后，应及时送到浇筑地点。其运输方案的选择，应根据建筑结构的特点、混凝土的工程量、运输距离、地形、道路和气候条件及现有设备等综合考虑。

混凝土拌和物在运输过程中应保证其均匀性，不得有漏浆、泌水、离析、坍落度减小等现象。运输时间应尽量压缩并应减少不必要的翻装倒运，尤其是在不允许留施工缝的情况下，混凝土运输必须保证其浇筑工作能够连续进行。此外，还必须在水泥初凝前浇筑完毕。

运输有水平运输和竖直运输两种情况。水平运输一般采用手推车、普通汽车或带有搅拌设备的专用汽车。竖直运输，可将混凝土拌和物装入吊斗，采用扒杆或井架提升。既有水平运距又有竖直运距时，可采用皮带运输机或缆索吊车。混凝土泵是近年来发展起来的一种较好的水平兼竖直运输工具，其适应性强，适用于施工困难、结构复杂的钢筋混凝土工程和较高墩台的混凝土浇筑。

3）混凝土的浇筑和捣固

（1）混凝土的浇筑。

浇筑和捣固是混凝土施工的重要工序，对混凝土质量起着关键作用。浇筑前必须仔细检查模板尺寸是否正确、支撑是否牢固，并对照设计图样认真检查钢筋和预埋铁件、管道的规格、数量及位置；将模板和钢筋上的泥污杂物清除干净，木模板应洒水使之湿润，但不得有积水；准备和检查材料、机具等，关注天气预报，在雨雪天气不宜浇筑混凝土；此外，做好施工组织和技术、安全交底工作。

浇筑混凝土的自由倾落高度一般不得超过 2 m，如落差较大应设溜槽、串筒，降低自由倾落高度，以免产生离析。混凝土应水平分层浇筑，并应边浇筑边捣固，分层厚度主要依捣固能力而定，混凝土施工规范中有明确规定。浇筑混凝土必须连续进行，不得间断，如确需间断，应控制间断时间，必须在前层混凝土开始凝结前把次层混凝土浇筑完毕。如超过间歇时间，不得继续施工，必须按施工缝处理。

混凝土入模温度不宜高于 30℃，新浇筑混凝土与邻接的已硬化的混凝土或岩土介质表面的温差不宜大于 15℃。与新浇筑混凝土接触的已硬化的混凝土、岩土介质、钢筋和模板的温度不应低于 2℃。冬季施工时，入模温度不应低于 5℃。

在施工缝处新浇混凝土之前，应对已经硬化的混凝土表面进行凿毛处理并充分湿润，但不应有积水。凿毛后露出的新鲜混凝土面积应不低于总面积的 75%。采用人工凿毛时，混凝土强度应不低于 2.5 MPa，采用机械凿毛时，混凝土强度应不低于 10 MPa。

（2）混凝土的捣固。

混凝土入模时呈疏松状，里面含有大量的空洞和气泡，必须采用适当的方法在初凝之前对混凝土进行捣实，才能使构件或结构满足使用要求。下面介绍混凝土捣固的相关知识。目前使用较普遍的振动机械有内部振动器、表面振动器、外部振动器和振动台等，它们有各自的工作特点和适用范围，需根据工程实际情况进行选用。

内部振动器又称插入式振动器。插入式振动器的适用范围广泛，可用于大体积混凝土、基础、柱、梁、墙、厚度较大的板及预制构件的捣实工作。当结构配筋稠密或厚度较薄时，不宜采用插入式振动器。

根据工作原理的不同，插入式振动器分为偏心式和行星式两种。

偏心式振动器的工作原理是在振动棒中心安装具有偏心质量的转轴，偏心转轴在电动机作用下高速旋转时产生的离心力通过轴承传给振动棒外壳，从而使整个棒体处于振动状态。

行星式振动器的工作原理是在振动棒内部安装一个转向轴，转向轴下部带有一个滚锥，转向轴在由电动机带动自转时，带动下部滚锥沿滚道公转，从而形成滚锥体的行星运动，进而使棒体产生振动。同偏心式振动器相比，其具有尺寸小、质量小、功率高、机械磨损小、易于操作等优点，因而应用更为普遍。

插入式振动器的振捣方法有垂直振捣和斜向振捣两种，可根据具体情况采用，一般来说采用垂直振捣的情况更多。垂直振捣容易插点均匀，容易控制插入深度（不得超过振动棒长度的 1.25 倍），不易产生漏振，不易触及钢筋和模板；混凝土受振后能自然沉实、均匀密实。而斜向振捣是将振动棒与混凝土表面以 40°～45°插入，操作省力、效率高、出浆快，易于排除空气，不会发生严重的离析现象，振动棒拔出时不会形成孔洞。

使用插入式振动器垂直振捣的操作要点：直上直下、快插慢拔，插点均匀、切勿漏插，掌握时间、层层扣搭。

其中，“快插”是为了防止将表面混凝土振实而无法振捣下部混凝土，导致与下部混凝土出现分层离析现象；“慢拔”是为了让混凝土有充足时间填满振动棒抽出时形成的孔洞。振动过程中，宜将振动棒上下略做抽动，以使混凝土振捣均匀。

表面振动器在使用时，在每一位置应连续振动一定时间，一般为 25～40 s，以混凝土表面出现浆液、不再下沉为准。移动时的有效作用深度，在无筋或单筋平板中约为 200 mm，在双筋平板中约为 120 mm。在振动倾斜混凝土表面时，应由低处逐渐向高处移动，以保证混凝土振实。

外部振动器又称附着式振动器。外部振动器的振动范围不太大，仅适用于振捣钢筋较密、厚度较小等不宜使用插入式振动器的结构。

振动台主要用于混凝土制品厂预制构件的振捣，具有生产效率高、振捣效果好等优点。使用振动台时要注意：混凝土构件厚度小于 200 mm 时，可将混凝土一次装满振捣；如厚度大于 200 mm，则应分层浇筑，每层厚度不大于 200 mm，或随浇随振，振捣时间根据实际情况决定，一般以混凝土表面呈水平、不再冒气泡、表面出现浮浆为准。当振实干硬性混凝土或轻骨料混凝土时，宜采用加压振动的方法，压力为 1～3 kN/m。

（3）混凝土保护层设置。

为了保证钢筋混凝土保护层厚度，应按设计尺寸，预先制造一些保护层垫块与钢筋同时安装。垫块一般用水泥砂浆或小卵石（碎石）混凝土制成。垫块中埋入 18～22 号铅丝，用铅丝把垫块固定在钢筋上，以免垫块移动影响保护层厚度。此外，也可使用钢筋耳环或其他措施。

4）大体积混凝土浇筑

大体积混凝土的浇筑方案需根据结构大小、混凝土供应等实际情况决定，一般有全面分层、分段分层和斜面分层 3 种方案，如图 5-20 所示。

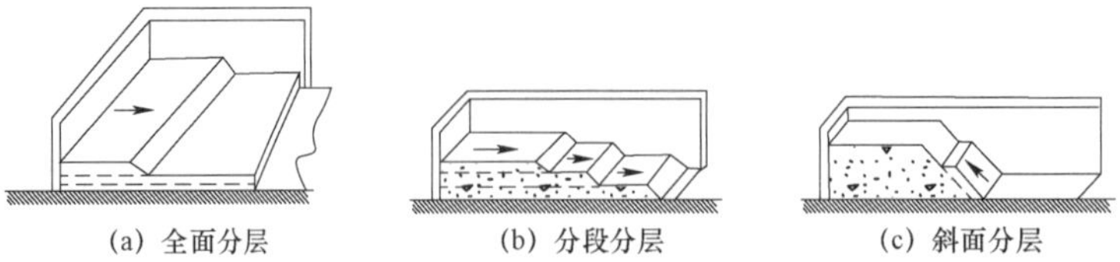

图 5-20　大体积混凝土的浇筑方案

（1）全面分层：当结构平面面积不大时，可将整个结构分为若干层进行浇筑，即第 1 层全部浇筑完毕后，再浇筑第 2 层，如此逐层连续浇筑，直至结束。施工时从短边开始，沿长边进行，必要时亦可从中间向两端或从两端向中间同时进行。为保证结构的整体性，要求次层混凝土在前层混凝土初凝前浇筑完毕。

（2）分段分层：如采用全面分层浇筑方案，混凝土的浇筑强度太高，施工难以满足时，则可采用分段分层浇筑方案。它是将结构从平面上分成几个施工段，厚度上分成几个施工层，先浇筑第 1 段各层，然后浇筑第 2 段各层，如此逐段逐层连续浇筑，直至结束。施工时要求在第 1 段第 1 层末端混凝土初凝前，开始第 2 段第 1 层的施工，以保证混凝土接触结合良好。该方案适用于厚度不大而面积或长度较大的结构。

（3）斜面分层：当结构的长度超过厚度的 3 倍，而混凝土的流动性较大时，宜采用斜面分层浇筑方案。因混凝土流动性较大，采用分层分段时，不能形成稳定的分层踏步，故采用斜面分层，也就是一次性将混凝土浇筑到顶，让混凝土自然流淌，形成一定的斜面，只需在下一段混凝土施工时上一段混凝土尚未初凝即可。混凝土的振捣应从下端开始，逐渐上移，以保证混凝土的施工质量。

4. 混凝土养护

混凝土成形后，为保证水泥水化作用能正常进行，应及时进行养护。养护的目的是保证混凝土凝结和硬化所需的湿度和温度，促使水泥水化作用充分发展。实验表明，未养护的混凝土与经充分养护的混凝土相比，其 28 d 后的抗压强度将降低 30% 左右，1 y 后的抗压强度将再降低 5% 左右，由此可见，养护对混凝土工程的重要性。

混凝土养护的常用方法主要有自然养护、加热养护和蓄热养护。其中蓄热养护多用于冬季施工，加热养护可用于冬季施工和预制构件的生产。

1）自然养护

自然养护是指在自然气温条件下（高于 5 ℃），对混凝土采取的覆盖、浇水润湿、挡风、保温等养护措施。自然养护又可分为覆盖浇水养护和塑料薄膜养护两种。

（1）覆盖浇水养护：根据外界气温一般应在混凝土浇筑完毕后 3～12 h 内用草帘、芦席、麻袋、锯末、湿土或湿砂等适当材料将混凝土加以覆盖，并经常浇水保持湿润。

（2）塑料薄膜养护：此方法以塑料薄膜为覆盖物，使混凝土与空气隔绝，水分不再蒸发，水泥靠混凝土中的水分完成水化作用而凝结硬化。塑料薄膜养护有两种方法。

① 直接覆盖法是将塑料薄膜直接覆盖在混凝土构件上，最好是用两层薄膜，下层用黑色的薄膜，上层用透明的薄膜，周围压严，以达到不用浇水也能保持湿度并提高养护温度的目的。这种方法较覆盖浇水养护可提高温度 10～20 ℃。

② 喷洒塑料薄膜养护法是将塑料溶液喷洒在混凝土表面上，待溶液挥发后，在混凝土表面结合成一层塑料薄膜，使混凝土表面与空气隔绝，封闭混凝土中的水分，从而完成水化作用。这种养护方法

一般适用于表面积大的混凝土施工或浇水养护困难的情况。

喷洒塑料薄膜养护法的缺点是 28 d 后的混凝土强度将降低 8%左右；同时，由于膜很薄，起不到隔热防冻的作用。故夏季薄膜成形以后要加防晒设施（不少于 24 h），否则易发生丝状裂缝。

自然养护成本低、效果较好，但养护周期长。为了缩短养护期，提高模板的周转率和场地利用率，一般在生产预制构件时，宜用加热养护。

自然养护期间，应在混凝土浇筑完毕后 1 h 内对混凝土进行保温、保湿养护，养护时间应符合表 5–2 的规定，当环境温度低于 5 ℃时禁止洒水。

表 5–2　不同混凝土保温、保湿养护的最低期限

水胶比	大气潮湿（RH≥50%），无风，无阳光直射		大气干燥（20%≤RH＜50%），有风，或阳光直射		大气极端干燥（RH＜20%），大风，大温差	
	日平均气温 T/℃	养护时间/d	日平均气温 T/℃	养护时间/d	日平均气温 T/℃	养护时间/d
＞0.45	$5 \leqslant T < 10$	21	$5 \leqslant T < 10$	28	$5 \leqslant T < 10$	56
	$10 \leqslant T < 20$	14	$10 \leqslant T < 20$	21	$10 \leqslant T < 20$	45
	$T \geqslant 20$	10	$T \geqslant 20$	14	$T \geqslant 20$	35
≤0.45	$5 \leqslant T < 10$	14	$5 \leqslant T < 10$	21	$5 \leqslant T < 10$	45
	$10 \leqslant T < 20$	10	$10 \leqslant T < 20$	14	$10 \leqslant T < 20$	35
	$T \geqslant 20$	7	$T \geqslant 20$	10	$T \geqslant 20$	28

注：RH——相对湿度，指空气实际含水量和理论最大含水量的比值。

2）*加热养护*

加热养护是通过对混凝土进行加热来加速其强度的增长。加热养护方法很多，常用的有蒸汽室养护、热模养护、蓄热养护。

（1）蒸汽室养护：将混凝土构件放在充有蒸汽的养护室内，使混凝土在较高温度条件下，迅速达到要求的强度。

蒸汽养护过程分为静停、升温、恒温和降温 4 个阶段。

① 静停阶段：将浇筑成型的混凝土放在室温条件下静停 4～6 h（干硬性混凝土为 1 h），避免进行蒸汽养护时在构件表面出现裂缝和疏松现象。

② 升温阶段：通入蒸汽，使混凝土原始温度上升到恒温。升温速度不宜过快，以免混凝土内外温差过大而产生裂缝。升温速度一般不宜大于 10 ℃/h。

③ 恒温阶段：升温至要求的温度后，保持温度不变的持续养护时间。恒温阶段是混凝土强度增长最快的阶段。恒温的温度与水泥品种有关，对于普通水泥一般不超过 80 ℃，矿渣水泥、火山灰水泥可提高到 90～95 ℃。如温度再高，虽然可使混凝土硬化速度加快，但会降低其后期强度。恒温时间一般为 5～8 h，应保持 90%～100%的相对湿度。

④ 降温阶段：降温速度一般不宜大于 10 ℃/h。在恒温时间段，取出混凝土试件试验，达到混凝土脱模强度后，停止供气降温。蒸汽养护的预制梁脱模后的保温、保湿养护时间不少于 14 d。蒸汽养护的预制轨道板、轨枕块脱模后的保温、保湿养护时间不少于 10 d。

（2）热模养护：也属蒸汽养护，蒸汽不与混凝土接触，而是喷射到模板上以加热模板，热量通过模板与刚成型的混凝土进行热交换。此法养护用汽少，加热均匀，既可用于预制构件，又可用于现浇墙体。

（3）蓄热养护：利用混凝土原材料预热提高混凝土入模温度，利用水泥的水化热和加强保温措施，使新混凝土在一定时间内保持增温，使混凝土温度在温度降至 0℃前达到抗冻临界强度。

新灌注的混凝土达到一定强度即可拆模，拆模的时间应适度。过早则混凝土尚未达到一定强度，在自重作用下有可能发生变形；过晚则影响模板周转和工程造价。拆模时间由混凝土强度的增长与模板承重情况而定，原则上，气温低、混凝土强度增长慢则模板应迟拆；承重的底模比不承重的侧模应迟拆。具体的拆模时间见有关规范。

为了提早拆模，必要时采取蒸汽养护，可大大缩短养护时间。

5.1.3 钢筋混凝土墩台施工

1. 钢筋混凝土墩台施工流程

1）陆地钢筋混凝土墩台施工流程

高速铁路上常用的墩台大多为钢筋混凝土墩台，其施工方法和桥梁上部结构混凝土构件施工方法相似，对混凝土结构模板的要求也与其他钢筋混凝土构件模板的要求相同。通常采用大型钢模板一次浇筑法施工，即利用大型组合钢模板或非定型钢模板，在灌注现场拼装成整体模板来灌注墩身混凝土。钢筋混凝土墩台施工分为陆地钢筋混凝土墩台施工和水中钢筋混凝土墩台施工，陆地钢筋混凝土墩台施工流程图如图 5–21 所示。

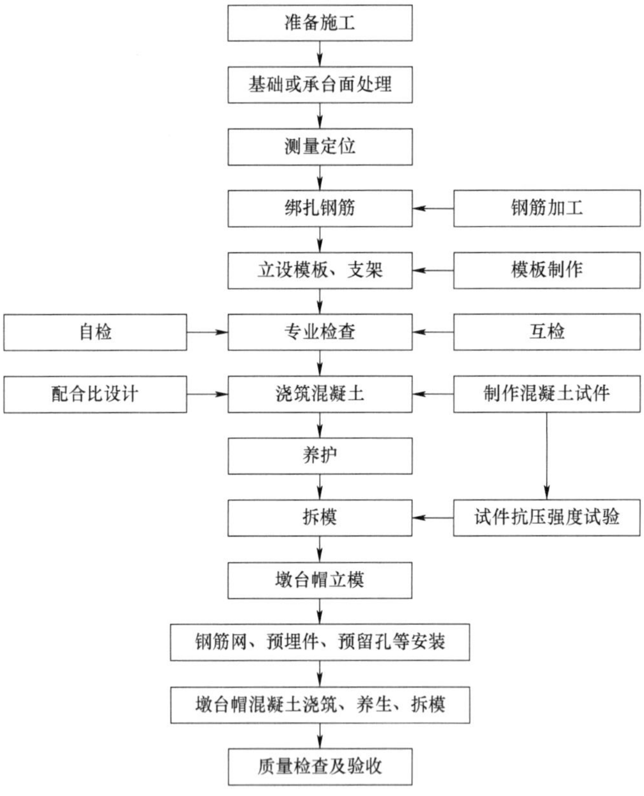

图 5–21 陆地钢筋混凝土墩台施工流程图

2）水中钢筋混凝土墩台施工流程

水中墩台的施工方法、流程与陆地基本相同，不同的只是材料运输方法。

水中墩台可直接利用桩基和承台施工的水上作业平台或在承台上搭设操作平台，采用大块钢模板施工，视水深采用汽车吊或浮吊配合架立模板。钢筋、模板、混凝土及其他施工材料通过施工栈桥运输。当水深较深时，钢筋、模板等可采用浮船运送，桥梁墩台采用泵送混凝土施工。必要时，设水上混凝土拌和站。下面详细介绍陆地钢筋混凝土墩台施工的施工技术要点。

2. 钢筋混凝土墩台施工要点

1）施工准备

桥墩施工前，首先对桥梁所在位置的路线中线进行复测，复测无误后，在现场定出控制桩。以桥梁三角网控制点为基准，按规定精度测量出桥墩中心的位置。将基础顶面浮浆凿除，冲洗干净，整修连接钢筋，并在基础顶面测定中线高程，标出墩台立模位置，然后进行施工。

2）模板施工

模板使用要满足以下要求。

（1）模板组装完毕后，应对模板的垂直度、平整度、错台、拉杆和螺栓的连接牢固程度及支架的稳固性进行检验，合格后方可浇筑混凝土。

（2）在对模板进行安装加固时，通常会采用螺栓杆对模板进行拉结紧固，使模板具有足够的强度、刚度和稳定性。将外套 PVC 套管的螺栓固定于模板的预留孔位上，浇筑混凝土，达到一定强度后抽掉螺栓，并用电钻打掉塑料套管，清理干净后，用不低于墩台设计混凝土强度等级材料对空洞进行堵塞处理。

3）钢筋施工

桥墩钢筋由加工厂统一下料加工，运至现场绑扎安装。钢筋的制作和安装必须符合现行规范和验收标准要求。钢筋的安装是钢筋工程中最后一道工序，原则上应尽量减少单根就地绑扎作业，尽可能采用整体或半整体安装方式。

（1）钢筋的现场绑扎。

较复杂的结构应结合具体情况预先确定绑扎顺序，特别是在一些钢筋种类多、数量大、形状复杂的结构中，必须避免错绑、漏绑或钢筋穿不进去，造成返工。一般先使长的主钢筋就位，再套上箍筋，初步绑成骨架，然后穿短的次要的钢筋，最后完成各个绑扎点。

（2）预制钢筋网的绑扎。

预制钢筋网（骨架）和现场就地绑扎相比，具有以下优点：工效高、进度快、工期短（基本上可以不占建筑物主体施工的工期），并且本身刚度大，在运输安装和灌注混凝土时，不易发生变形和损坏。

预制钢筋网的绑扎方法和在工地现场进行单根绑扎基本相同，可在地坪上划线进行。较大的钢筋网可采用加劲钢筋加固，预制钢筋的主要交接点，宜用点焊机点焊牢固。其他交接点可用绑扎。

吊运较短小的钢筋网（架），可采用两端带有小挂钩的吊索，在距钢筋网两端 1/4 处兜系吊运。吊运较长的钢筋网，则应多用几根吊索或利用平衡梁使每根吊索均匀受力，以避免钢筋网受到挤压而变形。

4）混凝土施工

（1）混凝土浇筑注意事项。

高速铁路桥梁墩台施工用混凝土一般采用自动计量拌和站拌和，混凝土输送车运输，泵送入模。

混凝土坍落度要严格按照试验的数据控制，混凝土自由倾落高度超过 2 m 时，必须用溜槽或串筒浇筑，串筒出口距混凝土表面 1.5 m 左右，防止混凝土离析。

浇筑前对支架、模板、钢筋和预埋件进行检查，并将模板内的杂物、积水和钢筋上的污垢清理干净；模板的缝隙填塞严密，内面涂刷脱模剂。

浇筑时应设专人检查模板、钢筋、沉降观测点及预埋部件位置和保护层的尺寸，确保其位置符合设计要求。同时检查模板及支架系统稳固状况，发现问题及时采取相应措施进行处理。墩台混凝土浇筑应根据模板设计要求和使用状况，严格控制一次连续浇筑混凝土的高度。混凝土的配置、运输和浇筑速度应符合下式规定：

$$v=\frac{Ah}{t} \tag{5-1}$$

式中：v——混凝土配置、运输和浇筑的容许最小速度，m^3/h；

A——浇筑的面积，m^2；

h——浇筑层的厚度，m；

t——所用水泥的初凝时间，h。

墩台混凝土的浇筑应按大体积混凝土进行浇筑，在整个截面内按一定的厚度、顺序和方向分层浇筑，应在下层混凝土初凝或能重塑前浇筑完上层混凝土。分层应保持水平，分层厚度宜按 30 cm 控制。

混凝土的浇筑应连续进行，如因故必须间断时，其间断时间小于前层混凝土的初凝时间或能重塑的时间，并经试验确定，若超过允许间断时间，须采取保证质量措施或按工作缝处理。大体积混凝土施工中要注意内外温差及混凝土核心温度最大值的控制。

（2）混凝土振捣注意事项。

为了保证混凝土的均匀性和坍落度，可采用插入式振动器振捣密实。振动器应缓慢、自然、垂直插入混凝土中以避免碰触模板、钢筋、管道、预埋件。

振动器插点应均匀排列，插点距离不超过振动作用半径（振动作用半径一般情况下为 30～50 cm）的 1.5 倍，与模板保持 10～20 cm 的间距，振捣过程中振捣器上下抽动，宜插入下层 5～10 cm，如图 5–22 所示。

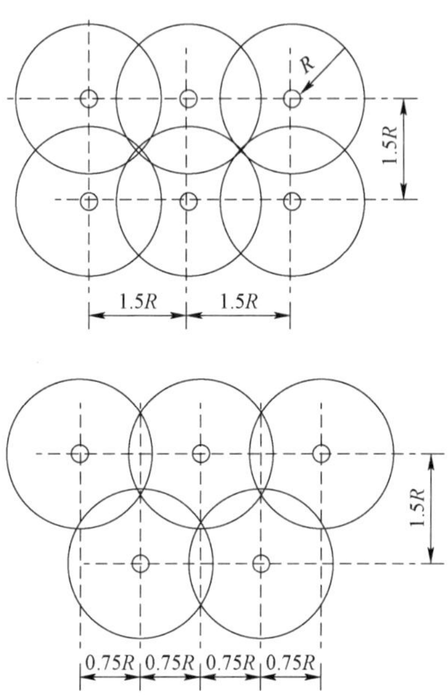

图 5–22　混凝土插入振捣半径

混凝土的振捣，一是必须由有振捣经验的混凝土工人负责施工；二是振捣要适度，防止欠振或过振。若振捣不足，则墩台混凝土凝固后存在蜂窝现象，若振捣过度，则粗细骨料分离。每一插点以混凝土表面呈水平及出现浮浆并将模板角部位填满，混凝土不再出现下沉及气泡为标准，停止振捣。

混凝土振捣完毕，振捣器应缓慢拔出，以便插孔闭合不留空隙。

5）接缝处理

由于各种原因，如混凝土工厂生产率不能保证浇筑的连续性，或因模板安装及偶然事故等要中断混凝土的浇筑，且间歇时间超过规定时，混凝土交接面应作施工缝处理。

6）混凝土的养护与拆模

在混凝土浇筑完成并且初凝后，洒水养护，以保证混凝土表面经常处于湿润状态为准，养生期应符合规范要求。在混凝土表面盖上保持湿润的塑料薄膜等能延长材料保持湿润的时间，养护用水及覆盖材料不能使混凝土的外观质量受到影响。夏季用塑料薄膜、尼龙布围包墩台，或用麻布围包墩台，洒水养护，冬季采用覆盖保温方式养护。

7）支承垫石和锚栓孔

支承垫石浇筑采用定制钢模板，与墩身模板连接牢固，采取全桥联测和跟踪测量的方法，精确控制各墩支承垫石顶面相对和绝对高程满足设计要求。预留孔洞定位准确，固定牢固，施工时跟踪测量，施工完适时拆除模具，清理孔洞，检查位置、深度，进行二次处理。预留孔洞当年不能实现架梁，需要越冬时，必须采取封闭措施，确保孔内不积水，避免冰胀破坏，如图 5–23 所示。

墩台顶帽施工注意事项如下。

（1）墩台身采用大块钢模板。墩身一次立模到顶，一次浇筑混凝土；桥台的台身和托盘、顶帽应一次性浇筑成型。

（2）外加剂。在使用外加剂前，必须经过试验室鉴定合格，得到项目负责人的批准。使用外加剂时须采用计量装置。

图 5–23　浇筑完成的支座垫石

（3）原材料。同一桥用同一厂家同一标号的水泥，砂石料也必须是来自同一料场的同一材质。墩台施工完毕，应对全桥进行中线、水平及跨度贯通测量，并标出各墩台的中心线、支座十字线、梁端线及锚栓孔位置。暂不架梁的锚栓孔或其他预留孔，应排除积水将孔口封闭。

（4）墩台顶帽施工前后均应复测其跨度及支承垫石高程，施工中应确保支承垫石钢筋网及锚栓孔位置正确，垫石顶面平整，高程符合设计要求。

（5）施工缝。混凝土圬工的施工接缝，应按设计指定的定型图处理。

5.1.4　桥梁墩台施工质量检验

（1）混凝土墩台允许偏差和检验方法见表 5–3。

表 5–3　混凝土墩台允许偏差和检验方法

<table>
<tr><th>序号</th><th>项目</th><th>允许偏差</th><th>检验方法</th></tr>
<tr><td>1</td><td>墩台前后，左右边缘距设计中心线尺寸</td><td>±20 mm</td><td rowspan="3">测量检查不少于 5 处</td></tr>
<tr><td>2</td><td>空心墩壁厚</td><td>±5 mm</td></tr>
<tr><td>3</td><td>桥墩平面扭角</td><td>2°</td></tr>
<tr><td>4</td><td>表面平整度</td><td>5 mm</td><td>1 m 靠尺检查不少于 5 处</td></tr>
<tr><td>5</td><td>预埋件和预留孔位置</td><td>5 mm</td><td>测量</td></tr>
<tr><td>6</td><td>空心墩通风孔位置</td><td>10 mm</td><td>测量</td></tr>
</table>

检查数量：施工单位全部检查。

（2）支承垫石允许偏差和检验方法见表 5–4。

表 5–4　支承垫石允许偏差和检验方法

<table>
<tr><th>序号</th><th colspan="2">项目</th><th>允许偏差/mm</th><th>检验方法</th></tr>
<tr><td rowspan="2">1</td><td rowspan="2">支承垫石</td><td>顶面高程</td><td>0
−10</td><td rowspan="4">测量</td></tr>
<tr><td>中心位置</td><td>10</td></tr>
<tr><td rowspan="2">2</td><td rowspan="2">锚栓孔</td><td>纵、横向中心位置</td><td>5</td></tr>
<tr><td>深度</td><td>+20
0</td></tr>
</table>

学习评价

根据所学内容完成下面的一体化学习任务单。

职业能力养成任务名称：普通墩台施工技术

姓名：__________　　所属学习小组：__________　　得分：__________

说明：在规定时间内交回一体化学习任务单以便教师评价学习效果。

普通桥墩施工技术

- 1. 墩台类型
  - 桥墩一般由顶帽、（　　）、（　　）和墩身组成。
  - 桥台是桥梁两端支承上部结构的构筑物。桥台一般由（　　）、托盘、支承垫石和（　　）组成。
  - （　　）桥墩一般情况下应用于跨河有水地段。在有景观要求地段或无水地段可根据实际需要使用。
  - 根据《高速铁路设计规范》(TB 10621—2014）的相关规定，顶帽、托盘和支承垫石的构造要满足哪些要求?
- 2. 相关知识
  - 钢筋除锈的方法，简单的有（　　）或（　　），也可以采用（　　）等方法除锈。
  - 钢筋的切断方法有（　　）和（　　）。
  - 钢筋的弯曲成型可分为（　　）和（　　）2种。
  - 钢筋接头的形式有（　　）、（　　）和（　　）3种。
  - 混凝土投料顺序有（　　）、（　　）等。
  - 什么是二次投料法?
  - 浇筑混凝土的自由倾落高度一般不得超过（　　)m，如落差较大应设溜槽、串筒，降低自由倾落高度，以免产生离析。
  - 目前使用较普遍的振动机械有内部振动器、（　　）、外部振动器和（　　）等，它们各有自己的工作特点和适用范围，需根据工程实际情况进行选用。
  - 使用插入式振动器垂直振捣的操作要点：直上直下、（　　），插点均匀、（　　），掌握时间、（　　）。
  - 大体积混凝土的浇筑方案需根据结构大小、混凝土供应等实际情况决定，一般有（　　）分层、（　　）分层和（　　）分层3种方案。
  - 自然养护是指在自然气温条件下，对混凝土采取覆盖、浇水润湿、挡风、保温等养护措施，这里的自然气温条件指高于（　　）℃。
  - 自然养护又可分为（　　）养护和（　　）养护2种。
- 3. 墩台施工
  - 桥梁墩台施工时，墩台帽立模的紧后工作是（　　）。
  - 混凝土浇筑前的准备工作有哪些?
  - 由于各种原因，如混凝土工厂生产率不能保证浇筑的连续性，或因模板安装及偶然事故等要中断混凝土的浇筑，且间歇时间超过规定时，混凝土交接面应作（　　）处理。
  - 简述混凝土浇筑接缝处理的办法。
  - 墩台施工后，墩台前后、左右边缘距设计中心线尺寸偏差为（　　）mm。

职业能力 5.2　高墩施工技术

职业能力情境引入

沪昆客专××特大桥主桥为 445 m 上承式混凝土拱桥，2#、3#墩为 H 型双肢空心薄壁墩，墩高 102 m，混凝土强度为 C40，墩柱间设三道横梁，宽度均为 5 m，高度均为 4 m，采用翻模施工，如图 5–24 所示。

图 5–24　沪昆客专××特大桥桥墩翻模施工

知识链接

当墩台高度较大时一般采用爬模或翻模施工技术。

5.2.1　爬模法施工

1. 爬模法施工知识

空心墩爬模法是用内、外侧模板，爬架与作业平台等组成的成套施工设备进行墩身施工的一种方法。空心墩爬模法施工具有成本低、施工速度快、操作安全、质量高、劳动强度低等特点。

1）爬模法的特点

（1）减少垂直运输机械的使用，减少模板及支架的重复支设，节省劳动力，降低劳动强度。

（2）设置预埋件、预留孔，操作简单。

（3）爬模施工投资小，经济效益高。

（4）模板附有吊架及全封闭安全网，施工安全可靠。

2）爬模法的适用范围

其适用于各种墩身截面，不同的墩身坡率和高度。

3）爬模构造

根据爬升动力不同，爬模施工方法主要分为三大类：液压爬模、牛腿顶升爬模、托架定位提升爬模（通过架空索道、塔吊、手动葫芦等提升模板）。本书以液压爬模体系介绍爬模法施工。

液压爬模体系，由埋件、模板、支架、换向装置、液压系统及导轨 6 部分组成，如图 5–25 所示。

2. 爬模法施工流程

爬模法施工流程见图 5–26。

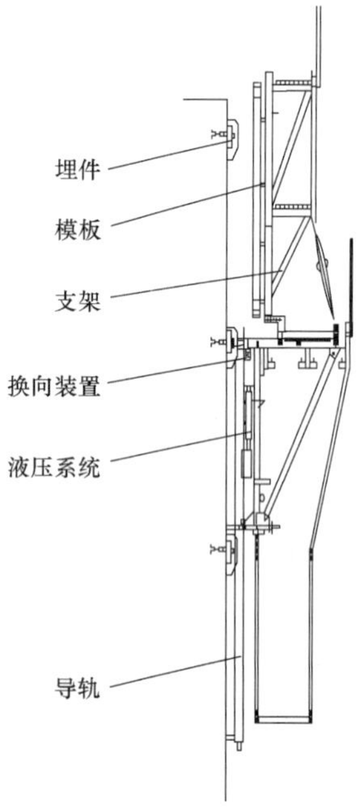

图 5–25　液压爬模构造

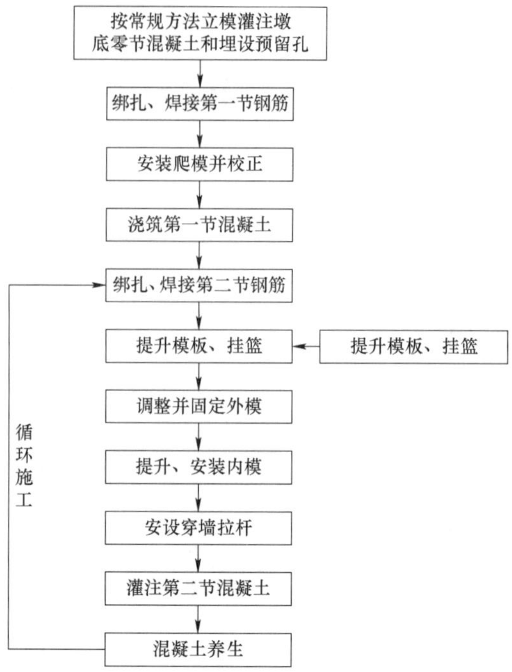

图 5–26　爬模法施工流程

3. 爬模法施工要点

1）模板施工

（1）质量验收。在厂家或施工现场进行自由状态下预拼装，根据设计图纸和《钢结构工程施工质量验收标准》（GB 50205—2020）进行验收，检查模板的长、宽、高、螺栓孔直径、间距、大面平整度、接缝错台（含节间接缝）、焊接质量等。检查合格后，核对模板编号，并在模板上标注中心线、控制基准线等标记。

（2）运输存放。根据模板的长度、重量选用车辆；模板在运输车辆上的支点、两端伸出的长度及绑扎和包装方法均须保证模板不产生变形，不损伤涂层。

模板存放场地应平整坚实，无积水。按照规格、型号、安装顺序分区存放；模板底层垫枕须有足够的支承面，以防止支点下沉。相同型号的模板垫放时，各层的支点在同一垂直线上，防止模板被压坏或变形。

2）爬模安装

（1）爬模安装前应清除表面灰浆和污垢，修整变形部位并涂刷脱模剂。

（2）墩底零节处理。为了方便配板和脱模，爬模施工工艺要求在墩底设置零节模板。零节模板上端与墩身爬模模板相连接，下端直接支承在承台上，最先拆除的一块模板下端与承台的接触边设计为锐角，方便脱模。采用塔吊或汽车吊配合安装外模、内模，混凝土浇筑至计算零节高度。

（3）埋件的埋设。根据爬架设计，在零节钢筋绑扎完成、模型安装前将埋件对应的位置精确测设、标注，并将制作好经检查合格、通过验收的埋件埋设在对应位置，保证深度、方向、高程一致。在埋件周围设置 U 形或井字形钢筋（牢固定位在主筋上）。

（4）爬架与模板的安装。在零节模型拆除后，清理干净埋件，以保证爬架的安装精度。按爬架设计要求先安装托架、牛腿等支撑结构，由下而上依次吊装爬架。对照设计、检查各系统是否安装准确，并运作正常。然后按先安装外模、再安装内模的安装顺序架立模板。按设计板块进行组拼，定位、钻拉杆孔位；模板组拼好后清除面板锈迹，打磨、平整刻痕，涂刷脱模剂。在背面安装固定外模施工挂篮，悬挂安全网。钢筋施工结束后，利用塔吊或汽车吊吊装至设计高度，以 3 t 链条葫芦微调悬挂固定，收紧连接螺栓、穿墙拉杆，将模板固定在墩身混凝土上。模板内支撑主要靠搭接部分的混凝土和钢筋骨架上设置的支撑垫块来实现。为防止板缝漏浆，在模板的每边均设 1 cm 的搭接，墩身混凝土与模板的搭接处设厚度为 1.5 cm 的海绵，用万能胶将其固定在模板上。

3）模板的拆除、整修、涂刷脱模剂、爬模的爬升

钢筋安装好后，进行模板的拆除、整修、涂刷脱模剂、爬模的爬升，顺序为先外后内、先上后下逐块进行。

（1）预松拉杆、脱模板，并及时堵塞对拉螺栓孔。拆除相邻模板之间的连接，把操作平台上的机具、材料清理干净。

（2）起吊扣件锁紧后，利用托架和链条葫芦将模板悬吊后移固定。

（3）用长把平刮刀清除模板板面残留的混凝土，注意不得将板面挂伤。如肋边发生翘曲、弯折，板面发生变形时，需进行矫正，开焊处要补焊牢固，并将面板清理干净。

（4）用滚筒在模板表面均匀涂刷同一品种的脱模剂。

（5）利用爬架的提升动力提升模板。爬升过程中应检查中线、高程，发现问题及时纠正。每次浇筑的混凝土面距模板顶面不应小于 5 cm。

（6）爬模的接料平台、脚手平台、拆模吊篮的荷载应均匀，不得超载，严禁混凝土吊斗碰撞爬模系统。

5.2.2　翻模施工

1. 翻模施工的特点和翻模的构造

翻模施工是一种常见的施工方法，翻模构造示意图如图 5–27 所示。模板多采用大块钢模，用塔式吊机（塔吊）或汽车吊机辅助进行模板安装与拆除，桥梁外观质量较好。空心高墩施工中经常采用翻模施工。

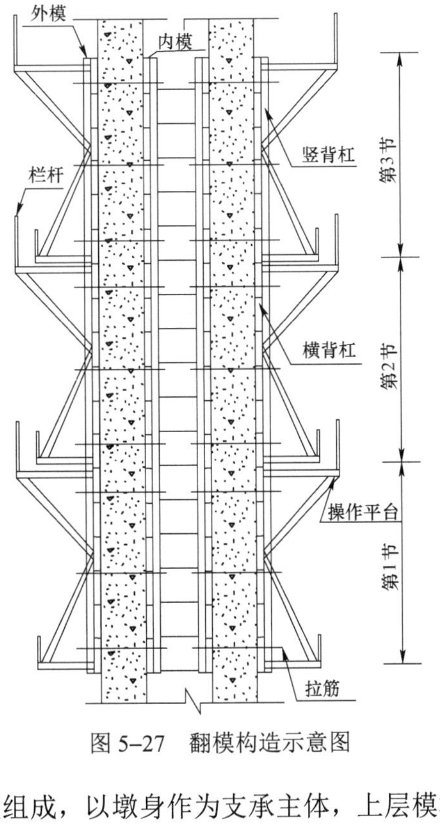

图 5–27　翻模构造示意图

翻模由上中下三组等高模板组成，以墩身作为支承主体，上层模板支承在下层模板上，随着混凝土的连续浇筑，下层混凝土达到拆模强度后，由下而上将模板拆除、翻升，持续支立，循环交替直达

墩顶，完成桥墩的浇筑施工。

翻模施工根据模板提升方式分为塔吊翻模和液压翻模 2 种。

1）翻模施工特点

（1）塔吊翻模的特点。

塔吊翻模的特点是工作平台支撑于模板的牛腿支架或横、竖背杠上，通过塔吊提升模板及工作平台。

（2）液压翻模的特点。

液压翻模的特点是工作平台与模板是分离的，工作平台支撑于提升架上，模板的提升靠固定于墩身主筋上的倒链来完成，平台的提升系统采用液压穿心千斤顶进行提升，自动化程度高，可控性能良好。

液压翻模由模板、工作平台、吊架、顶杆及液压提升设备组成。模板一般由上中下等高的 3 层组成 1 套，以墩身作为支承主体。上层模板支承在下层模板上，循环交替上升。工作平台采用槽钢组拼成型的空间桁架结构，配合随升收坡吊架，为墩身施工人员提供作业平台，稳定性能良好。

2）翻模构造

翻模主要由模板、支架、工作平台等组成，再配合塔式起重机、倒链、液压千斤顶等起重提升设备共同完成高墩施工。

2. 翻模法施工流程

1）塔吊翻模施工

施工时第 1 节模板支立于墩身基顶上，第 2 节模板支立于第 1 节模板上，第 3 节模板支立于第 2 节模板上。当第 3 节混凝土强度达到 3 MPa，且第 1 节模板内混凝土达到 10 MPa 时，此时墩身自重及施工荷载由已硬化的墩身混凝土传至基顶，即可拆除第 1 节模板。将第 1 节模板做少量调整后，利用模板内外固定架、塔吊和倒链将其翻升至第 4 层，依次循环完成拆模、翻升立模、模板拼装、搭设内外工作平台、钢筋绑扎连接、混凝土浇筑与养生、测量定位的不间断作业，直至达到墩身设计高度。塔吊翻模施工如图 5–28 所示，塔吊翻模施工流程如图 5–29 所示。

单位：cm

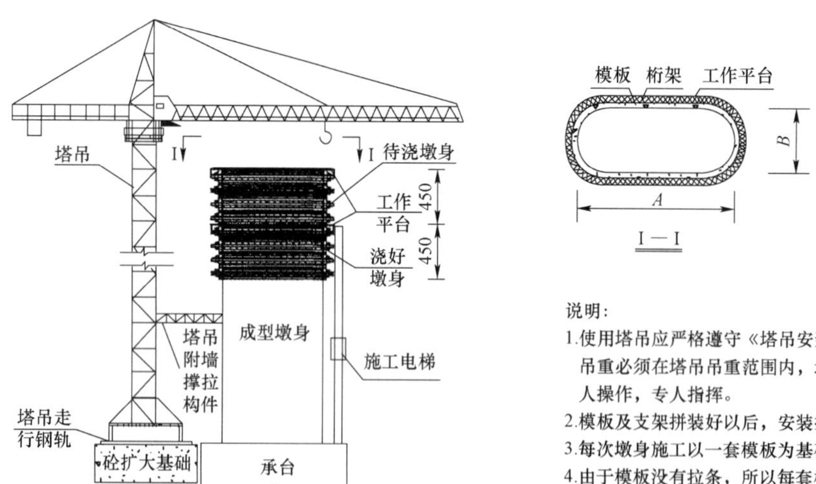

说明：

1.使用塔吊应严格遵守《塔吊安装操作规程》等各种规章制度，吊重必须在塔吊吊重范围内，塔吊司机应持证上岗，塔吊由专人操作，专人指挥。

2.模板及支架拼装好以后，安装护栏可作为工作平台使用。

3.每次墩身施工以一套模板为基础，在其中连接另一套模板。

4.由于模板没有拉条，所以每套模板必须用螺栓连接紧密、牢固。

5.吊装模板时，注意模板的整体性，平稳吊装。

6.模板及桁架可供作业人员上下，但要注意安全。

7.当墩身超过30 m时，可在外侧设一台施工电梯，方便运送人员。

图 5–28　塔吊翻模施工

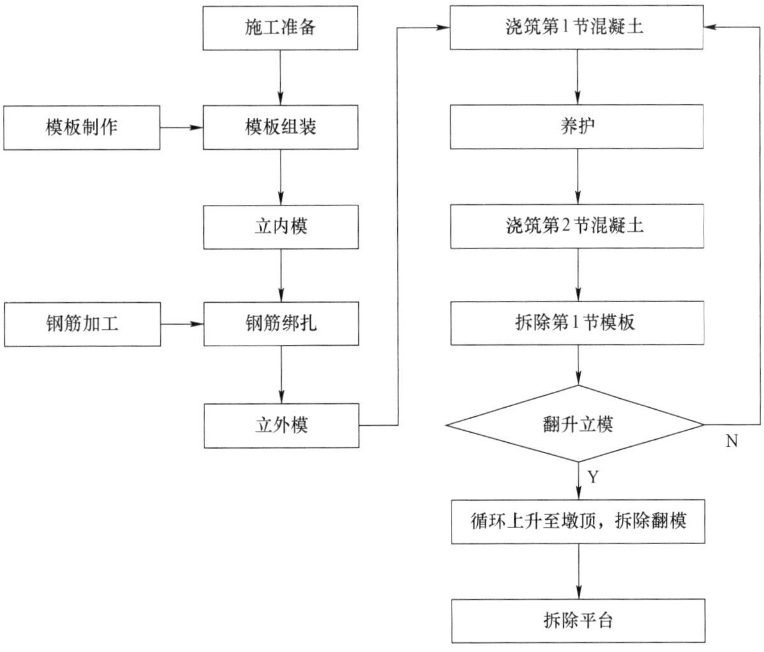

图 5–29　塔吊翻模施工流程

2）液压翻模施工

先在承台顶面浇筑基础段混凝土墩身，建立工作平台，将顶杆装置支撑于墩身混凝土内，并用千斤顶将作业平台提升至一定高度。施工过程中，模板翻升、模板调整及纠偏、绑扎钢筋、混凝土浇筑、平台提升等项工作是循环进行的，直至墩帽托盘。其间穿插平台对中调平、接长顶杆、混凝土养生等工作。液压翻模结构示意图如图 5–30 所示，液压翻模施工流程如图 5–31 所示。

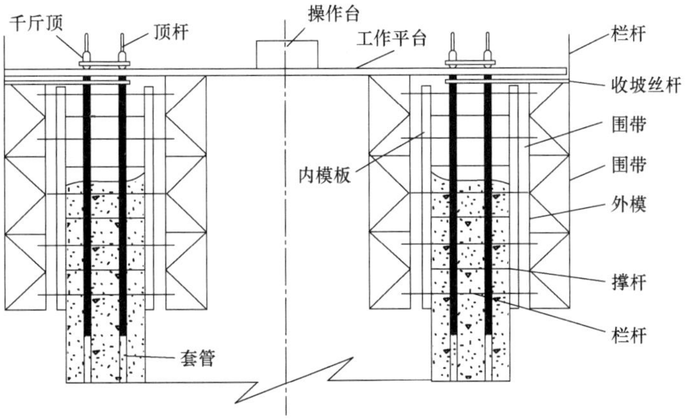

图 5–30　液压翻模结构示意图

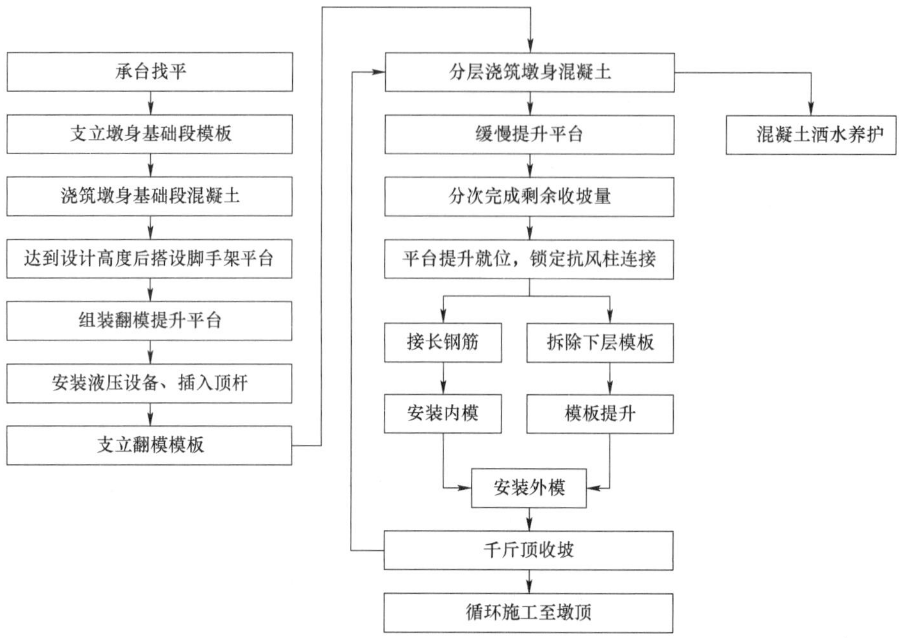

图 5-31　液压翻模施工流程

3. 翻模法施工要点

1）塔吊翻模施工

（1）塔吊、电梯的安装。

塔吊的选型一般要结合桥梁上部施工要求而定。如果考虑相邻墩墩身施工使用，则应加大塔吊起重能力。电梯和塔吊的布置形式可分开布设于墩的两侧，也可以布置在桥梁中心线上。电梯、塔吊基础要根据设备使用要求和结构设置。

（2）模板制作。

模板的设计应考虑混凝土对模板的最大侧压力、泵送混凝土时对模板的冲击力及振捣混凝土时产生的荷载。模板在安装前必须试拼。通过试拼检查模板加工精度、拼装精度是否达到设计要求，并及时处理模板接缝、错台、连接等方面可能出现的问题。

（3）模板安装。

模板用塔吊吊装，人工辅助就位，内外模板用螺栓连成整体。模板成型后检测各部分安装尺寸，符合安装标准后吊装模板固定架，最后安装防护栏和安全网。

（4）钢筋和混凝土作业。

竖向钢筋采用直螺纹套管机械连接方式。

水平箍筋和拉筋按照常规工艺施工。

墩身混凝土采用塔吊或泵送入模，水平分层浇筑，浇筑完毕后要及时养生，待混凝土强度达到 3 MPa 以上，人工清除浮浆，凿毛混凝土表面，然后按工艺流程进行第 2、3 节段施工。

当第 3 节段混凝土强度达到 3 MPa、第 1 节段混凝土强度达到 10 MPa 以上时，凿毛清理第 3 节段混凝土表面，准备第 4 节段墩身施工。

（5）模板翻升作业。

模板解体：在浇筑第 4 节段墩身混凝土前，将第 1 节模板翻升。翻升前将模板对称分解成几大部分进行整体解体，然后提升和安装。

模板提升：先抽出拉杆，然后卸除模板的连接螺栓，将模板向外拉出。待模板完全与混凝土脱开后，用塔吊微微吊起模板，将倒链解下，然后将模板吊到模板修整处进行修整，在安装位置进行组装。

吊升作业应有专人检查巡视，以防模板与固定物挂碰。

模板安装：待钢筋安装完毕，用塔吊将模板吊起，调整模板至准确位置，紧固对穿拉杆进行安装，安装方法同前述。

（6）垂直度控制。

采用全站仪进行施工放样和检测，每节混凝土浇筑前测量模板 4 角的平面坐标，如有偏差，进行调整。

（7）拆除模板。

施工至墩顶后，墩顶仍保留 3 个节段模板，待墩身混凝土强度达到规范要求时，拆除模板。拆除时按先底节段、再中节段、最后顶节段的顺序进行。

2）液压翻模施工要点

（1）墩身基础段作业。在墩身下部先预浇 1 节，预留好顶杆孔位置，浇筑高度根据墩身高度和模板周转次数和翻模设备高度确定，一般为 4～5 m。

（2）模板制作。单块模板的宽度根据墩身尺寸、外观质量要求等因素确定。

（3）工作平台组装。

组装按由内到外的顺序，在平地上进行组装；组装时，内外钢环按圆心对称安装在辐射梁上，不得有偏心；辐射梁均匀分布在半个圆周，采用丁顺结合布置。

（4）模板安装。

模板按顺序、部位进行组装。组装时，模板间缝隙要严密，内外模板间按设计尺寸进行校正，并安设拉筋和撑木。

（5）钢筋和混凝土作业。此部分内容详见塔吊翻模施工内容。

（6）提升工作平台。

翻模组装后，第 1 次提升平台在混凝土灌入达到一定高度后进行，时间宜在混凝土初凝后终凝前，提升高度以千斤顶的 1～2 个行程（3～6 cm）为限。第 2 次及以后每次提升工作平台，提升高度与第 1 次相同。

（7）模板翻升。

模板解体：模板可视情况分为若干个大块整体翻升，此工作在浇筑最上层模板混凝土过程中提前进行。解体前先用挂钩吊住模板，然后拆除拉筋、围带等。

模板翻升：待平台提升到位后，用倒链将最下层模板吊升至安装位置并组装好。提升过程中（包括平台的提升）应有专人检查，以防模板与固定物挂碰。

（8）翻模拆除。

拆除按照组装的相反顺序进行，先拆除模板，后拆除平台。拆除工作必须严格对称进行。

拆除顺序为：拆模板、卸吊装系统、拆提升支架、去平台铺板、卸液压控制台、卸千斤顶、除套管连接螺栓、拆解平台、抽顶杆、灌孔。

5.2.3　施工质量检验

混凝土墩台、支承垫石允许偏差和检验方法见表 5–3 和表 5–4。

学习评价

根据所学内容完成下面的一体化学习任务单。

职业能力养成任务名称：高墩施工技术

姓名：__________　　所属学习小组：__________　　得分：__________

说明：在规定时间内交回一体化学习任务单以便教师评价学习效果。

高墩施工技术

1. 相关知识

- 一座45 m高的墩身在施工时，一般采用（　　）或（　　）施工技术。
- 空心墩爬模法是由（　　），（　　）与（　　）等组成的成套施工设备进行墩身施工的一种方法。
- 简述爬模法施工的特点。
- 爬模施工根据爬升动力不同，主要有三大类：（　　）、（　　）、（　　）。
- 简述爬模施工工艺原理。
- 翻模施工是一种常见的施工方法，模板多采用（　　）模板。
- 翻模施工根据模板提升方式分为（　　）翻模和（　　）翻模2种。

2. 高墩施工

- 爬模施工时，浇筑第一节混凝土的紧前工作是（　　）。
- 吊机提升法翻模施工时，拆除第一节模板的紧后工作是（　　）。
- 爬模施工时，钢筋安装好后，进行模板的拆除、整修、涂刷脱模剂和爬升，顺序为先（　　）后（　　）、先（　　）后（　　）逐块进行。
- 爬模施工时，每次浇筑，混凝土面距模板顶面不应小于（　　）cm。
- 塔吊翻模施工时，墩身混凝土采用塔吊或泵送入模，水平分层浇筑，浇筑完毕后要及时养生，待混凝土强度达到（　　）MPa以上，人工清除浮浆，（　　），然后按工艺流程进行第二、三节段施工。
- 简述塔吊翻模施工作业程序。
- 塔吊翻模施工浇筑高度根据墩身高度和模板周转次数和翻模设备高度确定，一般为（　　）m。
- 液压翻模施工时，模板的拆除顺序为：拆模板→卸吊装系统→（　　）→去平台铺板→卸液压控制台→（　　）→除套管连接螺栓→（　　）→抽顶杆→（　　）。
- 支承垫石检验方法是（　　）。
- 墩台表面平整度的检验方法是（　　）。

工作情境 6

预制预应力混凝土简支箱梁施工

思政目标

（1）培养严谨、认真、实事求是的科学作风。

（2）培养一丝不苟、精益求精的工匠精神。

（3）具备团队协作精神。

学习目标

1. 知识目标

（1）预应力混凝土简支箱梁认知。

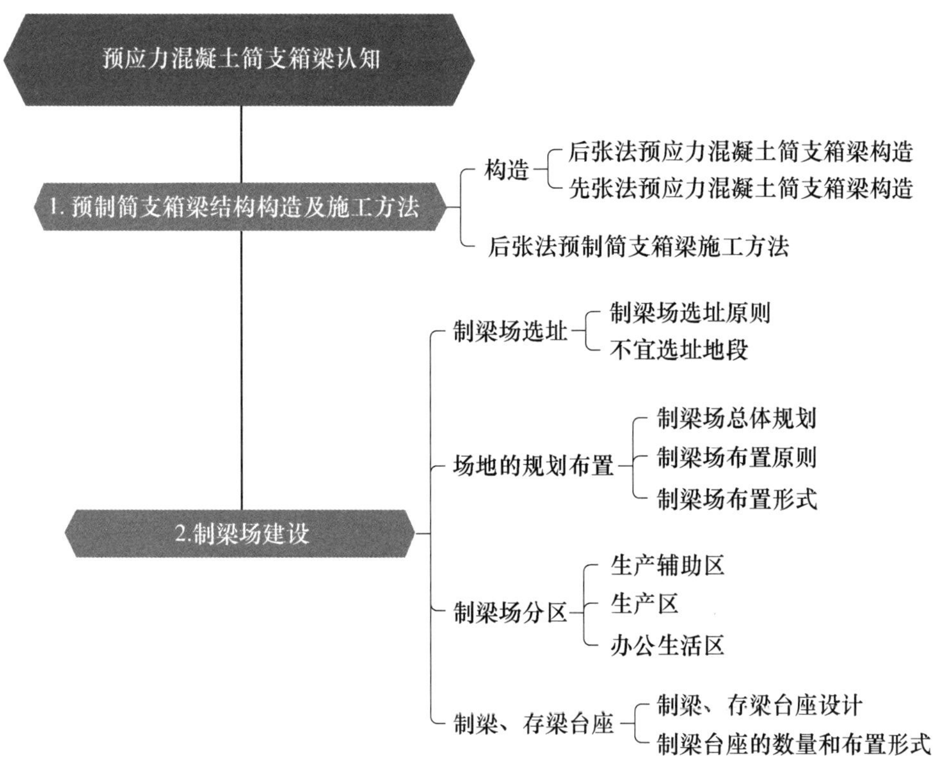

（2）预应力混凝土简支箱梁预制技术。

- **预应力混凝土简支箱梁预制技术**
  - 1.预应力预制箱梁施工知识
    - 模板
    - 锚具、夹具、连接器、钢绞线标记
    - 张拉机具与张拉材料
  - 2.箱梁预制施工
    - 模板施工
      - 预制箱梁模板施工流程
      - 预制箱梁的模板施工要点
        - 模板制作与安装
        - 模板拆除
      - 模板安装和拆除质量要求
    - 预制箱梁钢筋施工
      - 钢筋及制孔施工流程
      - 钢筋施工要点
      - 钢筋质量检验
    - 混凝土施工
      - 混凝土施工流程
      - 混凝土施工要点
      - 混凝土质量问题及质量检验
    - 箱梁张拉施工
      - 张拉施工流程
      - 预应力施工要点
        - 预应力制孔器→钢绞线的制作和穿束→预应力张拉→钢绞线切割及工序交接
      - 预应力箱梁张拉质量检验
    - 管道压浆施工工序
      - 管道压浆施工工序流程
      - 管道压浆施工要点
        - 水泥浆的配制
        - 压浆
      - 预应力箱梁孔道压浆质量检查
    - 封锚施工
      - 凿毛
      - 封锚钢筋施工
      - 封锚混凝土浇筑
      - 混凝土养护及涂刷防水涂料
    - 预制简支箱梁起移梁作业
      - 起吊、移梁前的作业准备
      - 起、移、落梁作业
      - 作业注意事项
    - 桥梁支座安装
      - 桥梁支座安装流程
      - 桥梁支座安装要点

（3）简支箱梁运输与架设技术。

- **简支箱梁运输与架设技术**
  - 1.架桥机知识
    - 常用箱梁架桥机
    - 箱梁架桥机的特点
  - 2.架桥机施工
    - JQ900A型架桥机施工流程
    - JQ900A型架桥机施工技术要点
      - 运架设备组装、解体
      - 架桥机驮运
      - 架梁施工作业程序
      - 吊梁纵移并落梁
      - 支座安装
      - 架设最后一孔箱梁
  - 3.箱梁架设质量允许偏差

2. 能力目标

（1）能够围绕预制预应力混凝土简支箱梁施工技术交底文件进行资料收集，能够熟练运用办公软件编写技术交底文件。

（2）能够根据不同施工环境为预制预应力混凝土简支箱梁施工制定合理的梁场布置、预制、运输、架设方案，并具备编制预制预应力混凝土简支箱梁施工方案的能力。

（3）能够根据现场的施工条件，具备在工程师指导下对预制预应力混凝土简支箱梁施工事故提出处理方案的能力。

（4）具备在工程师指导下对预制预应力混凝土简支箱梁施工质量进行检查的能力。

（5）具备撰写预制预应力混凝土简支箱梁施工汇报材料的能力。

3. 素质目标

（1）养成忠于职守、以数据说话的工作作风。

（2）培养综合运用知识从事较复杂的技术工作的职业素养。

职业能力 6.1　预应力混凝土简支箱梁认知

职业能力情境引入

1998 年，我国为适应秦沈客运专线大量 24 m 双线箱梁的架设研制了 550 t 级架桥机。2002 年，铁路部门针对常用 32 m 跨度双线整孔简支梁的架设，组织研制了 900 t 级的运架设备。我国客运专线桥梁建设在科研、设计、施工等方面取得了巨大的成绩，解决了客运专线大吨位整孔箱梁的整孔制、运、架等一系列技术问题，使常用跨度简支箱梁可统一、集中、程序化制作，为确保工程质量奠定了基础，同时积累了高速铁路的建设经验，提升了我国铁路桥梁的整体技术水平，该项系统技术已居世界前列。

本部分内容重点介绍我国高速铁路中应用最为广泛的预应力混凝土简支箱梁的构造、预制、运输和架设技术。预应力混凝土简支箱梁预制、架设过程如图 6–1 所示。通过学习，应熟悉制梁场布置形式和方案选择的原则。

（a）架设箱梁

（b）制梁场

（c）高速铁路简支箱梁架设完成

（d）高速铁路简支箱梁投入运营

图 6–1　预应力混凝土简支箱梁预制、架设过程

我国高速铁路常用的预制梁有预应力混凝土简支箱梁和预应力混凝土 T 形梁两种，本书主要介绍预应力混凝土简支箱梁。预应力混凝土简支箱梁与普通钢筋混凝土结构相比，其优点如下。

① 可以使用高强度钢材和高等级混凝土，节约钢材 20%～40%。

② 在列车活载作用下可使梁不出现拉应力，或推迟裂缝的出现，或把裂缝控制在一定限度内，从而提高梁的抗裂性，增强梁的刚度和耐久性。

③ 梁的截面尺寸可减到最小，以减轻梁体自重，从而增大梁的跨越能力。

④ 预应力混凝土桥梁中弯起的预应力钢筋，其预剪力可抵消部分荷载剪力，提高了梁的抗剪能力。

⑤ 预应力钢筋的应力变化幅度小，可提高其耐疲劳性能。

6.1.1 预制简支箱梁结构构造及施工方法

1. 构造

简支箱梁以其受力简单、明确，形式简洁，外形美观，抗扭刚度大，施工速度快，建成后的桥梁养护工作量小及噪声小等特点，在京津城际、京沪高铁、京广高铁、郑西客专、沪昆客专等线路上得到广泛采用。客运专线简支箱梁截面构造（梁宽 13.4 m）、客货共线铁路箱型截面构造、广珠城际铁路箱型截面构造分别如图 6–2、图 6–3、图 6–4 所示，部分高速铁路（客运专线）跨度 32 m 箱梁技术标准见表 6–1。

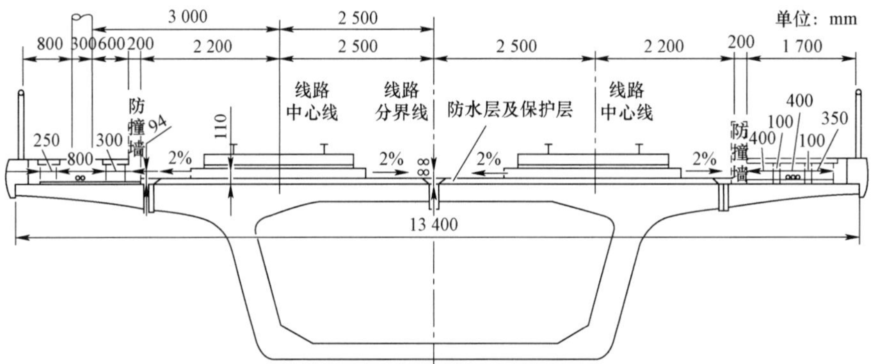

图 6–2　客运专线简支箱梁截面构造（梁宽 13.4 m）

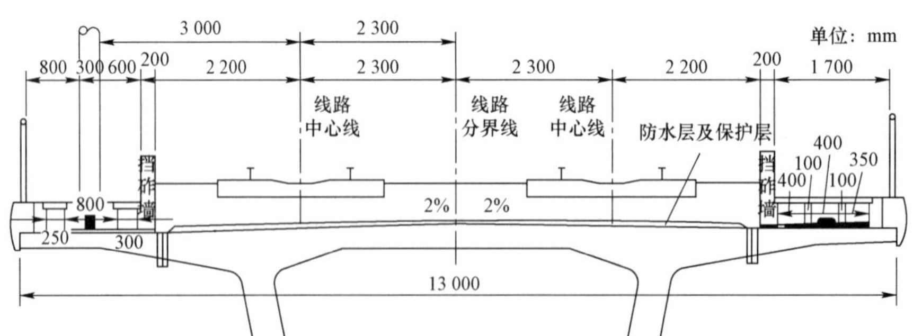

图 6–3　客货共线铁路箱型截面构造

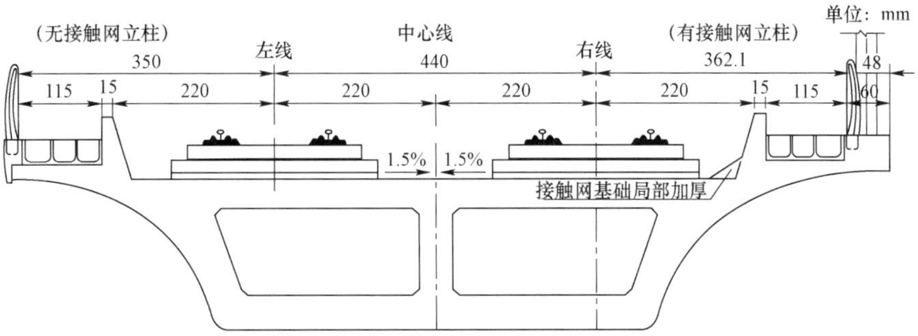

图 6–4 广珠城际铁路箱型截面构造

表 6–1 部分高速铁路（客运专线）跨度 32 m 箱梁技术标准

代表性线路	京津城际	合宁线	昌九城际	广珠城际	秦沈客专
设计荷载	0.8UIC	0.8UIC	0.8UIC	0.6UIC	0.8UIC
设计速度/（km/h）	350	250	250	200	250
全长/m	32.6	32.6	32.6	32.6	32.6
梁高/m	3.05	2.8	2.6	2.2	2.6
顶宽/m	13.4	13.0	13.0	11.6	12.4
箱底宽/m	5.5	5.74	6.5	6.0	6.0
跨中腹板厚/m	0.45	0.48	0.24（三腹板）	0.25（三腹板）	0.45
每孔混凝土数量/m^3	327.6	315.2	270.0	241.73	288.8
静活载作用下挠度	1/5 147	1/3 940	1/3 889	1/3 360	1/3 333
徐变拱度/mm	5.9	9.0	6.12	5.1	
竖向自振频率/Hz	4.66	4.36	3.95	4.83	

1）后张法预应力混凝土简支箱梁构造

后张法预应力混凝土简支箱梁具有刚度大、抗冲击力强、稳定性好、噪声小、便于维护保养等优点，但同时也具有结构复杂、自身体积大、质量大、宽跨比大等缺点。时速 350 km 高速铁路预制无砟轨道后张法预应力混凝土简支箱梁构造（实例原图）如图 6–5 所示。

2）先张法预应力混凝土简支箱梁构造

国外高速铁路中先张法预应力混凝土简支梁较为常见。与后张法预应力混凝土梁相比，先张法预应力混凝土简支箱梁的优点有：无须预留管道，避免了对结构断面的削弱；减少由于管道压浆不充分或管道积水对结构的影响；节省了预应力钢筋的多次张拉、管道压浆等工序，大大减少了施工环节、缩短了制梁周期、减少了存梁场地、提高了结构耐久性能。但由于先张法预应力曲线布置较为复杂，目前国内外采用混张法（先张法和后张法结合）的桥梁较多。

国内先张法预应力混凝土梁的研制始于 20 世纪 50 年代，预应力配筋形式多采用直线配筋，常用先张梁最大跨度在 20 m 以下，且均为 T 形梁。2001 年我国进行了跨度 24 m 先张法预应力混凝土 T 形梁的设计与制造工艺研究，并在青藏铁路施工中成功采用了折线配筋形式，在合宁铁路进行了三孔 32 m 先张法预应力混凝土简支箱梁的试制和试验。下面以合宁铁路 32 m 先张双线箱梁为例简要介绍其构造特点。

（1）主要截面形式。

箱梁梁体混凝土采用 C50 高性能混凝土，从保持先张梁和后张梁的通用和互替、降低造价和模板通用等方面考虑，同跨度先张箱梁截面形式及变截面位置均与后张梁一致，便于模板的统一。先张梁跨中截面主要尺寸如图 6–6 所示，先张梁端部截面主要尺寸如图 6–7 所示。

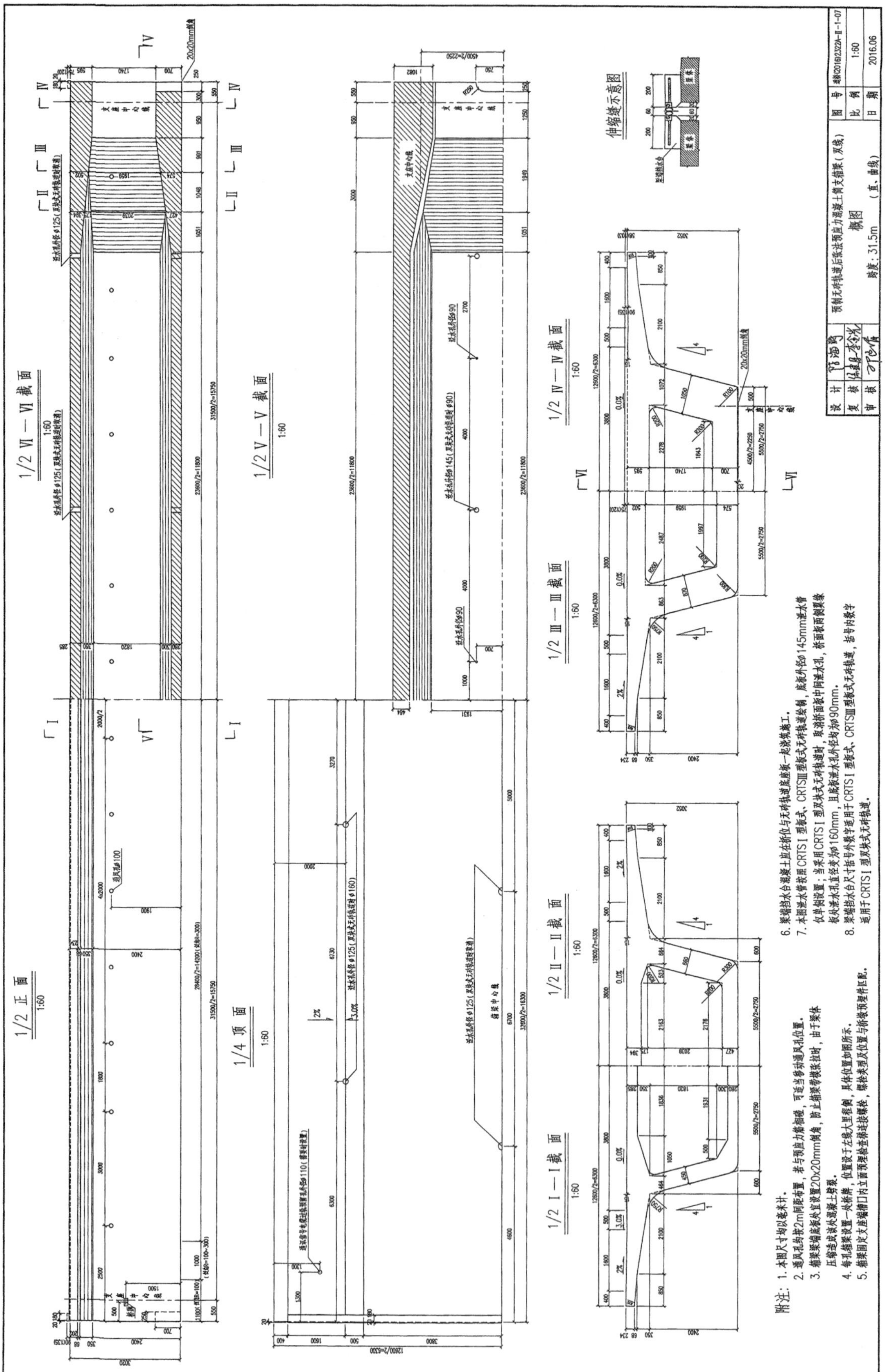

图 6-5 时速 350 km 高速铁路预制无砟轨道后张法预应力混凝土简支箱梁构造（实例原图）

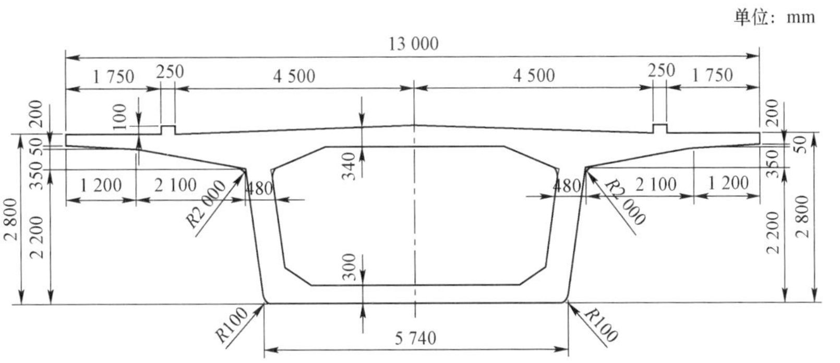

图 6–6　先张梁跨中截面主要尺寸

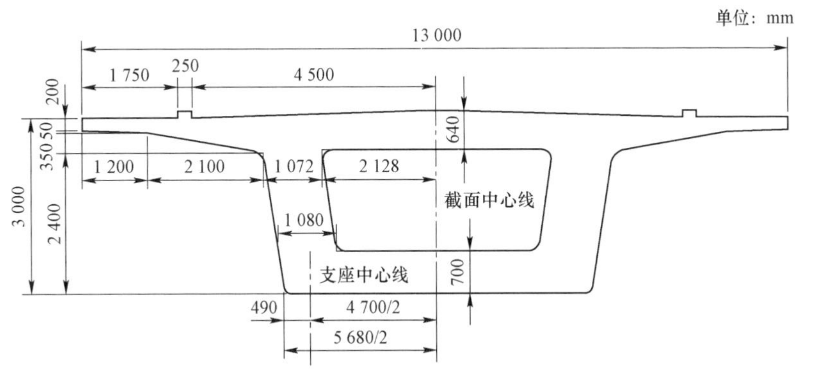

图 6–7　先张梁端部截面主要尺寸

（2）预应力钢绞线。

预应力钢筋采用 1 860 MPa 级钢绞线。预应力钢筋分为直线筋和折线筋两部分。直线筋设于箱梁底板中，折线筋设于箱梁腹板内，通过导向装置分两批弯起，弯起角度 8°。直线布置预应力筋采用 1×7–17.80–1860 钢绞线，折线布置预应力筋采用 1×7–15.2–1860 钢绞线，直线筋数量为直线梁 162 根、曲线梁 168 根，直、曲线梁折线预应力钢筋数量均为 56 根。

2. 后张法预制简支箱梁施工方法

高速铁路单箱双线预应力混凝土简支梁，跨度有 32 m、24 m 和 20 m，其中 32 m、24 m 梁作为主导梁型，大约占 90%。32 m 简支箱梁预制长度为 32.6 m、高 3.05（2.60）m、顶宽 13.4（12.2）m，质量约 900（750）t，使用年限为 100 年。

后张法预制简支箱梁由于断面大、质量重、移运控制标准严格，无法通过铁路或公路远距离运输，不能采用普通铁路“工厂集中预制，铁路运输到桥位架设”的施工方法，只能采用现场分段集中制造、短距离运输、架桥机架设为主的方法，即整孔预制、逐跨吊装，其主要优点如下。

（1）减少了现场工作，在施工现场主要进行吊装、安装工作。

（2）减少现场施工时各个工作面工作交叉时的管理难题。

（3）简化现场的施工机具，充分有效地利用材料，减少了浪费。

（4）施工速度快，适用于几十孔或上百孔的长桥，能够大量缩短工期，降低施工成本。

（5）可降低各种事故率。

这种施工方法尤其适用于长桥或高架桥，如郑西客专陕西渭南段渭河特大桥 735 跨整孔箱梁和京沪高铁德禹特大桥 1696 跨整孔箱梁施工。

整孔箱梁预制梁场，后张法预应力混凝土简支箱梁施工工艺包括钢筋工程及制孔，模板工程，混凝土的拌和、浇筑及养生，预应力钢绞线的制作、穿束及张拉，管道压浆与封端，箱梁的移运、存放与架设等。高速铁路后张法预应力混凝土简支箱梁施工工艺如图 6–8 所示。

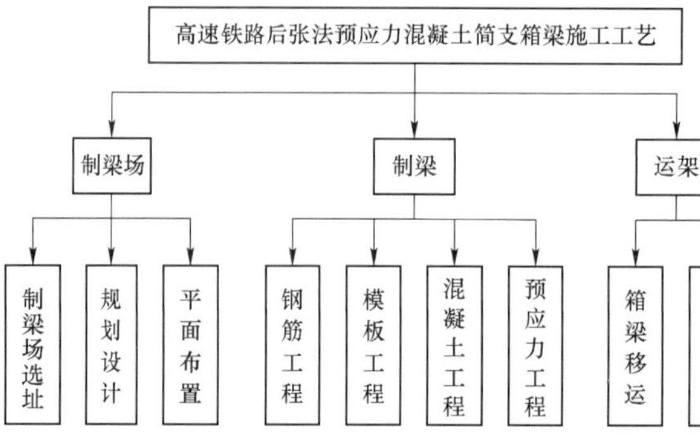

图 6–8　高速铁路后张法预应力混凝土简支箱梁施工工艺

6.1.2　制梁场建设

对于桥群密集区，根据梁型数量及分布，设置制梁场，配置重型提、运、架梁设备进行制梁和架梁施工，图 6–9 为济南制梁场全貌。

图 6–9　济南制梁场全貌

1. 制梁场选址

1）制梁场选址原则

制梁场的位置选择比较重要，制梁场位置合理与否对施工工期和经济性的影响非常大，必须予以足够重视。场址的选择应根据所需架设桥梁区段内桥梁和周围结构物的分布情况，凸显制梁场位置的经济合理性，省地环保。根据已有经验，制梁场选址应重点考虑以下几个方面的因素。

（1）在桥群集中地段设置制梁场。应全面考虑桥跨与梁型布置、工期、运架梁速度、地质状况及桥跨两端路基工程等因素进行制梁场选址，一般选择在桥群中心或两端附近。以箱梁为例，根据目前运架梁施工技术水平，一套运架设备（即一台运梁车+一台架桥机）在 25 km 范围内平均一天可完成一榀箱梁的架设。因此，从理论上讲，针对一套运架设备的制梁场供梁半径可为 25 km。由于运梁时桥面工程不能开展，极大地延长了工程的工期，因此从保证工期的角度看，一个制梁场的供梁半径里程应限定在一个合理的范围。

（2）在可能的情况下，尽量缩短运梁距离，较短的运输距离可确保箱梁运输安全，加快架梁进度，降低运输费用。

（3）合理选择梁体装车方式。梁体装车方式有两种：提梁上桥装车直运梁式和制梁场装车爬坡上桥运梁式。提梁上桥装车直运梁式对于客运专线 32 m（双线）箱梁而言，必须配置两台 450 t 提梁机，设备投资大，增加了提升上桥的工序和安全控制点，但在遇到特大桥（如 70 km 长的特大桥）的情况下，可使梁场位置更合理；制梁场装车爬坡上桥运梁式可利用台后路基运梁上桥，运梁的安全性高、成本低，即使台后路基不能利用，必须在桥台后修建临时运梁便道和爬坡道，其运梁成本也低于提梁上桥装车直运梁式。

（4）架梁前的控制工程必须先期完成。在运架梁线路里程范围内若有现浇梁、路基等妨碍运梁车通行的工程，必须在架梁前完成。

（5）制梁原材料及大型设备运输必须通畅方便。制梁场的位置应尽量与既有公路或施工便道相连，以利于大型制梁设备和大量制梁材料运输进场；道路沿线一些既有的车辆通行咽喉控制设施如涵洞、桥梁，必须能满足大型施工车辆尤其是大型制梁设备运输车辆的通行。

（6）地质状况好，尽量减少制梁场主要结构物的地基处理费用。客运专线梁对制梁台座和存梁台座的承载能力和不均匀沉降均提出了很高的要求，因此制梁场的位置应尽量选在地质条件好的地方，减少土石方工程和基础加固工程量，降低工程费用。另外，运梁车的最大可用爬坡度一般为 3%，必要时可通过展线，将制梁场布置在地质条件比较好的地方。

（7）征地拆迁少，复耕量少。在满足制梁工期和存梁的前提下，制梁场应选在占用耕地少、拆迁量少，以及工程完工后复耕量少的地方。因此应尽量利用车站、规划的红线以内区域设置制梁场，在可能的情况下尽量永（久）临（时）结合，尽可能利用站场和其他铁路的永久用地，或将制梁场设在地方规划或工程规划中的永久建设用地上。

（8）待选场址内应取电、取水方便，且不宜有高压电线通过。

（9）考虑防洪排涝，确保雨季施工安全。在制梁场的规划选址中应考虑供梁区间内现浇梁、连续梁及隧道工程等的影响因素。宜避开水库、水塘、高压线、危险爆炸物生产区。

2）不宜选址地段

为了保证梁体预制质量，下列地段和地区不得选为制梁场址。

（1）地震断层和设防烈度高于 9 度的地震区。

（2）有泥石流、滑坡、流砂、溶洞等直接危害的地段。

（3）采矿陷落（错动）区界限内。

（4）爆破危险范围内。

（5）坝或堤溃决后可能淹没的地区。

（6）重要的供水水源卫生保护区。

（7）国家规定的风景区及森林和自然保护区。

（8）历史文物古迹保护区。

（9）对飞机起落，电台通信，电视转播，雷达导航，重要的天文、气象、地震观察，军事设施等有影响的范围内。

（10）其他对桥梁施工有较大影响的地段。

梁场选址应综合考虑经济层面和技术层面的影响因素。

2. 场地的规划布置

1）制梁场总体规划

制梁场总体规划以安全适用、技术先进、经济合理，满足施工流程需要，兼顾运、架设备的安装和拆除为总原则，主要根据铺架计划而定，同时要考虑交通状况、原材料来源、地形地貌、地质概况等因素进行制梁场的规划与设计。

2）制梁场布置原则

（1）结合制梁场的生产和供应梁体的数量，首先要确定制梁台座和存梁台座的数量，再确定搅拌站及存料场的大小。

（2）制梁场布置应紧凑合理，不仅要考虑制梁、架梁施工流程，还要兼顾运架设备的安装和拆除。

根据制梁施工工艺、移梁和运梁工序的要求，合理布置办公生活区、生产区、存梁区（兼运梁区）和混凝土搅拌区（含材料存放区）。

（3）制梁场布置要考虑场内交通、供水、供电、供气、防火、防洪排涝、环保等因素。

3）制梁场布置形式

制梁场的布置一般有以下 2 种形式。

（1）纵列式布置：制、存梁台位纵向并列，台座的长度方向顺线路走向，利用龙门吊平移梁体。纵列式比较适合于梁场靠近线路的情况。特别对于长大桥梁，梁场一般设于桥梁中部，必须配备提梁的大型门吊，宜采用纵列式布置。纵列式布置可以充分利用永久征地，减少临时用地的数量。如秦沈铁路月牙河制梁场、合武铁路湖北麻城市中馆驿镇制梁场均采用纵列式布置。纵列式布置分为单一纵列式和复合纵列式。图 6–10 所示为单一纵列式制梁场布置方案，配备了 2 台 450 t 轮轨式提梁机负责移梁和提梁装车。图 6–11 所示为复合纵列式制梁场布置方案，配备了 2 台 450 t 可转向轮轨式提梁机负责移梁和提梁装车。

（2）横列式布置：制、存梁台位平行，台座的长度方向垂直于线路走向，利用千斤顶顶移梁体。横列式布置的梁体在上桥前需水平旋转 90°，运梁车需调头，因此这种布置方式比较适合梁场远离线路的情况。特别是对于桥群地段，为减少投入应按便道运梁考虑，采用横列式布置较为合适。目前大多数预制场均采用这种布置方式。图 6–12 所示为采用 2 套（4 台）移梁台车横向滑移。运梁区配备 2 台 450 t 提梁机负责梁体装车。图 6–13 所示为配备 1 台 900 t 轮胎式提梁机负责移梁和提梁装车。图 6–14 所示为配备 1 台 900 t 可转向轮轨式提梁机负责移梁和提梁装车。

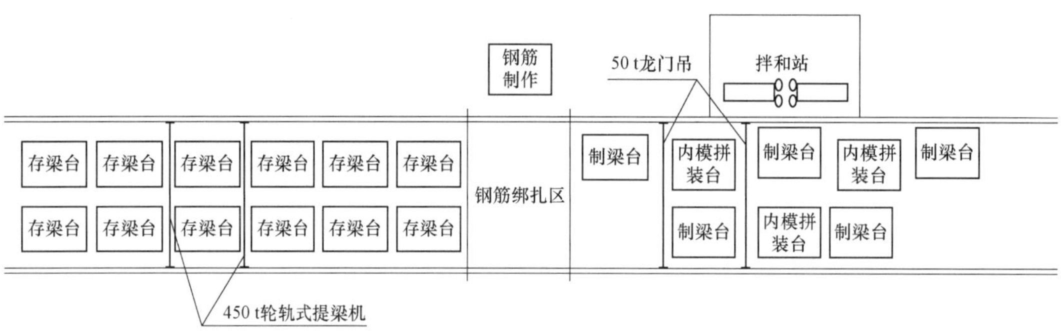

图 6–10　单一纵列式制梁场布置方案

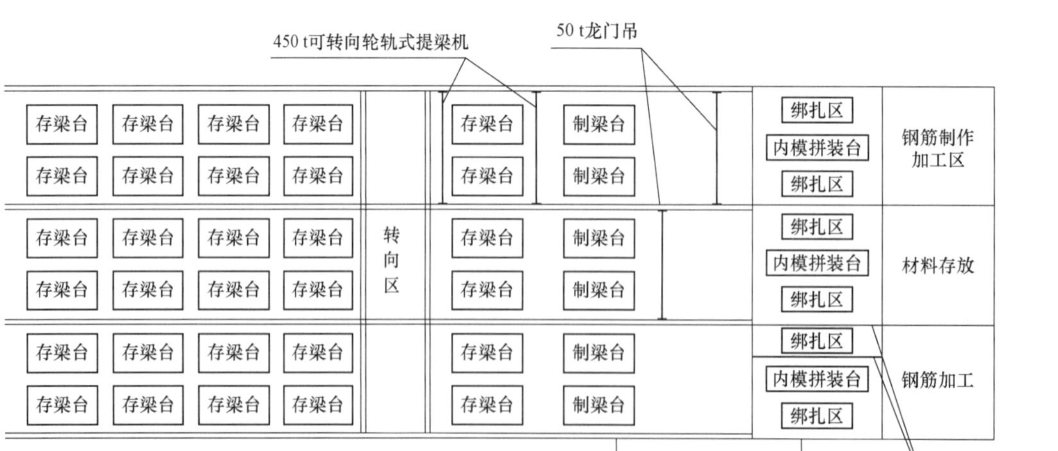

图 6–11　复合纵列式制梁场布置方案

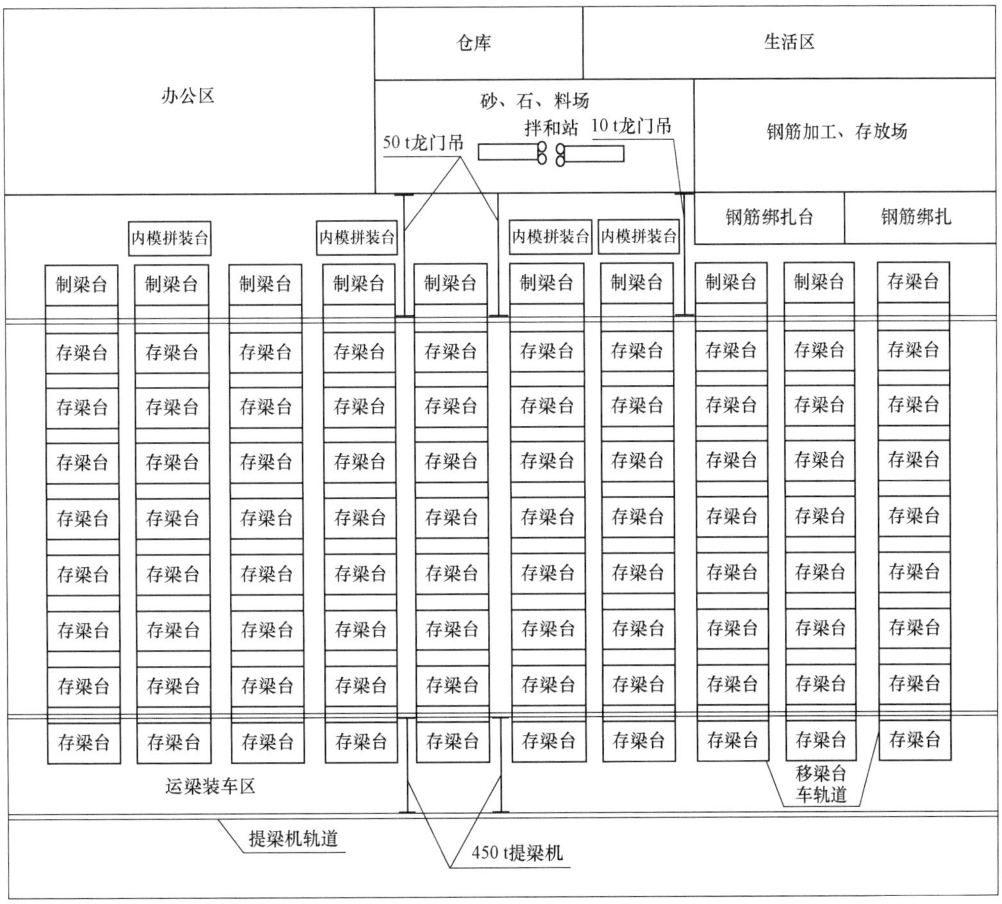

图 6–12　采用 2 套（4 台）移梁台车横向滑移

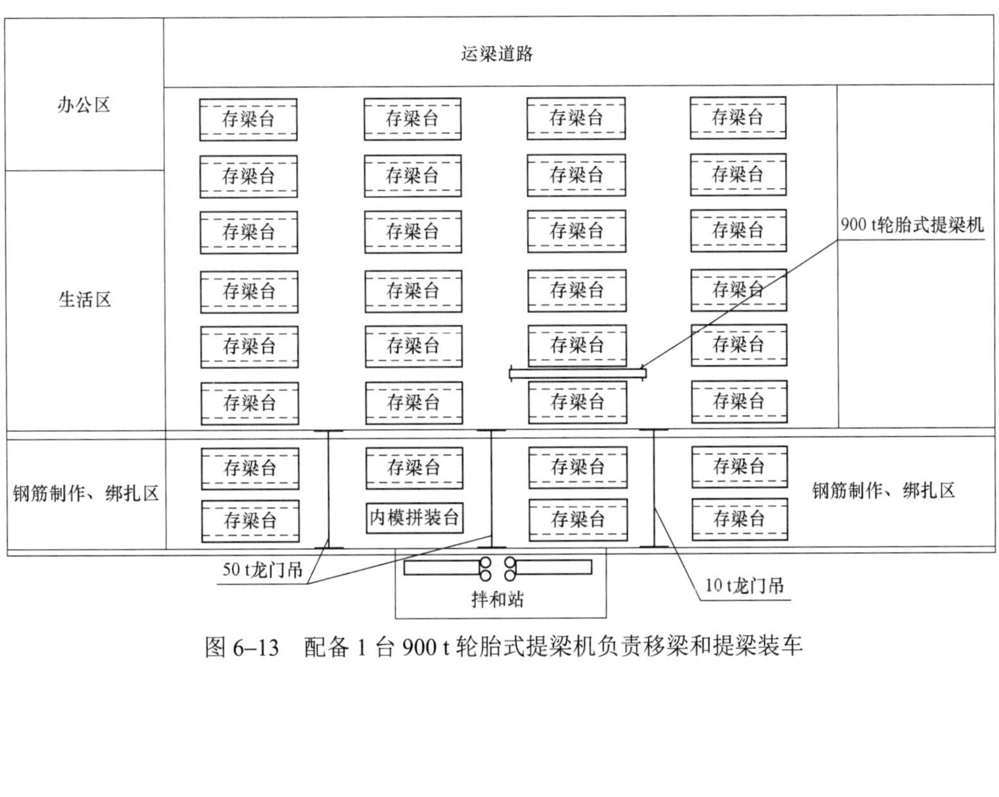

图 6–13　配备 1 台 900 t 轮胎式提梁机负责移梁和提梁装车

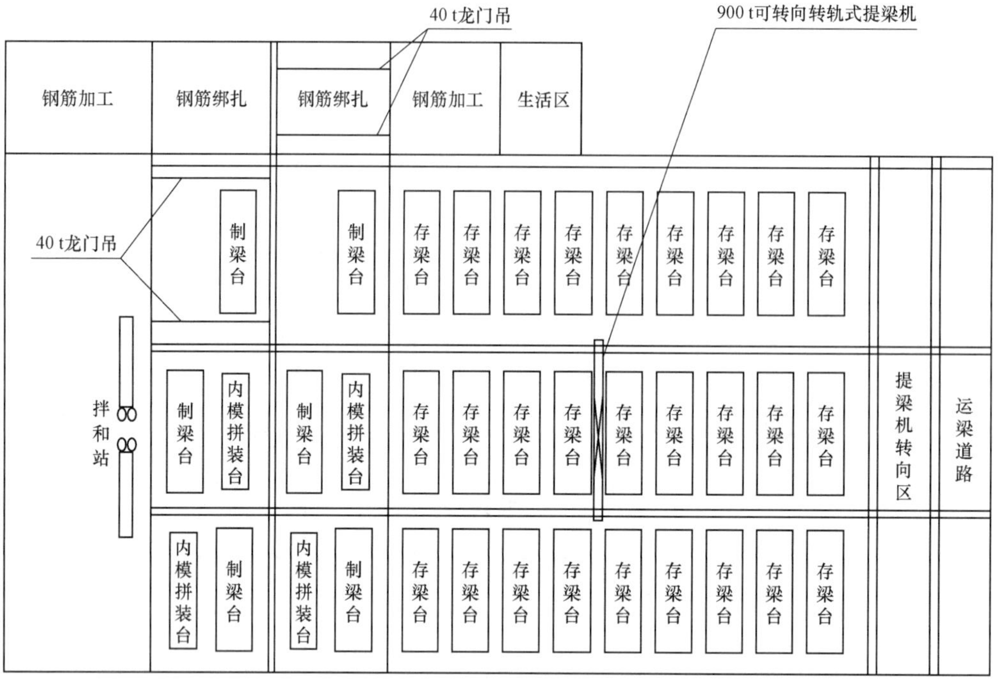

图 6–14 配备 1 台 900 t 可转向转轨式提梁机负责移梁和提梁装车

（3）纵列式与横列式制梁场比较。

纵列式制梁场各作业区域紧密相连，从原材料进场、半成品加工转运、梁体混凝土浇筑、梁体成品形成，核心生产区全部覆盖在起重机作业区范围内，从梁体脱模到移至存梁台座，整个过程一次到位，无须移动其他梁。制梁顺序可随架梁顺序随意调整。因此设备的投入相对小些，占地少，但产量不如横列式制梁场大。

横列式制梁场起重设备无法覆盖全部作业区域，移存梁需要专门的运载设备。制梁顺序不能轻易打乱，移梁工作量大。梁场占地面积大，征拆成本高，建设费用高，设备投入大，因此，在选择制梁场时，应综合考虑铁路桥梁施工周期、制梁场地形条件、拟投入的设备、要求的产量和施工的安全性，选择合理的制梁场，避免造成规模不合理，浪费建设资金。从多年的工程实践经验看，中小型规模的制梁场选择纵列式布局优势突出；生产规模较大的制梁场选择横列式布局较经济。

3. 制梁场分区

制梁场按功能划分为生产辅助区、生产区、办公生活区（见图 6–15）三大部分。

图 6–15 制梁场办公生活区

1）生产辅助区

生产辅助区包括试验室、小件预制区、钢筋存放区、锅炉房、钢构件存放区、材料库房、机修区、工具房、发配电房、变电房等，生产辅助区地面应全部硬化。

生产房屋一般采用彩钢板活动板房或彩钢棚结构，根据箱梁月产量结合场地规划总体情况进行规划设计。

试验室执行《铁路建设项目工程试验室管理标准》（Q/CR 9204—2015）。试验室房屋一般采用彩钢板房或砖木结构，距混凝土搅拌站不宜太远。需配备力学室、标准养护室、混凝土室、胶凝材料室、试验室、集料室、样品室、耐久性室、计量室、资料室、办公室等相关设施。每个操作间的面积不小于 12 m^2，标准养护室不小于 30 m^2，操作间分区明确，布局合理，环境温、湿度等应满足标准要求。其中，混凝土室、胶凝材料室等应配备空调，标准养护室应配备自动养护系统。试验室仪器设备应合理安置，设备精度、数量符合要求，相互有影响的仪器设备应采取有效的隔离措施。

2）生产区

生产区主要分为制梁区、存梁区、混凝土拌和区、桥梁换装区、运梁通道等。

（1）制梁区。制梁区主要布置有制梁台座、钢筋加工区、钢筋预扎台架、内模拼装台座等。

① 制梁台座。按照合同工期的要求，考虑特殊季节等影响，计算制梁场的月生产能力，结合箱梁的规格及型号分别配置。制梁台座的周转是依据箱梁初张拉的时间确定的，一般制梁台座使用周期为 4～6 d。如跨度较小的箱梁数量较少，可采取与跨度较大的箱梁共用制梁台座的方式。如需冬季施工，可将蒸汽养护管道接入每个制梁台座内。

制梁台座需设置于龙门吊工作覆盖范围内，并根据龙门吊的跨度进行台座的布置，制梁台座的间距以满足搬运机走行安全、张拉等作业方便为宜。

② 钢筋加工区。钢筋加工区（见图 6–16）包括钢筋加工房和钢筋堆放区。钢筋加工房可采用大跨度钢棚架，面积以满足箱梁最大日产量时钢筋加工吨位为宜。钢筋堆放区应紧邻钢筋加工房，以减少搬运距离，面积以能存放 0.5～1 个月箱梁产量所需钢筋为宜。

③ 钢筋预扎台架。钢筋预扎台架配置数量根据箱梁日产量确定，一般按日产量+1 配置；当采用分体预扎工艺时，底腹板、顶板预扎台架按 1:1 配置。

④ 内模拼装台座。内模拼装台座设置数量一般为制梁台座的一半，其位置设置于两个制梁台座之间，一般采用钢架结构。

（2）存梁区。存梁区一般由二次张拉台座、存梁台座、静载试验台座组成。

① 二次张拉台座。二次张拉台座设置数量需根据箱梁月产量及混凝土弹性模量发展情况（一般为 10～14 d）计算确定。

② 存梁台座。存梁台座设置数量需根据箱梁月产量及架梁工期综合计算确定，存梁台座一般采用双层存梁基础，以节约用地。

③ 静载试验台座。同种梁型可设置一座静载试验台座（不同跨度可共用），一般设置于存梁场边角处，以减少对其他台座的影响。

（3）混凝土拌和区。混凝土拌和区由混凝土搅拌站、砂石料存放区、筛砂场和洗石场组成，如图 6–17 所示。

① 混凝土搅拌站。根据梁场设计生产能力，应配备足够的搅拌设备，包括供应箱梁、小预制件、桥面系等施工所需的混凝土；散装水泥及矿物掺和料储存罐的储备能力，均需满足连续 5 d 以上的混凝土浇筑能力所用量的要求。应选择卧轴式、行星式或逆流式强制搅拌机，并应适当准备应急的完好搅拌设备。搅拌站的电子秤计量系统，应在使用前经法定计量检定部门进行检定。搅拌站系统设施应满足以下要求：水泥、粉煤灰、矿渣粉应采用散料仓分别储存；水泥在储存中应采取措施降低温度

图 6–16　钢筋加工区

图 6–17　混凝土拌和区

或防止水泥升温；储存水泥、粉煤灰、矿渣粉、外加剂的容器应悬挂标识牌，标识牌至少应标明材料产地、名称、规格、进场日期、代表数量和检验状态等；储存液体外加剂的容器应避免外加剂污染和蒸发，寒冷地区在冬季应有防冻措施；砂石料存放场与搅拌楼之间、搅拌站周边地面均应以混凝土进行硬化处理，并设置必要的排水设施；搅拌站应防风、防雨；每个搅拌站至少应配备三个骨料仓（一个砂仓和两个碎石仓）；搅拌站应采用重量法配料，各料仓材料的重量均应采用电子秤计量系统分别计量。

② 砂石料存放区。砂石料存放区的存放能力要充分考虑本项目工期及该地区影响施工的特殊因素（如冬季封冻、夏季洪水、运输距离、道路受阻等），设置规模一般按 1～2 个月的用量考虑。

砂、石应有固定的储存地点并悬挂标识牌，标识牌至少应标明产地、名称、规格、进场日期、代表数量和检验状态等。砂、石应有明确的堆放界限，砂、石或不同级配碎石间有可能产生混杂时，应以砖墙或混凝土墙等进行分隔。砂、石堆场应设置规范的厂棚，一般采用大跨度钢架棚，三面围壁，以达到防晒、防雨和防尘等目的。砂、石堆场地面应以混凝土进行硬化处理，并设置不小于 2%的排水坡和排水沟。

二级配的碎石应分开堆放并加以标识。骨料存放区如图 6–18 所示。

图 6–18　骨料存放区

③ 筛砂场和洗石场。若砂、石料来源地不具备冲洗、分筛条件，则需在砂、石的存放场内设置专门的筛砂场和洗石场，配置相应的筛砂和洗石设备，以及沉淀池等相应的设施，并做好相应的环保工作。

由于混凝土方量较大，一般都采用泵送的方式进行箱梁的混凝土浇筑。泵送方式一般分为拌和站直泵和罐车运输泵送两种方式。

拌和站直泵方式是将混凝土输送泵机安放在搅拌站下，通过输送管道直接将混凝土输送到每个制梁台座处的箱梁内。其优点为泵送成本低（同时还可降低建场成本），混凝土浇筑时间短；缺点是输送管道长，容易造成堵管。拌和站直泵方式适用于拌和站设置于制梁区中部，泵送距离不超过泵机最大泵送能力的制梁场。

罐车运输泵送方式是将拌和站混凝土通过混凝土罐车运送到制梁台座处，再由混凝土泵机通过输送管道将混凝土浇筑到箱梁内。其优点为混凝土泵送距离短，不易堵管，缺点是成本高，混凝土坍落度损失较大，混凝土浇筑时间较长，并需要考虑混凝土罐车运输通道。罐车运输泵送方式适用于受地形限制，拌和站距制梁区较远或泵送距离超过了泵机最大泵送能力的梁场。

（4）桥梁换装区。桥梁运输上桥方式一般分为马道运输上桥和提梁上桥两种方式。

① 马道运输上桥。马道运输上桥一般适用于梁场附近具备路基上桥条件的情况，其优点为安全经济、运输方便，为后道工序（如桥面系、轨道工程施工等）提供方便，是架梁时首选的运输上桥方式。采用运梁车运梁，搬运机可在通向马道的纵向运梁通道上直接装梁完成换装；采用运架一体机运梁，则需要在通向马道的纵向运梁通道旁设置换装台座来完成换装。马道应根据线路路基高度并结合运梁设备的限制坡度，以尽量减少制梁场建场土石方工程数量来确定制梁场的高程和马道的长度。马道运输上桥如图 6–19 所示。

② 提梁上桥。提梁上桥一般适用于不具备马道运输上桥条件或马道运输上桥的成本太高的情况。制梁场需紧邻线路，并配置大型跨线起重设备。该方案设备投入大，设备走行基础处理费用高，提梁成本也高。提梁上桥如图 6–20 所示。

图 6–19　马道运输上桥

图 6–20　提梁上桥

③ 不同运输上桥方式对搬运设备的选择。搬运机根据桥梁上桥方式分为宽式和窄式两种。宽式搬运机适用于运梁车马道运输上桥方式；窄式搬运机适用于提梁机提梁上桥和采用运架一体机运架梁方式。

（5）运梁通道。运梁通道是采用搬运机搬运箱梁工艺时设置的搬运机专用通道，由纵向和横向通道组成。若采用轨道走行设备移梁时，则设置轨道走行设施。

横向通道为连通制梁区与存梁区之间的走行通道，其宽度一般设置为：1 m+搬运机横向行走工作宽度+1 m；纵向通道为连通制梁区各横向通道至桥梁换装区的工作通道，其宽度一般设置为：1 m+搬运机纵向行走工作宽度+1 m。运梁通道压实度、平整度须满足桥梁搬运机安全走行要求，一般采用混凝土或级配碎石路面结构，并在搬运机转向支撑机构处对地面进行局部加固处理，避免损坏通道路面。横向通道的中心距根据搬运机的走行跨度确定。

3）办公生活区

办公生活区应与生产区域分开设置，并各自设有专门的通道，以便于管理和确保安全。房屋一般采用彩钢板活动板房，办公室修建面积一般按 8 m^2 / 人设计、员工宿舍一般按 4 m^2 / 人（用地困难时可采用双层铺位）设计。办公生活区内的通道应采用混凝土硬化，其余空地可结合现场实际进行绿化处理。

4. 制梁、存梁台座

1）制梁、存梁台座设计

（1）制梁台座是预制箱梁的重要设施，从安装模板、钢筋、浇筑梁体混凝土、蒸汽养护至初张拉的施工工序均在制梁台座上完成。

（2）制梁台座基础处理采用 C20 以上钢筋混凝土灌注桩处理加固方案，顶部采用板筏结构。存梁台座采用四点支承的方法，每个存梁台座由 4 个钢筋混凝土支墩组成，各支墩间距按照箱梁的允许存梁支点设置，各支墩上设橡胶垫或橡胶皮。设置间距为梁的支座间距。

（3）横向布置方案采用移梁滑道，根据梁场地质情况，进行基础处理后应满足承载力、沉降、变形的要求。存梁台根据地质情况，采用不同桩径钢筋混凝土钻孔桩进行加固，以满足不大于 2 mm 的不均匀沉降要求，以确保箱梁质量。

2）制梁台座的数量和布置形式

制梁台座的数量取决于制梁设备配置情况、制梁工序、制梁周期及制梁场制梁效率等。

制梁场主要机械设备需要配置跨制梁区龙门吊、钢筋装卸龙门吊、提梁机、汽车吊、拌和站、布料机、混凝土输送泵、混凝土罐车、蒸汽养护系统，以及模板系统等。跨制梁区龙门吊布置在生产线上，主要用来吊钢筋骨架、内模及其他配件；提梁机主要用来移梁。模板系统主要包括内模、外模、底模和端模，内模一般采用液压设计，方便拆装；外模和底模一般做成可调节的形式，方便调节预拱度和拆模；端模通常采用分块拼装的形式。

学习评价

根据所学内容完成下面的一体化学习任务单。

职业能力养成名称：预应力混凝土简支箱梁认知

姓名：____________　　所属学习小组：____________　　得分：__________

说明：在规定时间内交回一体化学习任务单以便教师评价学习效果。

预应力混凝土简支箱梁认知

- 1.箱梁构造、施工方法
  - 我国高速铁路中应用最为广泛的预应力混凝土简支箱梁的生产过程包括构造、（　）、运输和（　）技术。
  - 预应力混凝土简支箱梁与普通钢筋混凝土箱梁相比有哪些优点？
  - 绘制高速铁路箱梁截面构造图。
  - 与后张法预应力混凝土简支箱梁相比，先张法预应力混凝土简支箱梁有哪些优点？
- 2.制梁场建设
  - 简述制梁场的选址原则。
  - 简列制梁场不宜选址的情况。
  - 简述制梁场的布置原则。
  - 绘制预应力制梁场纵列式布置图。
  - 简述箱梁生产区的布置。
  - 桥梁运输上桥方式一般分为（　　）和（　　）2种。
  - 制梁台座的数量取决于制梁设备配置情况、（　　）、制梁周期及（　　）等。
  - 制梁场主要机械设备需要配置（　　）、钢筋装卸龙门吊、（　　）、汽车吊、拌和站、布料机、混凝土输送泵、混凝土罐车、蒸汽养护系统，以及模板系统等。

职业能力 6.2　预应力混凝土简支箱梁预制技术

职业能力情境引入

丹昆特大铁路桥（见图 6–21），位于京沪高速铁路丹阳至昆山段，全长 164.851 km，被誉为世界第一长桥。大桥由 4 500 多个 900 t 箱梁构成，2008 年 4 月 7 日开始灌注首根桩，2011 年 6 月 30 日正式开通运营。

其中简支梁大都采用预制预应力后张箱梁，32 m 和 24 m 简支梁由梁场预制，架桥机架设。部分地段受施工组织影响，简支梁采用现浇施工。

本部分内容以 32 m 箱梁为例，介绍箱梁预制作业，主要包括模板工程、钢筋工程、混凝土工程、预应力工程及场内移梁工作。

图 6–21　丹昆特大铁路桥

6.2.1　预应力预制箱梁施工知识

后张法预应力混凝土简支箱梁截面类型为单箱单室简支箱梁，梁端顶板、底板及腹板局部向内侧加厚，采用斜腹板形式，腹板上每隔 2 m 设置通风孔以降低箱梁内外温差。预施应力按预张拉、初张拉和终张拉三个阶段进行；两端同步张拉，并左右对称进行。终张拉必须在梁体混凝土强度及弹性模量达到设计值后，龄期不少于 10 d 时进行。

1. 模板

1）模板的基本要求

（1）保证结构尺寸和相互位置正确。

（2）具有足够的强度、刚度和稳定性，能承受混凝土浇筑时的重量及侧压力，以及在施工中产生的荷载。

（3）构造简单，拆卸方便，并便于钢筋的绑扎和安装，符合混凝土浇筑与养护等工艺要求。

（4）模板接缝应严密，不得漏浆。

2）模板的制造要求

模板委外加工，模板的刚度、强度和稳定性满足规范和施工要求，安装和拆卸时，力求省时、省力、快速、高效，工序占用时间较少；加工误差满足设计和规范要求。模板分为侧模、内模、底模板和端模板四部分。

（1）侧模。箱梁侧模可焊接成整体，按梁长分段预制，如图 6–22 所示。为保证侧模立腿受力均匀及保持梁体尺寸和外观，采用大刚度模板与台座配套设计。在工厂分节加工侧模板，在现场用螺栓连接组装后焊接成整体。与底模采用“一配一”方式，外模拆装通过铰接方式实施。

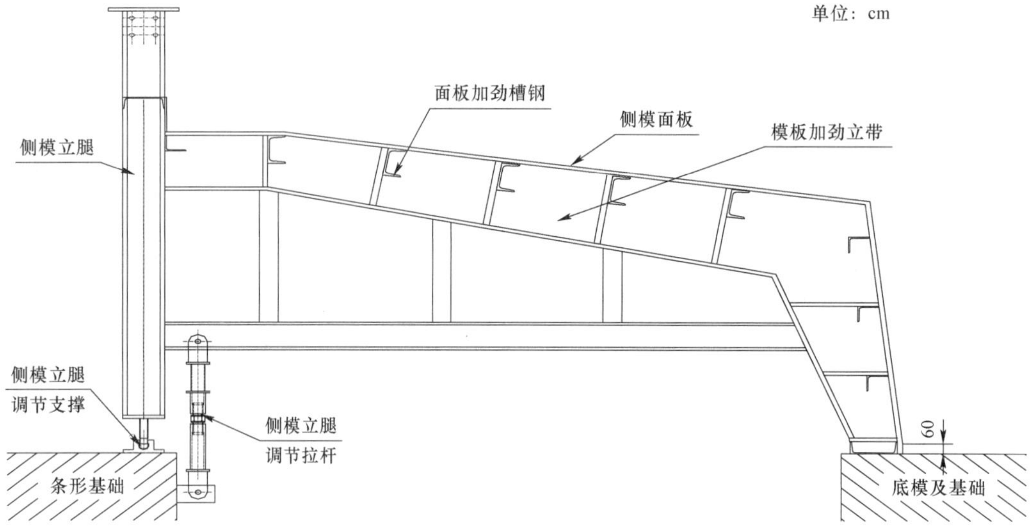

图 6–22　侧模结构图

（2）内模。箱梁内模可分为拼装式或液压式 2 种。拼装式内模由工具式钢模板、型钢环形骨架和支撑体系构成。液压式内模系统由走行机构、液压系统、内模板三部分组成，如图 6–23 所示。内模采用液压自动缩放内模，整体抽拔式方案。内模安装应定位准确、固定牢靠。确保浇筑混凝土时不上浮、不偏移。

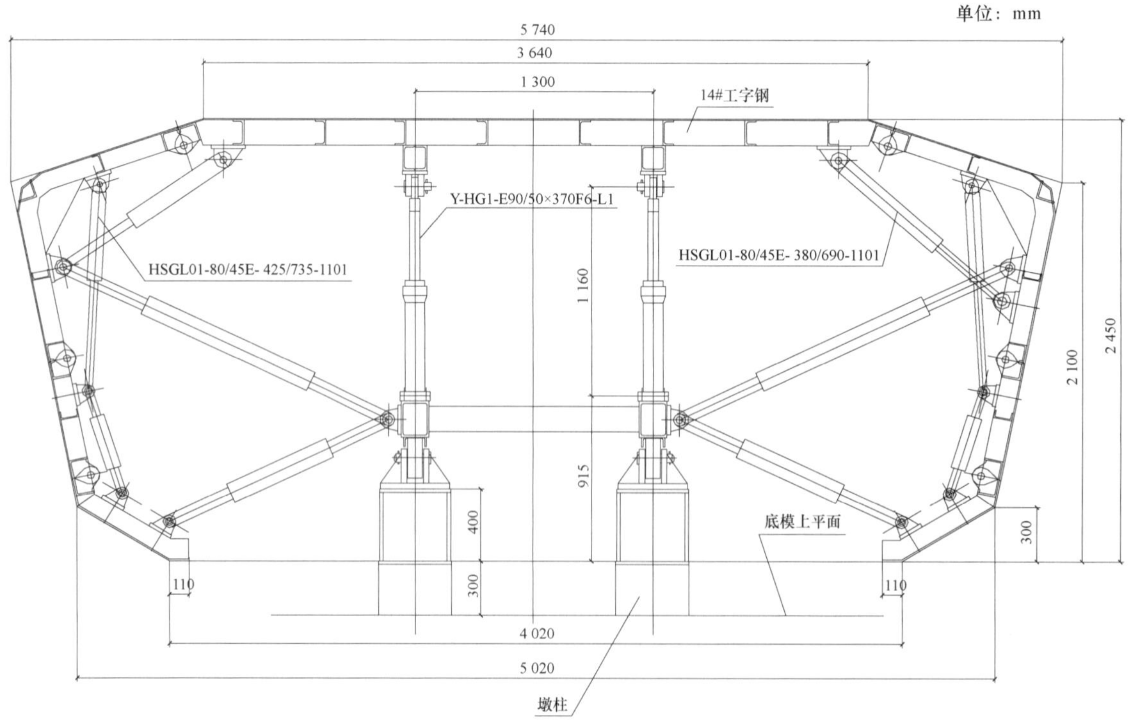

图 6–23　内模结构设计图

（3）底模板：底模板分段加工，与条形混凝土基础上的预埋件进行焊接。钢底模与混凝土基础接触良好、密贴，确保钢底模在使用过程中不变形、不沉降。

（4）端模板：端模面板厚 12 mm，端模为整体模板，用螺栓与侧模连接，与侧模、内模的间隙用橡胶条填充。端模板按中梁和边梁分别加工制造。为运输方便，端模分件加工，运到工地后再焊成整体，并用［20 a 槽钢作骨架进行加固。

3）模板的维修和保管

（1）钢模板配件拆除后，应及时清除黏结的灰浆，对变形和损坏的模板和配件，宜采用机械整形和清理。

（2）维修质量不合格的模板及配件，不得使用。

（3）对暂不使用的钢模板，板面应涂刷脱模剂。背面油漆脱落处，应补刷防锈漆，并按规定分类堆放。

（4）钢模板存放时加盖篷布，板底支垫离地面 100 mm 以上。

2. 锚具、夹具、连接器、钢绞线标记

1）锚具、夹具、连接器的标记

根据《预应力筋用锚具、夹具和连接器》（GB/T 14370—2015），预应力筋用锚具、夹具和连接器标记如图 6–24 所示。

锚具、夹具和连接器的标记由产品代号、预应力筋类型、预应力筋直径和预应力筋根数 4 部分组成（生产企业的体系代号只在需要时标注）。

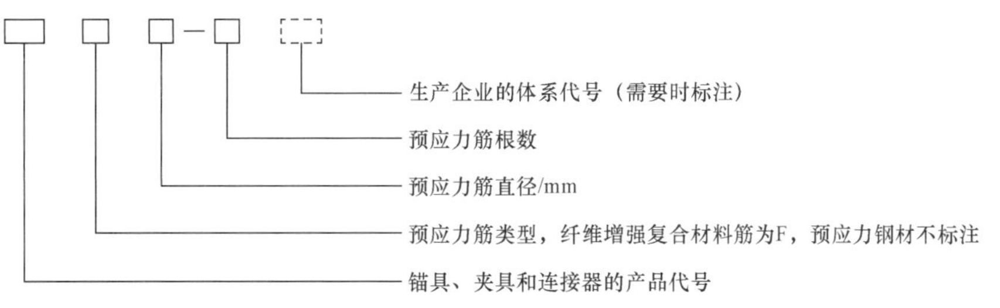

图 6–24　预应力筋用锚具、夹具和连接器标记

示例 1：

锚固 12 根直径为 15.2 mm 钢绞线的圆形夹片式群锚锚具表示为：YJM15-12。

示例 2：

锚固 12 根直径为 12.7 mm 钢绞线的挤压式锚具表示为：JYM13-12。

示例 3：

用挤压头方法连接 12 根直径为 15.2 mm 钢绞线的连接器表示为：JYL15-12。

示例 4：

锚固 1 根直径为 10 mm 碳纤维预应力筋的圆形夹片式群锚锚具表示为：YJMF10-1。

注：特殊的或有必要阐明特点的新产品，可增加文字或图样以准确表达。

2）钢绞线标记

根据《预应力混凝土用钢绞线》（GB/T 5224—2014）的相关规定，钢绞线的标记应按下列相关规定标记。

（1）分类与代号。

钢绞线按结构分为以下 8 类，结构代号如下。

① 用两根钢丝捻制的钢绞线：	1×2
② 用三根钢丝捻制的钢绞线：	1×3
③ 用三根刻痕钢丝捻制的钢绞线：	1×3I
④ 用七根钢丝捻制的标准型钢绞线：	1×7
⑤ 用六根刻痕钢丝和一根光圆中心钢丝捻制的钢绞线：	1×7I
⑥ 用七根钢丝捻制又经模拔的钢绞线：	（1×7）C
⑦ 用十九根钢丝捻制的 1+9+9 西鲁式钢绞线：	1×19 S
⑧ 用十九根钢丝捻制的 1+6+6/6 瓦林吞式钢绞线：	1×19 W

（2）标记。

① 标记内容。

a）预应力钢绞线；

b）结构代号；

c）公称直径；

d）强度级别；

e）标准编号。

② 标记示例。

示例 1：公称直径为 15.20 mm，抗拉强度为 1 860 MPa 的七根钢丝捻制的标准型钢绞线标记为：

预应力钢绞线 1×7–15.20–1860–GB/T 5224—2014

示例 2：公称直径为 8.70 mm，抗拉强度为 1 720 MPa 的三根刻痕钢丝捻制的钢绞线标记为：

预应力钢绞线 1×3I–8.70–1720–GB/T 5224—2014

示例 3：公称直径为 12.70 mm，抗拉强度为 1 860 MPa 的七根钢丝捻制又经模拔的钢绞线标记为：

预应力钢绞线（1×7）C–12.70–1860–GB/T 5224—2014

示例 4：公称直径为 21.8 mm，抗拉强度为 1 860 MPa 的十九根钢丝捻制的西鲁式钢绞线标记为：

预应力钢绞线 1×19S–21.80–1860–GB/T 5224—2014

3. 张拉机具与张拉材料

1）张拉机具

（1）张拉千斤顶用在整拉整放工艺中，单束初调及张拉宜采用穿心式双作用千斤顶。整体张拉和整体放张宜采用自锁式千斤顶，额定张拉吨位宜为张拉力的 1.5 倍，且不得少于 1.2 倍，张拉千斤顶使用前必须经过具有检验校正资格的单位或部门校正，校正系数不得大于 1.05。

（2）压力表应选用防震型，表面最大读数应为张拉力的 1.5～2.0 倍，精度不低于 1.0 级。

（3）压力表应与张拉千斤顶配套使用。预应力设备应建立台账及卡片并定期检查。

为保证张拉力的准确性，应定期对张拉设备进行“油压值及输出力”的标定。施加预应力所用的机具设备及仪表由专人使用和管理，并定期维护和校验。千斤顶与压力表配套校验，以确定张拉力与压力表之间的关系曲线，作为张拉时的依据。千斤顶、油表在使用前进行标定，否则不得使用。

2）预应力材料

（1）预应力钢绞线。

① 预应力钢绞线符合《预应力混凝土用钢绞线》（GB/T 5224—2014）的要求。供应商提供每批钢绞线的实际弹性模量值。

对于新选厂家，应对钢绞线的破断负荷、屈服负荷、弹性模量、极限伸长率、松弛率等项目进行全面检验。生产中按每批不大于 30 t 同厂家、同品种、同规格、同批号钢绞线为一验收批，分别进行破断负荷、屈服负荷、弹性模量、极限伸长率、直径检验，其质量符合《预应力混凝土用钢绞线》（GB/T 5224—2014）要求后，方可投入使用。

② 每批钢绞线附有出厂合格证，由同一批号、同一强度等级的钢绞线组成。进场后，外观检查合格后，再按《金属材料　拉伸试验　第 1 部分：室温试验方法》（GB/T 228.1—2010）的要求做钢绞线应力松弛性能试验和最大应力试验，合格后方可使用。

③ 钢绞线应存放在干燥处，避免潮湿、锈蚀，在工地存放时，要高出地面 20 cm，并及时用帆布进行覆盖。

④ 钢绞线的力学性能。

钢绞线尺寸及力学性能指标如表 6–2 所示。

表 6–2　钢绞线尺寸及力学性能指标

钢绞线结构	钢绞线公称直径/mm		抗拉强度/MPa	整根钢绞线的最大力/kN	规定非比例延伸力/kN	最大力总伸长率/%	应力松弛性能	
							初始负荷相当于公称最大力的百分数/%	1 000 h 后应力松弛率不大于/%
			不小于					
1×7	标准型	15.2	1 860	260	234	3.5	80	4.5

注：① 规定非比例延伸力值不小于整根钢绞线公称最大力的 90%。

② 每一交货批钢绞线的实际强度不能高于其抗拉强度级别 200 MPa。

③ 钢绞线弹性模量为（195±10）GPa。

④ 采用推算法确定 1 000 h 松弛率。

⑤ 表面质量：钢绞线表面不得有油、润滑脂等物质，允许有轻微的浮锈，但不得有目视可见的锈蚀麻坑，表面允许存在回火的颜色。

⑥ 松弛钢绞线的伸直性：取弦长为 1 m 的钢绞线，其弦与弧的最大自然矢高不大于 25 mm。

⑦ 复验与判定规则。

当表 6–2 中规定的某一项检验结果不符合标准规定时，则该盘卷不得交货。从同一批未经试验的钢绞线盘卷中取双倍数量的试样进行该不合格项目的复验，复验结果即使有一个试样不合格，则整批钢绞线不得交货，或进行逐盘检验合格后交货。供方有权对复验不合格产品进行重新组批，提交验收。

⑧ 钢绞线下料长度计算。

钢绞线下料长度应根据设计计算确定，当设计无要求时，可按下式计算，并通过试用后确定。

$$L=l+2l_1+n(l_2+l_3)+2l_4$$

式中：l——锚具支撑板间管道长度；

l_1——工作锚具厚度；

l_2——张拉千斤顶长度；

l_3——工具锚具厚度；

l_4——长度富余量；

n——单端张拉为 1，双端张拉为 2。

（2）锚具、夹具。

① 锚具、夹具和连接器必须符合《铁路工程预应力筋用夹片式锚具、夹具和连接器》（TB/T 3193—2016）的要求。锚具产品需通过中铁检验认证中心有限公司（CRCC）认证合格。

② 锚具、夹具应满足的一般要求如下。

a）生产厂应有设计文件、产品合格文件，该类文件应具有可追溯性。

b）预应力筋用锚具、夹具和连接器应具有可靠的锚固性能、足够的承载能力和良好的适用性。

c）对自锚型夹片式锚具，锚具生产厂应给出钢绞线直径为 15～15.6 mm 限位板的限位高度。

d）锚具应设置灌浆孔和排气孔。灌浆孔的孔位及孔径应符合灌浆工艺要求，用于锚固直径 15.2 mm 钢绞线的锚具，其锚板最外侧锥孔大口外边缘到锚板边缘的最小尺寸应符合表 6–3 的要求，且应有与灌浆管连接的构造。采用封闭罩时，锚具应设置连接构造。

表 6–3 锚板最外侧锥孔大口外边缘到锚板边缘的最小尺寸

锚板孔数	1～5	6～12	13～17	18～21	22～27
最小尺寸/mm	11	13	15	17	20

e）用于锚固直径 15.2 mm 钢绞线的锚具，锚板的最小直径和最小厚度应符合相关的规定。

f）锚板表面应进行防锈处理，夹片使用前应防止锈蚀。

g）夹片约束圈应采用耐油的弹性橡胶圈，不应使用再生橡胶圈。

h）锚具表面应无裂纹。

③ 预应力筋用锚具、夹具和连接器进场时，必须对其质量指标进行全面检查并按批次进行外观及外形尺寸、硬度、静载锚固系数等性能试验，其质量必须符合设计要求和相关标准的规定。

检验数量：同一种类、同种材料和同一生产工艺且连续进场的预应力筋用锚具、夹具和连接器，每 5000 套为一批，不足 5000 套也按一批计。施工单位每批抽检一次。

外观和外形尺寸检查，施工单位每批抽检 10%，且不少于 10 套。

a）硬度检验：夹片每批抽 5%（不少于 10 片）、锚环每批抽 10%（不少于 3 件），硬度检验时每个零件测试 3 点，硬度值要符合设计要求。

b）预应力筋–锚具组装件的静载锚固性能应同时满足锚固效率系数 $\eta_a \geqslant 0.95$ 和极限总应变 $\varepsilon_{apu} \geqslant 2.0\%$。

c）疲劳荷载性能：要求 200 万次循环荷载后，锚具零件不疲劳破坏，预应力筋因锚具夹持作用发生疲劳破断的截面积不大于试件总截面面积的 5%。

d）周期荷载性能：要求试件经 50 次循环荷载后预应力筋在锚具夹持区域不发生破断。

e）锚板强度要求：在荷载达到预应力筋抗拉强度标准值的 95%之后释放荷载，锚板挠度残余变形不大于 1/600，在荷载达到预应力筋抗拉强度标准值的 1.2 倍时，锚板不能有肉眼可见的裂纹或破坏。

f）热处理要求：锚板进行调质热处理，表面硬度不小于 20HRC（质量裁定时为 225HB）；工作夹片进行化学热处理，表面硬度不小于 79HRA。

④ 材料要求：产品所使用的材料符合设计要求，并有机械性能和化学成分合格证书、质量保证证书，材料进厂后进行验收试验。

⑤ 锚具设专人保管。储存、运输均应妥善保护，避免锈蚀、沾污、遭受机械损伤或散失。临时性的防护措施需不影响安装操作的效果和永久性防锈措施的实施。应做好标识，防止混用。

6.2.2 箱梁预制施工

箱梁预制工作包括以下主要工序：模板工程、钢筋工程及制孔、混凝土施工、预应力张拉施工、管道压浆与封端，箱梁的移运及存放，桥梁支座施工。

1. 模板施工

1）预制箱梁模板施工流程

在预制过程中保证箱梁的结构尺寸，在设计模板时，保证模板具有足够的刚度、强度和稳定性，而且在安装、拆卸时，要省时、省力、快速、高效，缩短工序占用时间；加工误差满足设计和规范要求。预制箱梁模板施工流程如图 6–25 所示。

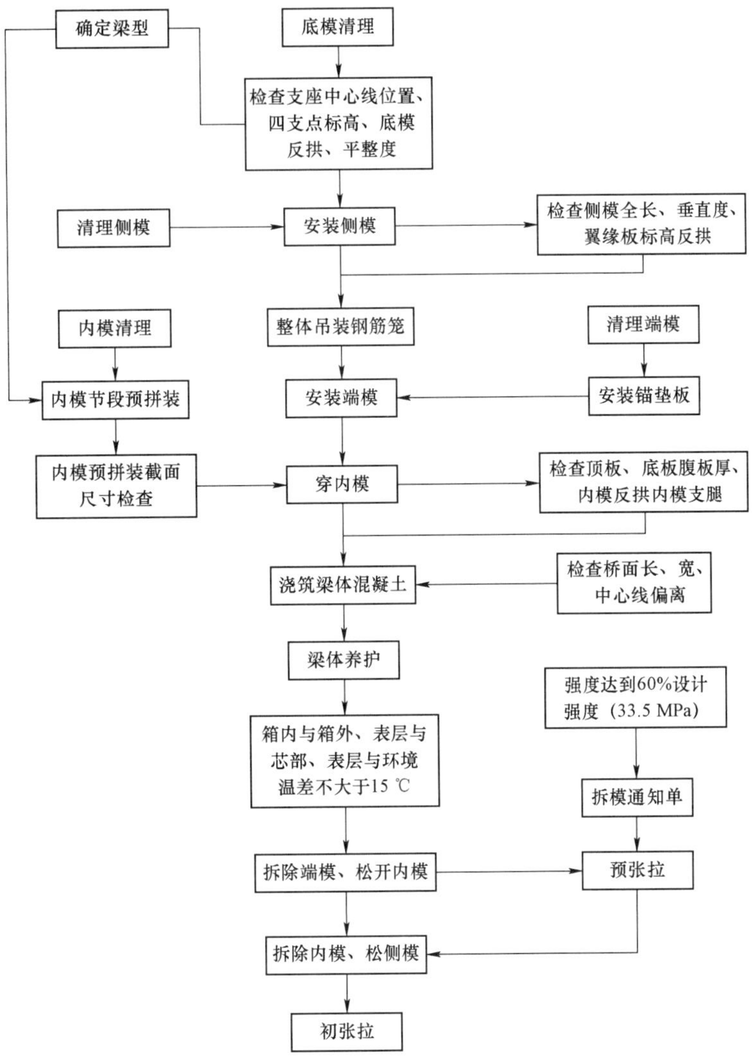

图 6–25　预制箱梁模板施工流程

2）预制箱梁的模板施工要点

（1）模板制作与安装。

双线整孔箱梁模板由底模、侧模、内模、端模 4 部分组成。

底模与侧模如图 6–26 所示。底模下设调整装置，根据设置的梁体反拱度及箱梁底部的尺寸制作成型。梁体反拱度按二次抛物线从跨中向梁端设置，31.5 m 跨中间最大梁体反拱度设置 15 mm，23.5 m 跨中间最大梁体反拱度设置 6 mm。底模钢板铺设过程中用精密水准仪对底模每 2 m 进行线形检测，对反拱度设置反复进行监测调整，以达到设计要求。整体结构设置在条形基础混凝土的条形纵梁上，并与预埋条型纵梁棱角中的角钢焊接。底模钢板焊接过程中采用节段焊接，以消除施工引起的应力集中与底板变形。

图 6–26　底模与侧模

侧模通过汽车吊吊至安装台座，与底模竖向对位。外侧模底部设置螺栓孔，与底模的螺栓孔对位后用螺栓连接。由专人指挥，在单侧侧模两侧支腿处使用螺旋千斤顶同步顶升，将侧模顶升至应设高度，通过水准仪测量高度无误后，拉紧与底模连接的拉杆，再用联结螺栓和垫板与底模槽钢联结固定。振动整平机在箱梁外侧模翼缘挡板上行走，混凝土浇筑时，此部分作为混凝土浇筑时振捣作业的操作平台。

端模如图 6–27 所示，其设置为整体形式，由面板和纵横肋组成。采用螺栓栓接固定在侧模上，制作时已准确留出张拉槽口位置。

底模与侧模间设置耐油橡胶条密封，所有模板接缝均设密封耐油橡胶条，防止混凝土浇筑时漏浆。

双线整孔箱梁本身设置有通风孔、泄水孔及吊装孔，施工时按照设计要求予以布置，此部分孔洞模型采用机加工工件定位，设置时与梁体内外模采用栓接固定，保证制孔准确。

双线整孔箱梁预制过程中对应于相邻的孔跨位置需设置预留孔洞。在梁端底板设置检查孔，满足维修养护需要；在桥梁端悬臂板位置需要设置电缆上桥孔洞，开槽尺寸与电缆槽一致，深度 200 mm。施工时此部位孔洞采用定型模板预留，栓接牢固，保证满足总体的设置要求。模板组装调整基本到位后再次对模板安装外形尺寸、侧模反拱等情况进行检测、调整，使之达到设计要求。待一切符合要求后，均匀喷涂脱模剂，然后吊装钢筋笼入模。对钢筋笼位置进行必要的检测调整，之后再利用卷扬机牵引内模进入钢筋笼。

端模吊装前先将锚下垫板安装在端模板上，质检人员要检测锚垫板与端模配位是否准确。将抽拔管穿出锚垫板并密封，用龙门吊连同钢筋笼吊至台座端部的安装位置。

内模如图 6–28 所示，底板为不封闭结构，内模与底板、外侧模均设连接螺杆，用拉杆把纵梁和托架联结固定，防止内模上浮。拉杆位置与底板泄水孔重合。仔细调整内模板与端模闭合，安装通风孔预埋件。内模横向定位由通风孔预埋件控制，以保证腹板尺寸。内模顶下灰口及连接缝用胶布密封，防止混凝土浇筑时漏浆。模型之间密封好后用螺栓将端模与侧模和内模联结、紧固。然后再安装顶板钢筋，安装桥面预埋件。钢筋、模板组装调整基本到位后，再次对模板安装外形尺寸、侧模反拱等情况进行检测、调整，使之达到设计要求。

图 6–27　端模

图 6–28　内模

（2）模板拆除。

① 模板拆除程序。

模板拆除程序如图 6–29 所示，当梁体混凝土强度达到设计强度的 60%，梁体混凝土芯部与表层、箱内与箱外、表层与环境温差均不大于 15℃，且能保证棱角完整时方可拆除模板，混凝土拆模时的强度应符合设计要求。此外，还应考虑拆模时混凝土的温度（由水泥水化热引起）不能过高，以免混凝土接触空气时降温过快而开裂，更不能在此时浇筑凉水养护。混凝土内部开始降温以前及混凝土内部温度最高时，不得拆模。

（a）拆除端模

（b）拆除内模

（c）内模拆除中

（d）拆外模

图 6–29　模板拆除程序

先拆卸内模及端模。混凝土强度达到要求后，首先松开所有与内模的联结件，微收内模，用卷扬机拉出内模。然后拆除端模，侧模采用固定形式，无须拆卸，只要将侧模下千斤顶卸载，使模板与混凝土面分离就可张拉。

② 模板拆除注意事项。

a）模板的拆除，应能保证混凝土表面及棱角不受破坏。

b）模板拆除顺序及方法，遵循先支后拆、先上后下的原则，拆模时严禁用大锤及撬棍硬砸、硬撬。

c）拆模时，操作人员应站在安全处，以免发生安全事故，待该片（段）模板全部拆除后，方准将模板、配件、支架等运出堆放。

d）拆下的模板、配件等，严禁抛扔，要有人接应传递，按指定地点堆放，并做到及时清理、维修，刷好隔离剂，以备用。

3）模板安装和拆除质量要求

（1）梁模板安装允许偏差和检验方法应满足表 6–4 的规定。

表 6–4　梁模板安装允许偏差和检验方法

序号	项　目	允许偏差/mm	检 验 方 法
1	侧、底模板全长	±10	尺量检查各不少于 3 处
2	底模板宽	+5 0	尺量检查不少于 5 处
3	底模板中心线与设计位置偏差	2	拉线量测
4	桥面板中心线与设计位置偏差	10	
5	腹板中心线位置偏差	10	尺量检查
6	隔板中心线位置偏差	5	

续表

序号	项　目	允许偏差/mm	检 验 方 法
7	模板垂直度	每米高度 3	吊线尺量检查不少于 5 处
8	侧、底模板平整度	每米长度 2	1 m 靠尺和塞尺检查各不少于 5 处
9	桥面板宽度	±10	尺量检查不少于 5 处
10	腹板厚度	+10 0	
11	底板厚度	+10 0	
12	顶板厚度	+10 0	
13	隔板厚度	+10 −5	
14	端模板预留预应力孔道偏离设计位置	3	尺量检查

（2）模板及支架拆除的质量要求。

拆除承重模板及支（拱）架时的混凝土强度应符合设计要求，当未作规定时，拆除承重模板时混凝土强度要求如表 6–5 所示。

表 6–5　拆除承重模板时混凝土强度要求

结构类型	结构跨度/m	达到混凝土设计强度标准值的百分率/%
板、拱	<2	≥50
	2～8	≥75
	>8	≥100
梁	≤8	≥75
	>8	≥100
悬臂结构	—	≥100

2. 预制箱梁钢筋施工

1）钢筋及制孔施工流程

钢筋的绑扎可以分为整体绑扎和底腹板、顶板分批绑扎安装两种。图 6–30 所示为钢筋整体绑扎流程。

2）钢筋施工要点

（1）钢筋原材料质量检验。

钢筋进场后，必须检查产品合格证，附件清单、有关材质报告单和检查报告，并进行外观检查，按 60 t 为一验收批进行力学性能抽检，合格入库，不合格退场。钢筋堆放时须下垫上盖。

（2）钢筋下料、连接及加工。

① 钢筋调直与下料。

a）钢筋下料前，首先按照 1:1 的比例在钢筋场内按照标准断面放大样，标准断面钢筋大样放在钢模板上，然后用定位钢筋进行大样定位。每制作一个钢筋要和标准断面的钢筋进行对比，防止出现不合适的情况，造成保护层偏大或偏小。工班下料时，根据梁体钢筋编号和供料尺寸的长短，统筹安排，采用连续配料法下料，以减少钢筋的损耗。

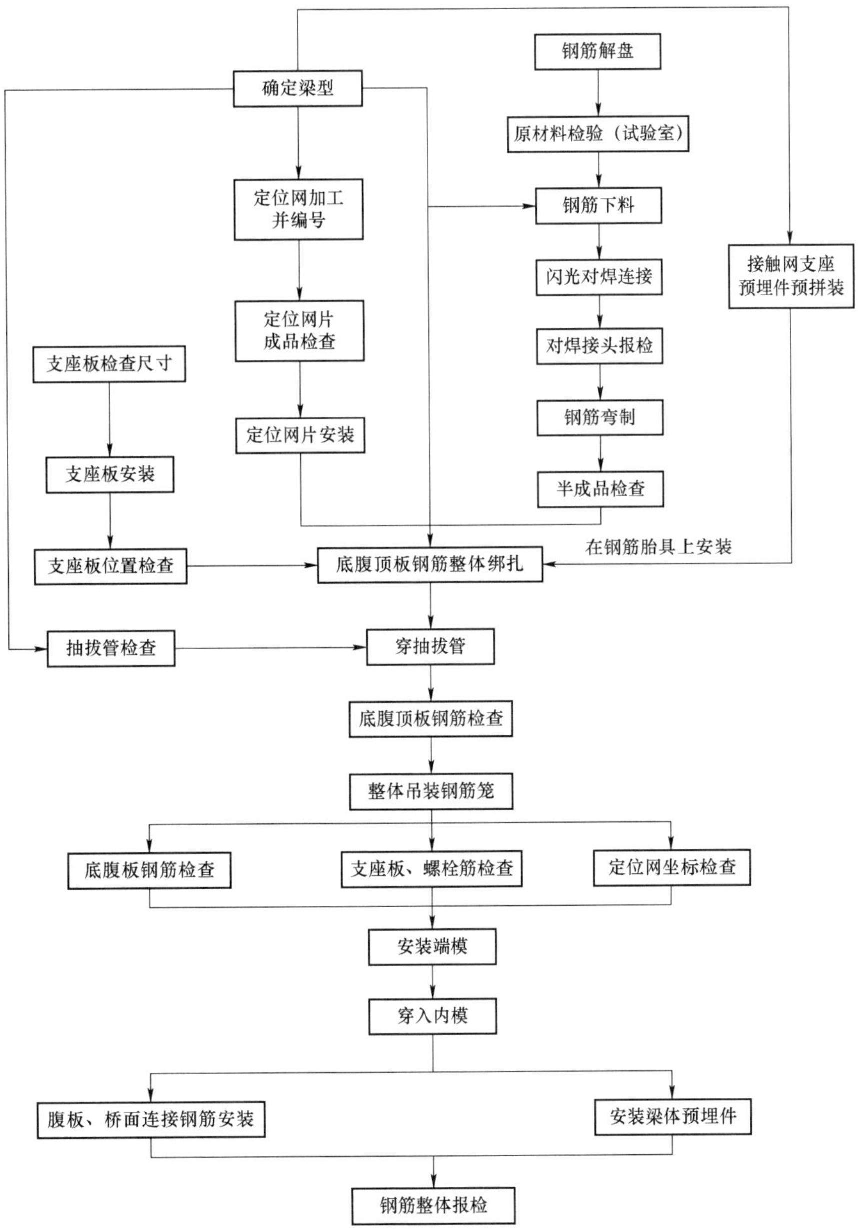

图 6–30　钢筋整体绑扎流程

成盘的钢筋和弯曲的钢筋均采用冷拉方法进行调直，将整捆盘条吊装至自制的卷盘上，钢筋的外露端拉出，通过调直切断机调直并定尺切断。调直后钢筋外表不得有裂纹、擦伤、缩颈及重皮现象；调直后的钢筋分类堆放整齐，不得出现弯折现象，并做好标识。

b）钢筋下料采用钢筋切断机进行，切断后的钢筋按不同编号分类堆放并标识。下料经检查合格后方可加工，下料见钢筋下料单。

c）钢筋下料部分截面尺寸较大的钢筋，加工成型后的钢筋堆放时应多设支点，减少钢筋存放时的变形量。

② 钢筋的加工。

钢筋的弯曲成型用弯曲机完成。螺旋筋成型是在弯曲机上安设一个加工圆盘弯曲成型。钢筋弯曲时将各弯曲点位置划出，划线尺寸根据不同弯曲角度和钢筋直径扣除钢筋弯曲调整值。划线在工作台上进行，第一根钢筋弯曲成型后，与配料表进行复核，符合要求后再成批加工。

梁体中常用钢筋的弯制和末端弯钩的加工尺寸和规格见图 6–31。

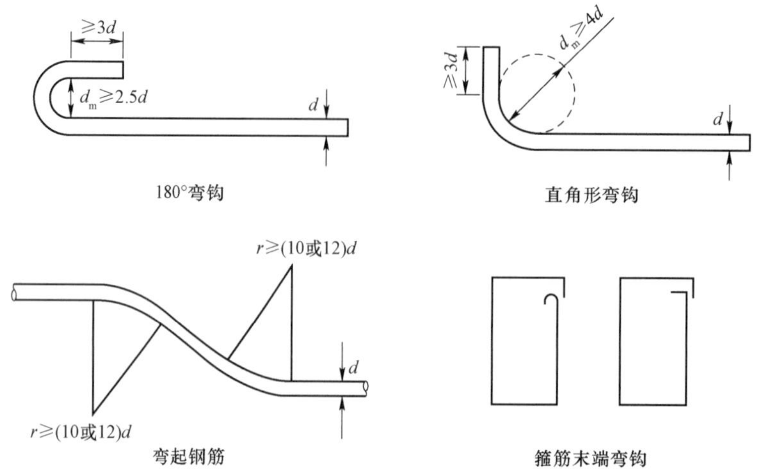

图 6–31　常用钢筋的弯制和末端弯钩的加工尺寸和规格

③ 接头形式。

a）钢筋接头采用闪光对焊接头。根据钢筋的直径采用不同的焊接工艺。ϕ22 以下钢筋采用连续闪光对焊的焊接工艺：闭合电源使两钢筋断面轻微接触，形成闪光；徐徐移动钢筋形成连续闪光过程；待钢筋白热溶化时，施加轴向压力，迅速进行顶锻使钢筋焊合。ϕ22 及以上钢筋采用预热闪光焊的焊接工艺：即在连续闪光焊前增加一项预热过程，一开始闪光便将接头做周期性的闭合和断开，当钢筋烧化到规定的预热留量后，随即进行连续闪光和顶锻。接地钢筋采用电弧焊，焊条采用 E502 型焊条。

b）闪光对焊接头外观质量应符合下列要求：接头周缘应有适当的镦粗部分，并呈均匀的毛刺外形；钢筋表面不得有明显的烧伤、裂纹；接头弯折的角度不得大于 4°；接头轴线的偏移不得大于 0.1d（d 为钢筋直径），并不得大于 2 mm；外观检查不合格的接头，经剔出重焊后可提交二次验收。

c）闪光对焊接头拉伸试验结果应符合下列要求：3 个钢筋接头试件的抗拉强度均不得小于该级别钢筋规定的抗拉强度；3 个接头试件应至少有 2 个试件断于焊缝之外，并呈延性断裂。

d）冬季闪光对焊时，焊接车间内的温度不低于 0℃，钢筋提前运入加工场，焊接完毕的钢筋待完全冷却后运往室外。

④ 钢筋绑扎。

a）箱梁钢筋分底腹板钢筋和顶板钢筋两部分，为了保证钢筋绑扎位置的准确及加快模板的周转时间，使钢筋绑扎与箱梁混凝土施工能够同时进行，在预先加工的钢筋绑扎胎架上整体绑扎，箱梁胎架如图 6–32 所示。钢筋绑扎必须考虑吊装要求，吊点处的钢筋需要适当加强。当梁体钢筋绑扎时与预留管道有冲突时，钢筋应合理避让，下料时钢筋应合理弯折。

图 6–32　箱梁胎架

b）绑扎胎架利用角钢焊接，钢管支撑而成，并按钢筋坐标预设卡口来对钢筋绑扎进行定位。钢筋绑扎前首先对胎架进行全面检查，确保胎架的尺寸位置正确，对胎架下部的角钢首先进行标高测量，确保底板部位的钢筋在一个平面上，并控制所有角钢点高度必须在同一个平面上，确保底板钢筋水平，保证胎架底面和底模面板状况一致，吊装后保护层、预应力管道定位准确。

c）底腹板钢筋绑扎分三步进行，先绑扎底板底层、腹板箍筋和纵向通长筋，然后绑扎镫筋及定位筋，最后进行底板顶层钢筋绑扎，端部钢筋依次分层进行，所有钢筋绑扎时间应该避免顺向绑扎。底板安装顶层钢筋的同时，进行支架搭设。支架搭设时抬高 20 mm，以避免整体吊装后中央钢筋下沉、内模撑不到位的情况发生。

d）支架搭设好以后，开始绑扎桥面板底层钢筋，为控制桥面钢筋的间距，在绑扎时，对中腹板钢筋及两侧腹板钢筋用钢尺进行尺寸定位，以确保钢筋尺寸和间距，然后绑扎架立筋和桥面板钢筋。

e）在钢筋绑扎前将预留孔位置事先标识在胎架上，钢筋绑扎时事先避开。

钢筋绑扎时，横向拉一条线，纵向每排钢筋间距均匀，纵筋在一条线上，扎丝头伸到混凝土内部。钢筋交叉点应用铁丝绑扎结实，也可使用电焊焊牢。使用钢丝绑扎时，相邻绑扎点的铁丝应成八字形，铁丝扣头应弯向内侧，不得深入混凝土保护层内。在钢筋整体吊装到制梁台座以后，将整平机在梁面上沿轨道走一遍（特别是顶面预埋套筒高度控制到 0～10 mm），检查是否有因为吊装引起的变形，若有变形，由钢筋绑扎人员进行整改，确保钢筋平面位置准确。预制箱梁钢筋绑扎施工如图 6–33 所示。

（a）绑扎过程中的预应力箱梁钢筋骨架

（b）绑扎完成的预应力箱梁钢筋骨架

图 6–33 预制箱梁钢筋绑扎施工

f）定位网片在固定的样板胎架上焊好，然后在绑扎钢筋骨架的箍筋、蹬筋时，将定位网片按编号在设计位置与箍筋、蹬筋同时焊接牢固，定位网每 0.5 m 设置一个。

钢筋骨架制作必须严格遵照图纸规定尺寸和钢筋编号，在绑扎胎架上标明位置，再布筋绑扎。

g）梁体钢筋骨架与定位网片焊接好后，固定预应力孔道制孔器。常用的制孔器有橡胶棒和波纹管，如图 6–34 所示。

（a）橡胶棒

（b）波纹管

图 6–34 常见制孔器

当采用橡胶棒作预应力孔道制孔时，从骨架两端向跨中方向将橡胶棒穿入定位网片的设计坐标孔。橡胶棒穿好后，对管道的方向、位置必须反复检查和调整，确保管道定位准确，使橡胶棒顺直，无死弯，保证预应力管道的平顺。

当预应力孔道采用波纹管制孔，张拉前均应进行管道摩阻测试，箱梁预应力孔道摩阻测试布置如图 6–35 所示。

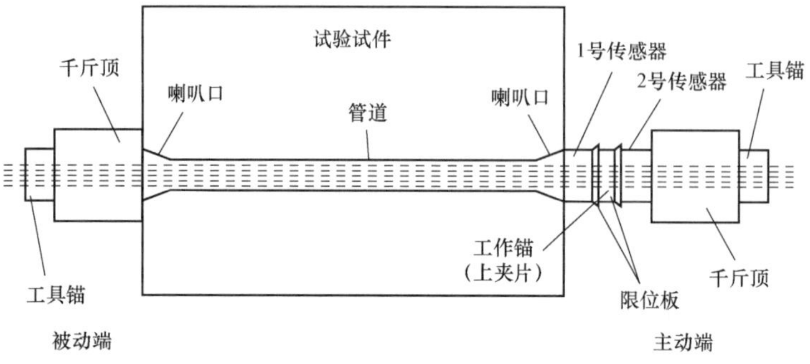

图 6–35　箱梁预应力孔道摩阻测试布置

h）桥面系的竖墙在梁体内的预埋钢筋不宜大量制作，制作与梁体钢筋绑扎同步即可。梁体预埋件类型、结构、数量、位置应符合设计要求，并应设置牢固，保证在浇筑混凝土过程中不变位。预埋件外露部分应按设计要求进行防锈处理。此类钢筋绑扎时需要适当加强，防止混凝土浇筑时预埋钢筋变形过大。

（3）钢筋骨架吊装。

钢筋骨架吊装如图 6–36 所示，须采用专门制作的吊架，吊架应具有足够的强度和刚度，以保证在吊运过程中不会发生变形、扭曲。

图 6–36　钢筋骨架吊装

① 龙门吊到位后略做停顿使钢筋骨架不纵向窜动，便于钢筋笼对位。钢筋骨架对位有少量偏差时保持一个吊钩静止，另一吊钩略做移动，这种情况下钢筋骨架缓缓移动而不会纵向来回窜动，便于钢筋骨架精确对位。

② 起吊钢筋骨架的吊点间距纵向不大于 2 m。起吊时在钢筋骨架内穿入 ϕ25 钢筋作为分配筋，不得将吊钩直接挂在钢筋上，分配钢筋放置在纵向钢筋下面。起吊钢筋时钢筋骨架下面不得站人。上下两层钢筋采用连接钢筋进行上下连接，保证在吊装工程中底板钢筋不变形。

③ 吊具制作成型后需要进行各项检查，吊具上的吊点按设计要求布设。

④ 钢筋骨架吊装：钢筋骨架绑扎完成后，使用生产区 1 台 160 t 龙门吊，通过专用吊具进行装吊。

⑤ 钢筋吊装由专人指挥，确保落好，就位准确，钢筋骨架吊装偏差在规定的范围内。吊装过程中要统一指挥，动作一致，协调操作。

3）钢筋质量检验

钢筋安装及钢筋保护层厚度允许偏差和检验方法见表 6–6。

表 6–6　钢筋安装及钢筋保护层厚度允许偏差和检验方法

<table>
<tr><th>序 号</th><th colspan="2">检验项目</th><th>允许偏差/mm</th><th>检验方法</th></tr>
<tr><td>1</td><td colspan="2">受力钢筋排距</td><td>±5</td><td rowspan="3">尺量两端、中间各一处</td></tr>
<tr><td rowspan="2">2</td><td rowspan="2">同一排中受力钢筋间距</td><td>基础、板、墙</td><td>±20</td></tr>
<tr><td>柱、梁</td><td>±10</td></tr>
<tr><td>3</td><td colspan="2">分布钢筋间距</td><td>±20</td><td rowspan="2">尺量连续 3 处</td></tr>
<tr><td>4</td><td colspan="2">箍筋间距</td><td>±10</td></tr>
<tr><td>5</td><td colspan="2">弯起点位置
（加工偏差 20 mm 包括在内）</td><td>30</td><td>尺量</td></tr>
<tr><td rowspan="2">6</td><td rowspan="2">钢筋保护层
厚度 c</td><td>$c \geqslant 30$ mm</td><td>+10
0</td><td rowspan="2">尺量两端、中间各 2 处</td></tr>
<tr><td>$c < 30$ mm</td><td>+5
0</td></tr>
</table>

注：表中钢筋保护层厚度的实测偏差不应超出允许偏差范围。

3. 混凝土施工

1）混凝土施工流程

以高速铁路 31.5（23.5）m 预制箱梁为例，采用高性能 C50 混凝土，为了保证混凝土浇筑质量，采用混凝土集中拌和方式，施工配合比根据混凝土浇筑前粗、细骨料含水率实测值进行配置。混凝土振捣采用插入式振捣与附着式振捣相配合的方式，混凝土养护采用自然养护和蒸汽养护相结合的方式。双线简支箱梁混凝土施工流程如图 6–37 所示。

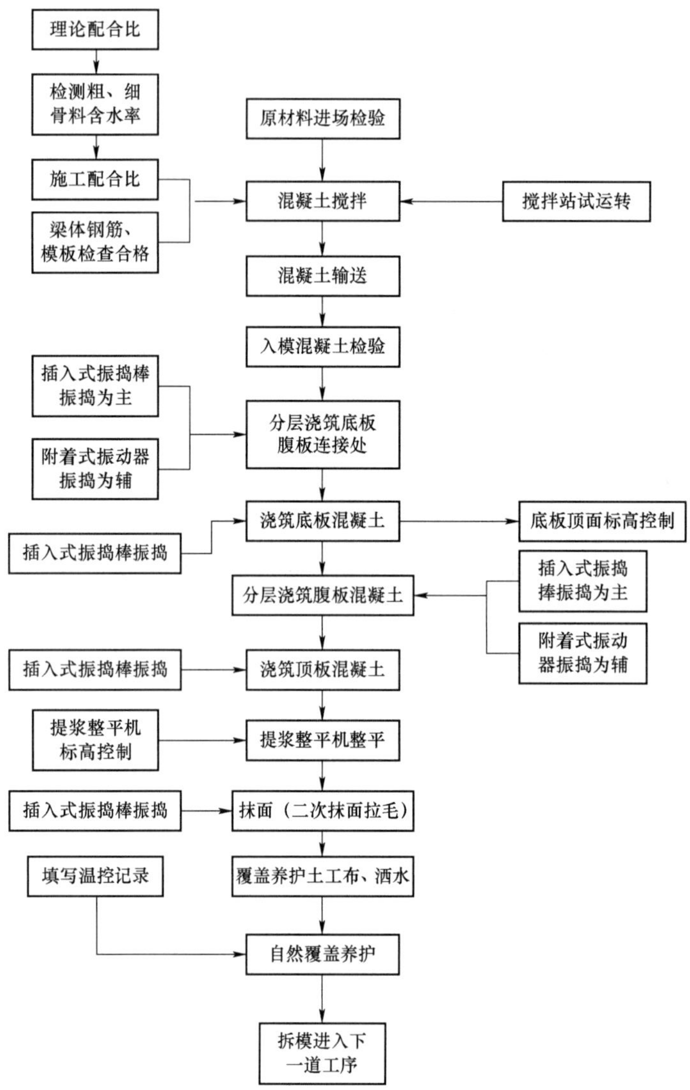

图 6–37　双线简支箱梁混凝土施工流程

2）混凝土施工要点

（1）混凝土垫块施工。

① 梁体规格的选取参照混凝土保护层的厚度选择。混凝土垫块用于梁体底、腹板及顶板下部位置；因梁顶板混凝土浇筑用整平机，顶板顶面平整度易于控制，施工备料时不配混凝土垫块。

② 混凝土垫块与设计要求相符及与梁体等强度，从而有效地保证梁体钢筋净保护层的厚度，改善梁体内部及表观质量。绑扎混凝土垫块时，位置必须相互错开，分散布置，间距 600～800 mm，垫块距跨中距离最少保持 0.5 m，保证 4 个/m^2。

③ 绑扎混凝土垫块时，绑扎铁丝不能伸入梁体保护层混凝土内。由于底、腹板及顶板钢筋均是整体吊装施工，吊落梁体钢筋落位后，若发现有损坏的垫块，应及时更换，确保梁体钢筋净保护层尺寸满足设计要求。

④ 混凝土垫块外购，制梁场不自制，直接购买专业厂家合格产品，确保混凝土垫块质量。

（2）混凝土生产运输。

采用搅拌站自制混凝土，用混凝土输送泵直接泵送到制梁台位，布料机进行混凝土布料。

（3）混凝土浇筑施工。

① 混凝土浇筑。

进行梁体混凝土浇筑时，将布料机置于梁体中间对称进行布料，浇筑人员指挥布料机使混凝土倒入准确的位置，保证布料准确、均匀。混凝土的浇筑采用连续整体浇筑。浇筑时采用斜向分段、水平分层的方法。斜向分段距离 4～5 m。其水平分层厚度一般不得大于 30 cm，前后两层混凝土的间隔时间不得超过混凝土失去自流动性的时间（具体时间应根据现场施工情况确定）。如果等待时间较短容易形成混凝土的翻浆，如果等待时间较长容易形成两次混凝土冷缝，影响预制箱梁外观质量。

浇筑的原则为：先底板、再腹板、最后顶板，由跨中开始从一端到另一端浇筑。

混凝土入模温度控制在 5～30℃；模板温度控制在 5～35℃。为了保证混凝土的入模温度及模板温度，试验人员对混凝土温度进行量测并记录，每半个小时测量一次模板温度，如果模板温度高于35℃，则采用在模板侧面浇水的降温方式。

具体浇筑方法如下。

a）由跨中开始从一端向另一端通过腹板对称浇筑底板与腹板交接处混凝土，采用插入式振动棒捣固密实，并及时对底板混凝土进行抹平、压实和收面，如图 6–38 所示。

b）由于前一步浇筑时，底板拐角处通过腹板翻出部分混凝土于底板浇筑，剩余混凝土由内模顶部天窗布料，振捣时注意不能对浇筑梗肋混凝土扰动，以免造成倒角混凝土掉落，形成倒角不饱满，这样浇筑后可以对腹板混凝土形成一定的阻力。为防止底板混凝土超厚，浇筑时使底板两侧混凝土超过内模下梗肋后，稍做停顿，再从内模顶部天窗补充底板混凝土。浇筑底板混凝土时要让混凝土充分翻浆，从腹板翻出的混凝土基本是密实的混凝土，只有充分翻浆才能保证腹板下梗肋处的混凝土密实。浇筑中不得使用振动棒推移混凝土以免造成混凝土离析，如图 6–39 所示。

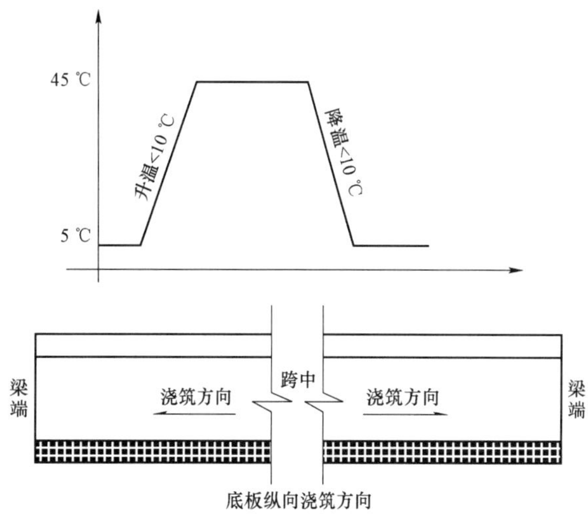

图 6–38　浇筑第一步示意图

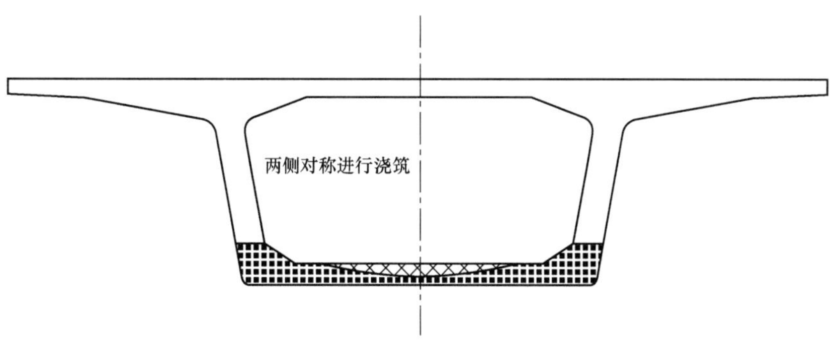

图 6–39　浇筑第二步示意图

c）底板浇筑完成后，腹板混凝土浇筑采用纵向分段斜向分层的方式，每层混凝十厚度不超过 30 cm，两台布料机分别从一端向另一端浇筑。当浇筑距另一端 7 m 左右时，从另一端反方向布料，以防端头部位形成水泥浆集中，造成截面薄弱，同时每层的接头相互错开，如图 6–40 所示。

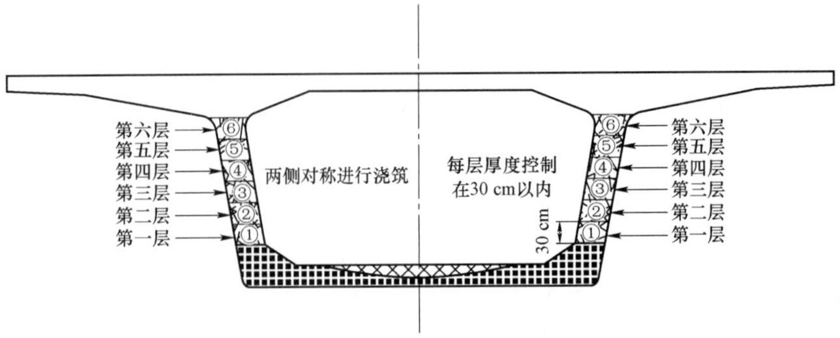

图 6–40　浇筑第三步示意图

两侧腹板浇筑速度保持同步，以防止两边混凝土面高低悬殊，造成内模偏移。

在腹板混凝土浇筑过程中，派专人用小锤敲击内外模板，通过声音判断腹板内混凝土是否密实。

d）当两腹板槽浇平后，开始浇筑顶板混凝土。浇筑从梁中部向两端进行，由翼缘外侧向梁中心线方向分段浇筑，每段 2～3 m，保证连续浇筑，如图 6–41 所示。

顶板混凝土采用插入式振动棒振捣，桥面采用混凝土提浆机、整平机及人工收浆抹面。梁体混凝土浇筑完毕后，对底板、顶板混凝土表面进行第二次收浆抹面，以防出现裂纹和不平整。二次抹面后用专业拉毛机将混凝土表面拉毛。桥面一经收浆抹面，初凝前不得践踏。

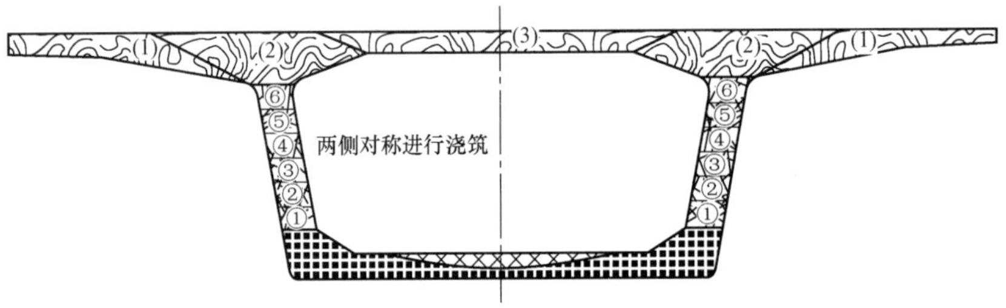

图 6–41　浇筑第四步示意图

② 混凝土的振捣。

混凝土振捣采用附着式混凝土振捣器和插入式振捣器振捣的方式，在混凝土高度高于腹板梗肋处 50 cm 左右开启附着式振捣器一次，在腹板混凝土浇筑完毕后再开启一次，每次附着式振捣器的振动时间为 8～15 s，以不超过 20 s 为宜。

底板混凝土采用插入式振动棒振捣，腹板混凝土先采用插入式振动棒振捣，待腹板槽灌平后，采用附着式振动器振动。顶板混凝土先采用插入式振动棒振捣，桥面混凝土初平后采用振动棒振捣，通过混凝土提浆整平机（见图 6–42）收面。

图 6–42　混凝土提浆整平机

混凝土一经入模，立即进行全面的振捣，使之形成密实的均匀体，先由一台振动棒进行浇筑振捣，之后由一台振动棒进行复振，避免出现漏振。

混凝土振动时间，应以表面没有气泡逸出和混凝土面不再下沉为宜。

操作插入式振动棒时宜快插慢拔，振动棒移动距离不得大于振动棒作用半径的 1.5 倍（约 30～50 cm），每点振动时间约 20～30 s，振动棒插入深度以进入前次浇筑的混凝土面层下 5～10 cm 为宜。

梁体隔墙倒角处必须进行重点振捣，防止混凝土出现蜂窝麻面。

预制箱梁混凝土浇筑施工如图 6–43 所示。

（a）混凝土施工现场

（b）布料机布料

（c）浇筑及振捣

（d）人工整平及收光

图 6–43　预制箱梁混凝土浇筑施工

③ 模板拆除时间。

拆模时的梁体混凝土强度应符合设计要求。设计无具体要求时，混凝土强度应达到设计强度的 60%以上，梁体混凝土芯部与表层、箱内与箱外、表层与环境温差均不大于 15℃，并保证梁体棱角完整。在气温急剧变化时不得拆模。

④ 施工注意事项。

a）施工前所有钢筋、模板、原材料报检均应完成，同时由物资人员进行材料数量检查，机械工程师进行设备检查，现场进行道路检查，以保证施工的顺利进行。

b）浇筑混凝土过程中不得将布料机出料口正对橡胶棒。

c）浇筑底腹板混凝土时滴落在内模及翼缘板顶板上的混凝土应及时清除干净，以免底部形成干灰和夹渣。

d）在腹板浇筑过程中派专人用小锤敲击内外模板，通过声音判断腹板内混凝土是否密实；同时检查模板连接螺栓有无松动。

e）振捣过程中要防止钢筋、预埋件的变形和移动。

（3）混凝土的养护。

混凝土的养护包括标准养护（试验用）、自然养护和蒸汽养护（热养护）三种。

① 混凝土的自然养护。

混凝土在浇筑完初凝后（约 4 h），进行洒水（喷淋），并及时用土工布覆盖养护，梁体洒水并通过土工布蓄水，保持混凝土表面充分潮湿。自然养护时间不少于 14 d，相对湿度低于 40%的地区，保

图 6–44　预制箱梁混凝土喷淋养护

湿养护时间不宜少于 28 d。混凝土强度达到 1.2 MPa（手指压不起印）以前，不得在其上踩踏或安装模板及支架，如图 6–44 所示。

② 混凝土的蒸汽养护。

箱梁蒸汽养护是在常温下将捣实成型箱梁置于蒸养罩内，然后通以蒸汽，使箱梁混凝土在较高的温度和湿度的条件下迅速凝结、硬化并达到一定的强度，其主要目的是缩短养护时间、加快模板周转。蒸汽养护可以在混凝土蒸汽养护车间（见图 6–45）完成。

当昼夜平均气温低于 5℃ 或最低气温低于–3℃时，采用蒸汽养护方式。

通汽后定时测温度，并做好记录。感温元件分别在跨中、1/4 截面、梁端各布置四块，梁端箱内布置一块。恒温时每 2 h 测一次温度，升、降温每小时测一次。根据实测温度调整蒸汽放入量，用以调节环境温度，平衡箱梁内外温差，防止混凝土表面裂纹产生。

在蒸养过程中，对箱梁进行温度监控，定时测定混凝土芯部温度、表层温度，以及环境温度、相对湿度、风速等参数，探索其相互关系，建立养护曲线。根据曲线变化情况及时调整养护制度。

图 6–45　混凝土蒸汽养护车间

③ 箱梁各部位养护。

a）箱梁底板养护。

箱梁底板混凝土浇筑完毕后，立即用篷布将箱梁箱室两端封闭，以避免在箱室内形成风道，导致箱室内温度降低过快。混凝土初凝后，采用土工布覆盖并蓄水养护。

b）箱梁顶板养护。

当梁面混凝土浇筑完毕后，在混凝土表面用人工二次收浆抹面的过程中，加强混凝土表面的保湿工作。当气温较高、气候干燥时应采用洒水保湿，绝不允许用水管直接冲混凝土表面，混凝土接近初凝时（以混凝土表面不粘手、不粘土工布为宜）梁面采用两层覆盖方式，第一层采用土工布覆盖，注意不得污染桥面，土工布块与块之间应设 10 cm 左右的搭接宽度，保证混凝土表面湿润；第二层采用彩条布覆盖，防止水分快速蒸发。为保证梁面湿度，设专人按时洒水养护，养护用水温度与混凝土表面温度温差不得大于 15℃。

c）箱梁腹板内侧面养护。

内模牵引出箱室后，立即采用喷雾器在箱梁腹板内侧及箱内顶板上均匀洒水进行养护。

④ 箱梁翼板底面、腹板外侧、梁端、底板底面养护。

箱梁吊装出模后，人工在存梁台座上采用水管喷淋养护。

⑤ 箱梁养护施工注意事项。

a）在对梁体进行洒水养护的同时，对随梁养护的混凝土试件进行洒水养护，使试件与梁体混凝土强度同步增长。

b）混凝土初凝后，转动吊装孔、通风孔和泄水孔处的制孔器，并在终凝后拔出。制孔器拔出后立即用湿润棉纱堵塞孔洞进行保温，防止在孔洞处因产生过大温差而形成温度裂纹。

c）当日平均气温低于 5℃时，不得进行洒水养护。

d）混凝土带模养护期间，应采取带模包裹、浇水、喷淋洒水或通过蒸汽等措施进行保湿养护，保证模板接缝处不至失水而干燥。

e）梁体封锚混凝土采用薄膜覆盖洒水养护不少于 14 d。

f）在任意养护时间，若淋注于混凝土表面的养护水温度低于混凝土表面温度时，二者间温差不得大于 15℃。

g）蒸养管道应做好隔热措施。

3）混凝土质量问题及质量检验

（1）混凝土质量问题及修补方法。

混凝土常见质量通病如图 6–46 所示。

① 气孔：孔径≥5 mm、深度≥3 mm 的气孔均需修补，即用淡水清洗湿润混凝土表面，采用环氧水泥腻子嵌填抹平。

② 麻面：小面积可按气孔处理，面积≥1 m^2 的应清理湿润混凝土表面后，用细水泥砂浆涂刷抹面。

③ 边角缺损修补要求：长度≥10 cm、厚度≥2 cm 均需用夹板，采用高于梁体标号的细石混凝土修补，并注意养护。

④ 表面不平整：混凝土表面的凹坑均需填平，即将凹坑处混凝土表面凿毛，然后用高于梁体标号的细石混凝土填平，并注意养护。

⑤ 油污处理：箱梁底面混凝土的油污可采用无害清洁剂清洗等无破损方法处理。

⑥ 错台修补：外表混凝土接缝错面大于 5 mm 的应进行处理。

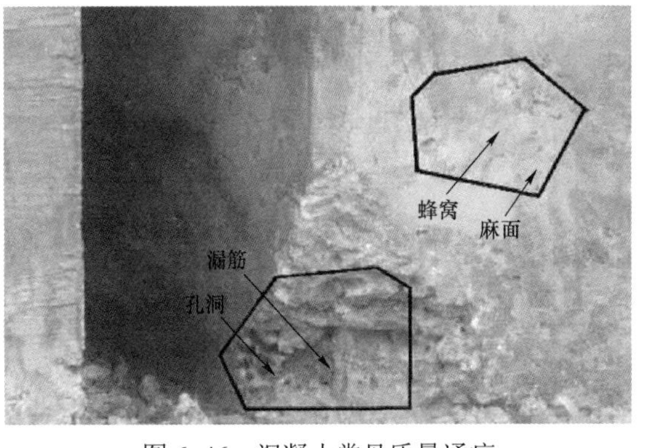

图 6–46　混凝土常见质量通病

⑦ 孔洞蜂窝修补：混凝土表面的孔洞蜂窝无论大小均需修补，蜂窝面积大于 0.1 m^2，深度大于 3 cm 或钢筋外露的蜂窝需报专项方案，审定后进行。孔洞蜂窝修补的具体要求如下。

a）将孔洞蜂窝处表面的松散混凝土凿除，直至露出密实混凝土为止。

b）用淡水清洗湿润混凝土表面。

c）涂刷界面剂。

d）采用高于梁体标号的干硬性细石混凝土，分层粘贴于修补面，并用木槌敲击使之粘贴密实、牢固，最后用水泥砂浆抹平。腹板外侧的蜂窝也可在表面清理的基础上立模浇筑细石混凝土，然后凿除多余的混凝土，并用砂浆抹平。

⑧ 凿毛要求：箱梁接茬面的凿毛必须在预制场完成，应凿除全断面表面的砂浆和松弱层，露出粗骨料。

（2）混凝土梁质量检验。

混凝土梁质量检验如表 6–7 所示。

表 6–7　混凝土梁质量检验

<table>
<tr><th>序号</th><th colspan="2">项目</th><th>允许偏差/mm 及质量要求</th><th>检验方法</th></tr>
<tr><td>1</td><td colspan="2">梁全长</td><td>±20（L>16 m）
±10（L≤16 m）</td><td>检查桥面及底板两侧，终张拉 30 d 后测量</td></tr>
<tr><td>2</td><td colspan="2">梁跨度</td><td>±20（L>16 m）
±10（L≤16 m）</td><td>检查相邻墩（台）支座中心至中心，终张拉 30 d 后测量</td></tr>
<tr><td>3</td><td colspan="2">桥面及防护墙内侧宽度</td><td>±10</td><td>检查 1/4 跨、跨中、3/4 跨和梁两端</td></tr>
<tr><td>4</td><td colspan="2">腹板厚度</td><td>+10
−5</td><td>通风孔测量，跨中、1/4 跨、3/4 跨各 2 处</td></tr>
<tr><td>5</td><td colspan="2">底板宽度</td><td>±5</td><td>专用测量工具测量，跨中、1/4 跨、3/4 跨和梁两端</td></tr>
<tr><td>6</td><td colspan="2">桥面外侧偏离设计位置</td><td>10</td><td>从支座螺栓中心放线，引向桥面</td></tr>
<tr><td>7</td><td colspan="2">梁高</td><td>+10
−5</td><td>检查两端</td></tr>
<tr><td>8</td><td colspan="2">梁上拱</td><td>L/3 000（L>16 m）
L/2 000（L≤16 m）</td><td>终张拉 30 d 时</td></tr>
<tr><td>9</td><td colspan="2">顶板厚</td><td>+10
0</td><td rowspan="2">专用工具测量，1/4 跨、跨中、3/4 跨、梁两端各 2 处</td></tr>
<tr><td>10</td><td colspan="2">底板厚</td><td>+10
0</td></tr>
<tr><td>11</td><td colspan="2">防护墙厚度</td><td>±5</td><td>尺量检查不少于 5 处</td></tr>
<tr><td>12</td><td colspan="2">表面倾斜偏差</td><td>每米高度偏差 3</td><td>测量检查不少于 5 处</td></tr>
<tr><td>13</td><td colspan="2">表面平整度</td><td>每米长度 3
底板顶面每米长度 10</td><td>1 m 靠尺检查不少于 15 处</td></tr>
<tr><td>14</td><td colspan="2">钢筋保护层厚度</td><td>90%测点实测值不小于设计值</td><td>专用仪器测量，跨中和梁端的顶板顶底面、底板顶底面、腹板内外侧、防护墙侧面和顶面，以及梁端面各 2 处（每处不少于 10 点）</td></tr>
<tr><td rowspan="5">15</td><td rowspan="5">上支座板</td><td>每块边缘高差</td><td>≤1</td><td rowspan="3">尺量</td></tr>
<tr><td>支座中心线偏离设计位置</td><td>≤3</td></tr>
<tr><td>螺栓孔</td><td>垂直支座板</td></tr>
<tr><td>螺栓孔中心偏差</td><td>≤2</td><td>尺量每块板上四个螺栓中心距</td></tr>
<tr><td>外露底面</td><td>平整无损、无飞边，防锈处理</td><td>观察</td></tr>
<tr><td rowspan="3">16</td><td rowspan="2">接触网支柱基础</td><td>预埋螺栓距桥面中心线偏差</td><td>齐全设置、位置正确，+10
0</td><td rowspan="6">观察、尺量</td></tr>
<tr><td>钢筋</td><td>齐全设置、位置正确，5</td></tr>
<tr><td colspan="2">电缆槽竖墙、伸缩装置钢筋</td><td>齐全设置、位置正确，±10</td></tr>
<tr><td rowspan="3">17</td><td rowspan="3">预埋件</td><td>桥面预留钢筋</td><td>设置齐全、位置正确，±10</td></tr>
<tr><td>防落梁预埋板</td><td>位置尺寸正确</td></tr>
<tr><td>无砟轨道预埋件</td><td>形状、位置尺寸正确</td></tr>
</table>

续表

序号	项目		允许偏差/mm 及质量要求	检验方法
17	预埋件	梁端防水装置预埋件	形状、位置尺寸正确	观察、尺量
		接地端子	位置正确、安装牢固	
		声（风）屏障预埋件	位置、尺寸正确	
		检查梯拉手预埋件	尺寸准确、安装准确	
18	泄水管、管盖		位置正确、安装牢固	
19	桥牌		位置正确、安装牢固，生产许可证等标识齐全完整	

4. 箱梁张拉施工

1）张拉施工流程

箱梁张拉施工流程如图 6–47 所示。

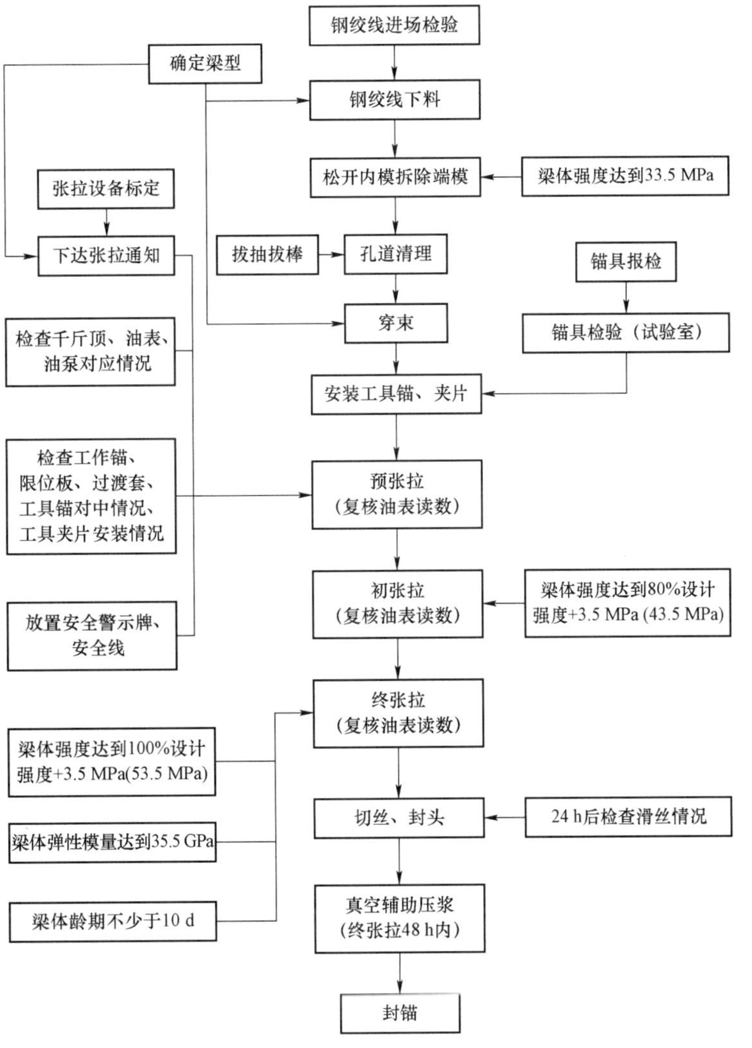

图 6–47　箱梁张拉施工流程

2）预应力施工要点

（1）预应力制孔器。

无论采用何种制孔器，所有管道均应设压浆孔，还应在最高点设排气孔，需要时在最低点设排水孔。

① 制孔器分类。

a）埋置式制孔器。

埋置式制孔器在梁体制成后留在梁内，形成孔道壁，对预应力筋的摩阻力小，但加工成本高，不能重复使用，金属材料耗用量大。埋置式制孔器主要有两类：铁皮管式和铝合金波纹管式。

b）抽拔式制孔器。

在梁体混凝土浇筑前，抽拔式制孔器安放在力筋的设计位置上，等终凝后将其拔出，梁体内即具有孔道。抽拔式制孔器能够周转使用，省料而经济。

② 制孔器的种类。

a）橡胶抽拔管。

b）金属伸缩抽拔管。

c）钢管。

③ 抽拔顺序。

a）先拔下层胶管，后拔上层胶管。

b）先拔早浇筑的半根梁，后拔晚浇筑的半根梁。

c）先拔芯棒，后拔管。

④ 抽拔时间。

a）在混凝土初凝之后与终凝之前，待其抗压强达 4～8 MPa 时方可抽拔制孔器。

b）根据经验，制孔器的抽拔时间可参考表 6–8。

表 6–8　制孔器的抽拔时间

环境温度/℃	抽拔时间/h
30 以上	3
20～30	3～5
10～20	5～8
10 以下	8～12

⑤ 制孔器施工要点。

a）预应力孔道采用抽拔橡胶棒制孔的方法，如图 6–48（a）所示；橡胶棒在中间接头，如图 6–48（b）所示，接头两端先用铁皮套住（铁皮长度 300 mm），再用密封胶带封裹。

b）橡胶抽拔棒的安装定位。事先按设计图中预应力筋的曲线坐标，在梁底、腹板筋上定出具体位置，橡胶抽拔棒的定位采用定位网钢筋固定，钢筋网片如图 6–48（c）所示。定位网钢筋按设计图纸要求采用圆钢，定位网钢筋必须焊接、绑扎牢固。

c）在橡胶抽拔棒安装前，于每根橡胶抽拔棒孔内穿一根钢绞线（钢绞线前端采取焊牢、打磨光滑等保护措施，防止钢绞线对橡胶抽拔棒内壁造成损害），限制橡胶抽拔棒的弯曲、下垂。

（a）抽拔橡胶棒制孔

（b）橡胶接头

（c）钢筋网片

图 6–48　预应力钢筋网片和预应力管道布置

（2）钢绞线的制作和穿束。

① 下料与编束：钢绞线下料场地平坦，采用切断机、砂轮切割机等机械切割，且不应损伤和污染其表面，不得使用电弧切割。钢绞线根据直径和弹性模量进行编束，严禁将不同直径且弹性模量超过 5 GPa 的钢绞线编成一束，编束时应先将钢绞线用梳丝板理顺，绑扎牢固，并尽量使各根钢绞线松紧一致。各钢束严格按照施工图下料长度进行下料。搬运时不得在地上拖拉。穿束前要清除孔道内杂物、积水，观察孔道有无串孔现象。

② 穿束方法：预应力筋穿束可以采用人工或机械穿束。穿束时，预应力前端应扎紧并裹缠胶布或套上弹头型壳帽，以便顺利通过孔道。穿束时应使两端外露长度一致。采用人工穿束，当人工穿束困难时，采用卷扬机穿束，卷扬机的速度控制在 10 m/min 之内，电动机功率为 1.5～2.0 kW。钢束的前端装有穿束套环和牵引头，如图 6–49 所示。穿束套环用ϕ70 mm 无缝钢管制成。牵引头做成锥形，前端安有拉环，使用时将一端钢绞线端部穿入套环中，牵引头从套环内钢绞线中间伸出，使钢绞线与套筒套紧，采用卷扬机拉牵引头上拉环穿索即可。

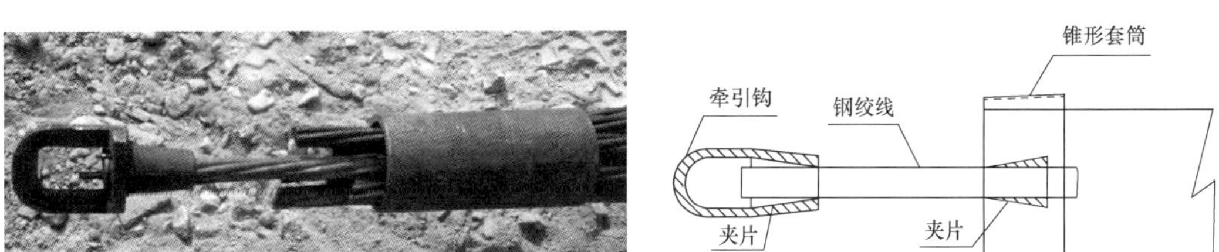

图 6–49　穿束套环

③ 施工技术要求：钢绞线存放地点应干燥、清洁，钢绞线距地面高度不小于 20 cm，并应加以覆盖，防止雨水和油污浸蚀。开盘用卷扬机牵引，用钢尺丈量，下料可采用砂轮机切割，严禁钢绞线受拉部位受到火花灼伤，钢绞线端部用扎丝绑紧，避免散股。每束钢束，尽量采用同一盘上的钢绞线，以求力学性能一样，防止因弹性模量互不相等而产生应力不均的现象。每次下完料后，随即用梳丝板（见图 6–50）将钢绞线整理顺直，并用绑丝每间隔 1.5 m 绑扎一道，使钢绞线编扎成束，顺直不扭转。编束后的钢绞线按编号分类存放，钢纹线束搬运时，支点距离不得大于 3 m，端部悬出长度 1.5 m。

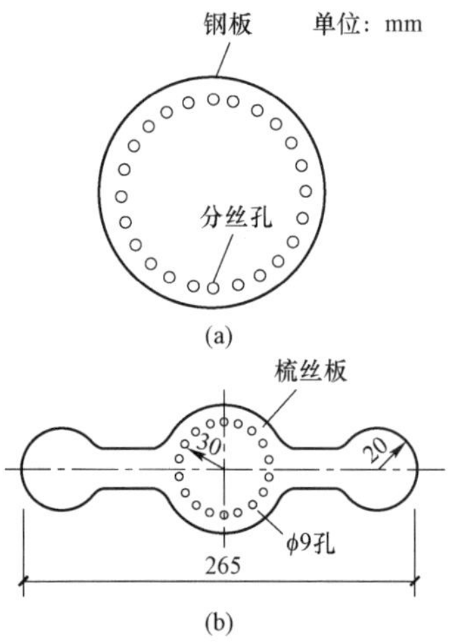

图 6–50 梳丝板

④ 在运输过程中，要防止出现死弯，其最小弯曲半径不得小于 1 m。向孔内穿束可采用人力推送的方法，在穿束困难时，穿束前用通孔器对孔道全程通一遍，以保证钢束能顺利通过，并核对孔道与钢束的编号。穿束时拖拉方向和钢束穿入方向要与锚垫板垂直。

⑤ 钢绞线穿入后要及时将露出的部分用塑料软套密封，防止被养护用水和雨水打湿而生锈。

（3）预应力张拉。

预施应力时两端两侧千斤顶同时进行对称张拉，如图 6–51 所示，并以张拉力为主控制，以伸长值为校核。

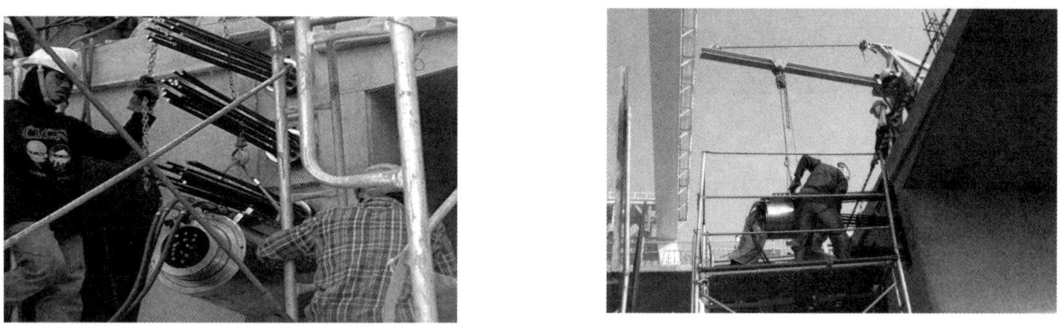

（a）初张拉 （b）终张拉

图 6–51 孔道张拉

① 准备工作。

张拉前的“三控”：预张拉、初张拉、终张拉是否达到设计要求。张拉前检查梁体有无缺陷，如有缺陷应事先征得监理工程师同意，修补完好且达到设计强度，否则不允许预加应力。

张拉前准备工作如下。

a）千斤顶和油压表均在校验有效期内。

b）检查钢绞线、预应力锚具、夹具等有关检验资料是否齐备，是否符合标准要求。

c）检查是否有张拉通知单（预张拉、初张拉、终张拉）并核对张拉数据。

d）检查人员是否到齐，是否持证上岗。

② 张拉步骤。

预施应力按预张拉、初张拉和终张拉三个阶段进行。预应力束张拉前，清除管道内的杂物及积水。预制梁带模预张拉时，混凝土强度达到设计强度的 60%，拆除端模，松开内模板变截面段和加厚段，不对梁体压缩造成阻碍，张拉数量及张拉力值按设计控制。

a）预张拉。

当梁体混凝土强度达到设计要求预张拉强度后，按照设计要求对梁体进行预张拉，预张拉在制梁台座上进行。为防止梁体出现早期裂纹，当梁体混凝土强度达到预张拉强度后，应尽早进行预张拉。梁体预张拉完成后，用卷扬机脱出内模。

张拉顺序如下。

0→0.20σ_k（测伸长值初始读数，测工具锚夹片外露量）→σ_{k1}，（测伸长值，测工具锚夹片外露量）→静停 5 min→回油锚固。

注：σ_k 为张拉控制应力；σ_{k1} 为预张拉设计应力。

b）初张拉。

当梁体混凝土强度达到设计强度的 80%后，按照设计要求对梁体进行初张拉。初张拉在制梁台座上进行，初张拉结束后，方可将梁体移出台座。

张拉顺序如下。

0→0.2σ_k（测伸长值初始读数，测工具锚夹片外露量）→σ_{k1}（测伸长值，测工具锚夹片外露量）→静停 5 min→回油锚固。

c）终张拉。

当梁体混凝土强度和弹性模量达到设计要求，且混凝土龄期不少于 10 d 时，进行终张拉。张拉时应以控制应力相应的油压表读数为主，以钢绞线伸长值作校核。箱梁终张后需实测弹性上拱度，实测弹性上拱值不大于 1.05 倍的设计计算值；终张拉 30 d 后实测上拱值在 $\pm L/3\ 000$（L 为梁跨度）即 ±10.5 mm 之间。终张拉完成后，应在锚圈口的钢绞线上做标记，以观察是否滑丝。经 24 h 复查合格后，应切割钢绞线头（切断处距锚具外不宜小于 30 mm）。

张拉顺序如下。

0→0.2σ_k（测伸长值初始读数，测工具锚夹片外露量）→σ_k（静停 5 min、测伸长值，测工具锚夹片外露量）→保持控制应力→回油锚固（测钢绞线回缩量、测工作锚夹片外露量）→画线做钢绞线滑丝观察标记。

d）经过预张拉、初张拉的预应力束，终张拉操作如下。

0→σ_{k1}（测伸长值初始读数，测工具锚夹片外露量）→σ_k（静停 5 min，测伸长值，测工具锚夹片外露量）→保持控制应力→回油锚固（测钢绞线回缩量、测工作锚夹片外露量）→划线做钢绞线滑丝观察标记。

③ 工艺要求。

张拉按照设计张拉顺序、两端两侧同时对称张拉。

首先检查锚垫板与孔道轴线是否垂直，若有偏差应加楔形垫圈校正，并将垫圈点焊在垫板上。在张拉过程中，工作锚具位置不得偏离锚垫板止口范围，张拉前先将工作锚、夹片上好，打齐之后安装过渡套、限位板，工具锚直接安装在千斤顶端部，再将钢绞线从千斤顶中心穿过，然后安装工具夹片，将钢绞线按顺序分别穿入工具锚的锚孔内时，不得交错。人工推动千斤顶使千斤顶、限位板、工作锚连接在一起，并确保管道、锚具、千斤顶三者同心。限位板和工具锚采用同一锚具生产厂的配套产品，千斤顶使用专门吊架提升。

初调：梁体两端同时张拉，千斤顶充油到达初应力时（20%的σ_k），测量千斤顶油缸伸长值，作为测钢绞线伸长量的起点。

张拉：在初始应力的基础上，两端对称张拉，在张拉过程中，两端随时要取得联系，保持油压上升速度基本相等，同时达到张拉控制吨位，然后持荷 5 min。在持荷的过程中，随时观察油压表油压读数，若油压稍有下降，应及时补拉到设计吨位的油压值。当确认张拉力（以油压为准）、伸长量、滑丝情况等符合要求且达到持荷时间后，打紧夹片锚固后再回油，千斤顶从钢绞线束上退出来，移至下一孔道。

张拉预应力钢绞线时，采用应力、应变和时间三控。以控制张拉应力（油压表读数）为主，以预应力筋伸长值进行校核，两端伸长量差值≤5%，两端总实际伸长值与按进场检验钢绞线实际弹模计算的伸长值误差值不得超过±6%，同时保证在张拉控制应力σ_k作用下持荷 5 min 后回油锚固。

实际张拉伸长值不超过理论伸长值的±6%，两端伸长量相差≤5%，每端锚具夹片回缩量控制在 6 mm 以内，否则应分析原因后再进行张拉，然后测量锚具夹片外露量是否为 2～3 mm 和夹片错牙量是否为 1～2 mm。

滑丝检查：张拉完后，在锚圈外钢绞线上用彩笔划线，24 h 后检查钢绞线无滑动时，方可允许切丝、封堵锚头进行压浆作业。

钢绞线回缩量：钢绞线一端回缩量不得大于 6 mm，否则应重新张拉。用限位板槽深减去工作锚夹片外露量即钢束该端回缩量。

④ 滑丝与断丝处理。

在整个张拉过程中，密切注意钢绞线及锚具滑丝情况。当全梁断丝、滑丝总数超过钢丝总数的 0.5%，且一束内断丝超过一丝时均须进行处理，处理方法如下。

a）当一束出现少量滑丝时，如果夹片没问题，可用单根张拉油顶进行补拉，如夹片有问题，应更换夹片，重新张拉。当一束内出现多根钢绞线滑丝时，须退锚放松钢绞线束并重新装夹片整束补拉，退锚时用退锚器进行退锚。

b）如果出现断丝，必须整束退锚，换线重拉。

c）因处理滑丝、断丝而引起的钢绞线束重复张拉时，同一束不超过 3 次，若钢丝与锚具因滑丝而留有明显刻痕时，立即更换。

（4）钢绞线切割及工序交接。

张拉完毕 24 h 后复查，确认无滑丝、断丝现象，并检查钢绞线回缩量，符合要求时即可进行钢绞线头的切割，切割处距工作锚表面大于 30 mm。复查结束方可进行下一道工序（压浆）作业。

3）预应力箱梁张拉质量检验

预应力箱梁张拉质量检验应符合表 6–9 的规定。

表 6–9 预应力箱梁张拉质量检验

序号	检测项目	检测标准
1	预应力筋下料长度	钢绞线工作长度+1 640 mm
2	千斤顶	每月检定一次，小于 200 次张拉作业
3	压力油表	每月检定 1 次
4	预张拉时混凝土强度	不低于设计要求强度等级
5	初张拉时混凝土强度	不低于设计要求强度等级+3.5 MPa
6	终张拉时混凝土强度及弹性模量	不低于设计要求强度等级+3.5 MPa
7	伸长量	实际伸长量与设计伸长量差值<6%
8	滑丝、断丝	预应力筋断丝或滑丝数量不超过 5‰，并不得在同一侧，且每根内断丝不超过 1 丝
9	钢绞线切割长度	切割处距锚具 30～50 mm

5. 管道压浆施工工序

1）管道压浆施工工序流程

梁体终张拉完成后，用砂轮切割机切割钢绞线，使钢绞线端头距锚具 30～50 mm→清除锚具面、锚垫板及其螺孔内的水泥浆和密封胶带→密封锚头→压浆前准备工作→抽真空及配置浆液→压浆→停抽真空和保压→工后清理→封锚。

真空压浆设备连接如图 6–52 所示。

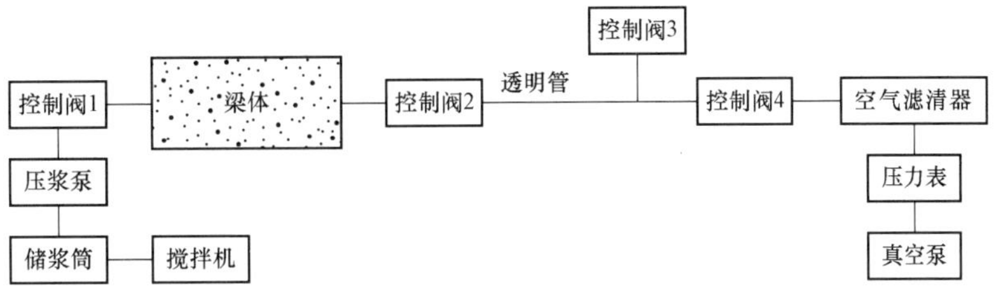

图 6–52　真空压浆设备连接

2）管道压浆施工要点

（1）水泥浆的配制。

采用普通硅酸盐水泥，掺压浆剂，在现场技术员指导下按试验确定的配合比进行搅拌。水泥、外加剂及水的加注要有准确的称量措施，以保证各自的称量误差不超过±1%，水泥浆拌制均匀后由搅拌机进入储料罐时，经过过滤网，过滤网空格不大于 3 mm×3 mm。拌制水泥浆时严格按给定的配合比施工，先加实际用水量的 80%～90%，开动搅拌机，均匀加入全部压浆剂，边加入边搅拌，然后均匀加入全部水泥，全部粉料加入后再搅拌 1 min，然后加入剩余 10%～20%的拌和水，继续搅拌 2 min。压浆顺序先底板后腹板，同一管道压浆连续进行，一次完成。从浆体搅拌到压入梁体的时间不超过 40 min。

（2）压浆。

① 压浆工作控制事项如下。

a）孔道压浆应在预应力筋终张拉完成后 48 h 内进行，压浆前应先清除孔道内杂物及积水，压浆过程中及压浆 3 d 内，梁体温度不应低于 5℃，否则应采取养护措施使之满足规定温度。当环境温度高于 35℃时，应在温度较低时段进行压浆。

b）压浆前应采用密封罩或水泥浆封闭锚具孔隙。

c）孔道压浆用水泥浆应按照设计强度配置，水胶比不大于 0.33，且不应泌水。水泥浆初凝时间不小于 4 h，终凝时间不大于 24 h。

d）水泥浆应随拌随用，置于储浆罐的浆体应持续搅拌，从搅拌到压入孔道时间间隔一般不应超过 40 min。水泥浆压浆时浆体温度应在 5～30℃之间。

e）孔道压浆自下而上进行。孔道压浆工艺应符合设计要求，设计方案对压浆工艺无要求时应优先采用真空辅助压浆。同一孔道应连续压浆一次完成。

f）水泥浆试件应在压浆地点随机取样制作。每孔梁留置 3 组标准养护试件（40 mm×40 mm×160 mm），进行抗压强度和抗折强度试验。对压降后 28 d 内需要移动的桥梁，必要时留置一组同条件养护试件。

② 真空辅助压浆注意要点。

a）必须保证孔道的密封性。

b）压浆管选用高强橡胶管，抗压能力大于 2 MPa，要求带压压浆时不易破裂，连接可靠。

c）压浆时持压的压力不小于 0.5 MPa，持压时间不少于 3 min，最大压力不超过 0.6 MPa。

d）压浆过程连续一次性完成，中途不得停止，为防止压浆中途断电，提前准备好发电机和手动压浆机，并且储浆筒中的浆体要不停地搅动。

e）若遇孔道堵塞时，要及时更换压浆口，从第二个压浆口压入整个孔道的水泥浆，并把从第一个压浆口压入的水泥浆全部排出，使两次压入水泥浆之间的气体被排出，保证压浆饱满密实。

f）压浆是否密实，除了以上要求外，还要通过压浆数量来保证其质量。

g）从事压浆操作的人员须技术精湛、责任心强，并且经过培训，以避免操作失误带来损失。

h）压浆孔数和位置必须做好记录，以防漏灌。

i）启动电机使搅拌机运转，然后加水，再缓慢均匀地加入水泥，拌和时间不少于 1 min；然后将调好的水泥浆放入压浆罐，压浆罐水泥浆进口处设 3 mm×3 mm 过滤网，以防杂物堵管。

j）压浆顺序：先下后上。首先由一端以 0.6 MPa 的恒压力向另一端压送水泥浆，当另一端溢出的稀浆变浓、达到规定的稠度后，保压 3 min 以上，封闭出浆口，继续压浆到压力达到 0.5 MPa，管道出浆口装有三通管，必须确认出浆浓度与进浆浓度一致时，方可封闭保压，浆体注满管道后，在 0.50～0.60 MPa 下持压 3 min，压浆最大压力不超过 0.60 MPa。若无漏浆则关闭进浆阀门，卸下输浆胶管。

k）压浆用的胶管一般不超过 30 m，若超过 30 m 则压力增加 0.1 MPa，水泥浆搅拌结束至压入管道的时间间隔不超过 40 min。

l）压浆的最大压力不超过 0.6 MPa，在真空度满足要求、浆液拌制充足后，启动注浆泵（注意刚开始的浆液不能直接注入管道，先排出观察，达到正常浓度后再打开进浆阀门），开始往管道内压浆。在压浆过程中，真空泵必须连续工作，且保证一定的负压。

m）停抽真空和保压：在真空泵与出浆管间设置一段透明胶管，用作抽取真空管兼做观察管，当看到观察管内有水泥浆通过时，立即关闭吸气开关，防止水泥浆进入空气滤清器，停止抽真空。同时打开排浆阀（此时压浆不能停止），当溢出的水泥浆浓度与压入的浓度一致时关闭排浆阀，关闭出浆口后，应保持不小于 0.5 MPa 且不少于 3 min 的稳压期，再关闭进浆阀，至此压浆工作完成。

n）工后清理工作。

当梁体压浆工作完成后，立即清洗搅拌机、注浆泵及与其连接的压浆管，与进浆口、出浆口连接的管道要在水泥浆初凝浆体不外溢的情况下才能拆除，拆除后立即清洗，所有清洗的设备和注浆用管用于下次作业时要进行必要的检查，以免对压浆作业造成影响。

3）预应力箱梁孔道压浆质量检查

（1）管道压浆料的 28 d 抗压强度≥50 MPa。

（2）压浆过程中，每孔梁制作 3 组 40 mm×40 mm×160 mm 标准养护试件，进行抗压和抗折强度试验。

（3）每生产 500 孔梁进行一次压浆密实度验证（不足 500 孔按 500 孔计）。

（4）封锚混凝土坍落度控制在（140±20）mm 以内。

6. 封锚施工

管道压浆完毕，经检查无不饱满情况，水泥浆已凝固后，及时进行梁体封锚作业。封锚混凝土要加强捣固，要求混凝土密实，无蜂窝麻面，与梁端面平齐，不得有明显错台。

1）凿毛

绑扎封锚钢筋之前，先将锚垫板表面的粘浆和锚环上的密封砂浆铲除干净。为加强后灌部分混凝土与梁体的连接，梁端锚穴处应进行凿毛处理，凿毛深度为 0.5～1 cm，凿毛面积不小于 90%锚穴内表面积，露出粗骨料，封锚混凝土浇筑前将锚穴内部清理干净。

2）封锚钢筋施工

封锚钢筋按施工图加工点焊，须保证尺寸准确。

凿毛、清理锚穴之后在锚具与锚垫板的接缝处、整个锚具、夹片及外露钢绞线等处所涂以聚氨酯防水涂料进行防水处理，涂刷厚度为 2 mm，防水涂料的使用按材料说明书的要求执行，待防水涂料表面干后才可浇筑封锚混凝土。为加强后浇筑部分封锚混凝土与梁端的连接，在锚垫板上安装一端带螺纹一端带弯钩的短钢筋，使之与封锚钢筋网连为一体，钢筋网与锚垫板上安装的短钢筋绑扎牢固。

3）封锚混凝土浇筑

压浆作业后，及时封锚，在确保封锚模板安装牢固后，即可浇筑封锚混凝土。封锚混凝土浇筑密实，封锚混凝土采用与梁体同等级的 C50 微膨胀混凝土，封锚混凝土配比经试验确定，严格按配比进行搅拌。

封锚混凝土拆模后进行抹面压光，封锚后混凝土面与梁体混凝土面不得有明显错台。

4）混凝土养护及涂刷防水涂料

每次封锚做 150 mm×150 mm×150 mm 试件 5 组，2 组随梁养生，3 组标养。封锚混凝土的养护采用覆盖塑料薄膜封闭养护，湿度达到 60%以上，养护时间为 14 d。封锚混凝土养护结束待混凝土表面干后，在梁端底板及腹板的表面涂满聚氨酯防水涂料，防水涂料厚度为 2 mm。防水涂料的使用方法及要求按材料使用说明书执行，涂刷要均匀。

7. 预制简支箱梁起移梁作业

为减少梁体占用台座时间，梁体进行初张拉后即可移出制梁台座，到存梁区存放。移梁时，梁体混凝土强度应符合设计要求。设计无要求时，梁内混凝土强度不应小于设计强度的 80%，并应在预应力筋初张拉完成后进行。梁体压浆后移梁时，场内移梁时梁体混凝土强度应大于设计强度的 80%。压浆水泥浆强度未达到 28 d 强度要求不得进行静载试验和运梁出场架设。梁体封锚后移梁时，封锚混凝土强度不得低于设计强度的 50%。孔道压浆如图 6–53 所示。

终张拉完成后且管道内浆体强度达到 37.5 MPa 后方可进行运架梁施工。在存梁、吊梁、运梁过程中，应保证各吊点或支点受力均匀，必须保证各种工况下，梁四支点位于同一平面，误差不大于 2 mm。

1）起吊、移梁前的作业准备

（1）箱梁起吊在初张拉完成之后进行，起吊移运梁前必须由主管技术员确认箱梁初张拉已全部完成，并出具《移架梁通知单》才允许进行起吊移运梁作业，未见书面通知不得进行起吊梁作业。

（2）存梁台位的四个支点应标高一致，梁的同一端两个支点高差不大于 3 mm，梁的两端支点高差不大于 10 mm。临时存梁采用板式橡胶支座。支座放置于平面位置且与梁体支座位置对应。

（3）450 t 提梁机进场后在制梁场内的轨道上进行安装调试，安装调试完成之后，由安全部门组织对提梁机进行一次全面验收，并在第一次起吊梁作业前进行试吊，试吊、走行、刹车等无任何问题才可进行起吊梁作业。以后每次起吊前由作业人员检查吊具、钢丝绳有无伤痕，并检查吊环、钢丝绳、卸扣等，不得有异常，查看提梁机刹车是否可靠，走行、液压系统是否正常，在确认一切正常的情况下方可使用。起吊梁作业前应清除提梁机行走轨道上的一切障碍，保证提梁机作业顺利、通畅、安全。

图 6–53　孔道压浆

2）起、移、落梁作业

起、移、落梁作业过程如图 6–54 所示。

（a）存梁　　（b）吊梁

（c）运梁　　（d）安装梁

图 6–54　起、移、落梁作业过程

（1）提梁机在横移轨道上进行移梁作业，在纵移轨道上进行转道。

（2）起落梁使用的吊环采用高强钢棒，并检算吊装过程中的安全性。吊装梁体时，高强钢棒从梁体的顶面顺 8 个吊装孔插入梁体内顶板下缘，人工将钢垫板和螺母从箱体内安装于每个高强钢棒的下端头，每个高强钢棒的端头上安装两个螺母，在顶板下缘吊孔处垫以 460 mm×380 mm 的钢垫板，垫板厚度不小于 40 mm，且保证垫板与梁顶板底面的密贴。梁体的 8 个吊装孔同时均匀受力。起吊、行走、落梁过程应有专人指挥，提梁机所吊梁的两端同步缓慢提升，两端高差不得大于 10 cm。

（3）移梁时，提梁机两端要慢速同步行走。提梁机需要停止行走时，应提前减速缓慢停止，尽量不要突然制动，以减小因惯性引起的冲击力。箱梁停止移动时，必须等其重心稳定后方能落梁。

（4）落梁时，提梁机行至存梁台座，使梁体中线与台座中线对准，先两端同时下落距橡胶支座 10 cm，然后先落一端，支撑稳当后，再落另一端。在梁的两肋用方木支撑，以免发生倾斜倒梁事故。在支承点先搁置垫木，方可落梁。

3）作业注意事项

（1）梁移运和堆放的支承位置与吊点位置一致，并支承牢固，避免损伤构件。

（2）箱梁在起吊移运过程中必须由专人负责指挥，并指定专人监控梁体移动情况，处理异常问题。

（3）无论梁在何处，都应支撑牢固，且严禁跨中加任何支撑，支撑点距梁端的距离应和支座相同。

（4）起重设备和机具由机械工程师定期检查和保养，要经常检查起吊吊具，使用前必须测试，满足不了施工需要时要及时更换和维修。

（5）在起落和移动时，应避免损坏梁体，确保梁体的外观完好。杜绝硬伤掉角、破皮等现象的出现。

（6）每次起重作业之前进行班组安全教育，提高安全作业意识、质量意识，以及成品保护意识，严禁酒后作业，严禁各种违章作业。要增强团队合作意识，听从指挥，指挥人员按标准指挥，且每次只能设一个指挥人员，严禁不听从指挥擅自作业。

8. 桥梁支座安装

1）桥梁支座安装流程

桥梁支座安装流程如图 6–55 所示。

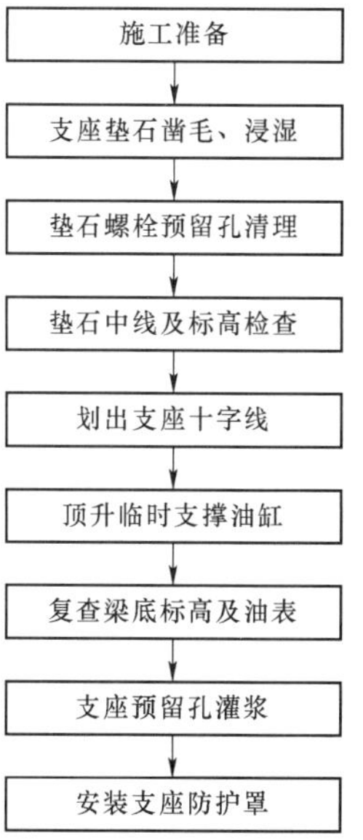

图 6–55　桥梁支座安装流程

2）桥梁支座安装要点

（1）施工准备。

① 施工前必须将工作面凿毛，将锚栓孔凿到设计位置和设计深度，并用水冲洗干净，保证工作面无灰尘。

② 在支座设计位置处划出十字中心线，同时在梁面端头也划出支座横向中线。

（2）支座与箱梁底面的连接安装。

支座与箱梁底面的连接安装在存梁台或架梁现场进行，应按照线路纵向坡度复核活动支座及固定支座位置是否符合设计，特别是单向活动支座应注意单向活动方向。

支座安装在箱梁底部后，应拧紧支座与梁体的连接螺栓，在支座与梁底预埋钢板之间不得有空隙。

（3）凿毛支座就位部位的支承垫石表面，清除预留锚栓孔内的杂物，安装灌浆用模板，并用水将支承垫石表面浸湿，灌浆用模板可采用预制钢模板，底层设一层 4 mm 厚橡胶防漏条，通过膨胀螺栓固定在支撑垫石顶面。

（4）支座在墩顶与垫石连接安装。

架设箱梁时，箱梁落梁应先落在千斤顶上，再对支座下底板与支撑垫石之间，锚栓孔内进行重力灌浆。

（5）千斤顶支点与反力控制。

吊装预制箱梁（带支座），将箱梁落在临时支承千斤顶上，通过千斤顶调整梁体位置及标高。

落架应采用支点反力控制。架梁时，首先应按设计值将箱梁准确落在两端作为临时支点的测力千斤顶上，通过千斤顶调整梁体支点标高，同时应保证每支点反力与四个支点反力的平均值相差不超过 ±5%。支撑垫石顶面与支座底面间隙应控制在 20～30 mm。在支座安装前，应在工地检查支座连接状况是否正常，但不得任意松动上、下支座连接螺栓，如图 6–56 所示。

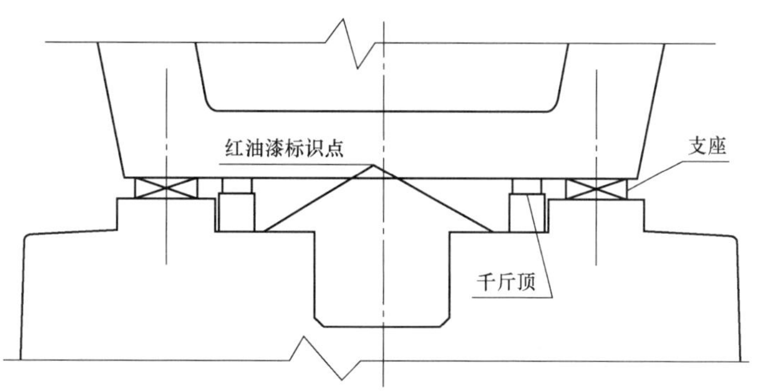

图 6–56　吊装预制箱梁千斤顶支点示意图

（6）支座就位后，在支座底板与桥墩支承垫石顶面之间应预留 20～30 mm 的空隙，以便灌注无收缩高强度灌注材料。

（7）采用重力灌浆方式灌注支座下部及锚栓孔处空隙，灌浆过程中应从支座中心部位向四周注浆，直至从钢模与支座底板周边间隙观察到灌浆材料全部灌满为止，如图 6–57 所示。

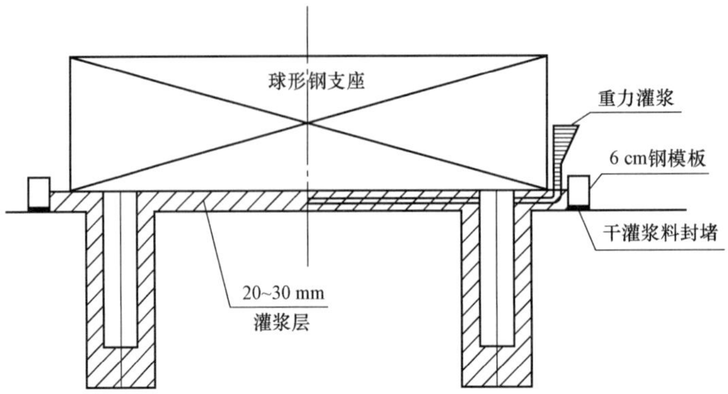

图 6–57　灌注支座示意图

（8）灌浆前应初步计算所需的浆体体积，灌注实用浆体数量不应与计算值产生过大误差，应防止中间缺浆。

（9）当浆体强度达到 20 MPa 后（强度以试块强度为准）。拆除钢模板，检查是否有漏浆处，必要时对漏浆处进行补浆。以上工序施工完毕后拆除各支座的上、下支座连接角钢及螺栓，拆除临时支承千斤顶，安装支座围板。

（10）及时拆除支座的连接钢板和螺栓，确认各支座处于正常工作状态后，安装支座防尘罩。

（11）支座使用期间应定期进行检查和养护。

（12）支座调整标高注意事项。

① 进行调高前应先测量梁体标高，确定支座所需调高量，根据支座类型及外形尺寸加工调高用钢板，支座的实际调高量不应大于设计调高量。

② 在需要调高的支座处布置顶梁用的千斤顶，千斤顶的最大顶升力应根据支座的设计荷载确定。

③ 根据设计要求放松相邻区段轨道的扣压力，并拆除支座与梁体的连接螺栓。

④ 千斤顶起顶，顶梁位置应满足梁体设计文件要求。同一墩、台上的支座应同步顶升，支座的顶升高差应小于 1.0 mm。起顶高度高出最终设计标高 3～5 mm 后锁定千斤顶，并安装临时支撑，然后将预先备好的调高垫板插入梁体与支座之间缝隙，调整好位置后安装支座与梁体连接螺栓，但不拧紧。

⑤ 千斤顶回油落梁使支座承压，梁体就位后拧紧支座与梁体的连接螺栓，拆除临时支撑和千斤顶。

3）支座质量检验

球形钢支座安装允许偏差和检验方法应满足表 6–10 的相关规定。

表 6–10　球形钢支座安装允许偏差和检验方法

序号	项目			允许偏差/mm	检验方案
1	钢支座	下座板中心十字线偏差	下座板尺寸＜2 000 mm	1	测量
2			下座板尺寸≥2 000 mm	1%边宽	
3		固定支座十字线中心与全桥贯通测量后墩台中心线纵向偏差	连续梁或跨度 60 m 以上简支梁	20	
4			跨度小于 60 m 的简支梁	10	
5		固定支座上下座板中线的纵横错动量		3	
6		活动支座中心的纵向错动量（按设计气温定位后）		2	
7		支座底板四角相对高差		2	
8		活动支座的横向错动量		3	

学习评价

根据所学内容完成下面的一体化学习任务单。

职业能力养成任务名称：预应力混凝土简支箱梁预制技术

姓名：________　　所属学习小组：________　　得分：________

说明：在规定时间内交回一体化学习任务单以便教师评价学习效果。

预应力混凝土简支箱梁预制技术

1. 相关知识

- 简述预应力筋锚具、夹具、连接器的标记含义。
- 简述千斤顶应予以校验的情况有哪些。
- 预应力钢绞线应如何进行入场验收?
- 梁体终张拉完成后，用（　）切割机切割钢绞线。

2. 施工流程

- 预制预应力箱梁梁体终张拉工序是：使钢绞线端头距锚具30～50 mm→清除锚具面、锚垫板及其螺孔内的水泥浆和密封胶带→（　）→压浆前准备工作→抽真空及配置浆液→（　）→停抽真空和保压→（　）→封锚。
- 在预制预应力简支箱梁制作、安装流程中，制作、安装防护罩的紧前工作是（　）。

3. 施工要点

- 预制预应力箱梁施工时，当梁体混凝土强度达到设计强度的（　），梁体混凝土芯部与表层、箱内与箱外、表层与环境温差均不大于（　）℃，且能保证棱角完整时方可拆除模板，混凝土拆模时的强度应符合设计要求。
- 预制预应力箱梁施工时，模板拆除要注意哪些问题?
- 预制预应力箱梁钢筋施工时，闪光对焊接头外观质量应符合哪些要求?
- 绑扎混凝土垫块时，位置必须相互错开，分散布置，间距600～800 mm，垫块距跨中距离最少保持0.5 m，保证（　）个/m^2。
- 简述预制预应力箱梁施工的浇筑方法。
- 混凝土的养护包括标准养护、（　）养护和（　）养护3种。
- 蒸汽养护分为（　）、升温、（　）、降温4个阶段。绘制混凝土养护曲线，并标示混凝土养护的4个阶段。
- 预制预应力箱梁张拉时，穿束方法有（　）穿束和（　）穿束2种。
- 预制预应力箱梁张拉时，预施应力按（　）张拉、（　）张拉和终张拉三个阶段进行。预制梁带模预张拉时，混凝土强度达到设计强度的（　）%。
- 简述预制预应力箱梁张拉时，滑丝与断丝处理措施。
预制预应力箱梁张拉时，应严密注意钢绞线及锚具滑丝情况。当全梁断丝、滑丝总数超过钢丝总数的（　）%，且一束内断丝超过一丝时均须进行处理。
- 预制预应力箱梁张拉完毕（　）h后复查，确认无滑、断丝现象，并检查钢绞线回缩量，符合要求时即可进行钢绞线头的切割，复查结束方可进行下一道工序（　）作业。
- 简述预制预应力箱梁真空辅助压浆注意要点。
- 简述预制预应力箱梁封锚工序。
- 简述预制预应力箱梁起、移、落梁作业工艺。

4. 箱梁质量检查

- 简述预制预应力箱梁质量检查内容。

职业能力 6.3 简支箱梁运输与架设技术

职业能力情境引入

2020 年 11 月 3 日，在福厦高铁湄洲湾跨海大桥上，我国首次采用“昆仑号”架桥机架设 1 000 t 重，40 m 跨箱梁，“昆仑号”是世界首台千吨级架桥机，如图 6–58 所示。本任务以 JQ900A 架桥机为例说明架桥机组装作业、驮运至桥头、架梁作业、纵移过孔、最后一孔梁架设过程。

图 6–58 “昆仑号”架桥机

6.3.1 架桥机知识

1. 常用箱梁架桥机

架桥机应严格按照通过技术监督部门审查认证的产品的使用说明书和操作手册进行安装、架梁和移机操作。架梁前，应编制施工组织设计、施工工艺和安全操作细则，认真组织实施，并建立完善的检修、保管制度，定期对重要部件（如轮、轨、吊钩等）进行探伤检查。

具有代表性的高速铁路箱梁架桥机分运架分离式架桥机和运架梁一体式架桥机 2 种，运架分离式架桥机还可分为步履式架桥机和导梁式架桥机 2 种。运架分离式架桥机由架桥机、运梁车和提梁机组成。国内高速铁路箱梁架桥机的类型见表 6–11，国内高速铁路箱梁运梁车的类型见表 6–12，国内高速铁路箱梁提梁机的类型见表 6–13。

表 6–11 国内高速铁路箱梁架桥机的类型

型号	JQ900A 步履式	JQ900B 步履式	JQ900C 导梁式	DF900D 导梁式	TLJ900t 步履式	JQ900 导梁式	HZQ900 导梁式
适用梁型	32/24/20 m 双线	32/24/20 m 双线	32/24/20 m 双线	32/24/20 m 双线	32/24/20 m 双线	32/24/20 m 双线	32/24/20 m 双线
额定起重量/t	900	900	900	900	900	900	900

表 6–12 国内高速铁路箱梁运梁车的类型

型号	DCY900	DCY900L	YL900	TLC900
适用梁型	32/24/20 m 双线	32/24/20 m 双线	32/24/20 m 双线	32/24/20 m 双线
额定荷载/t	900	900	900	900

表 6–13　国内高速铁路箱梁提梁机的类型

型号	DLT900	TLJ450/38/36/33/32	MG500/50	TLMEL900t	DQ500t
额定起重量/t	900	450	500	900	500
跨度/m	40.5	38	40	40	36

2. 箱梁架桥机的特点

1）步履式架桥机

二步过跨，过跨工序简便，对墩台无特殊要求，能方便地架设变跨梁；架、运梁平行作业，施工效率高；桥间转移便利，适应性强。既适合连续多孔的特大桥施工，也能很好地适应一座桥中只有几孔箱梁的中小桥及分散桥群施工。

施工步骤：拼架桥机→运梁车驮运架桥机就位→放下前支腿和中支腿，抬起后支腿，退运梁车→放下后支腿，收起中支腿，起重小车运行到主梁后部指定位置→架桥机纵移到位→利用支腿倒换运梁车喂梁就位→支立前后支腿收起中间支腿，起重小车吊起箱梁前移到位→安装支座，落梁就位。

2）导梁式架桥机

起重小车定点架梁，主梁受力较小，首、末孔梁架设时，需要安装、拆除导梁，适合某些特定的工地施工。

施工步骤：拼架桥机和导梁→运架桥机和导梁就位→运梁车喂梁就位→起吊箱梁→前移下导梁→安支座，落梁就位→架桥机前移一跨。

3）运架梁一体式架桥机

运架梁一体式架桥机作为一套设备，集梁场提梁机、运梁车、架桥机三者功能于一身，但该设备只能顺序作业，不能平行作业，施工效率较低。

施工步骤：拼架桥机→下导梁就位→安装支座→梁场取梁→运梁→喂梁→落梁→架桥机退回→支腿转移。

6.3.2　架桥机施工

本书以 JQ900A 型架桥机（见图 6–59）为例，介绍架桥机工作过程。

图 6–59　JQ900A 型架桥机

1. JQ900A 型架桥机施工流程

（1）JQ900A 型架桥机组装流程如图 6–60 所示。

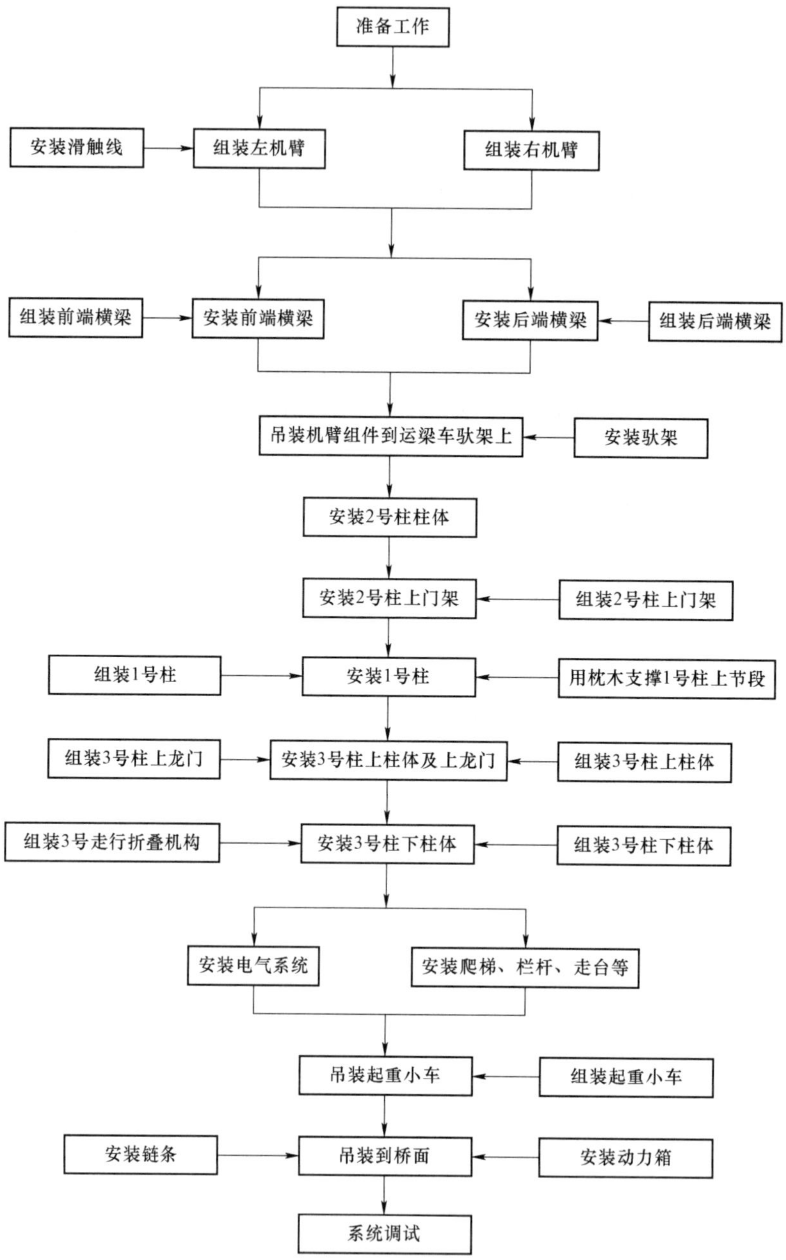

图 6–60　JQ900A 型架桥机组装流程

（2）JQ900A 型架桥机施工流程如图 6–61 所示。

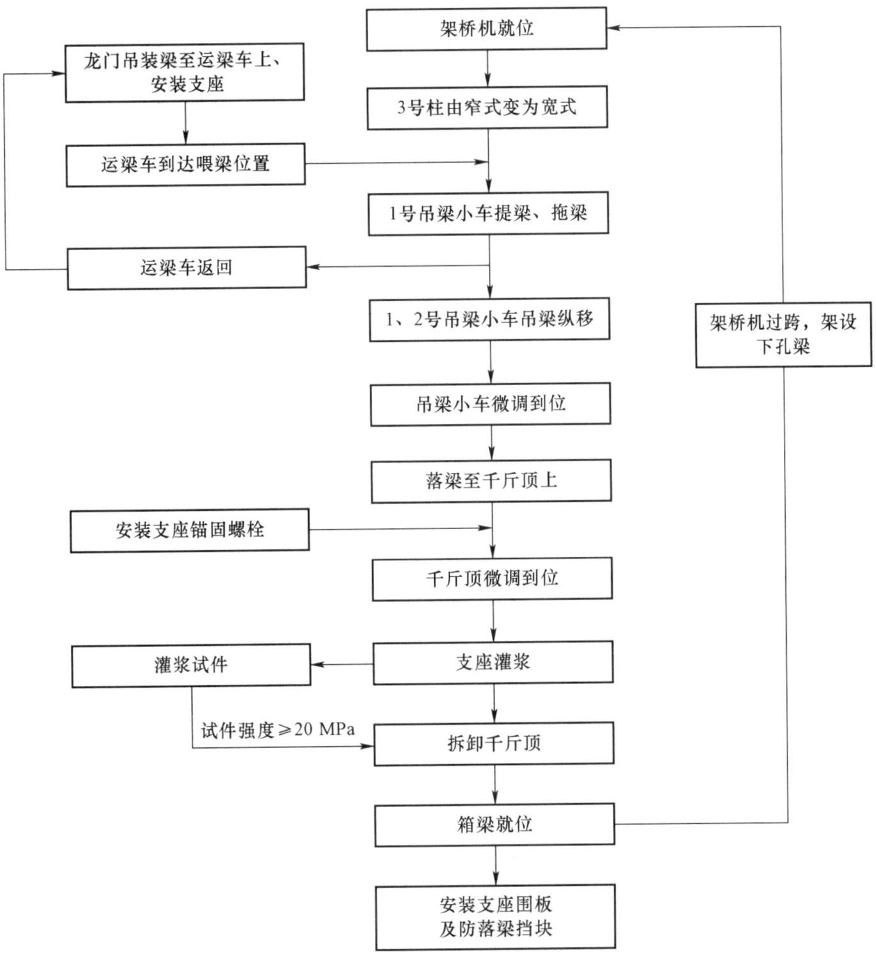

图 6–61　JQ900A 型架桥机施工流程

（3）架桥机托运到桥头示意图如图 6–62 所示。

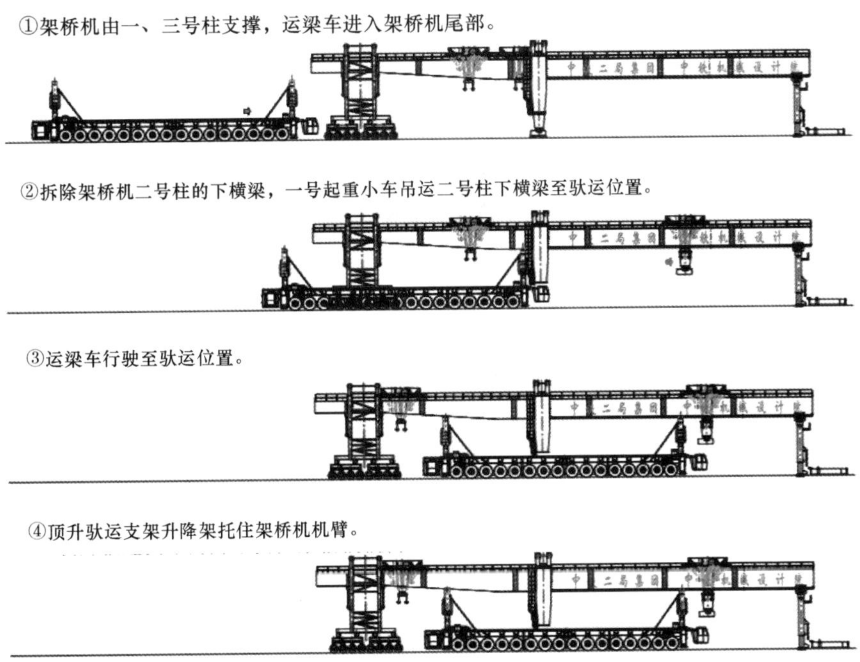

图 6–62　架桥机托运到桥头示意图

⑤起重小车运行到驮运位置。

⑥提升三号柱，折叠走行轮组成窄式支撑状态。一号柱折叠并后退8 m，对一号柱、二号柱下横梁进行捆绑固定。

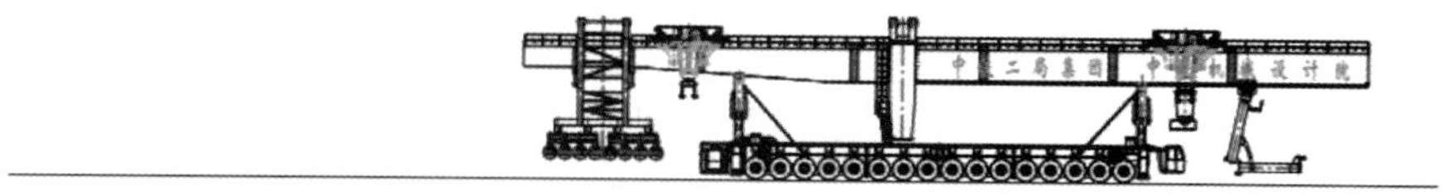

⑦将驮运支架下降至驮运高度，插销。将发电车连挂到运梁车上，架桥机完成装车作业。

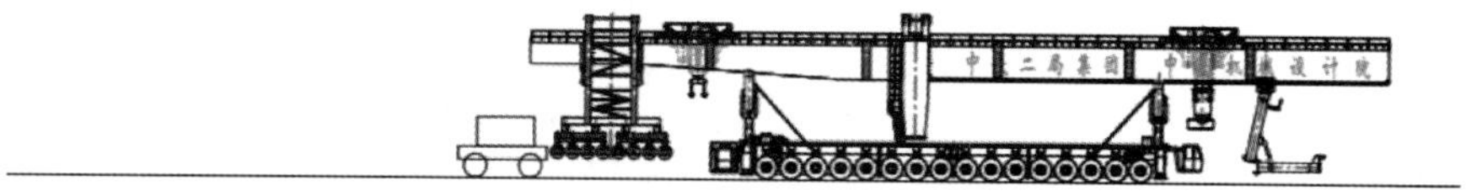

图 6–62　架桥机托运到桥头示意图（续）

（4）架梁作业示意图如图 6–63 所示。

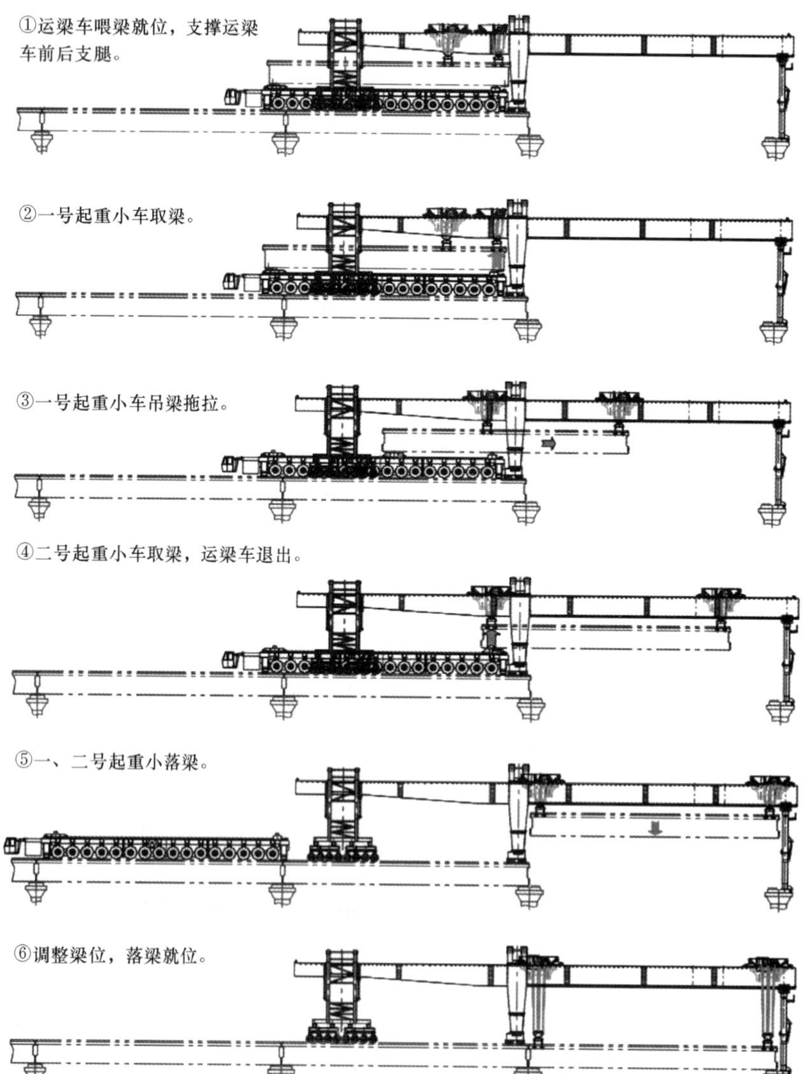

图 6–63　架梁作业示意图

（5）架设 32 m 等跨箱梁纵移作业示意图如图 6–64 所示。

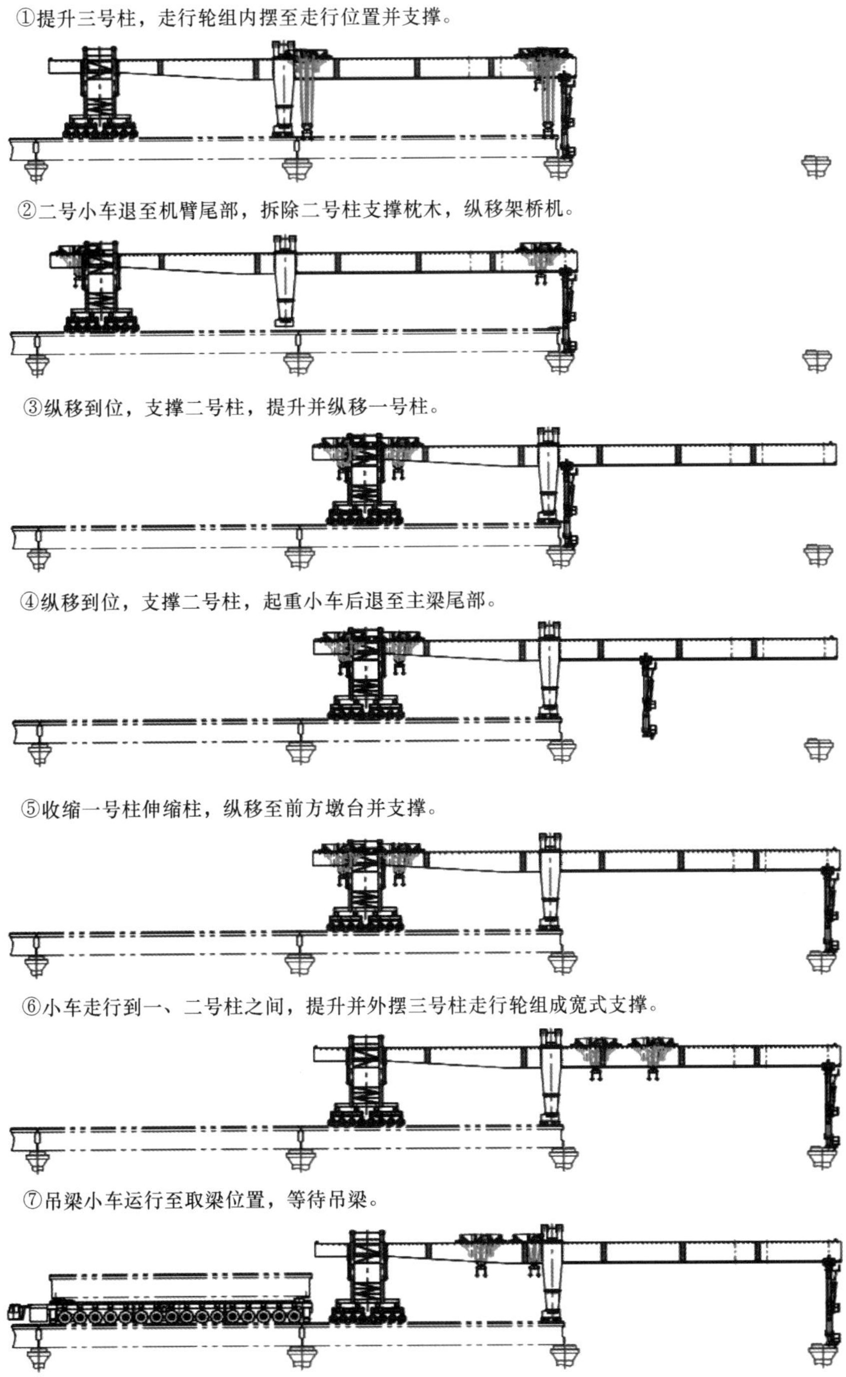

图 6–64　架设 32 m 等跨箱梁纵移作业示意图

（6）最后一孔箱梁架设作业示意图如图 6–65 所示。

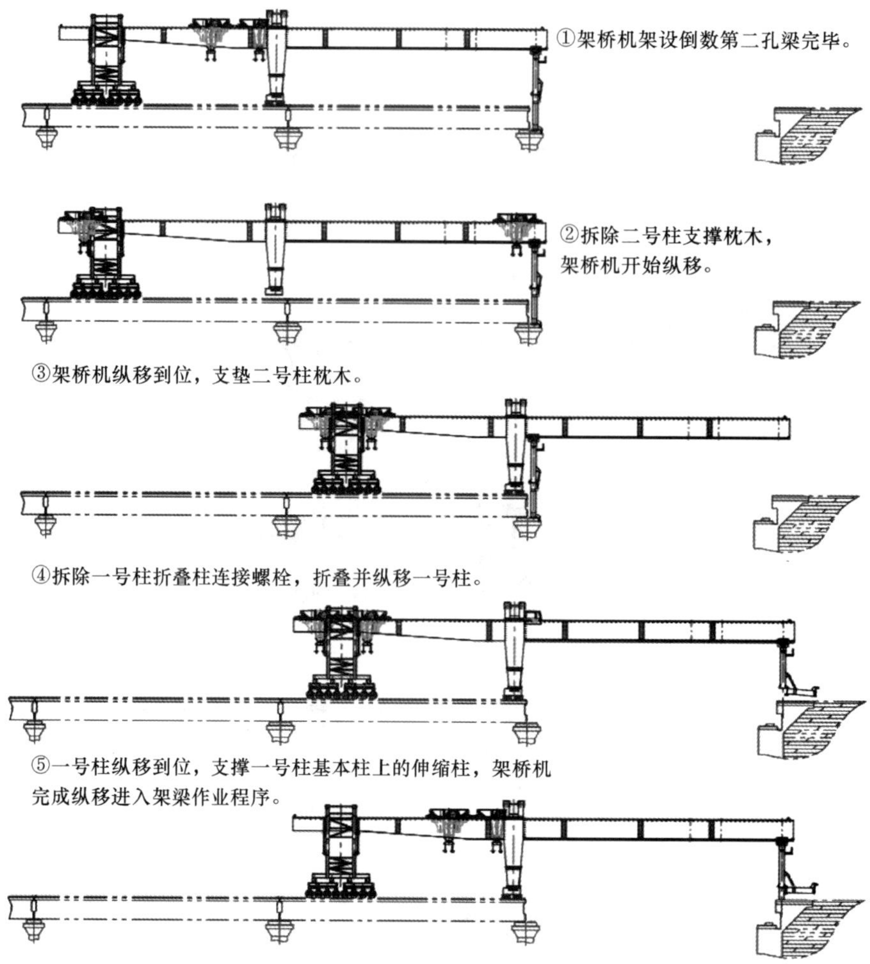

图 6–65　最后一孔箱梁架设作业示意图

2. JQ900A 型架桥机施工技术要点

1）运架设备组装、解体

由于占用场地较大，同时考虑到充分利用制梁场起重设备，减少设备投入，运架设备的组装、解体一般选择在梁场内或其附近进行。

（1）JQ900A 型架桥机的组装。

架梁前应编制相应的架梁施工组织设计、施工工艺和安全操作细则，并认真组织实施。设备安装、调试和架梁作业应严格按照操作规程和使用说明书进行施作。

（2）JQ900A 型架桥机的解体。JQ900A 型架桥机长途运输采取大解体，通过公路或铁路运输车辆运输，JQ900A 型架桥机解体作业与其组装程序相反。

2）架桥机驮运

架桥机在制梁场组装完毕，由运梁车驮运至架梁工地前必须进行试运转，第一次架梁前必须根据国家相关规定，由国家指定机构对架桥机进行型式试验，试验合格后方可进行架梁作业。JQ900A 型架桥机桥间转移或短距离转移一般通过运梁车驮运进行。

3）架梁施工作业程序

架梁施工作业主要包括桥梁运输、架桥机纵移过孔、喂梁、吊梁纵移并落梁、安装支座，以及架设末跨梁等工况。

（1）桥梁运输。

① 箱梁吊装。通过制梁场搬运机或提梁机，起吊箱梁并落放到运梁车上。

② 箱梁运输。运梁车走行时两侧对角需设专人监护，避免由于走行方位误差过大造成就位困难或倾覆危险。

（2）架桥机纵移过孔。

① 架桥机由宽式变窄式：1、2 号小车走行到落梁位，联结 3 号柱下横联，操作 3 号柱的液压系统，拔出 3 号柱柱体定位销，提升 3 号柱，操作折叠机构由宽式变窄式，走行轮组内摆至走行位置，穿好柱体定位销成窄式支撑。

② 架桥机纵移：2 号小车退到机臂尾部，用刚性横联将 1 号柱与已架箱梁吊梁孔张紧并用手动葫芦拉紧 1 号柱保险缆风绳，拆除 2 号柱支撑垫木，拔出 1 号柱定位销，驱动 3 号柱走行机构纵移架桥机。

③ 支撑 2 号柱：架桥机纵移到位后，垫好 2 号柱支撑垫木，1 号小车退到机臂尾部准备纵移 1 号柱。

④ 1 号柱纵移：操作 1 号柱液压系统，拔出 1 号柱下升降油缸定位销，将 1 号柱下柱身上提，纵移 1 号柱，走行至 1 号柱机臂上定位销座穿定位销，在桥墩上支撑 1 号柱并穿定位销，拧好 1 号柱辅助螺旋支腿。

⑤ 架桥机窄式变宽式：1、2 号小车走行到机臂前端，操作 3 号柱的液压系统，拔出 3 号柱升降的定位销，提升 3 号柱，操作折叠机构使走行轮组外摆至宽式支撑并穿好定位销，打开 3 号柱下横联。

⑥ 准备吊梁：1、2 号小车走行到后机臂取梁位置，1 号小车至距 2 号柱中心 2.8 m 处。

（3）喂梁。

运梁车继续前行至 1 号桁车吊梁位，运梁车停车，支起运梁车前机组液压辅助支腿力。

4）吊梁纵移并落梁

（1）1 号小车取梁：将 1 号小车运行到待架梁的前吊梁孔，安装吊架起吊箱梁。

（2）拖梁：1 号小车吊起箱梁，使箱梁底面高出运梁车支承面 50 mm，1 号吊梁小车与运梁台车同步运行，将箱梁拖行到 2 号小车取梁位。

（3）2 号小车取梁，运梁车退出：将 2 号小车运行到待架箱梁的后吊梁孔，安装吊架起吊箱梁；运梁车退出，到梁场装运下一孔箱梁。

（4）落梁：1、2 号小车走行到落梁位置，落梁至箱梁底面距支座上平面 1.5 m 停止，安装支座板预埋螺栓。

（5）调整梁位，落梁就位：利用吊梁小车纵横移功能精确调整落梁位置，落梁到临时支撑千斤顶上，通过千斤顶调整梁体位置及高程，达到设计要求。

5）支座安装

支座安装参照职业能力 6.2。

6）架设最后一孔箱梁

架设最后一孔箱梁时，架桥机纵移到位后，先拆除 1 号柱折叠机构间的连接螺栓，收缩折叠油缸，收起折叠机构，然后 1 号柱走行过孔到前方桥台。伸出 1 号柱基本柱上的伸缩柱，支撑到桥台上，然后将 3 号柱由窄式支撑变换为宽式支撑，起重小车运行至取梁位置，架桥机即完成纵移作业，处于待架梁状态，其余架梁工况与常规架梁一致，如图 6–65 所示。

6.3.3　箱梁架设质量允许偏差

箱梁架设质量允许偏差见表 6–14。

表 6-14　箱梁架设质量允许偏差

检查项目	允许偏差/mm
梁体中线与桥梁线路设计中心线偏差	± 2
固定支座处支撑中心里程与设计里程纵向偏差	± 15
同墩两侧梁底面高差	± 1
相邻墩处梁底面高程偏差	± 2
梁端面不垂直度	每 1/1 000 梁高

学习评价

根据所学内容完成下面的一体化学习任务单。

职业能力养成名称：简支箱梁运输与架设技术

姓名：________　　所属学习小组：________　　得分：________

说明：在规定时间内交回一体化学习任务单以便教师评价学习效果。

简支箱梁运输与架设技术

- **1.相关知识**
  - 具有代表性的高速铁路箱梁架桥机有2种主要形式：（　）和（　）架桥机。
  - JQ900A架桥机适用于（　）、（　）、（　）m双线箱梁架设，额定起重量（　）t。
  - 目前世界上首个架设1 000 t额定起重量的架桥机是我国自主研发的（　）架桥机。
  - 简述步履式架桥机施工步骤。
  - 简述导梁式架桥机施工步骤。
- **2. JQ900A架桥机施工**
  - 运架一体架桥机施工步骤：拼架桥机→（　）→安装支座→（　）→运梁→（　）→落梁→（　）→支腿转移。
  - 简述JQ900A架桥机架设32m等跨箱梁纵移作业过程。
  - JQ900A架桥机架梁施工作业主要包括桥梁运输、（　）、喂梁、（　）、安装支座，以及架设末跨梁等工况。
  - 箱梁架设时，梁体中线与桥梁线路设计中心线偏差不得超过（　）mm。
  - 箱梁架设时，相邻墩处梁底面高程偏差不得超过（　）mm。

工作情境 7

预应力混凝土梁桥位现浇梁

思政目标

（1）培养严谨、认真、实事求是的科学作风。提高安全责任意识。

（2）培养一丝不苟、精益求精的工匠精神。

（3）具备一定的组织协调能力。

学习目标

1. 知识目标

（1）支架法施工技术。

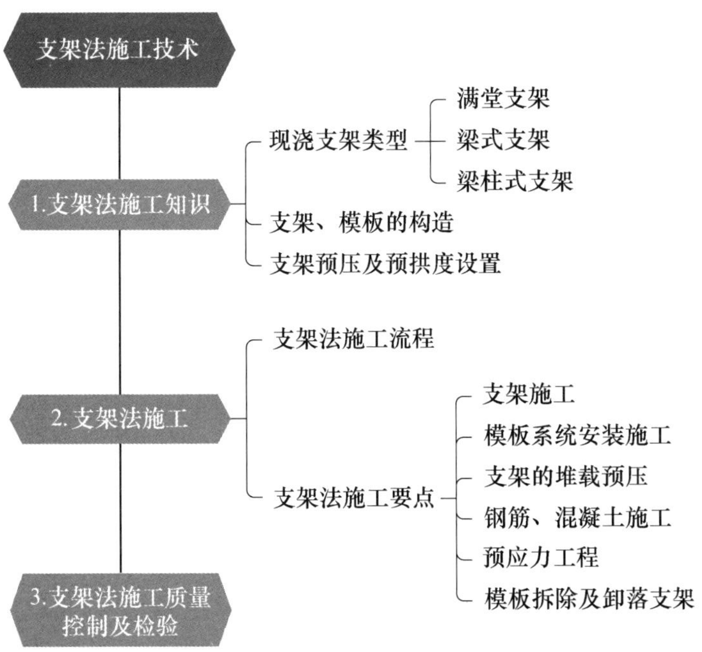

（2）移动模架浇筑施工技术。

- 移动模架浇筑施工技术
  - 1. 移动模架法知识
    - 移动模架施工
    - 移动模架施工特点
    - 移动模架构造、类型
  - 2. 移动模架法施工
    - 移动模架法施工流程
    - 移动模架法施工要点
      - 拼装方案
      - 移动模架原位现浇简支梁
      - 移动模架过孔作业
      - 移动模架拆除
    - 移动模架法施工质量控制及检验

2. 能力目标

（1）能够围绕预应力混凝土简支梁支架法、移动模架法施工技术交底文件进行资料收集，能够熟练运用办公软件编写技术交底文件。

（2）能够根据不同施工环境为预应力混凝土简支梁支架法、移动模架法施工制定合理的施工方案，并具备编制相应施工方案的能力。

（3）能够根据现场的施工条件，具备在工程师指导下对预应力混凝土简支梁支架法、移动模架法施工一般事故提出处理方案的能力。

（4）具备在工程师指导下对预应力混凝土简支梁支架法、移动模架法施工质量进行检查的能力。

（5）具备撰写预应力混凝土简支梁支架法、移动模架法施工汇报材料的能力。

3. 素质目标

（1）养成忠于职守、以数据说话的工作作风。

（2）培养综合运用知识与技能从事程度较复杂的技术工作的职业素养。

职业能力 7.1　支架法施工技术

职业能力情境引入

武咸城际铁路××特大桥 56#～71#墩全部为支架现浇梁，如图 7–1 所示。支架现浇梁孔跨布置为：3–32 m 箱梁+ 1–24 m 箱梁+7–32 m 箱梁+1–24 m 箱梁+3–32 m 箱梁。

图 7–1　箱梁支架法施工

双线预应力混凝土简支箱梁长 32.6 m、24.6 m（含两侧梁端至边支座中心各 0.75 m）。梁体为单箱双室、等高度结构，防撞墙内侧宽度 9 m。线路中心至挡砟墙内侧 2.2 m，人行道栏杆内侧净宽 12.1 m，梁顶面宽 12.2 m，顶板厚度 29 cm、腹板厚度 40 cm、底板厚度 26 cm，在支承处、箱梁顶、底、腹板局部加厚。边隔板厚度 43 cm。隔板设有孔洞，供检查人员通过。

对于桥位现浇简支箱梁孔跨在数量上较少且墩高不太高的桥梁，以及其他不适合采用移动模架造桥机施工的孔跨，可采用支架法现浇施工。根据此原则该桥选择支架法桥位现浇施工。

在高速铁路建设中，因梁体结构特点或桥位交通运输条件限制，不适合采用预制架设或悬臂浇筑等施工方法时，通常采用桥位制梁施工技术。高速铁路桥位制梁施工技术主要有支架法桥位制梁和移动模架桥位制梁两种。

7.1.1 支架法施工知识

支架法施工亦称桥位膺架法现浇施工，在数量较少且墩高不太高的桥梁及其他不适于采用造桥机施工的孔跨，宜采用支架法现浇施工。支架法现浇施工一般适用于地质条件较好，跨越旱地或浅水河流且桥墩高度较低的简支梁现场浇筑施工。桥梁高度一般小于 10 m，桥下无影响布设支架的较大沟渠、铁路和高等级公路等情况。对于地质条件较差的桥梁采用膺架现浇施工时应对支架地基进行处理，原则上厚度 3 m 以内的软基可通过换填处理，厚度 3～15 m 软基可通过复合地基加固方法处理。厚度 15 m 以上的软基由于基础处理困难、处理费用较高，不宜采用此种方法制梁。

1. 现浇支架类型

按支架的结构形式，常用的支架现浇类型如下。

（1）满堂支架：主要适用于地基条件较好，坡度起伏不大，跨越旱地的道路立交且桥墩高度较低的箱梁、连续梁、钢架桥及连续钢构梁，如图 7–2 所示。

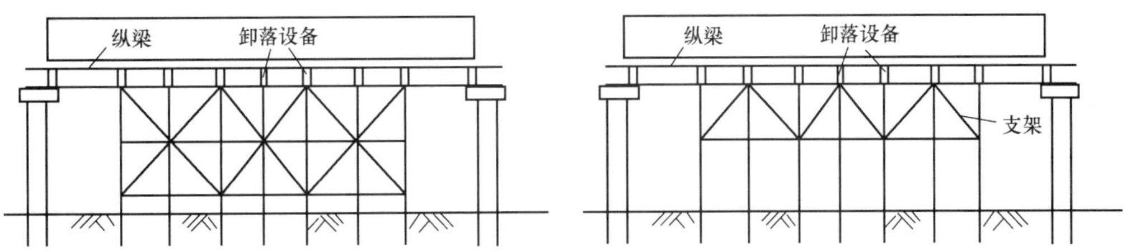

图 7–2　满堂支架体系布置示意图

（2）梁式支架：适用于跨度不是特别大且不通航的小河道的箱梁、连续梁、连续钢构梁，如图 7–3 所示。

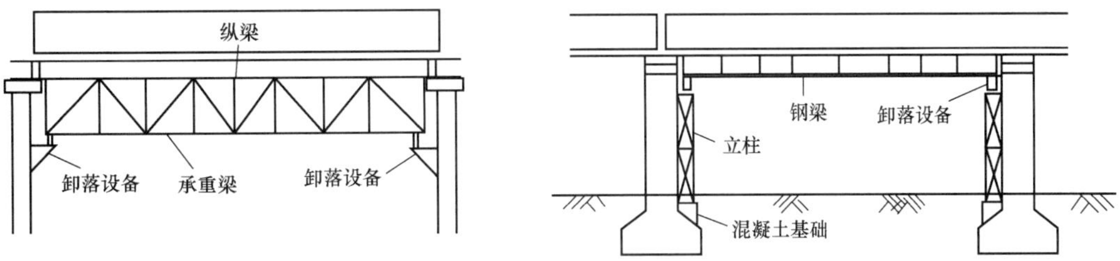

图 7–3　梁式支架体系布置示意图

（3）梁柱式支架：适用于大跨度，不通航，且中间能够设立临时支墩的河流桥跨结构，如图 7–4 所示。

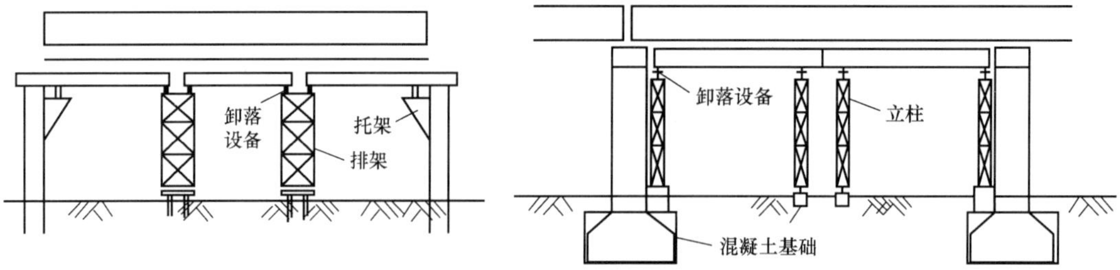

图 7–4 梁柱式支架体系布置示意图

2. 支架、模板的构造

1）支架构造

支架构造分为基础、支架、纵梁 3 个部分，要进行基底承载力、强度、刚度、挠度和稳定性检算，从而确定基础的形式，杆件的间距、数量和预留起拱度。支架类型根据现场地质情况、桥跨结构，本着施工方便、安全、经济的原则选用，如图 7–5 所示。

图 7–5 支架构造

支架施工应满足以下要求。

（1）支架应满足强度、刚度和稳定性的要求。

（2）要有简便可行的脱模措施。

（3）预压重量为最大施工荷载的 1.1 倍。

（4）支架地基承载力必须满足要求，基础可采用明挖扩大基础、钢管桩基础或钻孔桩基础，支架基础有完好的排水系统。

（5）根据预压时支架产生的弹性和非弹性变形，设置预拱度。

2）模板构造

现浇梁的模板一般采用大块整体钢模板加工而成。钢模板由侧模、内模、底模和端模组成。模板的全长及跨度要考虑预拱度，预留的压缩量要有足够的强度、刚度及稳定性，能够承受施工过程中可能产生的各荷载及振动作用。

3）支架预压及预拱度设置

（1）支架预压。

支架预压的目的是消除支架的非弹性变形及基础沉陷，并且通过预压收集支架、地基的弹性变形数据作为箱梁设置预拱度的依据，如图 7–6 所示。关于支架预压目前没有完全统一的标准，按加载范围可分局部预压和整体预压，按预压加载量分等载预压和超载预压（超载系数一般为 1.0～1.2）。为保证安全，又利于施工，一般采用首孔等载预压的方式。当地质条件或支架体系发生变化时需重新预压，对于设计图纸有明确要求的，应根据自身条件做好设计沟通，选择符合实际情况的预压方案，预压时间以 24 h 为宜。

图 7–6 支架预压

（2）预拱度设置。

在支架上浇筑梁式上部构造时，在施工时和卸架后，上部构造要发生一定的下沉和产生一定的挠度。因此，支架法施工应根据检算的变形量，预留适当的沉落量和施工预拱度，确保梁体线形符合设计要求。在确定预拱度时应考虑下列因素。

① 卸架后上部构造本身及活载一半所产生的竖向挠度 δ_1。

② 支架在荷载作用下的弹性压缩 δ_2。

③ 支架在荷载作用下的非弹性变形 δ_3。

④ 支架基底在荷载作用下的非弹性沉陷 δ_4。

⑤ 由混凝土收缩及温度变化而引起的挠度 δ_5。

上部构造和支架的各项变形值之和，即为应设置的预拱度。各项变形值可按下列方法计算和确定。

① 桥跨结构应设置预拱度，其值等于恒载和静活载一半所产生的竖向挠度 δ_1。当恒载和静载产生的挠度不超过跨径的 1/1 600 时，可不设预拱度。

② 满布式支架，当其杆件长度为 L，压应力为 σ 时，其弹性变形为：

$$\delta_2 = \frac{\sigma L}{E} \tag{7-1}$$

当支架为桁架等形式时，应按具体情况计算其弹性变形。

③ 支架在每一个接缝处的非弹性变形，在一般情况下，横纹木料为 3 mm；顺纹木料接缝为 2 mm；木料与金属或木料与圬工的接缝为 1～2 mm；顺纹与横纹木料接缝为 2.5 mm。

卸落设备砂筒内砂粒压缩和金属筒变形的非弹性压缩量，根据压力大小、砂子细度模量，以及筒径和筒高确定。一般 200 kN 压力砂筒为 4 mm；400 kN 压力砂筒为 6 mm；砂子未预先压紧者为 10 mm。

④ 支架基底的沉陷，可通过试验确定或参考表 7–1 估算。

表 7–1　支架基底沉陷

单位：mm

土质	枕梁	桩	
		当桩上有极限荷载时	桩的支承能力不充分利用时
砂土	0.5～1.0	0.5	0.5
黏土	1.5～2.0	1.0	0.5

根据梁的挠度和支架的变形计算出来的预拱度之和，为预拱度的最高值，设置在梁的跨径中点。其他各点的预拱度，以中间点为最高值，梁的两端为零，按直线或二次抛物线比例进行分配。

7.1.2　支架法施工

1. 支架法施工流程

支架法施工流程图如图 7–7 所示。

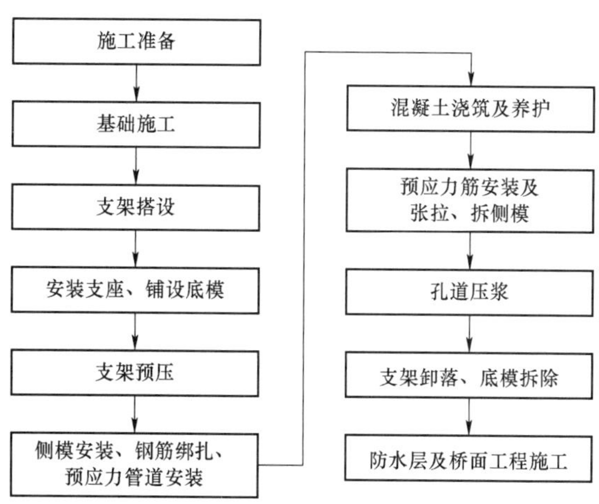

图 7–7　支架法施工流程图

2. 支架法施工要点

1）支架施工

（1）支架基础施工。

支架现浇梁施工前，先对施工现场进行场地平整，对搭设支架的场地进行加固处理，支架地基处理的目的是保证地基具有足够的承载力和必要的防水排水设施。根据地基的实际情况，可以采用换填、做石灰土、浇筑混凝土基础等处理方法，其中最常见的是做石灰土基础。

当采用沉桩、承台基础时，先按放设的桩心位置打设管桩，再进行混凝土承台或型钢承台施工。

（2）支架搭设。

按照立杆—横杆—斜杆的顺序逐层搭设；遵循横平竖直，连接牢固，底脚坚实，层层搭牢，支撑挺直，通畅平坦，安全设施齐全、牢固。常用支架类型有满堂支架、梁式支架、梁柱式支架。

① 满堂支架搭设。

满堂支架均采用外径 ϕ48 mm 标准杆件进行组装，每根立杆下端均设定型圆盘支座或木垫板，并按要求设置剪力撑。横桥向按照支架的拼装要求，严格控制竖杆的垂直度及扫地杆和剪力撑的数量和间距。顺桥向支架和墩身连接，以抵消顺桥向的水平力。同时满堂式支架通过钢管与军用墩支架连成一体，确保混合支架的强度和整体稳定性，如图 7–8 所示。

图 7–8　满堂支架搭设

② 梁式支架搭设。

梁式支架是支架的一种，可以用于跨越道路、河流的箱梁施工，满足车辆通行、通航的要求。要求支架结构具有足够的强度、刚度和稳定性。特别是要控制跨中的支架挠度限值，以避免现浇混凝土因下垂挠度过大产生拉应力而造成结构破坏。另外，由于在桥面下方不允许搭设支架，支架应能一跨跨过桥面，如图 7–9 所示。

图 7–9　梁式支架搭设

梁式支架采用工地现场拼接，整片吊装的方法。支墩安装一般采用汽车吊配和人工进行，应严格控制支墩的垂直度和平面位置。支墩之间用水平撑、斜撑与支墩上的拼接钢板联结，上端与型钢垫梁、下端与预埋钢板螺栓联结，加固成排架，提高整体稳定性。

③ 梁柱式支架搭设。梁柱式支架塔设如图 7–10 所示。

图 7–10　梁柱式支架搭设

（3）纵横向方木安装。

梁柱式支架通常采用军用梁或贝雷梁作为纵梁，军用墩或其他形式支墩作为临时支墩。军用梁或贝雷梁作为受力纵梁，其横向刚度通常较弱。

支架顶端设置纵横向方木以分配梁体传递的荷载，方木间距根据设计方案布置，具体如图 7–11 所示。

（4）支座、支座板安装。

安装支座前复测桥墩中心距离及支承垫石高程，检查锚栓孔位置及深度，应符合设计要求。支座安装要保持梁体垂直，支座上下板水平，不产生偏位，如图 7–12 所示。

图 7–11　纵横向方木安装现场

图 7–12　桥梁支座安装

2）模板系统安装施工

模板的安装要结合钢筋及预应力管道的埋设依次进行。安装模板时要注意预埋件的安装，严格按设计图纸施工，确保每孔梁上预埋件位置准确无误，无遗漏，常用预埋件如图 7–13 所示。

（a）右侧细管为排气管

（b）通风口处增设螺旋钢筋

（c）接触网支柱预埋件

（d）埋设好的接触网支柱基础预埋件

图 7–13　常用预埋件

（e）图中左侧为防撞墙、电缆槽预埋钢筋

（f）侧向挡块预埋件

（g）剪力齿槽预埋件的安装

（h）梁端波纹管口处增设螺旋加强钢筋

图 7–13　常用预埋件（续）

铺设底模采用人工为主、机械配合的方式施工。

侧模安装应先使侧模滑移或吊装到位，与底模板的相对位置对准，用顶压杆调整好侧模垂直度，并与端模联结好，如图 7–14 所示。

图 7–14　底模、侧模现场构造

要将胶管或波纹管逐根插入端模各自的孔内后，进行端模安装。安装过程中逐根检查各管是否处于设计位置。

内模安装要根据模板结构确定。

3）支架的堆载预压

支架搭设好后，铺设底模，进行预加载试压，以检验支架及地基的承载能力及稳定性，减小和消除支架的非弹性变形和地基不均匀沉降，从而确保混凝土梁的浇筑质量。

支架搭设完后对其进行全面检查，确认安全可靠后进行加载预压。按照箱梁的荷载分布进行加载，现场常采用砂袋和钢筋堆码（也有采用预制块的）。

预压加载顺序同混凝土浇筑顺序，预压加载按施工最大荷载一般分三级进行加载，即 60%、100% 和 110%的加载总重，每级加载完毕 1 h 后进行支架的变形测量，全部加载完毕后宜每 6 h 测量一次变形值。预压观测点布设一般为：每跨纵桥向设 5 个断面（底模端头、1/2 截面、1/4 截面、3/4 截面处），如图 7–15 所示。加载全部完成后，等到支架及地基沉降稳定后，预压卸载时间以支架地基沉降变形稳定为原则确定，最后两次沉落量观测平均值之差不大于 2 mm 时，即可终止预压卸载。卸载应分级进行，与加载顺序相反，即 110%→80%→60%→0 每级卸载 1 h 后分别测设支架和地基变形的恢复量，做好记录。根据加、卸载实测数据，绘制各测点的加、卸载过程变形曲线，计算支架的弹性变形，以此作为预拱度设置的主要依据。

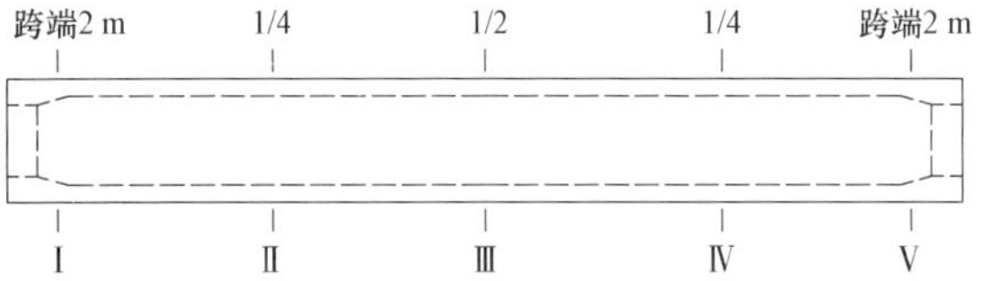

图 7–15　沉降观测点纵向布置

预压注意事项如下。

（1）预压荷载分布与实际梁段荷载分布要基本一致。

（2）采用砂袋预压时需采取防雨措施，防止因吸水造成超载。

（3）密切关注预压过程中支架体系的变化，如有异常要及时进行卸载。

（4）支架宜采用等荷载进行预压以消除变形，并观测沉降量。其中等荷载是指梁体本身自重加上各种施工荷载（内外模荷载、人群荷载及振捣荷载等）。

支架预压用以检验结构的承载能力和稳定性，消除非弹性变形，观测结构弹性变形及基础沉降情况。加载顺序为从支座向跨中依次进行。支架的沉降量偏差较大时，要及时对支架进行调整。

4）钢筋、混凝土施工

钢筋制作同预制预应力混凝土简支梁。

预应力钢绞线束的制作、张拉、管道压浆、端头封堵同预制预应力混凝土箱梁。

现浇梁施工必须保证保护层强度和厚度，钢筋加工和安装要准确。顶面高程要严格控制。混凝土浇筑是由低处向高处进行的，注意对称浇筑。混凝土浇筑应在最先浇筑的混凝土初凝前一次浇筑完成，浇筑方法应符合设计要求，宜从跨中向两端按混凝土浇筑工艺设计施作。在施工过程中应派专人负责支架和模板的变形及沉降观测，发现问题及时处理。现浇梁的养护设备和设施必须事先准备妥当，制定详细的养护方案，确保梁体的混凝土质量。其他要求和施工方法与预制箱梁相同。

5）预应力工程

（1）张拉。

张拉预应力筋时，梁体混凝土强度、弹性模量及龄期和预应力筋张拉顺序及张拉力值必须符合设计要求。张拉程序分预张拉、初张拉、终张拉。预应力筋张拉前应做管道摩阻、张拉、锚固等试验。

张拉过程中要满足以下要求。

① 高压油管使用前要做耐压试验，不合格的不能使用。

② 油压泵上的安全阀调至最大工作油压下能自动打开的状态。

③ 油压表安装必须紧密满扣，油泵与千斤顶之间采用的高压油管连同油路的各部接头均须完整紧密，油路畅通，在最大工作油压下保持 5 min 以上不漏油。若有损坏要及时修理、更换。

④ 张拉时，千斤顶后面不准站人，也不得踩高压油管。

⑤ 张拉时发现张拉设备运转声音异常，应立即停机检查、维修。

⑥ 锚具、夹具均设专人妥善保管，避免锈蚀、沾污、遭受机械损伤或散失。施工时在终张拉完后按设计文件要求对锚具进行防锈处理。

（2）预应力管道压浆。

预应力筋终拉后在规定时间内完成孔道压浆，确保孔道中的预应力筋体系在完成灌浆工序前不出现锈迹。其他要求和施工方法与预制箱梁相同。

（3）预应力封锚。

封锚混凝土采用无收缩混凝土进行浇筑封锚。封锚混凝土浇筑在管道压浆以后进行，封锚前对锚槽进行凿毛处理，并利用焊在锚板上的钢筋和槽口钢筋焊接，保证封锚端混凝土与梁体混凝土连为一体，封锚后进行防水处理，锚槽外侧涂刷防水材料。

6）模板拆除及卸落支架

当梁体混凝土强度达到设计强度的 60%，混凝土芯部与表层、箱内与箱外、表层温度与环境温度之差均不大于 15 ℃，且能保证构件棱角完整时方可拆除侧模和端模。

混凝土强度达到设计初张拉强度要求后进行初张拉，一般初张拉完成后就可拆除底模及支架。对于支墩式的支架要有简便可行的卸落装置，落架时要对称、均匀，防止主梁产生附加应力，高速铁路桥梁常用卸落设备为砂筒（见图 7–16），也有少数采用楔块落梁。

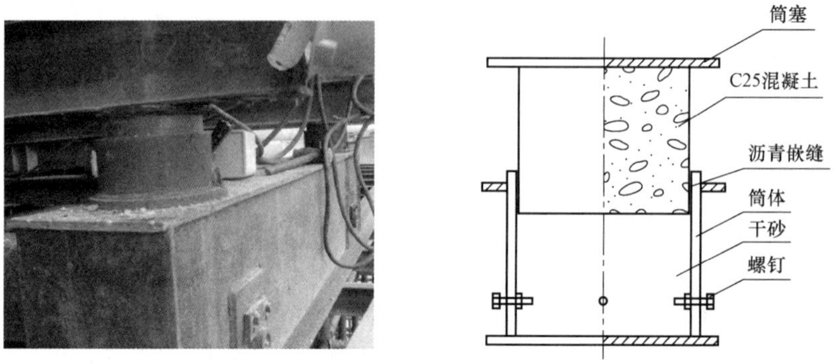

(a) 实物　　(b) 结构

图 7–16　砂筒

在梁体张拉完成后，压浆强度达到设计强度的 100%及封锚完成后可以拆除所有支架。

支架卸落注意事项如下。

（1）支架的卸落顺序，必须严格按照设计要求进行。当设计无要求时，应从梁体挠度最大处的支架节点开始按横桥向同步卸落，然后逐步向两端对称、均匀地卸落相邻节点，当达到一定卸落量后，支架方可脱落梁体。

（2）支架卸落过程中应观察支架变形情况，发现异常情况立即停止落架并采取加固措施确保梁体安全。

（3）砂筒在每次使用前要按设计载荷进行预压，以减少砂筒压缩变形量对支架高程的影响。在搬动和安装过程中不得扰动砂箱中的砂子。

高位制梁时，支架设置及卸落注意事项如下。

（1）支架应设有可靠的落梁装置，一般在梁体每端设置四个临时支墩，其中两个设置在支撑垫石上，两个放置在桥墩或桥台之外作支架支墩。

（2）支架拆除后在外侧支墩安放千斤顶，严格按照施工工艺设计顶落梁体，使梁体重量在内、外侧支墩上反复转换并逐步拆除落梁支墩垫块，确保在拆除支架时梁体能平稳降落在内侧落梁支墩上，实现梁体准确就位，落梁垫块采用钢制材料。

（3）两端梁应交替落梁，每端每次下落约 10 cm，保持两端高差在 5 cm 左右。用外侧支墩千斤顶顶起梁体后，应立即将内侧落梁支墩上层垫块更换为不同厚度组合的钢垫板，并随着梁体下落逐渐拆除钢垫板，使钢垫板与梁底始终保持 2 cm 距离。

（4）落梁时应有专人观察内、外侧落梁支墩及其纵、横连接系等临时设施变形情况，发现异常情况应立即停止落梁作业，查明原因及时处理。

7.1.3　支架法施工质量控制及检验

1. 支架基础

支架基础施工应符合下列规定。

进行基础施工前，先清除表面松碎石块、淤泥、苔藓，确保表面平整干净；倾斜地段，将地表整平或挖成台阶。对易风化的岩层基底，按基础尺寸凿除已风化的表面岩层。

（1）基础平面位置、尺寸大小和基底高程满足设计要求。

（2）基础地质情况和承载力与设计资料相符。

基础检验方法按地基土质复杂程度、基础类型及结构对地基有无特殊要求情况，可采用直观、触探方法或压载试验法，必要时钻探（钻深至少 4 m）取样做土工试验，或按设计的特殊要求进行荷载试验。

2. 支架搭设

支架搭设完后，确保节点连接牢固，整体稳定可靠。

检验方法：人工观察、尺量、水准仪抄平检测。

3. 支架预压

支架预压后，应达到消除支架整体的非弹性变形，准确测出支架的弹性变形。

检验方法：压载前在距支点 1 m 处、1/4 跨处、跨中位置的底板上横向布设 3 个点，分别在压载前、压载完、卸载后 3 个阶段用水准仪进行观测。根据压载完的观测数据调整底板高程。

4. 模板及钢筋、预应力施工、梁体混凝土、拆模板

模板及钢筋、预应力施工、梁体混凝土、拆模板施工质量要求同预制预应力混凝土箱梁要求。

学习评价

根据所学内容完成下面的一体化学习任务单。

职业能力养成任务名称：支架法施工技术

姓名：____________　　所属学习小组：____________　　得分：__________

说明：在规定时间内交回一体化学习任务单以便教师评价学习效果。

支架法施工技术

- 1. 相关知识
  - 简述支架法施工的适用范围。
  - 钢模板由（　）、（　）、（　）和（　）组成。
  - 支架预压的目的是什么？
  - 支架预压按加载范围可分（　）预压和（　）预压，按预压的孔数分（　）预压和（　）预压，按加载量分（　）预压和（　）预压。
  - 支架法施工设置预拱度时应考虑哪些因素？
  - 支架预拱度的最高值设置在梁的跨径中点。其他各点的预拱度，以中间点为最高值，以梁的两端为零，按（　）或（　）比例进行分配。
- 2. 支架法施工
  - 支架法施工侧模安装的紧前工作是（　）。
  - 预压加载顺序同混凝土浇筑顺序，按施工最大荷载一般分三级进行加载，即（　）%、（　）%和（　）%的加载总重。
  - 支架预压法卸载应分级进行，与加载顺序相反，即（　）%→（　）%→（　）%→0，每级卸载1h后分别测设支架和地基变形的恢复量，做好记录。
  - 封锚混凝土采用（　）混凝土进行浇筑封锚。
  - 当梁体混凝土强度达到设计强度的（　）%，混凝土芯部与表层、箱内与箱外、表层温度与环境温度之差均不大于（　）℃，且能保证构件棱角完整时方可拆除侧模和端模。
  - 在梁体张拉完成后，压浆强度达到设计强度的（　）%及（　）后可以拆除所有支架。
  - 支架的卸落顺序，应从梁体（　）的支架节点开始按横桥向同步卸落，然后逐步向两端对称、均匀地卸落相邻节点，当达到一定卸落量后，支架方可脱落梁体。
  - 支架法施工时，支架基础施工要满足哪些规定？
  - 堆载预压时，压载前在距支点（　）m处、（　）跨处、（　）位置的底板上横向布设3个点，分别在压载前、压载完、卸载后3个阶段用水准仪进行观测。

职业能力 7.2　移动模架浇筑施工技术

职业能力情境引入

南广铁路 NGZQ–8 标段大涌河特大桥为双线客运专线桥梁，现浇箱梁 33 孔，全部采用移动模架现浇法施工，如图 7–17 所示。

图 7–17　移动模架施工

相关知识

对于桥位现浇简支箱梁，孔跨数量较多或孔跨虽然较少但墩高较高的桥梁，建议采用移动模架法施工。尤其是在桥址两边是隧道、深山峡谷、江河或湖泊滩地、跨越交通线路时，可采用移动模架造桥机施工。

7.2.1　移动模架法知识

移动模架制梁可适用于连续多孔标准跨度（24 m、32 m 跨度）或 50 m 以下等跨径非标准跨度预应力混凝土简支梁施工。移动模架制梁的主要优点是：不需要预制场地和大型运输设备；对梁下交通、排洪影响较小；移动模架可周转使用，有利于降低施工费用；施工环境较好，宜于保证梁体质量。它的主要缺点是：设备一次性投资大；受梁体结构尺寸和孔跨数量限制；设备操作较复杂，安全风险较高。

1. 移动模架施工

移动模架造桥机（简称移动模架）是一种自带模板，利用承台或墩柱作为支承，对桥梁进行现场浇筑的施工机械。目前已广泛地运用于公路桥、铁路桥的连续梁和简支梁施工中，是较为先进的施工方法。国内已开始在高速公路、铁路客运专线上使用。

2. 移动模架施工特点

（1）跨中无支撑，模架位于桥梁上部，不受墩高、地形限制，不需进行地基处理，不影响通车通航，社会经济效益显著。

（2）能自行完成支腿过孔移位，不需要地面其他辅助吊机设备，机械化程度高，操作简单，安全可靠。

（3）结构受力明确，一次拼装成型预压后可逐孔进行施工，周期短且所需人员少。

（4）施工首跨和末跨更方便，跨连续梁施工不需要拆除主梁，可以进行短距离转场，拆除外模可直接通过隧道。

3. 移动模架构造、类型

（1）移动模架构造。

移动模架主要由支腿机构、支承桁梁、内外模板、主梁提升机构等组成。可完成由移动支架到浇筑成型等一系列施工。根据结构形式和主梁所处位置、承载方式和传力路径、支撑模式和过孔模式等不同，移动模架又分为上承式移动模架和下承式移动模架两种。

上承式移动模架（见图 7–18）主梁位于桥面上，支撑点即支腿位于桥面和墩顶上，通过走行系统可实现自动走行。模板系统及梁体荷载通过悬挂系统传递到主梁上，纵移过孔时，通过横移开启悬挂系统和外模系统或横移打开底模系统或旋转张开底模系统以避开桥墩。

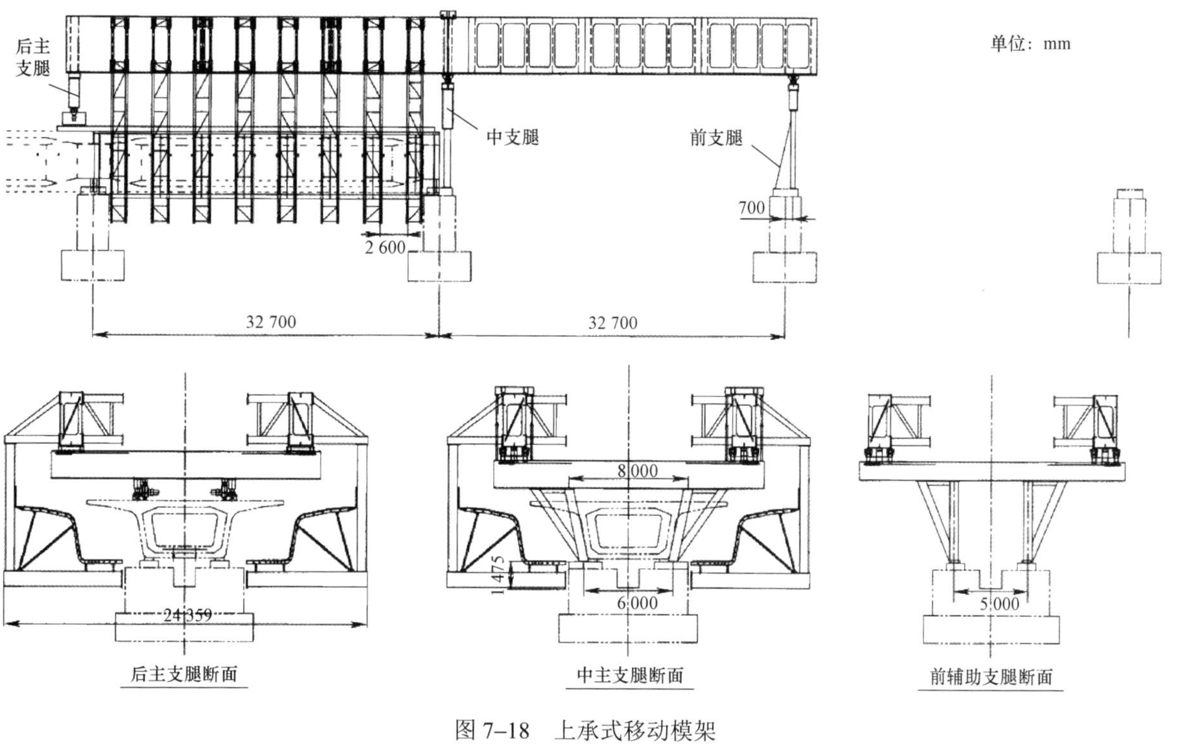

图 7–18　上承式移动模架

下承式移动模架（见图 7–19）利用桥墩安装支撑托架，支腿设置剪力键，受力体系明确，采用精轧高强螺纹钢筋对拉连接，安装方便，极大地方便了施工。外模模板随主梁一同横向和纵向移动，对桥梁两侧净空尺寸要求较低。

移动模架施工如图 7–20 所示。

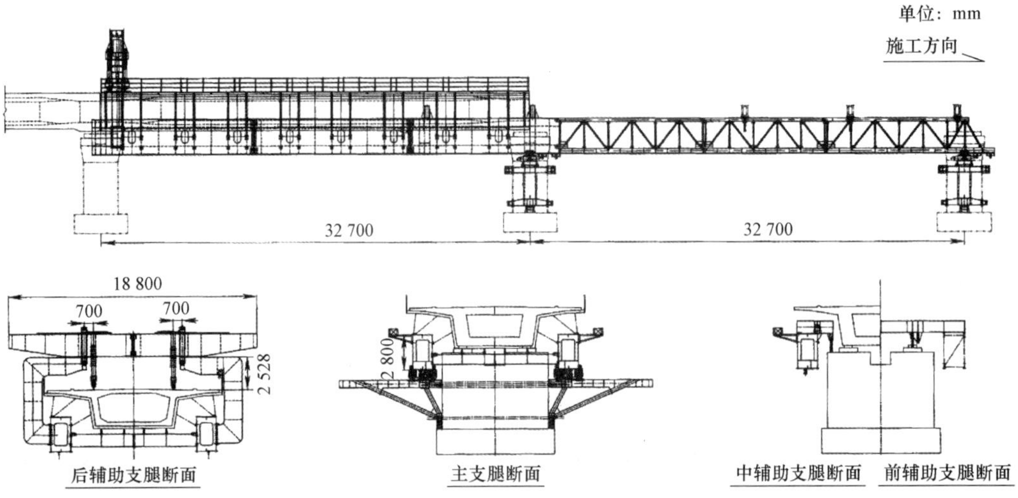

图 7–19　下承式移动模架

（a）上承式移动模架施工

（b）下承式移动模架施工

图 7–20　移动模架施工

（2）上承式、下承式移动模架主要特点。

上承式移动模架特点：施工时移动模架造桥机在已浇筑的混凝土梁上走行，操作简便，对桥梁下部结构无影响，在水域施工时优势较明显。主要缺点：施工时混凝土梁上部活动空间有限；移动模架下导梁通过吊杆吊挂于主梁上，混凝土梁须预留多个孔洞以便吊杆穿过，增加了施工环节，对混凝土主梁结构预应力布置影响较大；由于在梁面上施工，移动模架所受风阻力较大，6 级风以上结构限制走行，对施工工期影响较大。

下承式移动模架主要特点：施工时混凝土梁上部无遮拦，上部活动空间大；模板支承容易，拆装模板自动化程度高；对已浇筑好的混凝土梁无影响；地面配合作业容易，风阻力小。其主要缺点：移动模架支腿支撑在承台上，预埋件量大，要求精度高，有水时对施工工期影响较大。

（3）单导梁和双导梁移动模架。

上承式移动模架分单导梁和双导梁两种结构形式。上承式单、双导梁施工方法相似，均是采用桥面上支承，模架通过吊杆、吊臂及挑梁悬吊模板系统，再通过模板开合、模架纵移等功能，实现对混凝土原位现浇、逐孔成桥的施工方法。

单导梁、双导梁移动模架结构共同点：承重主梁及导梁均是位于桥面上，利用后支腿支撑于已浇梁面受力，前支腿支撑于墩顶受力，通过吊臂、挑梁悬吊外模及底模系统。走行时均是通过支腿间受力转换完成模架整机前移。单导梁、双导梁移动模架的区别是单导梁移动模架仅有一组承重主梁及导梁，走行时单导梁移动模架需要在尾部配重，并且需要分两次走行方能完成过跨前移。

双导梁移动模架有两组承重主梁及导梁，走行时双导梁移动模架不需要配重，一次走行到位。

单导梁移动模架的优点是整机重量轻，长度短，占地小，拼装方便快捷。其缺点是中支腿支撑位置需要提前在墩顶预埋螺栓，精度要求高；走行时需要在模架尾部配重，需要分两次方能完成过跨前移，安全隐患大，施工风险高。

双导梁移动模架的优点：受力明确，稳定性好，整机前移时一次到位，不需要在模架尾部配重，不需要在中支腿支撑位置预埋螺栓，施工稳定性好。其缺点是整机重量较重，总体长度较单导梁模架长，拼装时占用场地相对较大，拼装耗时长。

（4）工作原理。

上承式移动模架采用桥面上承重，利用后支腿支撑在已浇筑梁面上，中支腿支撑在墩顶，钢箱主梁通过吊杆、吊臂及挑梁悬挂模板系统，再通过模板开合、模架纵移等功能，实现对混凝土原位现浇、逐孔成桥的施工。按其支承方式的特点，整个模床由前后支腿支撑，然后传力于梁面或墩身上。

① 制梁。模架钢箱主梁通过吊杆及挑梁悬吊模板系统，在模板内进行一跨箱梁的钢筋绑扎及混凝土浇筑，模板系统通过前后支腿支顶油缸进行高度调节，以保证梁型正确。混凝土箱梁的重量及模架的自重通过前后支腿传递到墩身上。

② 脱模。前后支腿支顶油缸收缩，下降约 10～20 cm 整体脱模，底模及外侧模在横移油缸作用下，实现开合并拢，底模板可通过底模撑杆调整预拱度。

③ 走行过孔。移动模架施工技术的关键环节是纵向走行过孔：当模床打开让出桥墩空间，锁定横移油缸，在已浇筑梁梁面安装轨道，后走行系统落于轨道上受力，缩回中支腿液压油缸，此时整个模架的重量由后走行系统及前支腿受力，通过后走行轮驱动移动模架整机前移至下一施工梁位，这样就完成了整个移动模架过孔工作。

7.2.2　移动模架法施工

1. 移动模架法施工流程

移动模架法施工流程如图 7–21 所示。

2. 移动模架法施工要点

1）拼装方案

一般情况下，先安装主框架，再安装外模板，在绑扎钢筋的过程中安装内模，最后安装前辅助支腿与导梁，施工过程如图 7–22 所示。常规的安装顺序如下。

（1）安装临时后支架与两桥墩之间的临时拼装支架。

（2）安装支承台车及液压件。

（3）搭设临时支墩、在临时支墩上连接主梁。

（4）安装横梁和导梁。

（5）安装底模、侧模。

（6）模架预压及预拱度设置。

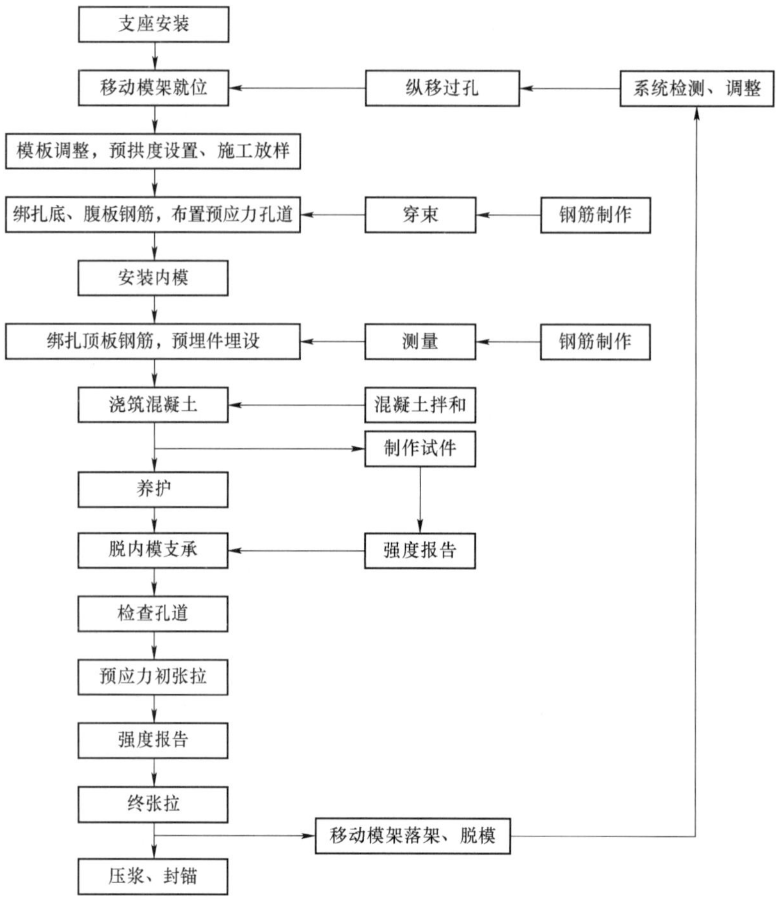

图 7–21　移动模架法施工流程

（a）组拼、安装墩旁托架

（b）安装支承台车及液压件

（c）搭设临时支墩、在临时支墩上连接主梁

（d）安装横梁和导梁

图 7–22　移动模架安装过程

（e）安装底模、侧模

（f）模架预压及预拱度设置

图 7–22　移动模架安装过程（续）

2）移动模架原位现浇简支梁

（1）支座安装、灌浆及端头模板安装。

支座安装采用重力式灌浆法。灌浆料由普通灰浆搅拌机拌制，辅助灌浆专用设备采用高位漏斗。

支座安装工艺及注意事项如下。

① 对支座和灌浆材料进行检验，确保符合设计规范要求方能施工。支座安装前检查支座连接是否正常及检查活动支座的预偏量值，不得任意松动支座上、下支座板连接螺栓。支座及防落梁安装如图 7–23 所示。

图 7–23　支座及防落梁安装

② 测量放样，精确定位支座位置。支座安装前检查桥梁跨距、支座位置及预留锚栓孔位置、尺寸和支座垫石顶面高程、平整度，并均应符合设计规范要求。

③ 凿毛支座安装部位的支承垫石表面，清除预留孔中的杂物，安装灌浆用模板，并用水将支承垫石表面浸湿，灌浆用模板采用钢模，底面设一层 4 mm 厚橡胶防漏条，模板之间牢固连接。端头模安装。

④ 支座四角采用钢垫块调整高程，就位后，在支座板与支承垫石顶面之间留有 20～30 mm 的空隙，以便灌注高强度无收缩灌浆料。

⑤ 仔细检查支座中心位置、高程、支座型号及对应支座安装位置，经监理工程师检查合格后方可进行灌浆作业。灌浆采用重力灌浆方式，灌注支座下部及锚栓孔处空隙，估算浆体体积，备料充足，一次性连续灌满。灌浆口不低于梁底面，灌浆实用体积数量不应与计算值产生过大误差，应防止中间缺浆。

⑥ 灌浆过程应用导管及漏斗从支座中心部位向四周注浆，直至从钢模与支座底板周边间隙观察到灌浆材料全部灌满为止。

⑦ 强度达到 20 MPa（8 h）后，拆除钢模，检查是否有漏浆处，拧紧下支座锚栓。

移动模架端头模采用厂制大块钢模，并预留预应力管道锚穴位置。模板安装时应注意：立模前将模板表面清理，如图 7–24 所示，打磨干净，确保无污渍、浮锈，并清理干净涂刷脱模剂；模板缝处理采用双面胶粘在两块模板中间，防止漏浆，模板与模板之间的缝用腻子灰抹平处理；按要求将模板与模板之间的螺帽上满、拧紧。

（2）支架预压。

移动模架首次浇筑梁体混凝土前应进行预压，以检验结构的承载能力和稳定性、消除其非弹性变形、观测结构弹性变形及各部状况。首次预压荷载应为最大施工荷载的 1.2 倍，再次安装预压荷载应为最大施工荷载的 1.1 倍。预压应采用分级加载，可按最大施工荷载的 60%、100%、120%（非首次为 110%）分级（三级），每级加载荷载时间应分别不小于 2 h、2 h、8 h。

（3） 底板、腹板钢筋绑扎。

① 箱梁钢筋绑扎，先进行底板及腹板钢筋的绑扎，检查修正钢筋间距。保证钢筋安放位置准确，做到纵横向平直，竖向钢筋垂直度满足要求。

② 钢筋保护层用同等级垫块在钢筋与模板之间设置，梁体侧面和底面的保护层垫块数量不得少于 4 个/m^2。

（4）预应力管道定位。

施工时根据设计图纸《预应力筋定位网坐标表》制作定位网片，每 50 cm 设置一道，确保预应力管道定位准确，如图 7–25 所示。

图 7–24　模板清理

图 7–25　底、腹板钢筋及波纹管绑扎

（5）内模安装。

移动模架内模采用厂制钢模。立模时先安装底板倒角模，再安装横撑以固定倒角模。再依次往上立模，模板与模板之间用螺栓连接。安装至腹板顶时，安装内模支撑骨架，骨架固定后再进行顶模安装，模板高度、腹板厚度通过骨架上的丝杆调节，如图 7–26 所示。

（6）顶板钢筋绑扎及预埋件安装。

顶板钢筋绑扎前仔细核对钢筋的型号、规格、直径、长度和数量，如有错漏，及时纠正、增补。钢筋绑扎时，钢筋的交叉点处采用铅丝呈梅花状绑扎结实。钢筋与模板之间设置混凝土垫块，垫块与钢筋之间用铅丝扎紧，并互相错开，保证不少于 4 个/m^2，确保其保护层厚度满足技术规范和设计要求，并确保箱梁外观质量。钢筋一次绑扎成型，为确保钢筋绑扎的准确性，在进行防护墙、轨道板预埋钢筋，接触网支柱钢筋施工时必须根据测量放样线放出钢筋安装位置及高度，同时注意预留泄水孔位置，如图 7–27 所示。

图 7–26　模架内模安装及加固

图 7–27　模架顶板钢筋绑扎

（7）混凝土浇筑及养护。

优化浇筑工艺，薄层浇筑，“内排”并“外保”，降低内外温差，具体实施办法如下。

① 移动模架浇筑应一次性浇筑完成，并保证在混凝土初凝之前完成混凝土浇筑，减少混凝土水化热的影响。混凝土分层浇筑，分层振捣，每层浇筑厚度控制在 30 cm。

② 简支箱梁钢筋密集并且直径大，必须保证在下层混凝土初凝前进行一次振捣，使混凝土具有良好的密实度和整体性。

③ 浇筑过程中设专人检查钢筋和模板的稳固性，发现问题及时处理。

④ 混凝土在浇筑振捣过程中会产生一定量的泌水，需及时排出泌水。浇筑过程中还要注意及时清除黏附在顶层钢筋表面的松散混凝土。

⑤ 由于底板上设计有倒角，浇筑完底板后，为避免腹板内灌注混凝土时内箱上浮或造成倒角与底板连接处出现浮浆，需要暂停 1 h 后再浇筑腹板混凝土。

⑥ 由于腹板内预应力波纹管较多，浇筑过程容易出现下料不均匀的现象，将导致局部出现空洞，因此在浇筑过程中，需要值班人员用手锤敲击内腹板，根据声音来判断是否有空洞。

⑦ 平整度采取两次收面，在混凝土浇筑完成后和混凝土初凝前进行抹面。

移动模架属于大体积混凝土，混凝土养护是保证梁体混凝土质量，防止混凝土裂纹的关键。混凝土要求保温、保湿、防晒养护不少于 7 d，尽量减少收缩、温差的影响，确保混凝土质量。具体养护措施如下。

① 箱梁顶板混凝土浇筑完成初凝后，覆盖土工布并洒水养护，养护以保持混凝土表面湿润为宜，土工布固定牢固，避免被风吹走。

② 混凝土浇筑完后使箱室两端正常通风，避免内外温差过大产生裂纹，内箱混凝土也洒水养护，养护办法与顶板相同。

（8）现浇箱梁预应力施工。

预应力施工按预张拉、初张拉、终张拉三个阶段进行。预张拉时混凝土强度达到设计强度的 60%，拆除端头模，并保证梁体棱角完整。初张拉在梁体混凝土强度达到设计强度的 80%后进行，初张拉时松升内模，张拉完成后方可拆除内模。终张拉必须在梁体混凝土强度及弹性模量达到设计值后，方可进行。

① 张拉按照设计图纸的顺序进行。

② 张拉控制力应准确，使预应力筋的永存应力达到设计要求。张拉作业，按照两端张拉并锚固的方法进行。所有纵向预应力束张拉均按“左、右对称、两端同时”的原则进行。

③ 千斤顶安装就位后，开动油泵向张拉油缸缓慢进油，使钢绞线略为拉紧后调整千斤顶位置，使其中心与预应力管道轴线一致，以保证钢绞线的自由伸长，减少摩阻，同时调整夹片使其夹紧钢绞线，以保证各根钢绞线受力均匀。然后两端千斤顶以正常速度对称加载到初始张拉力后停止加油，测量并记

录钢绞线初始伸长量，完成上述操作后继续加载至控制张拉力，量测实际伸长量并与计算伸长量进行比较。

④ 采取双控法控制，即在张拉力满足设计要求的情况下，预应力筋伸长量与设计计算伸长量之差在±6%内。

为提高张拉准确性及预应力质量，张拉时应注意以下几点。

根据要求的预张拉应力、初张拉应力、终张拉应力换算成油泵油表读数，操作人员应熟悉操作过程，做到分工明确。箱梁终张控时要求混凝土养护 5 d 且强度达到 100%以上，纵向预应力采取两端同时张拉，同时张拉应力与伸长量实行两项指标双控。

张拉机具应与锚具配套使用，应在每次使用时进行检查，所用压力表的精度不得低于 0.5 级，表盘直径不小于 150 mm，应具有大致两倍于工作压力的满载能力，检验千斤顶活塞的运行方向与实际张拉工作状态是否一致。使用千斤顶须按规范要求定期进行检定。

钢绞线在张拉前，均应对钢束按照张拉吨位进行张拉伸长量计算、复核，确保张拉质量。

（9）预应力封锚、压浆。

张拉结束经检查合格后，将锚头密封好，待封锚水泥浆凝固后方可进行压浆，水泥浆严格按照实验室配合比进行。压浆前先向每个管道内压水，确保管道通畅无阻并清除管道内杂物及积水，安装压浆头，并认真检查其阀门是否阻塞；水泥浆在使用前和压注过程中连续搅拌，应一次性连续压浆，压浆顺序自下而上、由低处往高处进行。压入管道的水泥浆应先计算每根管道所需的浆液体积，确保每根管道饱满密实，且水泥浆搅拌结束至压入管道的时间间隔不能超过 40 min，压浆时最大应力为 0.5～0.7 MPa，冬季压浆后 48 h 内，结构混凝土的温度不得低于 5 ℃，否则应采取保温措施。当气温高于 35 ℃时，压浆宜在夜间进行。

3）移动模架过孔作业

（1）单导梁移动模架过孔。

单导梁移动模架过孔如图 7-28 所示。

（a）开模，梁移向两侧

（b）过孔时，后门架沿轨道滑行

（c）过孔时，前门架千斤顶支撑在桥墩上

（d）模架过孔

图 7-28 单导梁移动模架过孔

① 第一次过孔作业。

a）箱梁张拉完毕，拆除墩顶底模及墩顶处侧模对拉设施。

b）拆除吊杆、底模及侧模纵横向连接螺栓，拆除模架横向对接螺栓。

c）辅助支腿油缸伸出与桥面顶紧，后支腿油缸收回脱空并吊挂前移至指定位置。

d）辅助支腿及前支腿支承油缸收回脱空，整机下降 0.27 m。

e）底模架横移开启并临时锁定，准备第一次前移过孔。

f）启动移动模架纵移机构，整机前移 10.7 m 后停止。

② 第二次过孔作业。

a）第一次过孔完毕后，移动模架后支腿油缸伸出与主梁转换支点牛腿顶紧，解除前支腿与墩顶间锁定。

b）后支腿油缸伸出顶升 0.1 m，前支腿脱空，准备吊挂前移。

c）辅助支腿与桥面竖向预应力筋或桥面预留吊杆孔锁定。

d）前支腿脱空后吊挂前移至前墩顶指定位置安装，并将立柱与墩顶临时斜拉杆张紧，与墩顶预埋件间锁定，经检查确认无误后，后支腿油缸收回，准备第二次前移过孔。

e）启动移动模架纵移机构，整机前移 22 m 后到位。

f）横移关闭底模架，连接左右模架间连接螺栓。

g）前后支腿油缸顶升 0.27 m 至工作状态并锁定。

h）安装吊杆并调整，模板测量并调整，拆除前支腿立柱临时斜拉杆。

（2）双导梁移动模架过孔。

① 混凝土浇筑完毕并达到张拉强度后，拆除内模撑杆，张拉预应力束。在桥面铺设轨道，拆除吊杆，拆除底模、外肋中缝处的对接螺栓；中、后支腿垂直支承油缸回收，使模架整体下落 10 cm 脱模（每次下降 5 cm，2 次到位），后走行轮作用在轨道上，前辅助支腿托辊与导梁下轨道接触（此时，后支腿垂直支承油缸仍然支承）；操作泵站横移油缸顶推外肋，外模系统横移开启。

② 拆除中支腿连接系；操作泵站使中、后支腿垂直支承油缸脱空，驱动后行走机构使模架前移一跨；此时前、中支腿位于同一桥墩上。

③ 顶升后支腿、中支腿液压油缸，由后支腿、中支腿受力；起吊小车将前支腿吊挂前移一孔，并在墩顶就位；操作泵站使横移油缸循环回收，外模系统横向合拢就位。

④ 各支腿系统竖向高程调整、锁定；外模系统横向调整、锁定。

⑤ 钢筋绑扎，立内模，浇筑混凝土。

4）移动模架拆除

（1）单导梁移动模架拆除。

单导梁移动模架拆除顺序与拼装顺序完全相反，其拆除顺序为：附属设施→底模、侧模→挑梁→液压、电力系统→导梁→主梁→前、后支腿。

① 底模、侧模拆除。

对于两台 50 t 吊车和模架本身的电葫芦，应两侧对称单节拆除底模和侧模，并存放在梁下的场地。

② 挑梁拆除。

待最后一孔箱梁模板脱除完毕后，将与电动葫芦走行系统及跟挑梁有连接的所有构件（施工过程中后加的辅助施工结构）与挑梁进行分离并分解回收；然后才将挑梁从主梁上拆除。拆除时，先用辅助施工的门吊将待拆除的挑梁临时提挂，然后由上节点板至下节点板逐一拆除螺栓，拆除后将挑梁放置于梁面进行分解回收；拆除施工时，不应对主梁造成损伤。拆除挑梁示意图如图 7–29 所示。

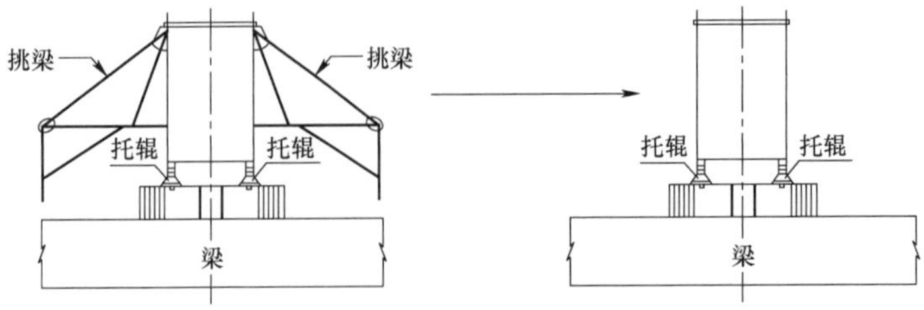

图 7–29　拆除挑梁示意图

③ 导梁拆除。

待最后一孔箱梁模板拆除完毕后，利用 50 t 吊车在路基上分节吊装导梁。

④ 主梁拆除。

启动走行装置，使主梁向后纵移走行，在走行过程中应控制走行速度，速度不宜过快，要保证主梁的稳定，同时要在前、中、后三个支腿处设专人检查主梁轨道与轮槽的咬合情况，如有偏移现象或预计有脱轨可能，要及时打出信号，关闭卷扬机，停止一切纵移操作，特别是在走行至前托辊时，要有专人用钢撬棍引导钢轨顺利进入轮槽。待主梁走行至路基或梁面上时，即可拆除螺栓，分节用 50 t 吊车拆除。

⑤ 前后支腿拆除。

待主梁拆除后，用 50 t 吊车拆除前后支腿、辅助支腿，至存放场地。

（2）双导梁移动模架拆除。

拆除顺序与拼装顺序大致相反，施工完成最后一跨后模架横向开启，拆除外模、底模架及吊挂。然后模架整体移动至路基或梁面上，安放临时支墩，模架整体下落，使支腿脱空，拆除电气、液压系统，再按顺序分节段拆除导梁、主梁、连接梁。

3. 移动模架施工质量控制及检验

1）质量要求

同现浇箱梁。

2）验收标准

移动模架制梁检测方法及验收标准符合要求。

3）移动模架造桥机制梁施工注意事项

（1）移动模架使用前必须详细阅读使用说明书，同时必须有出厂合格证及专业鉴定部门的审查证书。

（2）墩旁托架是移动模架的临时支撑设施，按大型临时设施要求进行结构强度、刚度稳定性检算，并对操作人员进行技术培训。

（3）预拱度理论值的计算应综合考虑以下因素：移动模架的弹性变形、恒载、混凝土梁产生的弹性变形、支点沉降。

（4）移动模架制梁的桥墩顶中间根据移动模架的要求设置预留槽，并在预留槽底设置预埋件。

（5）移动模架纵移时速度要平稳，不宜超过 4 m/s，当风力大于 6 级时不得走行，并保持锁定状态。

学习评价

根据所学内容完成下面的一体化学习任务单。

职业能力养成任务名称：移动模架浇筑施工技术

姓名：______________　　所属学习小组：____________　　得分：_________

说明：在规定时间内交回一体化学习任务单以便教师评价学习效果。

移动模架浇筑施工技术

1. 相关知识

- 移动模架制梁可适用于连续多孔标准跨度（ ）m、（ ）m跨度或（ ）m以下等跨径非标准跨度预应力混凝土简支梁施工。
- 简述移动模架施工特点。
- 移动模架施工技术关键环节是（ ）。
- 支座安装采用（ ）法。

2. 移动模架法施工

- 简述移动模架法施工时支座的施工工序。
- 移动模架端头模采用（ ）钢模。
- 施工时根据设计图纸《预应力筋定位网坐标表》制作定位网片，每（ ）cm设置一道，确保预应力管道定位准确。
- 压浆工作应（ ）压浆，压浆顺序自（ ）而（ ）、由（ ）处往（ ）处进行。
- 单导梁移动模架拆除顺序与拼装顺序完全相反，其拆除顺序为：附属设施→（ ）→挑梁→液压、电力系统→（ ）→（ ）→前、后支腿。

工作情境 8

连续梁桥施工

思政目标

（1）培养创高质量精品工程意识。

（2）培养一丝不苟、精益求精的工匠精神。

（3）具备一定的组织协调能力。

学习目标

1. 知识目标

（1）顶推法施工技术。

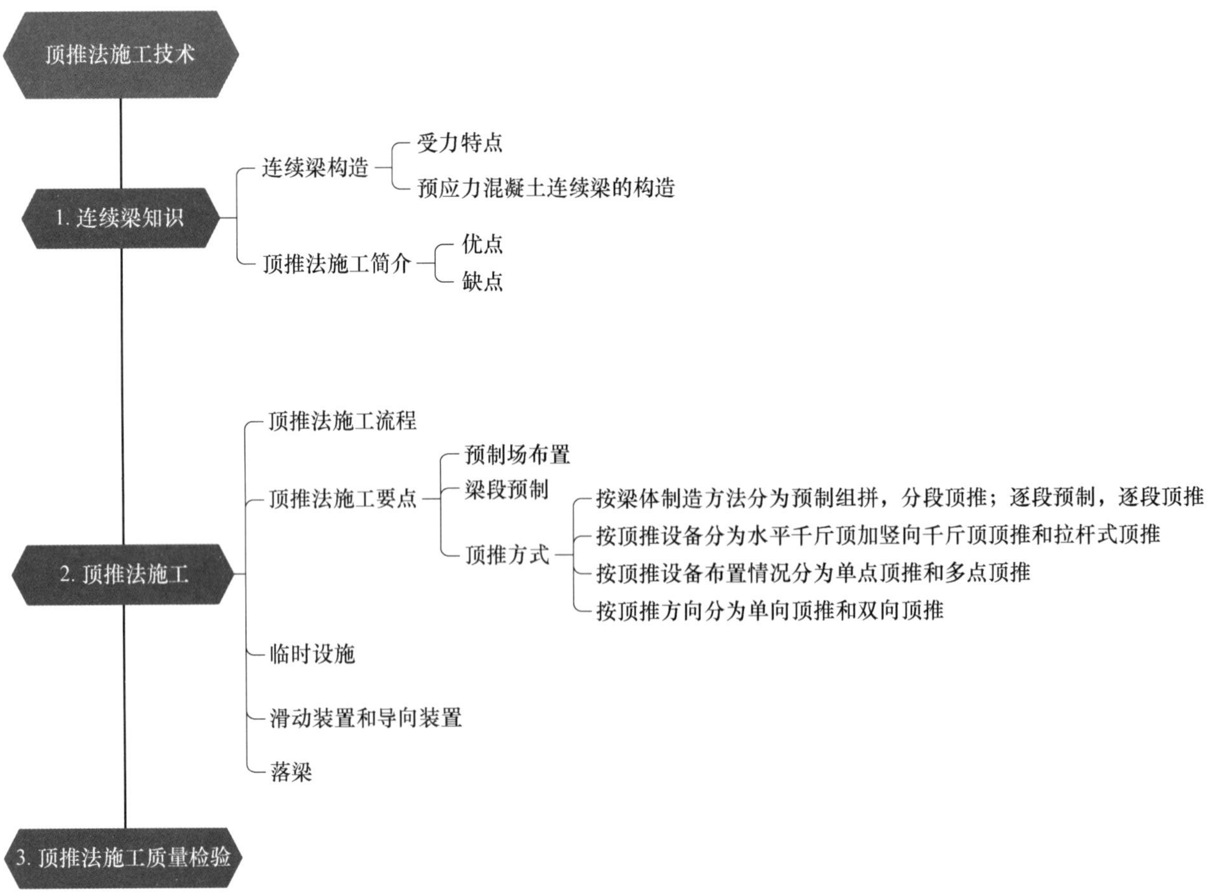

（2）悬臂浇筑法施工技术。

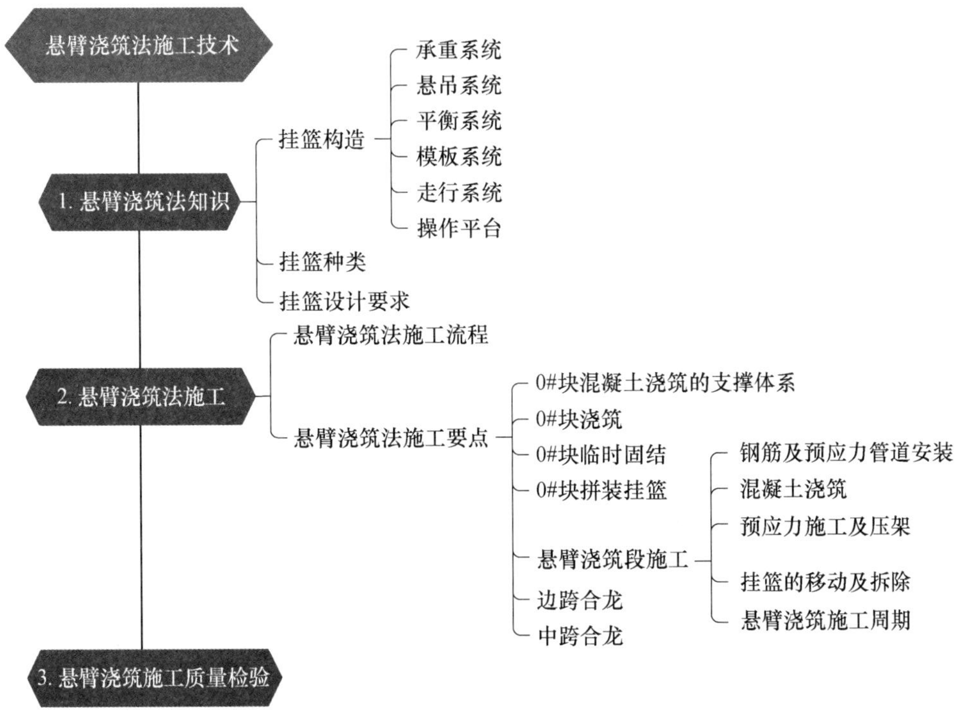

（3）悬臂拼装法施工技术。

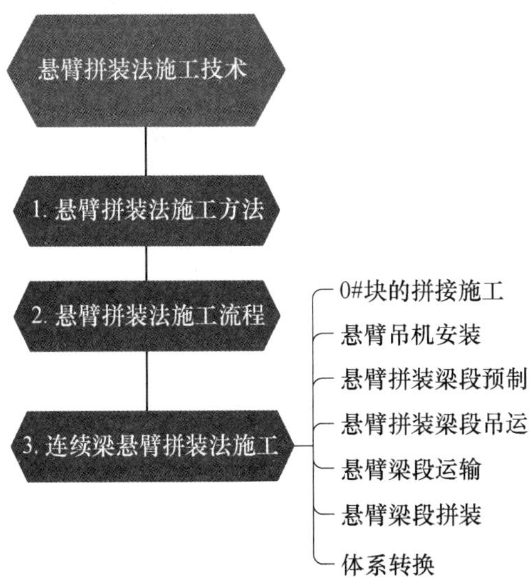

2. 能力目标

（1）能够围绕预应力混凝土连续梁桥施工技术交底文件进行资料收集，能够熟练应用办公软件编写技术交底文件。

（2）能够根据不同施工环境为预应力混凝土连续梁桥施工制订合理的施工方案，并具备编制预应力混凝土连续梁桥施工方案的能力。

（3）能够根据现场的施工条件，具备在工程师指导下对预应力混凝土连续梁桥施工一般事故提出处理方案的能力。

（4）具备在工程师指导下对预应力混凝土连续梁桥施工质量检查的能力。

（5）具备撰写预应力混凝土连续梁桥施工汇报材料的能力。

（6）具备对连续梁（刚构）施工的过程管理及质量控制能力。

3. 素质目标

（1）养成忠于职守、以数据说话的工作作风。

（2）培养综合运用知识从事较复杂技术工作的职业素养。

职业能力 8.1　顶推法施工技术

职业能力情境引入

蒙华铁路跨汉宜高铁特大桥全长 6 584 m，桥梁跨越运营中的汉宜高铁，是蒙华铁路湖北段重点控制性工程。为确保安全，桥梁采用顶推法施工，混凝土箱梁长 45.7 m，桥梁重 1 680 t。桥梁顶推长度为 55.4 m，施工人员利用铁路夜间“天窗”作业，进行箱梁推进，2017 年 7 月 21 日蒙华铁路跨汉宜高铁特大桥顶推梁顺利顶推到位。

这是我国在重载铁路施工中首次采用混凝土顶推梁施工工艺，并跨越高速铁路运营线路，如图 8–1 所示。

图 8–1　汉宜高铁顶推法施工

8.1.1　连续梁知识

1. 连续梁构造

由若干跨梁组成一联，桥梁可由一联或多联构成，常见的连续梁桥每联由 3～8 跨组成，跨数增加将使桥梁的计算与施工难度加大，温度变化及混凝土收缩、徐变所需伸缩缝的宽度就大，但增加每联的跨数对梁的受力和行车是有利的，能使行车平稳，减少了噪声，便于养护。

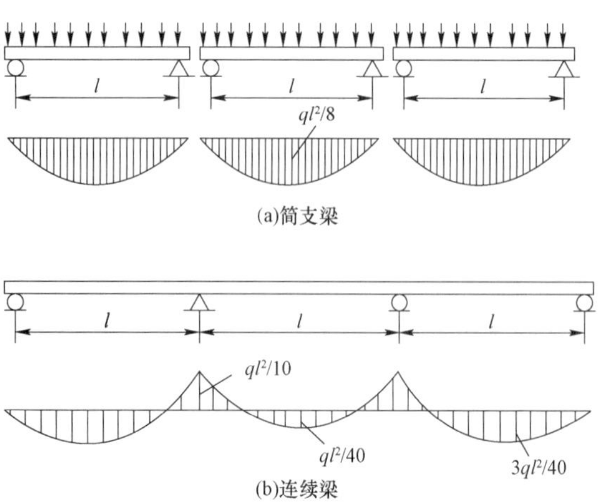

图 8–2　连续梁与同跨度简支梁的弯矩比较

1）受力特点

现将连续梁桥在荷载作用下产生的梁体截面内力与简支梁比较，如图 8–2 所示。在跨度 l 和恒载集度 q 相同的情况下，连续梁内力的分布要比同跨度的简支梁合理。这是由于连续梁支点负弯矩的存在，使跨中正弯矩值显著减小。

对于预应力混凝土连续梁来说，制约桥梁设计的是弯矩变化值，它影响预应力钢筋的布置，即必须以各个截面的最大正、负弯矩的绝对值之和（按内力变化幅值）布置预应力筋。在连续梁中，可以改变相邻跨长的比值，调整各控制截面的弯矩变化幅值，以利于布筋。

2）预应力混凝土连续梁的构造

（1）横截面形式。

在双线并列的情况下，梁部结构可采用两单线桥的分离结构，也可采用双线整体式结构，如图 8–3 所示。对于中等跨度混凝土连续梁采用双线整体结构，一般采用悬臂浇筑法施工。

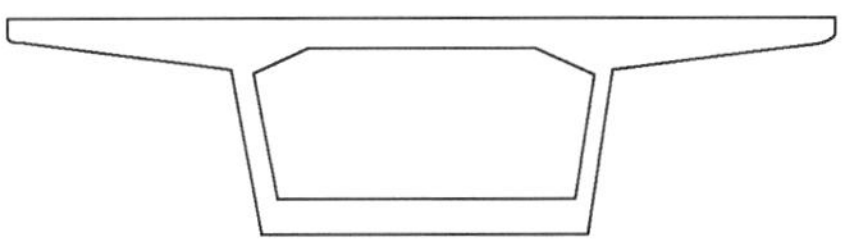

图 8–3　高速铁路连续梁的横截面形式

（2）立面形式和特点。

① 等截面连续梁桥。

a）力学特点。

除了简支–连续法施工的连续梁桥，超静定结构的连续梁在结构重力和活载作用下，支点截面设计负弯矩一般比跨中截面设计正弯矩大，但在跨径不大时这个差值不是很大，可以考虑采用等截面形式，并采取一定的构造措施予以调节，从而简化主梁的构造。

b）构造特点。

等截面连续梁桥可选用等跨和不等跨两种布置方式，如图 8–4 所示。

等跨布置的跨径大小主要取决于经济条件和施工设备条件，高跨比一般为 1/25～1/15；在顶推施工的等截面连续梁桥中，梁高与顶推跨径之比一般为 1/17～1/12。当标准跨径较大时，有时为减少边跨正弯矩，将边跨跨径取小于中跨的结构布置，一般边跨与中跨长之比在 0.6～0.8。

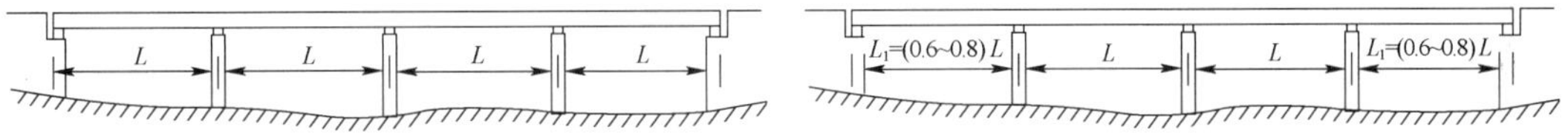

（a）等跨等截面连续梁桥　　（b）不等跨等截面连续梁桥

图 8–4　等截面连续梁桥布置方式

当标准跨径不能满足通航或桥下交通要求而需要加大个别跨的跨径时，常常不需改变高度，而是采用增加钢筋束和调整截面尺寸的方式予以解决，使桥梁外观仍保持等截面布置。这样做既使桥梁的立面协调一致，又能减少构件及模板的规格。

c）适用范围及特点。

桥梁一般采用中等跨径，以 40～60 m 为宜，可以使主梁构造简单，施工快捷。立面布置以等跨径为宜，也可以采用不等跨布置。其适用于有支架施工、逐孔架设施工、移动模架施工及顶推法施工。

② 变截面连续梁桥。

a）力学特点。

当连续梁的主跨跨径接近或大于 70 m 时，若主梁仍采用等截面布置，在结构重力和活载作用下，主梁支点截面设计负弯矩将比跨中截面的设计正弯矩大得多，从受力上讲就显得不太合理且不经济。因此，主梁采用变截面形式才更符合受力要求，高度变化基本上与内力变化相适应。

b）构造特点。

变截面形式的大跨径预应力混凝土梁桥，立面一般采用不等跨布置，但多于三跨的连续梁桥，除边跨外，其中间各跨一般采用等跨布置，以方便悬臂施工。对于多于两跨的连续梁桥，其边跨一般为中跨的 3/5～4/5，如图 8–5 左图所示。当采用箱形截面的三跨连续梁时，边孔跨径甚至可减少至中跨的 1/2～7/10。有时为了满足城市桥梁或跨线桥的交通要求而需增大中跨跨径时，可将边跨跨径设计成仅为中跨的 1/2 以下，在此情况下，端支点上将出现较大的负反力，故必须在该位置设置能抵抗拉力的支座以消除负反力，如图 8–5 右图所示。

c）适用范围及特点。

当连续梁的主跨跨径达到 70 m 及以上时，从结构受力和经济的角度出发，主梁采用变截面布置比较符合梁的内力变化规律，适合悬臂法施工（悬臂浇筑和悬臂拼装两种），施工阶段的主梁内力与运营阶段的主梁内力基本一致。

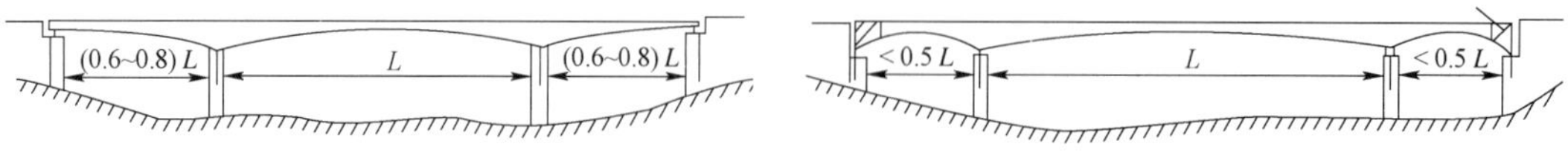

图 8–5　变截面连续梁桥

d）采用变截面，外形美观，可节省材料并增大桥下净空高度。

（3）预应力筋布置。

连续梁桥主梁的内力主要有三个，即纵向受弯、受剪及横向受弯。通常所说的三向预应力就是为了抵抗上述三个内力。纵向预应力抵抗纵向受弯和部分受剪，竖向预应力抵抗受剪，横向预应力则抵抗横向受弯。预应力筋数量和布筋位置都需要根据结构在使用阶段的受力状态予以确定，同时，也要满足施工各阶段的受力需要。施工方法不同，施工阶段的受力状态差别很大，因此，结构配筋必须结合施工方法考虑。

① 纵向预应力筋。

沿桥跨方向的纵向力筋又称主筋，是用以保证桥梁在结构重力和活载作用下纵向跨越能力的主要受力钢筋，可布置在顶板、底板和腹板中。预应力混凝土连续梁桥中纵向预应力筋的布置方式多种多样，与所采用的施工方法及预应力筋的种类等有密切的关系。

图 8–6（a）表示采用顶推法施工的直线形预应力筋布置方式。上、下的钢束使截面接近轴心受压，以抵抗顶推过程中各截面承受的正负弯矩的交替变化。待顶推完成后，再在跨中的底部和支点的顶部增加局部预应力筋，用来满足运营荷载下相应的内力要求。有时按设计还在跨中的顶部和支点附近的底部设置局部的施工临时束，待顶推完成后即予卸除。

图 8–6（b）表示采用先简支后连续施工方法的预应力筋布置方式。待墩上接缝混凝土达到强度后，用设置在接缝顶部的局部预应力筋来建立结构的连续性。

图 8–6（c）、（d）表示采用悬臂施工方法的预应力筋布置方式。梁中除负弯矩区和正弯矩区各需布顶部和底部预应力筋外，在有正、负弯矩交替作用的区段内，顶、底板中均需设置预应力筋。图 8–6（c）为直线布束方式，即顶板预应力筋沿水平布置并锚固在梗肋处，此种布束方式可减少预应力筋的摩阻损失，并且穿束方便，也改善了腹板的混凝土浇筑条件。水平预应力筋的设计和构造仅由弯曲应力决定，而抗剪强度则由竖向预应力筋来提供。图 8–6（d）为顶板预应力筋在腹板内弯曲并下弯锚固在腹板上，以减小外荷载所产生的剪力。此时腹板应具有足够的厚度以承受集中的锚固力。

图 8–6（e）表示整根曲线形通束锚固于梁端的布置方式，一般用于整联现浇的情形。在此情况下，若预应力筋既长且弯曲次数又多，这就显著加大了预应力筋的摩阻损失，因而联长或力筋不宜过长。

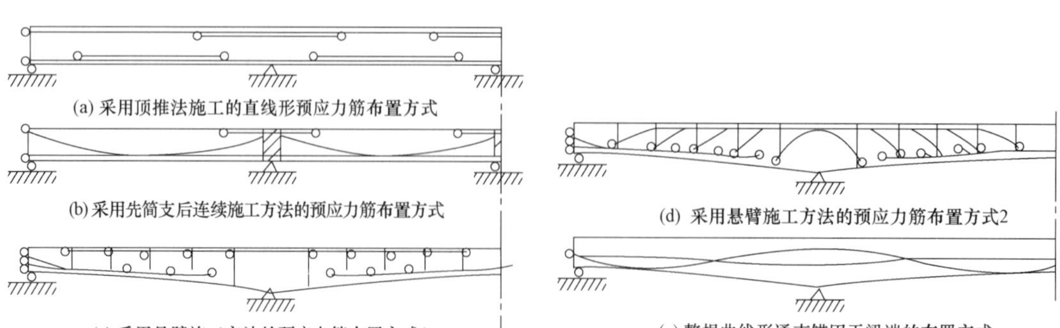

图 8–6　预应力筋布置

预应力筋的布置要考虑张拉操作的方便。当需要在梁内、梁顶或梁底锚固预应力筋时，应根据预应力筋锚固区的受力特点给予局部加强，以防开裂损坏。

② 横向预应力筋。

横向预应力筋是用以保证桥梁的横向整体性、桥面板及横隔板横向抗弯能力的主要受力钢筋，一般布置在顶板和横隔板中。图 8–7 为对箱梁截面的顶板施加横向预应力的力筋构造。

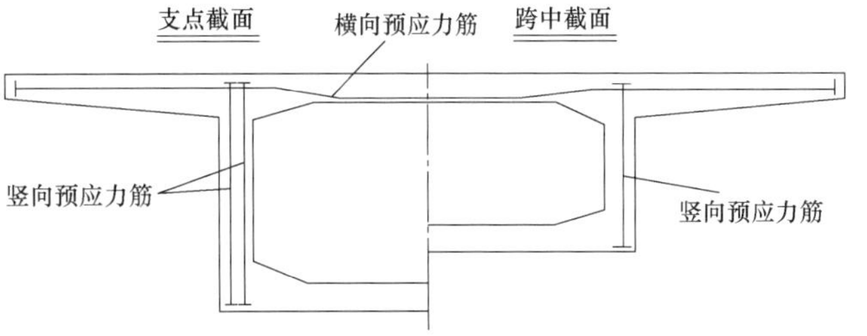

图 8–7　对箱梁截面的顶板施加横向预应力的力筋构造

③ 竖向预应力筋。

竖向预应力筋布置在腹板中，其主要作用是提高截面的抗剪能力，如图 8–7 所示。竖向预应力筋在梁体腹板内靠支点截面位置较密，靠跨中位置较疏。竖向预应力筋比较短，故一般采用高强粗钢筋以减少力筋张拉锚固时的回缩损失。

2. 顶推法施工简介

顶推法施工是 20 世纪 60 年代初提出的施工方法，主要用于多孔预应力连续梁施工，其方法是先在桥台后路堤上将梁分段制造，并用纵向预应力筋将各节段连成整体，然后以水平液压千斤顶为动力，借助不锈钢板和摩擦系数很低的聚四氟乙烯板组成的滑移装置，使梁在已建成的墩台或临时支墩上滑移，逐段预制，逐段顶推。待全部顶推就位后，落梁，更换正式支座，完成桥梁施工。

1977 年，我国在狄家河铁路大桥（4×40 m）连续梁施工中首次采用顶推法并取得成功，全桥预制梁段时间共计 6 个月，顶推作业时间共计 2 个月。

1994 年，南昌大桥西引桥上部结构 15 孔 48 m 连续箱梁采用顶推法施工，箱体自重 44 000 t，顶推距离 720 m。

当桥梁跨越深谷、不可间断的运输线（铁路、公路、河道）、难以拆迁的建筑物（地下设施、古迹等）、对施工噪声干扰有严格限制的地区，以及有特殊要求而其他施工方法不可能满足其要求时，采用顶推施工方法从空中完成跨越作业，是一种比较理想的方法。因此，20 世纪 60 年代初期欧美一些国家相继采用此法，我国在 20 世纪 70 年代后期开始运用这一施工技术，20 世纪 80 年代才逐渐开始推广运用。

顶推法施工还有以下优点。

（1）施工作业场地比较集中、固定，因此就可能有较稳定的劳动力组合，较准确的作业程序时间，便于组织工厂化生产模式。

（2）所需的施工场地布置比较经济。

（3）生产集中、工点集中，便于管理，对质量有较好的控制。

（4）所需的机具设备是最少最省的，也可以充分发挥机械的使用效率。

（5）在长大桥梁施工中（L＞500 m），经济性好，施工快速。

顶推施工方法存在以下缺点。

（1）因为是逐段顶推施工，梁体在不同应力状态下，要承受反复应力变化，为满足这一要求，梁体内势必要增加钢筋或预应力钢束，由此带来用钢量的增加。

（2）为适应顶推作业的需要，梁底面应当是平顺的，从目前的梁形而言，只能是等高截面的箱梁（单箱或多箱）、T 形梁、槽形梁。从而引起圬工量的增加（截面加大、自重增加），若采用其他梁形顶推，其技术难度加大。

（3）若在不同跨度的多跨连续梁上采用此法，不但设计工作繁重，且在施工中也增加了难度。顶推法施工的桥梁最好是等跨连续梁（除两边跨）。

（4）制梁场地及设备要求高，制梁台座基础应当无下沉、无变形，底模刚度要求高，且应平整。

滑道设置要求也高。

（5）在变坡度、变曲线半径的桥梁上难以施工。也就是说在单一坡度或单一半径的桥梁上，用顶推法施工虽有一定的难度，但仍有可能完成施工作业，但在多坡度或多种曲线半径变化的桥梁上，若仍用顶推法施工，其困难将会大为增加，经济上也是不合适的。

8.1.2 顶推法施工

1. 顶推法施工流程

顶推法施工流程见图 8–8。

2. 顶推法施工要点

1）预制场布置

在桥台后面的引桥或临时支架上设置预制场，如图 8–9 所示，它是预制箱梁和顶推过渡的场地，其长度一般为预制梁段长度的 3 倍以上，宽度为桥梁宽度加 2×2.5 m。预制场地上空宜搭设固定或活动的作业棚，其长度应大于 3 倍的预制梁段长度，主要是为了使梁段预制作业不受天气变化的影响及便于混凝土的养护。预制场是主梁梁段的浇筑平台（台座）和模板、钢筋、钢索的加工场地，混凝土搅拌站，以及砂、石、水泥的堆放和运输路线用地。

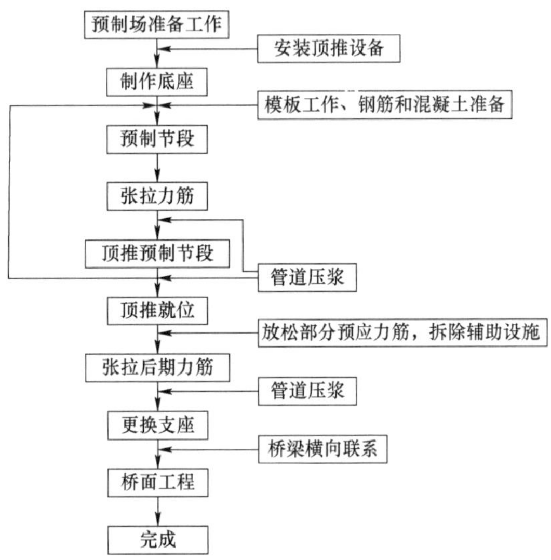

图 8–8　顶推法施工流程

图 8–9　顶推法施工预制场

2）梁段预制

（1）模板与钢筋的制作及安装。

节段的预制对桥梁施工质量和施工速度起决定性作用，由于预制工作固定在一个位置上进行周期性生产，所以可按照工厂预制梁的条件设临时厂房、吊车，使施工不受气候影响，提高工效。

预制节段的模板构造与施工方法有关，一种方法是节段在预制场浇筑完成后，张拉预应力筋及顶推出预制场；另一种方法是在预制场先完成底板工作，张拉部分预应力筋后即顶推出预制场，而箱梁的腹板、顶板的施工是在过渡孔上完成的，亦称节段的二次预制。箱梁模板由底模、侧模和内模组成。一般来说，采用顶推法施工多采用等截面，模板可多次倒用，因此宜采用钢模板，以保证预制梁尺寸的准确性。

台座基础为刚性基础，同时设有防水和排水设施。使用前应进行预压，如图 8–10 所示，沉降量和四角高差不大于 1 mm，制梁台座和底模中心线与桥梁中心线的偏差不大于 1 mm，底模和制梁台座应密贴，其顶面高程的偏差不大于 1 mm。用顶推法架设的预应力混凝土梁其普通钢筋施工和其他方法架梁的情况一样，以下主要就预应力钢筋的施工进行说明。后张法预应力混凝土梁的预应力钢筋（束）都是在混凝土浇筑凝固之后才穿钢筋（束）张拉和锚固的，在浇筑混凝土梁时需采取措施，按设计的钢筋（束）位置，在构件内预先设置孔道，供日后穿钢筋（束）之用。由于顶推法施工中梁体由若干梁段连续地连接成整体，很多预应力筋是跨越几段的，这和单一梁体的施工有些不同。由于分段灌注连成整体，当成孔的误差较大时，累计起来可能造成预应力筋难以穿过。预制梁端的端面尺寸、垂直度和底面平整度必须严格控制，梁段接缝面的预应力孔道相错量不应大于 2 mm。梁段连接处的接头，除将前段梁段接触面凿毛并洗刷干净外，连续钢筋需与纵向钢筋搭接。采用钢丝网胶管成孔时，宜在胶管内插入钢质芯棒；采用铁皮套管成孔时，需在浇筑混凝土时，用相应管道直径的通孔器检查，不能通过者应及时处理。在接头处，成孔的胶管或铁皮套管一端插入前一梁段内，其长度不少于 30 cm，波纹管伸入前段梁内的长度不小于 5 cm，并采取措施固定定位网。张拉预应力筋的工艺应在正式张拉前对长钢丝束做有关张拉方式（如串顶、倒顶）的试验，以便确定张拉方式。对锚固性能、管道摩擦力，以及钢丝束的弹性模量等均须通过试验加以校核。

张拉后，对暂不压浆的预应力筋，不宜立即切除锚具外露的多余部分，应在锚具上划线注明预应力筋的位置，以便在顶推时检查锚具是否松动。

采用顶推法施工的连续梁，顶推施工阶段与使用阶段梁的受力状况差别很大，为了满足两阶段的受力需要，钢束分前期张拉力筋和后期张拉力筋。为了既满足阶段所需力筋数量又方便施工，采用力筋接长张拉很合适，力筋接长使用连接器，它的长度选取两个梁段的长度，间隔排列，也就是在每个施工面上有半数力筋通过，半数力筋需进行接长。这样可减少连接器的数量，改善主梁受力，节省钢材，简化施工。

图 8–10　制梁台座预压

后期力筋是依照使用阶段要求补充设置的力筋，分直筋和弯筋，弯筋布置在箱梁腹板内。

（2）混凝土的浇筑。

顶推法施工的混凝土桥梁其梁段混凝土的灌注与一般预应力混凝土施工基本一致。

3）顶推方式

预应力混凝土梁顶推方案应根据设计文件的指导性施工组织设计及梁体长度、重量确定，桥跨不多的可一次顶推到位，桥跨多的可分联顶推。顶推的种类和方法有以下几种。

（1）按梁体制造方法分为预制组拼，分段顶推；逐段预制，逐段顶推。

① 预制组拼，分段顶推。其是在墩（台）后设置制梁场、存梁场、拼梁线，按照设计顶推单元划分，将顶推单元分成若干个块件预制，在拼梁线上组拼，张拉预应力形成整体后顶推的施工方法。当台后场地条件好、具备运输和就地拼装能力，工期要求紧迫时，设计和施工方案可以考虑预制箱梁节段、墩（台）后拼装、分阶段顶推的施工方案。

② 逐段预制，逐段顶推。其是在墩（台）后设置制梁平台，将连续梁分成若干个节段，按照设计顶推单元划分，每一个顶推单元为一个预制的基本节段，依次在制梁台座上制作，在墩顶设置顶推滑道、顶推千斤顶，通过各千斤顶出力，牵引顶推传力拉索带动梁体在滑道上向前移动，前段梁顶出台座后，在台座上接灌下一梁段，将梁逐渐向对岸顶推的施工方法。

（2）按顶推设备分为水平千斤顶加竖向千斤顶顶推和拉杆式顶推。

① 水平千斤顶加竖向千斤顶顶推。由支承在纵向滑道上的垂直千斤顶和支承在墩（台）背墙的水平千斤顶联动，能使梁体以垂直千斤顶为支承向前移动（即单点水平–竖直千斤顶法），将预制梁向前

顶进，如图 8–11 所示。

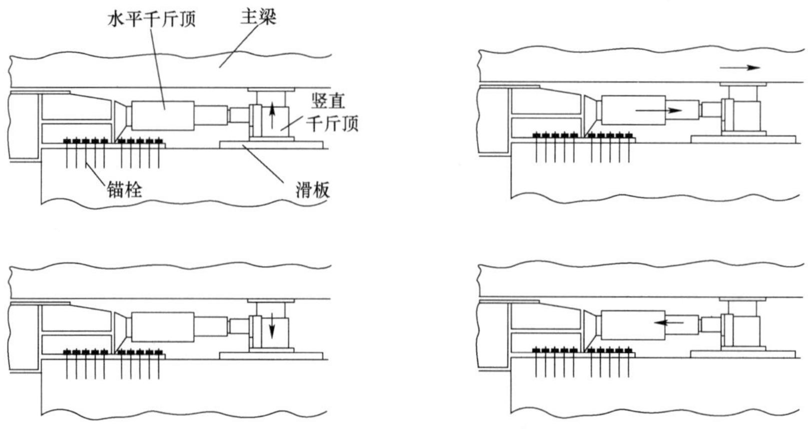

图 8–11　水平千斤顶加竖向千斤顶顶推

② 拉杆式顶推。由水平千斤顶通过传力架固定在桥墩（台）靠近主梁的外侧，装配式的拉杆用连接器接长后与埋在箱梁腹板上的锚固器相连，驱动水平千斤顶后活塞杆拉动拉杆，使梁借助梁底滑板装置向前滑移，水平千斤顶走完一个行程后就卸下一节拉杆，然后水平千斤顶回油使活塞杆退回，再连接拉杆进行下一顶推循环，如图 8–12 上图所示，或者是用穿心式千斤顶拉梁前进，在此情况下拉杆的一端固定在梁的锚固器上，另一端穿过水平千斤顶后，用夹具锚固在活塞杆尾段，水平千斤顶走完一个行程，松去夹具，活塞杆退回，然后重新用夹具锚固拉杆，并进行下一顶推循环，如图 8–12 下图所示。

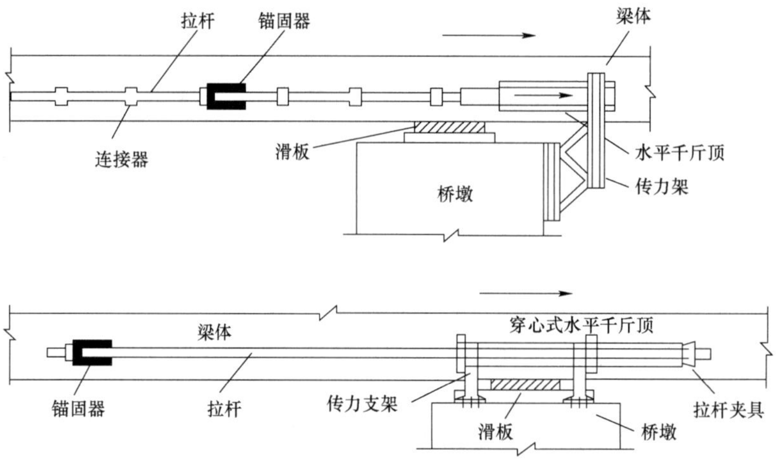

图 8–12　拉杆式顶推

（3）按顶推设备布置情况分为单点顶推和多点顶推。

① 单点顶推。单点顶推是顶推装置集中设置在主梁预制场靠近的桥台或桥墩上，前方墩各支点上设置滑动支承。

② 多点顶推。多点顶推是在每个墩台上设置一对小吨位的水平千斤顶，将集中的顶推力分散到各墩上，利用水平千斤顶传给墩台的反力来平衡梁体滑移时在桥墩产生的摩阻力。多点顶推法又分为多点水平–竖直千斤顶法和多点拉杆水平千斤顶法，其实只要将单点顶推法中的两种方法所用机具分散布置到每个墩台上即得到对应的两种多点顶推法。这两种方法的顶推程序与单点顶推基本相同，但要注意多点顶推法中的同步运行问题，因为顶推水平力是分散在各桥墩上，一般均需通过中心控制各千斤顶的张拉力等级，保证同时启动、同步前进、同时停止和同时换向。

（4）按顶推方向分为单向顶推和双向顶推。

① 单向顶推。单向顶推是预制场设置在桥梁一端台后中线上，主梁在预制场逐段预制，逐段顶推直至对岸的顶推方法，如图 8–13 所示。

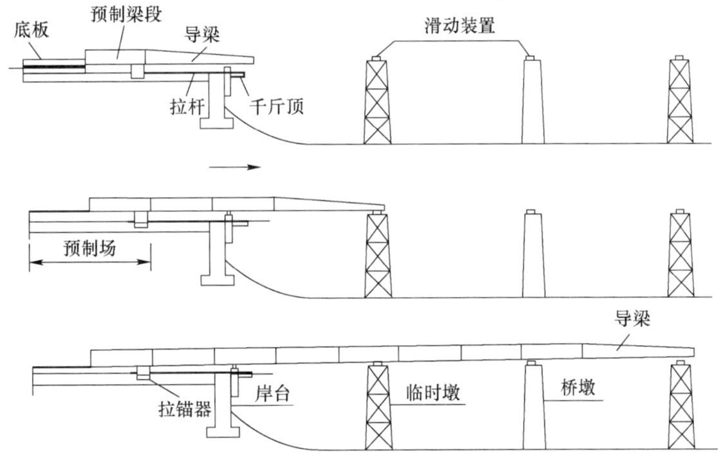

图 8–13　单向顶推

单向顶推是顶推施工的基本方法，占顶推施工桥梁的绝大多数。对于多联连续桥梁，采用单向顶推施工时，需先将各联连成一体，逐段顶推，并将紧靠预制场的一联首先就位，然后各联依次就位。每联就位后要进行解联工作，两联的接头截面一般不做特殊处理，浇筑时仅用一层牛皮纸隔开，主要依靠预应力筋临时连成整体。解联顺序是先短筋，后长筋，先下缘，后上缘，左右对称进行。

② 双向顶推。双向顶推是在桥梁的两岸台后同时设置预制场，主要从两个预制场逐段预制，逐段顶推，在跨中某一位置将全桥合龙，如图 8–14 所示。

采用双向顶推施工方法时，施工设备、滑道设施同前。

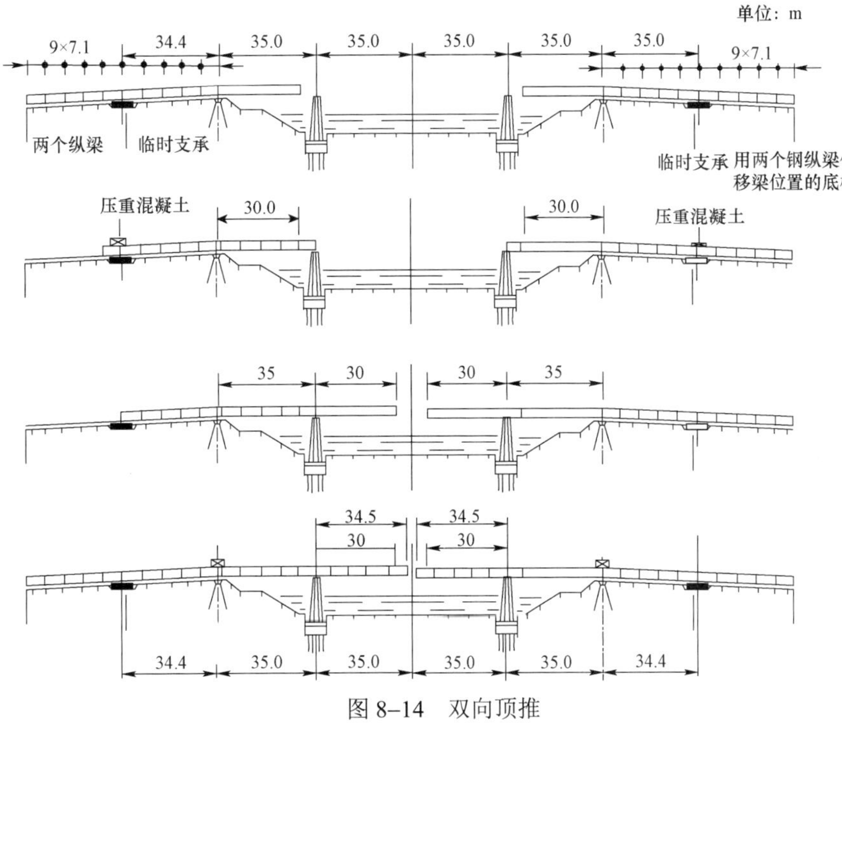

图 8–14　双向顶推

4）临时设施

在顶推施工过程中，结构体系在不断地变化，因此对单个截面来讲，正负弯矩交替出现，为了减小施工中的内力，扩大顶推法施工的使用范围，同时从安全施工（特别是在施工初期不致发生倾覆失稳）和施工方便出发，在施工过程中必须使用一些临时设施，如导梁、临时墩、拉索、托架及斜拉索等。

（1）导梁。

导梁是设置在主梁前端的等截面或变截面钢桁梁或钢板梁。主梁前端有预埋件与钢导梁栓接。导梁底缘呈向上圆弧形，以便于顶推时顺利通过桥墩，如图 8–15 所示。导梁底面应平直，并与梁体底面位于同一平面内，纵向高程偏差、中线偏差及底面横向高差均不应大于 1 mm。

（2）临时墩。

临时墩（见图 8–16）由于仅在施工中使用，在符合要求的条件下，造价要低，便于装拆。钢制临时墩因在荷载作用和温度变化下变形较大而较少采用，用得较多的是混凝土薄壁空心墩、混凝土预制板或预制块拼砌的空心墩和混凝土板或轻便钢架组成的框架临时墩。临时墩的基础依据地质和水深等情况而定。为了减小临时墩承受的水平力和增加临时墩的稳定性，在顶推前将临时墩与永久墩用钢丝绳拉紧。

图 8–15　导梁

图 8–16　临时墩

（3）拉索、托架及斜拉索。

用拉索加劲主梁，以抵消顶推时的悬臂弯矩。拉索系统由钢制塔架、连接构件、竖向千斤顶和钢索组成，牵拉的范围为两倍顶推跨径，如图 8–17 所示。

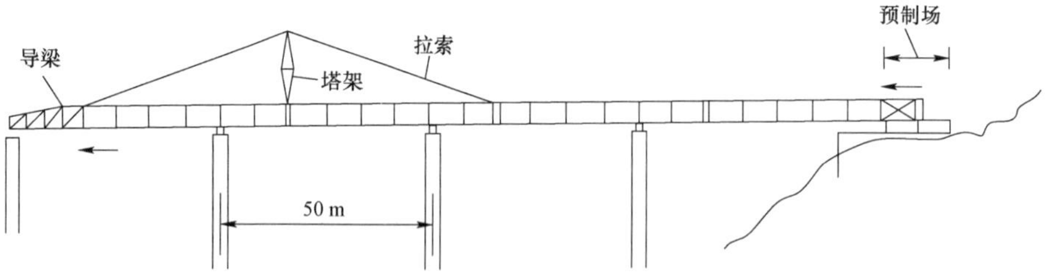

图 8–17　用拉索加劲的顶推法施工

斜拉索在顶推时用于加固桥墩，特别是在有较大的纵坡和较高桥墩的情况下，采用斜拉索可以减小桥墩的水平力，增加稳定性，法国曾在纵坡为 4%～6%的连续梁顶推施工中使用了这种加固桥墩的临时设施，如图 8–18 所示。

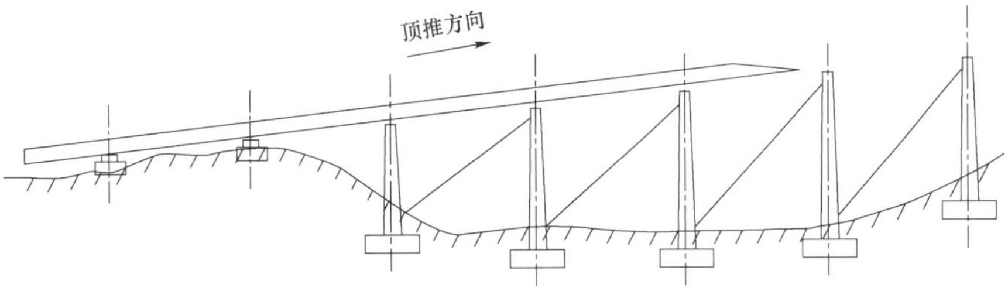

图 8–18　采用斜拉索加固桥墩

5）滑动装置和导向装置

（1）滑动装置。

① 临时滑道支承装置，如图 8–19 所示。

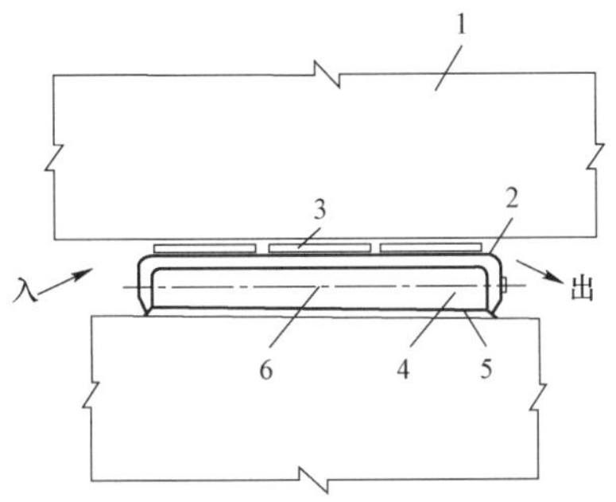

1—梁；2—不锈钢板；3—聚四氟乙烯滑板；
4—混凝土块；5—砂浆层；
6—固定钢板的螺栓。

图 8–19　临时滑道支承装置

在永久墩台和临时墩顶设置临时滑道装置进行顶推施工，待梁体就位后起梁、取掉滑道、更换支座、落梁是一项复杂的工程，起梁和落梁必须有设计程序，确保梁体的安全。永久墩台的支承垫石顶面高程必须符合设计要求。

② 水平–竖向千斤顶顶推方式的滑动装置，如图 8–20 所示，其一般由摩擦垫、滑块（支承块）、滑板和滑道组成。摩擦垫用氯丁橡胶与钢板夹层制成后，黏附在滑块顶面，其尺寸大小应根据墩顶反力和橡胶板容许承载力计算决定。滑动块可用铸铁或高强度等级混凝土块制成，其高度不宜小于正式支座高度，其尺寸不宜小于摩擦垫和下面滑板的尺寸。

滑板有多种构造，一般宜用硬木板、钢板夹橡胶板等黏聚四氟乙烯板（见图 8–21）组成。滑道一般可用不锈钢或镀铬钢带包卷在铸钢底层上，铸钢底层应用螺栓固定。

图 8–20　水平–竖向千斤顶顶推方式的滑动装置

图 8–21　黏聚四氟乙烯板

③ 拉杆顶推方式的滑动装置由滑板与滑道组成。其构造、技术要求及滑道的宽度，应按水平–竖

向千斤顶顶推方式的规定实施，但滑道长度应大于 3 块滑板的长度。滑动装置的摩擦系数宜由滑板和滑道的材料进行试验确定。

④ 永久支承兼用滑道。

在条件适当的桥梁顶推施工设计中，把永久支座做必要的临时处理，使其成为临时滑道。当顶推结束后，起梁、拆除临时的滑道，把梁体落在永久支座上。

（2）导向装置（见图 8–22）。

图 8–22　导向装置

梁段顶进时，为纠正梁体偏移，应按具体情况使用下列导向装置。

① 楔形导向滑板，其构造与滑板基本相同，但楔形导向滑板横向设在梁段两侧的反力架间。

梁段通过时，利用楔形导向滑板的横向分力来纠偏。

② 横向导向千斤顶。

千斤顶方式适用于梁体偏移较大时，千斤顶横向设置于桥墩两侧的钢支架上，当需要纠偏时，开动一侧的千斤顶使梁横移。

6）落梁

落梁工作是全梁顶推到位后将梁安置在设计支座上的工作。施工时应按营运阶段内力将全部未张拉的预应力束穿入孔道进行张拉和压浆，拆除部分临时预应力束，并进行压浆填孔，再用竖向千斤顶举梁，取出垫块和滑道，安装永久支座，最后松千斤顶，将全梁落在设计支座上。为使落梁后梁的受力状态符合自重弯矩和反力，落梁时应以控制支座反力为主，适当考虑梁底高程。

8.1.3　顶推法施工质量检验

（1）梁段混凝土施工应符合相关规定。

（2）制梁台座应坚固、稳定，沉降满足施工工艺要求，位于顶推线上的制梁台座，中线及纵坡应与桥梁设计中线及纵坡一致。

（3）临时墩及导梁应具有足够的强度、刚度和稳定性。临时墩间及临时墩与桥墩间宜采用刚性杆件连成一体。

（4）顶推设备、滑道、导向及纠偏装置应符合顶推工艺设计的要求。

（5）顶推施工前应进行试顶，检验设备性能，验证设计摩擦系数。

（6）顶推法施工预应力混凝土连续梁允许偏差和检验方法见表 8–1。

表 8–1　顶推法施工预应力混凝土连续梁允许偏差和检验方法

序号	项目	允许偏差/mm	检验方法
1	桥梁全长	±20	测量
2	桥梁跨度	±20	
3	桥梁预制中线	2	
4	桥梁成桥中线	20	
5	导梁中线	2	
6	相邻两跨支承点同侧滑移装置纵向顶面高程	±1	
7	同一支承点滑移装置横向顶面高程	±1	
8	制梁台座或拼装线（包括滑移装置）和底模高程	±1	
9	导梁底面纵向高程	±2	
10	导梁底面横向高差	±1	
11	顶推梁端面垂直度	1/1 000 梁高	
12	桥梁底面平整度	2	2 m 靠尺检查不少于 5 处
13	桥梁底面高程	±2	测量

（7）制梁台座相邻梁段底模顶面高差允许偏差为 1 mm，相邻墩（包括主墩与临时墩）滑道顶面高程的允许偏差为±2 mm，同墩相邻滑道顶面高差的允许偏差为 1 mm。

（8）顶推时，应及时喂入滑块，滑块间最大间距不宜超过 10 cm。

学习评价

根据所学内容完成下面的一体化学习任务单。

职业能力养成任务名称：顶推法施工技术

姓名：________　　所属学习小组：________　　得分：________

说明：在规定时间内交回一体化学习任务单以便教师评价学习效果。

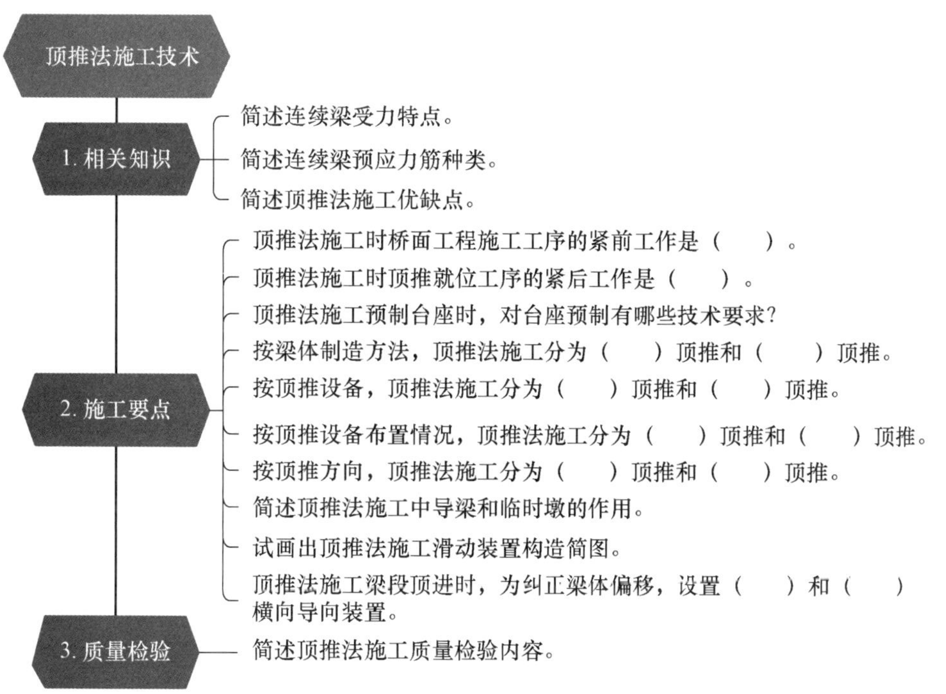

职业能力 8.2　悬臂浇筑法施工技术

职业能力情境引入

平武涪江特大桥全长 1 771 m，下部结构采用空心薄壁墩，箱梁采用单箱单室断面，腹板采用波形钢腹板，桥梁采用左、右分幅设计，全宽 25.5 m，单幅桥宽 12.75 m，两幅桥之间设计 0.3 m 空隙，如图 8–23 所示。主梁段采用异形挂篮悬浇施工，挂篮悬臂浇筑段共 18 对节段。该座桥梁是重点控制性工程，也是目前国内设计的最大跨度波形钢腹板混凝土连续刚构桥梁。

2020 年 6 月 24 日，由中交二航局承建的 LJ22 合同段平武涪江特大桥首次挂篮悬臂现浇箱梁浇筑顺利完成。

（a）平武涪江特大桥下部结构施工

（b）平武涪江特大桥上部结构施工

图 8–23　平武涪江特大桥施工

8.2.1　悬臂浇筑法知识

悬臂浇筑法是在桥墩两侧设置工作平台，平衡对称地逐段向跨中悬臂浇筑混凝土梁体，并逐段施加预应力的施工方法。其优点在于施工设备较少，不影响桥下通航、通车，施工不受季节、河道水位的限制。因此悬臂浇筑施工方法适用于跨越江河、深谷、交通道路、桥位地质不良等条件下的高墩、大跨度混凝土连续梁。

连续梁悬臂浇筑法的一般施工机械是挂篮，下面介绍挂篮构造。

1. 挂篮构造

挂篮是利用已施工梁段作挂靠、能承担施工梁段模板及梁体重量等施工荷载和能沿梁顶滑道移动的悬臂式空中施工设备。利用挂篮可以进行节段的模板、钢筋、管道的安设，混凝土浇筑和预应力筋的张拉、浇筑等作业，当一个节段施工完成后，解除挂篮的锚定，前移到下一个梁段施工。尽管挂篮的结构形式差别很大，但是就各部分构成的功能而言，各类挂篮基本相同，挂篮结构如图 8–24 所示。挂篮的主要结构一般包括承重系统、悬吊系统、操作平台等。

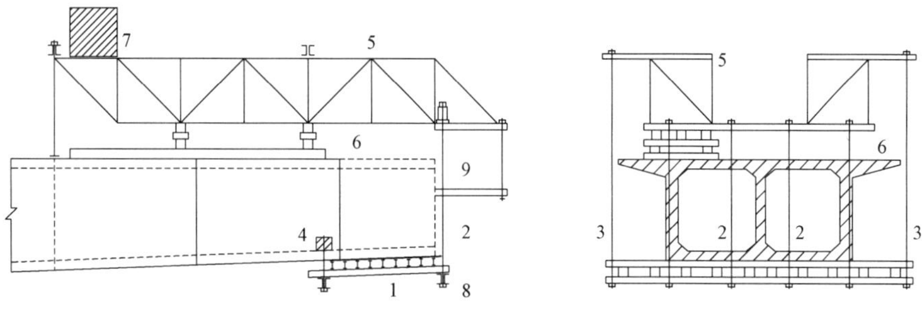

1—底模架系统；2、3、4—悬吊系统；5—承重系统；6—走行系统；7—平衡系统；8—锚固系统；9—操作平台。

图 8–24　挂篮结构

（1）承重系统。承重系统包括主桁梁和悬吊系统。主桁梁是挂篮的主要受力结构，可用型钢、万能杆件、贝雷桁架等拼制成型。

（2）悬吊系统。悬吊系统的作用是将底模和侧模吊架、操作平台的自重及其上的荷载传递到主桁架上，其一般是由钻有锁孔的 16Mn 钢带或精轧螺纹钢筋等组成。

（3）平衡系统。平衡系统位于主桁梁后部，分为压重式、全锚式和半压重半锚固式，其主要作用是平衡挂篮前移和浇筑梁体混凝土时产生的倾覆力矩，保证施工安全。

（4）模板系统。模板系统包括底模及侧模吊架和梁段模板等，其是直接承受悬浇梁体重量及施工荷载的结构，也是钢筋及预应力管道安装、混凝土浇筑等施工作业的平台。

（5）走行系统。走行系统包括移动装置和动力设施，是支承主桁梁通过滚、滑移设施使挂篮沿桥梁纵向移动的设备。

（6）操作平台。操作平台主要用作张拉梁体纵向和横向预应力筋、压浆、封锚等作业。

2. 挂篮种类

常用挂篮按承重主梁的结构形式划分为：平衡桁架式挂篮、平弦无平衡重式挂篮、弓弦桁架式挂篮、菱形桁架式挂篮、三角形组合梁式挂篮、滑动斜拉式挂篮等。

（1）平衡桁架式挂篮。平衡桁架式挂篮的上部结构一般为一等高桁架，其受力特点是：底模平台及侧模支架所承荷载均由前后吊杆垂直传至桁架节点和箱梁底板上，故又称为吊篮式结构，桁架在梁顶用压重、锚固或二者兼之来解决倾覆稳定问题，桁架本身为受弯结构。

（2）平弦无平衡重式挂篮。平弦无平衡重式挂篮是在平行桁架式挂篮的基础上，取消压重，在主桁架上增设前后上横梁，其可沿主桁纵向滑移，并在主桁横移时吊住底模平台及侧模支架。由于挂篮底部荷载作用在主桁架上的力臂减小，大大减小了倾覆力矩，故不需平衡压重，主桁后端则通过梁体竖向预应力筋锚固于主梁顶板上，如图 8–25 所示。

（3）弓弦桁架式挂篮。弓弦桁架（又称曲弦桁架）式挂篮的主衔外形似弓形，其由平衡桁架式挂篮演变而来，除具有桁高随弯矩大小变化，受力合理的特点外，还可在安装时于结构内部预施应力以消除非弹性变形，故也可取消平衡重，所以一般重量较轻，如图 8–26 所示。

（4）菱形桁架式挂篮。菱形桁架式挂篮是在平衡桁架式挂篮的基础上简化而来的，其上部结构为菱形，前部伸出两伸臂小梁，作为挂篮底模平台及侧模前移的滑道，其菱形结构后端锚固于主梁顶板上，无平衡压重，而且结构简单，故大大减轻了自身荷载，如图 8–27 所示。

（5）三角形组合梁式挂篮。三角形组合梁式挂篮是在平衡桁架式挂篮的基础上，将受弯桁架改为三角形组合梁结构。由于斜拉杆的拉力作用，大大降低了主梁的弯矩，从而使主梁能采用单构件实体型钢，挂篮上部结构轻盈。其底模平台及侧模支架等的承重传力与平衡桁架式挂篮基本相同，如图 8–28 所示。

图 8–25　平弦无平衡重式挂篮

图 8–26　弓弦桁架式挂篮

图 8–27　菱形桁架式挂篮

图 8–28　三角形组合梁式挂篮

（6）滑动斜拉式挂篮（也称轻型挂篮）。该挂篮自重轻、结构简单、刚度大、非弹性变形小，故加工、运输、安装、拆卸等均较方便，且因重量轻、工作量小，可节省大量施工费用。滑动斜拉式挂篮如图 8–29 所示。

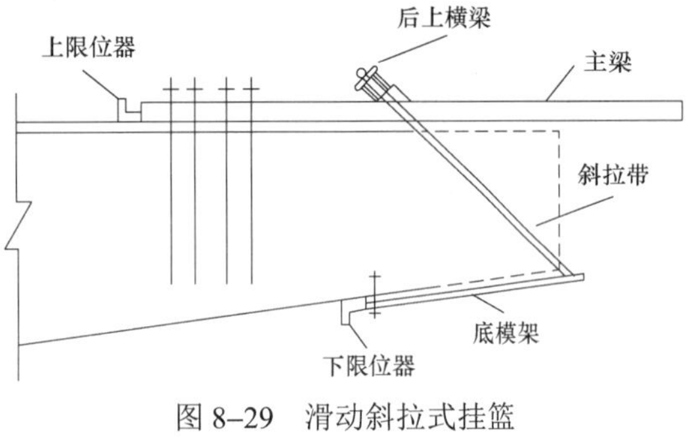

图 8–29　滑动斜拉式挂篮

3. 挂篮设计要求

挂篮结构必须经过设计计算，具有足够的强度、刚度和稳定性。因 0#块设计较短须采用联体挂篮进行首批悬臂梁段施工时，除应对挂篮联体结构强度及刚度进行设计计算外，尚应检算联体挂篮解联加长等施工工况的稳定性，并须编制施工工艺和安全操作细则。

（1）挂篮形式选择：选择挂篮形式主要考虑结构简单、自重轻、受力明确、变形小、安全、装拆方便。

（2）悬臂浇筑分段长度确定：若每一节段梁体较长，整座桥的节段数就少，施工进度就快，而每次浇筑的混凝土量就多，挂篮的尺寸和相应的设备就需增加；若每一节段梁体尺寸小，挂篮的承重要求小，尺寸和设备也不大，但节段数多，周转次数多，总的施工进度就慢。悬臂长度应根据施工条件权衡利弊综合考虑确定，分段长度一般为 3～5 m。

（3）挂篮横断面布置：挂篮横断面布置一般取决于桥梁宽度和箱梁横断面形式。桥梁横断面为单箱时，全断面用 1 个挂篮，当桥梁横断面为双箱时，一般采用 2 个挂篮。在一般情况下，桥宽 10 m 以内可用 1 个挂篮，桥宽 10 m 以上可用 2 个或 3 个挂篮。

（4）荷载：设计荷载主要有最大现浇节段梁段重量，挂篮自重、最大梁段模板重量（包括侧模、内模、底模和端模等）、施工机具重量及振捣器振动力、施工人群荷载、冬季施工防寒设施重量等。

（5）用挂篮浇筑墩侧最初几对梁段时，由于墩顶位置受限，往往需要将两侧挂篮的承重结构连在一起，待浇筑到一定长度再将两侧承重结构分开而成为两个独立的挂篮。

（6）挂篮应设有纵向走行设备（挂篮滑移结构如图 8–30 所示）和抗倾覆稳定设施，挂篮在走行及浇筑梁段混凝土等各种工况的倾覆安全系数不得小于 2，挂篮锚固系统、限位系统等结构安全系数均不得小于 2。

图 8–30　挂篮滑移结构

8.2.2　悬臂浇筑法施工

1. 悬臂浇筑法施工流程

悬臂浇筑法施工流程如图 8–31 所示。

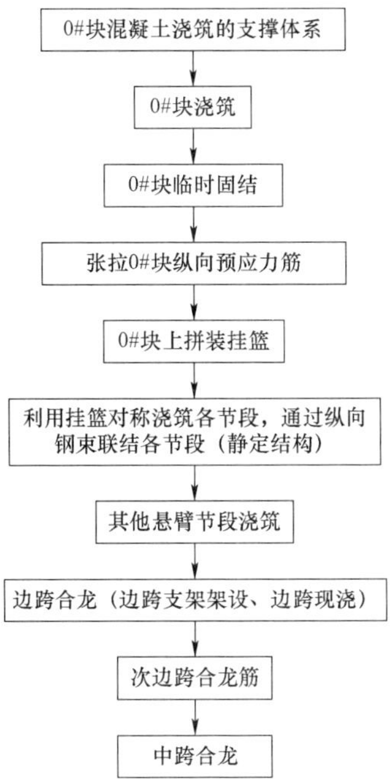

图 8–31　悬臂浇筑法施工流程

2. 悬臂浇筑法施工要点

1）0#块混凝土浇筑的支撑体系

在墩身不高情况下可采用支架法施工，如图 8–32 所示；在墩较高情况下，可在墩上预留支腿，在支腿上搭钢架形成 0#块混凝土浇筑的支撑体系。施工托架还可支承在承台、底面（地面托架如图 8–33 所示）或墩顶上（墩顶托架如图 8–34 所示）。施工托架可以根据桁架拼装形状不同分为三角形托架和门型托架。

2）0#块浇筑

混凝土箱梁浇筑属于大体积混凝土，要分层浇筑。一般的浇筑顺序为先浇筑底板，再浇筑肋板，最后浇筑顶板。

3）0#块临时固结

对于预应力混凝土连续梁，由于桥墩与连续箱梁是通过支座联结，接触面小，为非刚性连接，在梁段悬臂施工过程中形成的“T 构”为瞬变体系，当悬臂两端荷载出现不对称时，“T 构”就会倾覆（当遇到桥墩纵向长度较短或 0#块的悬臂梁段较长时更明显），因此必须采取梁墩临时固结约束，形成刚性体系。临时固结措施要求能在永久支座不承受压力情况下承受梁体压力和施工过程中的不平衡弯矩，又要求在承受荷载情况下容易拆除。

临时固结通过设置临时支座（临时支墩）和锁定支座的方式来实现，如图 8–35、图 8–36 所示。

图 8–32　支架法施工

图 8–33　地面托架

图 8-34　墩顶托架

图 8-35　墩顶临时固结

（1）一般情况下采用在桥墩顶面永久支座两侧对称设置临时支座支撑悬臂浇筑梁体，0#块浇筑前，在墩顶靠两侧先浇筑混凝土（一般为 C40），待 0#块达到设计强度 70%以上时，在桥墩两侧各用预应力钢筋从梁段顶部张拉固定。临时支座内设有电阻丝的硫磺砂浆夹层，在临时支墩顶面和底面设塑料薄膜隔离层，并预埋精轧螺纹钢或型钢以抵抗不平衡弯矩。解除临时支墩时，在电阻丝内通电融化硫磺砂浆，截断预埋构件即可。

（2）当遇到桥墩纵向长度较短或 0#块的悬臂梁段较长时，可采用在桥墩纵向两侧设置临时支墩支撑浇筑梁体。

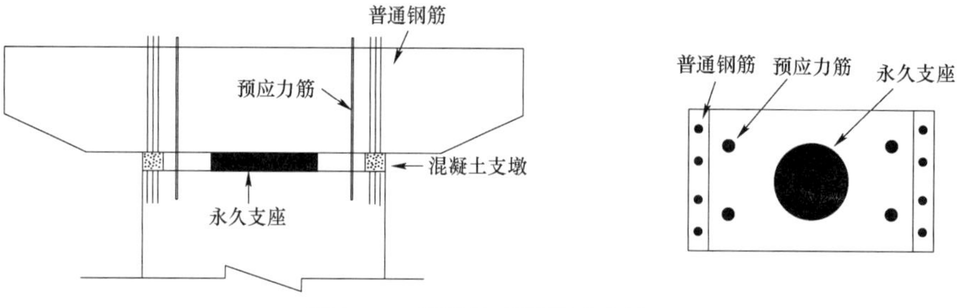

图 8-36　墩顶临时固结示意图

① 临时支墩：当桥不高，水又不深而易于搭设临时支架时，可在桥墩的一侧或两侧加临时支承或支墩。

② 砂筒固结：当桥高、水深时，可采用围建在墩身上部的三角形撑架来布设梁段的临时支承，并使用砂筒、夹有电阻丝的硫磺砂浆或混凝土块等卸落设备以使体系转换时可以方便地解除临时支承。

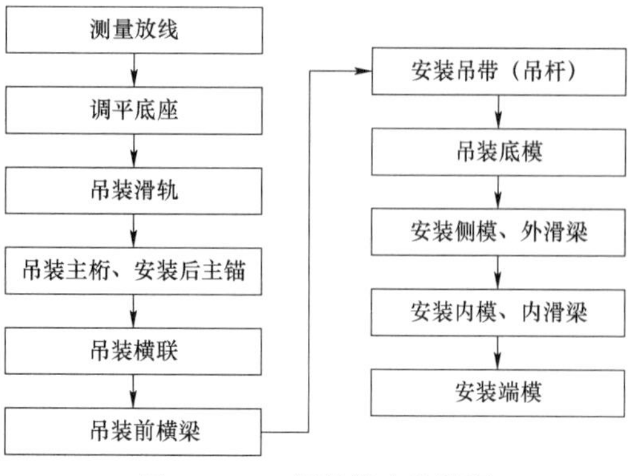

图 8-37　一般挂篮安装流程

4）0#块拼装挂篮

挂篮结构构件运达施工现场后，利用起重设备吊至已浇梁段顶面，在已浇好的 0#块顶面拼装。一般挂篮安装流程如图 8-37 所示。挂篮使用前，应对制作及安装质量进行全面检查，应进行走行性能试验并按设计要求进行静载试验。预压荷载为最大施工荷载的 1.2 倍。预压的目的是：① 测定挂篮承载能力；② 测量挂篮的弹性变形值，以便合理设置悬臂浇筑梁段的立模高程；③ 消除挂篮在加载状态的非弹性变形。

挂篮施压加载的方法主要有 3 种：① 在底平台上堆放重物加载；② 在底平台下挂重物加载；③ 通过千斤顶和锚固于承台内的锚锭对拉反压加载。

5）悬臂浇筑段施工

当挂篮安装就位后，即可在其上进行梁段悬臂浇筑的各项作业。

（1）钢筋及预应力管道安装。

① 钢筋骨架安装。

钢筋骨架应具有足够的刚度，能承受混凝土浇筑过程中的各种施工荷载而保证钢筋不变形或错位。悬臂梁段及现浇段钢筋绑扎流程：先进行底板普通钢筋绑扎及竖向预应力钢筋梁底锚固端（包括垫板、锚固螺母及锚下螺旋筋）的安装，再进行腹板钢筋的绑扎、竖向波纹管及预应力钢筋的接长、腹板内纵向波纹管的安装，最后进行顶板普通钢筋的绑扎、顶板内纵向波纹管的安装、横向钢绞线及波纹管的安装。

② 预应力管道安装。

悬臂浇筑梁段的预应力施工为后张法，故须在梁体混凝土浇筑前在预应力筋的设计位置预先安放制孔器，以便在梁体制成后在梁内形成孔道，在进行预应力施工时即可将预应力筋穿入孔道，然后进行张拉和描固。放置预应力管道时要注意和前一节段的管道连接严密、线形和顺，并设置足够的定位钢筋，以保证在浇筑混凝土的过程中位置准确。两端下弯的长大预应力孔道和直线段孔道应在适当位置设置排气孔。

孔道成型工艺包括制孔器的选择、安装、抽拔，以及孔道检查等 4 个工序。

（2）混凝土浇筑。

悬臂施工混凝土浇筑中，主要需注意以下问题。

① 一个墩上的两端悬臂梁块应同时浇筑混凝土，如图 8–38 所示，以保持两端梁段的平衡，允许不平衡偏差应按设计规定办理。

② 梁段混凝土宜使用混凝土泵一次浇筑，采用一次浇筑法时，可在顶部中部留一洞口以供浇筑底板混凝土，待浇好底板后立即补焊钢筋封洞，并同时浇筑肋板混凝土，最后浇筑顶部混凝土。浇筑肋板混凝土时，两肋板应同时分层进行，要采取防止混凝土离析的措施，浇筑顶板及翼板混凝土时，应从悬臂端向锚固端分层浇筑，一次完成，以防止发生裂纹。新旧混凝土接触面要按规定进行处理。

图 8–38　对称浇筑悬臂段混凝土

③ 混凝土浇筑时挂篮变形消除措施。

混凝土一次浇筑法消除挂篮变形：箱梁混凝土采用一次浇筑，并在底板混凝土初凝前全部浇筑完毕。也就是要求挂篮的变形全部发生在混凝土塑性状态之前，避免裂缝产生，但需在浇筑混凝土前预留准确的下沉量。

水箱法消除挂篮变形：浇筑混凝土前先在水箱中注入相当于混凝土质量的水，在混凝土浇筑过程中，逐步放水使挂篮的负荷和挠度基本不变。

梁端模板拆除后，需对梁端接缝面混凝土进行凿毛时，应使梁体接缝面露出不少于 75%的新鲜混凝土面积。人工凿毛时混凝土强度不小于 2.5 MPa，机械凿毛时不小于 10 MPa。

（3）预应力施工及压架。

预应力筋张拉应按先纵向后横向的顺序进行，预施应力应采取双控措施，预施应力值以油压表读数为主，以预应力伸长值进行校核。预应力筋张拉前应计算每一束（根）预应力筋的理论伸长值，作为张拉时和预应力筋实际伸长值的对比依据。实际伸长值与理论伸长值的差值，不得超出理论伸长值的±6%。超出规定范围应停止张拉锚固，并查明原因，确保梁体预应力控制应力符合设计要求。纵向预应力张拉应在梁段混凝土强度达到设计强度的 95%、弹性模量达到设计值的 100%后进行，且必须保证张拉时混凝土的龄期不小于 5 d。纵向预应力筋应与梁端同步且左右对称张拉，最大不平衡束不得超过 1 束。张拉顺序应为先腹板再顶板后底板，从外向内左右对称进行。预施应力过程中应保持梁端的伸长量基本一致。竖向预应力筋应左右对称单端张拉，宜从已施工端顺序进行。为减少竖向预应力损失，竖向预应力筋应采用梁端张拉方式，即在第一次张拉完成 1 d 后进行第二次张拉，弥补由于操作和设备等原因造成的预应力损失，并且采取措施切实保证压实质量。横向预应力筋应在梁端交替单端张拉，宜从已施工端顺序进行。每一梁段伸臂端的最后 1 根横向预应力筋，应在下一梁段横向预应力筋张拉时进行张拉，防止由于梁段接缝两侧横向压缩不同引起开裂。竖向和横向预应力筋张拉滞后纵向预应力筋张拉不宜大于 3 个悬臂浇筑段。

挂篮前移时，纵向预应力筋必须完成张拉。当采用夹片式锚具时，钢绞线的张拉方法为：0→初始应力（张拉控制应力的 10%～20%，测钢绞线的伸长值并做标记，测工具锚夹片外露量）→张拉控制应力（各期规定值，测钢绞线伸长值，测工具锚夹片外露量）→静停 5 min，校核到张拉控制应力→主油缸回油锚固（油压回零，测总回缩量，测工具锚夹片外露量）→副油缸供油卸千斤顶。

预应力筋张拉锚固完成后，应在锚口处的钢绞线上做标记，观察是否存在断、滑丝，经复查符合相关标准规定后，应用机械切割多余钢绞线头，切断处距锚具外端不宜小于 30 mm。

预应力筋为螺纹钢筋时，千斤顶的张拉头拧入钢筋螺纹的长度不得小于 40 mm，一次张拉至控制吨位，持续 1～2 min，并实测伸长量作为校核，然后拧紧螺帽锚固。

张拉完成后，应在预应力筋终拉后 24 h 内完成，特殊情况时必须在 48 h 内完成。压浆前管道内应清除杂物及积水，压入管道的水泥浆应饱满密实。孔道压浆应先按纵向、再竖向、后横向顺序进行施工，竖向预应力孔道应从最低点开始压浆，同一孔道压浆，应连续进行，一次完成。孔道压浆顺序应自下而上。竖向孔道压浆，应从下端进浆孔压入，压力达到 0.3～0.4 MPa，上升不宜太快，待顶部出浆槽口流出浓浆后，堵死槽口，然后关闭压浆阀。水泥浆终凝后，方可卸拔压浆及出浆阀门。

（4）挂篮的移动及拆除。

在每一梁段混凝土浇筑及预应力张拉完毕后，将挂篮移至下一梁段位置进行施工，直到悬臂梁段施工完毕。挂篮桁架行走前要测定已完成节段梁端高程，并定出箱梁的中轴线。当解除挂篮的后锚后，挂篮沿箱梁中轴线对称地向两端推进，每前进 50 cm 做一次同步观测，防止挂篮转角、偏位造成挂篮受扭。箱梁悬臂梁段施工完毕后，进行挂篮结构拆除。拆除顺序为：箱内拱顶支架—侧模系统—底模系统—承重系统，吊带系统及走行锚固系统在其过程中交叉操作。

（5）悬臂浇筑施工周期。

悬臂浇筑施工主要包括挂篮前移、挂篮调整及锚固、钢筋及孔道安装、混凝土浇筑及养护、预应力施加、孔道压浆六个工序循环进行。悬臂梁段施工周期为 6～10 d。

6）边跨合龙（边跨支架架设、边跨现浇）

边跨现浇段在墩身不高情况下，可采用支架法施工。支架可采用 WDJ 碗扣式满堂钢管脚手架或其他形式。边跨非对称梁段采用支架现浇的施工流程。

施工注意事项如下。

（1）边跨合龙临时束张拉时应确保梁体能够滑动，但在边跨合龙锁定前，采取临时措施限制底模的纵向移动。

（2）对边跨现浇段与挂篮悬臂施工段的合龙温度进行预测，并应根据合龙施工时温度与设计合龙温度之差对支座进行预偏设置。

7）中跨合龙

（1）施工流程。

合龙段施工过程中，由于昼夜温差变化，新浇筑混凝土的早期收缩、水化热影响，已完成结构混凝土的收缩、徐变，结构体系的变化，以及施工荷载等因素，直接影响合龙段的质量。因此，需采取必要措施，以保证合龙段施工质量。在满足施工要求的前提下，应尽量缩短合龙段的长度，一般取 1.5～2 m。通常多跨连续梁合龙段施工的顺序为先各边跨，再各次边跨，最后为中跨。中跨合龙段的施工和临时锁定如图 8–39、图 8–40 所示。

（2）合龙段施工平台。

合龙段施工可采用支架、悬臂挂篮或者另设施工吊架做施工作业平台。合龙吊架和模板可采用施工挂篮的底篮及模板系统，如图 8–41 所示。其安装步骤如下。

① 将挂篮的底篮整体前移至合龙段另一悬臂端。

② 在悬臂端预留孔内穿入钢丝绳，用几组滑车吊起吊篮前横梁及内外滑梁的前横梁。

③ 拆除挂篮前吊杆。

④ 用卷扬机调整所有钢丝绳，使吊篮及内外滑梁移到相应位置，安装锚杆、吊杆和联接器，将吊架及模板系统锚固稳定。

⑤ 将主桁系统退至 0#块后拆除。

图 8–39　中跨合龙段的施工

图 8–40　中跨合龙段的临时锁定

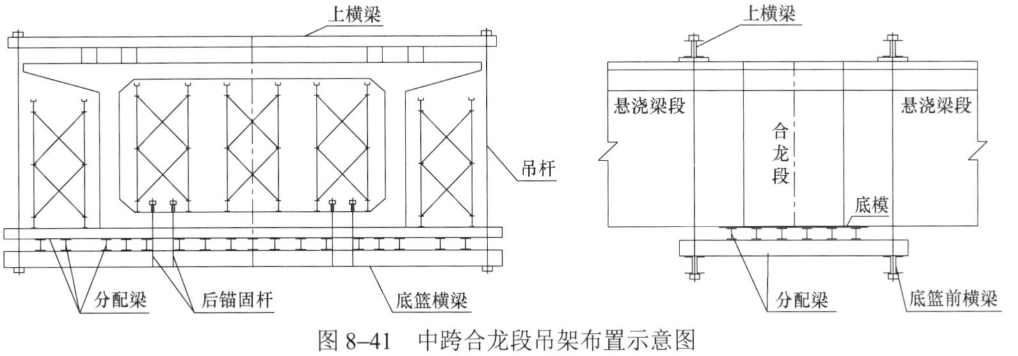

图 8–41　中跨合龙段吊架布置示意图

（3）合龙段临时锁定。

合龙段设置的锁定措施应可靠，能保证合龙段混凝土强度及弹性模量达到 100%设计值及混凝土龄期不小于 5 d 进行预应力张拉时混凝土不开裂。合龙段锁定中采用又拉又撑的方法，即用劲性骨架承受压力，用临时预应力束承受拉力。合龙锁定温度选择在设计要求的合龙最佳温度范围内。锁定后应尽快浇筑合龙段混凝土，并使混凝土浇筑后温度开始缓慢上升为宜。先将劲性骨架顶紧，然后进行张拉，临时束张拉锚固后不压浆，合龙完毕后拆除，如图 8–42 所示。

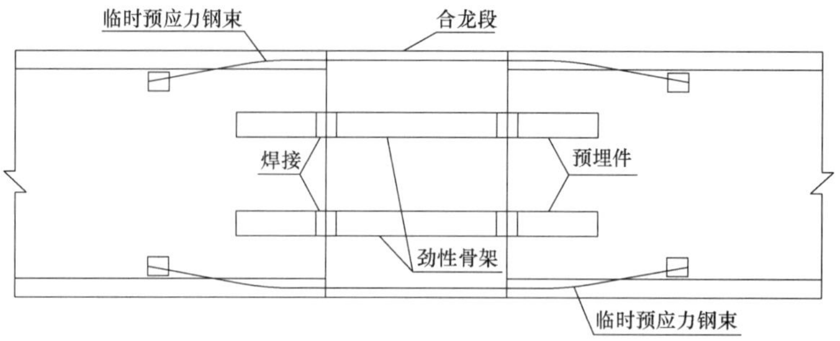

图 8–42　合龙段合龙锁定布置示意图

合龙前使悬臂端尽可能保持相对固定，以防止合龙段混凝土在浇筑及早期硬化过程中发生明显的体积改变。合龙段临时锁定后，应立即将合龙段一侧的墩梁固结及支座临时约束解除，使梁的一侧能在合龙临时锁定装置连接下沿支座自由伸缩。合龙段临时锁定装置应在合龙段纵向预应力孔道压浆前拆除。

（4）混凝土施工。

合龙段混凝土采用微膨胀混凝土。合龙段混凝土选择在一天中气温较低时进行浇筑，可保证合龙段新浇筑混凝土处于气温上升的环境中，在受压的状态下达到终凝，以防混凝土开裂。合龙段混凝土浇筑过程中，采用在悬臂端的水箱中加水的方法设平衡重，保证平衡施工。平衡配重在合龙锁定之前加到相应悬臂端，可使合龙锁定之后骨架处于“不动”，避免薄弱处受剪破坏。

（5）预应力施工。

合龙段预应力永久束张拉前，覆盖并洒水降温以减小箱梁悬臂的日照温差。底板预应力束管道安装时要采取措施保证管道畅通，待合龙段混凝土达到设计规定强度和相应龄期后，先张拉边跨顶板预应力束，再张拉底板第一批预应力束，按照设计要求的张拉吨位及顺序双向对称进行张拉横向、竖向及顶板纵向预应力，施工同箱梁悬臂梁段施工，合龙段施工完毕后，拆除临时预应力束并对其管道压浆。

（6）结构体系的转换。

连续梁悬臂浇筑施工的过程就是其应力体系转换的过程，也就是悬浇时实行支座临时固结、各 T 形刚构的合龙、固结的适时解除、预应力分配，以及分批依次张拉的过程。为保证施工阶段的稳定，一般边跨先合龙，释放梁墩锚固，结构由双悬臂状态变成单悬臂状态，最后跨中合龙，成连续梁受力状态。施工时应注意以下几点。

① 结构由双悬臂状态转换成单悬臂受力状态时，梁体某些部位的弯矩方向发生转换。所以在拆除梁墩锚固前，应按设计要求，张拉一部分或全部布置在梁体下部的正弯矩预应力束。对活动支座还需保证解除临时固结后的结构稳定，如需控制和采取措施限制单悬臂梁发生过大纵向水平位移。

② 梁墩临时锚固的放松，应均衡对称进行，确保逐渐均匀地释放。在放松前应测量各梁段高程，在放松过程中，注意各梁段的高程变化，如有异常情况，应立即停止作业，找出原因，以确保施工安全。

③ 在结构体系转换中，临时固结解除后，将梁落于正式支座上，并按标高调整支座高度及反力。支座反力的调整，应以高程控制为主，反力作为校核。

3. 悬臂浇筑施工质量检验

悬臂浇筑施工梁体质量检验见表 8–1。

学习评价

根据所学内容完成下面的一体化学习任务单。

职业能力养成任务名称：<u>悬臂浇筑法施工技术</u>

姓名：____________　　所属学习小组：____________　　得分：__________

说明：在规定时间内交回一体化学习任务单以便教师评价学习效果。

悬臂浇筑法施工技术

- 1. 相关知识
  - 悬臂浇筑施工时，利用挂篮可以进行节段的（　　）、（　　）、（　　），混凝土浇筑和（　　）、浇筑等作业，当一个节段施工完成后，解除挂篮的锚定，前移到下一个梁段施工。
  - 挂篮的构造包括（　　）系统、（　　）系统、（　　）系统、（　　）、（　　）、（　　）。
- 2. 施工要点
  - 悬臂浇筑施工时，0#块上拼装挂篮的紧前工作是（　　）。
  - 悬臂浇筑法施工时，0#块混凝土浇筑的紧后工作是（　　）。
  - 混凝土箱梁浇筑属于大体积混凝土，要（　　）浇筑。一般的浇筑顺序为先浇筑（　　），再浇筑（　　），最后浇筑（　　）。
  - 简述悬臂浇筑法施工的临时固结施工技术。
  - 悬臂浇筑挂篮前移时，（　　）预应力筋必须完成张拉。
  - 悬臂浇筑法施工采用夹片式锚具时，钢绞线的张拉方法为：0→初始应力→张拉控制应力→（　　）→主油缸回油锚固→副油缸供油卸千斤顶。
  - 悬臂浇筑法施工，预应力筋张拉锚固完成后，应在锚口处的钢绞线上做标记，观察是否存在（　　）和（　　）现象。
  - 悬臂浇筑法施工时，张拉完成后，应在预应力筋终拉后（　　）h内完成，特殊情况时必须在（　　）h内完成。
  - 悬臂浇筑法施工时，竖向孔道压浆，应从（　　）端进浆孔压入，压力达到（　　）MPa，上升不宜太快，待顶部出浆槽口流出浓浆后，堵死槽口，然后关闭压浆阀。
  - 悬臂浇筑施工挂篮拆除顺序为：箱内拱顶支架→（　　）→底模系统→（　　），吊带系统及走行锚固系统在其过程中交叉操作。
  - 悬臂浇筑法施工时，在满足施工要求的前提下，应尽量缩短合龙段的长度，一般取（　　）m。
  - 悬臂浇筑法施工时，通常多跨连续梁合龙段施工的顺序为先各（　　）跨，再各（　　）跨，最后为（　　）跨。
  - 悬臂浇筑法施工合龙段设置的锁定措施应可靠，能保证合龙段混凝土强度及弹性模量达到（　　）%设计值及混凝土龄期不小于（　　）d进行预应力张拉时混凝土不开裂。
  - 悬臂浇筑法施工合龙段锁定中采用又拉又撑的方法，即用（　　）承受压力，用（　　）承受拉力。
  - 悬臂浇筑法施工合龙段混凝土采用（　　）混凝土。

职业能力 8.3　悬臂拼装法施工技术

职业能力情境引入

郑西高铁某大桥跨越渭南市境内 G108 国道，桥跨采用预应力混凝土连续箱梁结构，孔跨布置采用 40 m+ 64 m + 40 m 三跨连续梁布置形式，该桥为了避免施工对国道线路造成影响采用悬臂拼装施工方案。实际工作中，应结合施工场地要求分析悬臂拼装施工工艺要求和质量控制要求，优化悬臂施工方案的编制。

知识链接

8.3.1 悬臂拼装法施工方法

悬臂拼装法梁体的预制可与桥梁下部构造施工同时进行，平行作业缩短了建桥工期；预制梁段的混凝土龄期比悬浇成梁的长，从而减少悬拼成梁后混凝土的收缩和徐变；预制场或工厂化的梁段预制生产有利于整体施工的质量控制；悬臂拼装法适用于预制场地及运吊条件较好，特别是工程量大和工期较短的梁桥工程；悬臂拼装法按起重吊装的方式不同分为：浮吊悬拼、牵引滑轮组悬拼、连续千斤顶悬拼、缆索起重机（缆吊）悬拼及移动支架悬拼等。梁的吊拼是悬拼的核心，梁段的预制是悬拼的基础。

梁段预制方法分长线法及短线法。

长线法施工如图 8–43 所示，组成梁体的所有梁段均在固定台座上的活动模板内浇筑且相邻段的拼合面应相互贴合浇筑，缝面浇筑前涂抹隔离剂，以利脱模。其优点是由于台座固定可靠，成桥后梁体线性较好，缺点是占地较大，地基要求坚实，混凝土的浇筑和养护移动分散。

图 8–43　长线法施工

短线法施工如图 8–44 所示，梁段在固定台座能纵移的模内浇筑。待浇梁段一端设固定模架，另一端为已浇梁段（配筑梁段），浇毕达到强度后运出原配筑梁段，达到要求强度梁段作为下一个配筑浇梁段，如此周而复始，台座仅需 3 个梁段长。为了便于安装和受力的需要，短线法施工的节段要设置剪力键。剪力键的位置设置在箱梁的顶板、底板和腹板位置。

短线法预制箱梁节段的优点是所需场地较小，浇筑模板及设备基本不需要移机，可调的底、侧模便于平竖曲线梁段的预制，缺点是精度要求高，施工要求严，施工周期相对较长。

（a）设置剪力键的箱梁节段

（b）制作箱梁模板

图 8–44　短线法施工

8.3.2　悬臂拼装法施工流程

悬臂拼装法施工流程如图 8–45 所示。

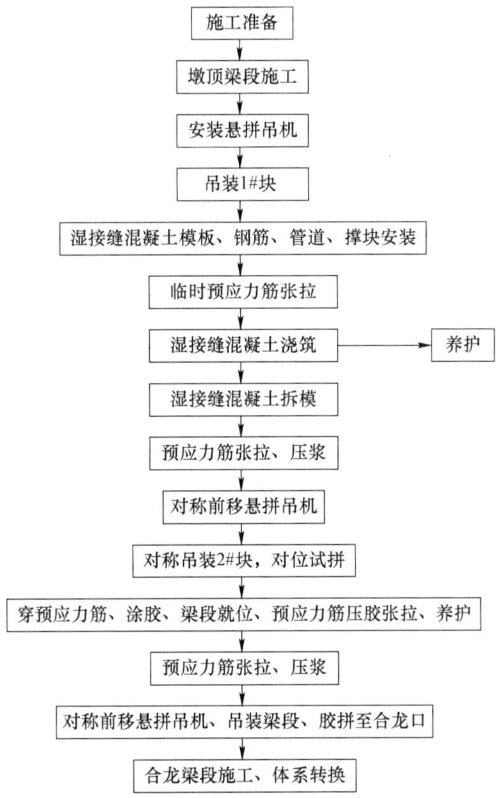

图 8–45　悬臂拼装法施工流程

8.3.3　连续梁悬臂拼装法施工

1．0#块的拼接施工

0#块施工，为了确保连续梁分段悬拼施工的平衡和稳定，与悬浇方法相同，将支座临时固结，必要时在墩两侧加设临时支架以满足悬拼的施工需要。

2．悬臂吊机安装

悬臂拼装施工 0#块后要安装吊装设备，吊装设备安装前应按最重梁段和最长梁段的施工荷载分别进行强度、刚度和稳定性计算。吊装设备的选择应根据桥位施工条件和现有的吊装设备或常备定型材料等情况，遵循自重轻、结构强度高、稳定性好的原则进行选择，可选用悬臂吊机、缆索吊或浮吊等。使用梁上悬臂吊机时，吊机重量应符合设计要求，悬臂吊机走行及悬拼施工时的抗倾覆稳定系数不得小于 1.5。

吊机使用前应做性能试验和吊装试验。吊装试验荷载按设计荷载的 60%、100%、125%分别进行吊装。

3．悬臂拼装梁段预制

悬臂拼装梁段应提前预制，提前预制时间应符合设计要求，要保证预制梁段获得足够的养护时间，其强度及弹性模量达到设计要求，混凝土干缩徐变较小。预制台座必须坚固、稳定，无不均匀沉降。台座顶面或底模顶面与桥梁梁底设计线型相一致并应在每次制作梁段前，进行全面检查，发现变化及时调整。预制梁段吊运前，应将设计要求的张拉力筋张拉完毕，并应标明梁段编号及拼接方向、梁段中心线及两侧平行线、梁段中心线的横向垂直线等拼装施工控制标线，在梁段顶面四角设立高程控制点并测定其相对高差。

4．悬臂拼装梁段吊运

梁段起吊前混凝土强度应达到设计要求，当设计无要求时，混凝土强度应达到设计强度的 75%以上，方可吊出预制场地。梁段起吊前，必须使梁底与台座或底模及相邻梁段相脱离。梁段起吊前应先检查吊架、吊具及起升系统等是否处于最佳状态，待检查无误后，缓缓启动卷扬机，待箱梁底面离开运梁平车顶面 5～10 cm 时停止起吊，检查预制箱梁是否呈水平状态或吊架各部位是否正常，待检查无误后，重新启动卷扬机，正式起吊就位。每次起吊梁段时，都应吊起约 20 cm 后暂停，检查吊具、吊点、吊机情况后方可继续起吊。起吊时必须对称、均衡起吊。梁段起吊时。吊钩和吊绳应保持垂直，不得斜吊，吊具与吊点的连接应保证均匀受力，防止梁体受扭。

5. 悬臂梁段运输

梁段运输前，必须采取可靠措施加支垫固定，以保证梁段安放平稳。场内运输时，运输轨道纵坡一般为平坡。当受地形限制时，最大纵坡不超过 1%。当采用无转向架的运梁平车时，运输轨道不宜设为平曲线。梁段装船应在专用的码头上进行，栈桥的长度应能保证在最低施工水位时驳船能起运。栈桥的高度应确保在最高水位时，栈桥的主梁不被水淹。为保证浮运安全，应设法降低浮运重心。

6. 悬臂梁段拼装

（1）吊装方法。

预制块件的悬臂拼装可依据设备和现场条件选用。若方便在陆地上或在便桥上施工时，可采用自行式吊车、门式吊车进行拼装；对于水中桥跨，可采用水上浮吊进行安装；对于高墩身的桥跨，可利用各种吊机进行高空悬拼施工。常用的吊装方法如下。

① 悬臂吊机拼装法。

悬臂吊机由纵向主桁架、横向起重桁架、锚固装置、平衡重、起重系、行走系统和工作吊篮等部分组成，如图 8–46 所示。纵向主桁架为吊机的主要承重结构，其由贝雷架、万能杆件、大型型钢等拼制，一般由若干桁片构成两组，用横向联结系连成整体，前后用两根横梁支承。横向起重桁架是供安装起重卷扬机直接起吊箱梁节段之用的构件，多采用贝雷架、万能杆件及型钢等拼配制作，纵向主桁架的外荷载就是通过横向起重桁架传递的。横向起重桁架支承在轨道平车上，轨道平车搁置于铺设在纵向主桁架上弦的轨道上，起重卷扬机安置在横向起重桁架上弦上。

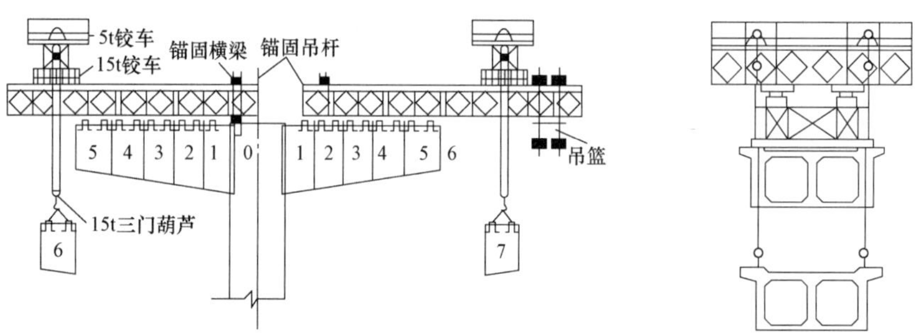

图 8–46　悬臂吊机拼装示意图

② 浮吊拼装法。

重型的起重机械装配在船舶上，全套设备在水上作业就位方便，40 m 的吊高范围内起重力大、辅助设备少、相应的施工速度较快，但台班费用较高。一个对称干接缝悬拼的工作面 1 d 可完成 2～4 段的吊拼。

③ 连续桁架拼装法。

连续桁架（闸式吊机）悬拼施工可分移动式和固定式两类。移动式连续桁架的长度大于桥的最大跨径。桁架支承在已拼装完成的梁段和待拼墩顶上，由吊车在桁架上移运节段进行悬臂拼装。固定式连续桁架的支点均设在桥墩上，而不增加梁段的施工荷载。移动式连续桁架吊机，其长度大于 2 个跨度，有 3 个支点，这种吊机每移动一次就可以同时拼装两孔桥跨结构。移动式连续桁架拼装如图 8–47 所示。

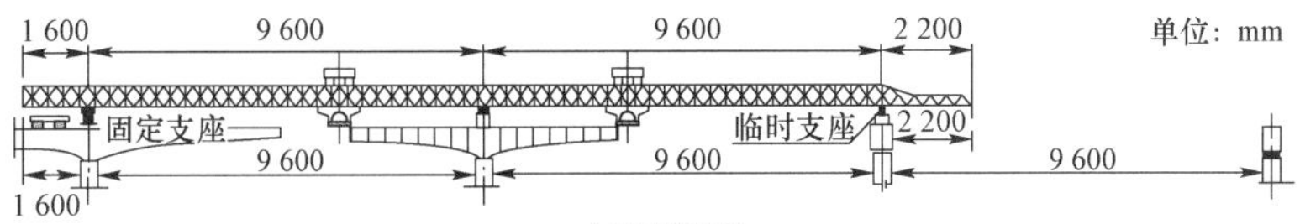

(a)悬拼状态

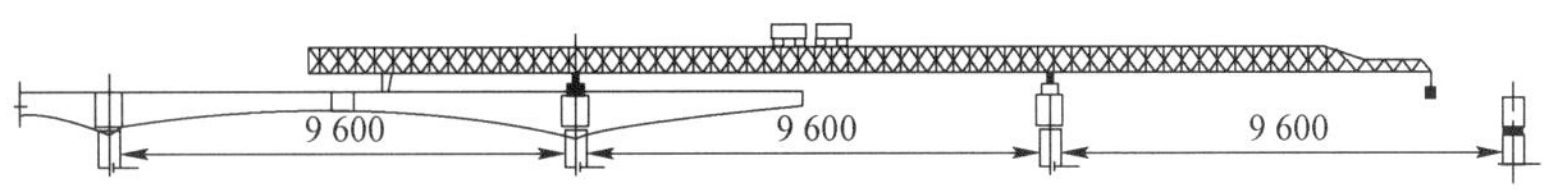

(b)支架移动状态

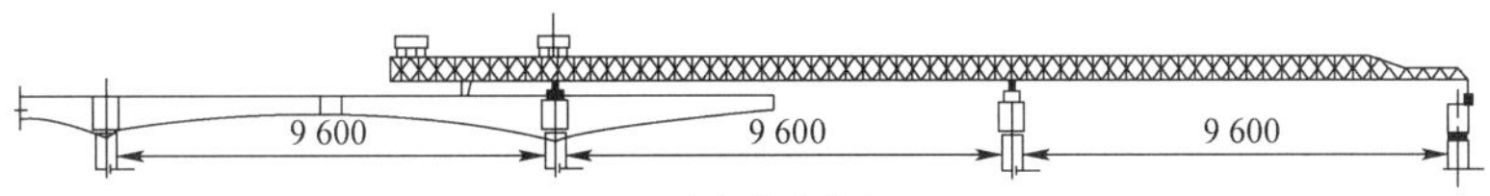

(c)支架就位状态

图 8–47　移动式连续桁架拼装

④ 缆索起重机拼装法。

采用缆索起重机（缆吊）施工，无须考虑桥位状况，且吊运结合，机动灵活，作业空间大。在一定设计范围内，缆吊几乎可以承担从下部到上部，从此岸到彼岸的施工作业。因此，缆吊的利用率和工作效率很高。其缺点是一次性投入大，设计跨度和起吊能力有限，一般起吊重力不宜大于 500 kN。目前我国使用缆吊悬拼连续梁都是由两个独立单箱单室并列组合的桥型。缆吊进行拼合作业时，增加风缆和临时手拉葫芦，以控制梁段就位的精度。

缆机运吊结合的优势，大大缩短了采用其他运吊方式所需的转运时间，可以将梁段从预制场直接吊至悬拼结合面。施工速度可达每日拼接 2 个作业面 4 段，甚至可达 3 个作业面 6 段。

⑤ 起重机拼装法。

采用伸臂吊机、龙门吊机、人字扒杆、汽车吊、履带吊、浮吊等起重机进行悬臂拼装。

（2）施工要点。

悬臂拼装法施工过程如图 8–48 所示。

（a）0#块施工

（b）节段拼装

（c）安装吊机

（d）1#块施工

图 8–48　悬臂拼装法施工过程

1#块是紧邻 0#块两侧的第一箱梁节段，是全跨安装质量的关键，一般采用湿接缝连接。湿接缝拼装梁段施工程序包括：吊机就位→提升、起吊 1 号梁段→起吊其他梁段→安设铁皮管→中线测量→丈量湿接缝的宽度→调整铁皮管→高程测量→检查中线→固定 1 号梁段→安装湿接缝的模板→浇筑湿接缝混凝土→湿接缝养护、拆模→张拉预应力筋→梁段拼装。

湿接缝应提前将接缝面凿毛、清理并在混凝土浇筑前充分湿润。起吊梁段后精确定位梁段接缝。接缝面两侧梁段纵向中心线重合、横向垂直线平行，梁段前端高程符合施工线型设计要求。梁段接缝定位检查合格后，应立即在接缝段安装模板、钢筋、撑块和按设计要求穿束张拉临时预应力筋，将湿接缝临时固定。接缝模板必须与两侧梁段搭接密贴，不得出现错台和漏浆现象。接缝钢筋连接符合设计要求，预应力孔道连接铁皮管深入梁段长度不应小于 10 cm，并应进行密封处理。

湿接缝梁段拼装完毕后必须在接缝现浇混凝土强度达到设计要求强度后才能进行预应力施工，当设计无要求时，应待混凝土强度达到设计强度的 75%以上方可张拉。

胶接缝施工如图 8–49 所示。

胶接缝施工应满足设计要求。涂胶前应先试拼定位，检查梁段纵横位置及四角高程。胶黏剂配合比和胶浆强度必须符合设计要求，胶浆稠度和固化时间应满足施工操作要求，由试验确定。接缝前接缝面必须清洁、干燥，温度不应低于 10 ℃，涂胶后应进行覆盖，防止雨淋、日晒并保持温度稳定。涂胶作业应符合设计要求，梁段正式定位后，按设计张拉顺序及压力（设计无要求时按 0.2～0.3 MPa）对称张拉临时预应力筋进行挤压，挤压应在 3 h 内完成并应及时清理接缝面周围和预应力孔道中挤出的胶浆。涂胶人员应佩戴防护用品。

胶接缝拼装完毕，应按设计要求间隔时间或胶浆强度进行预应力筋张拉，当设计无要求时需在挤胶 30 h 后进行张拉。

预应力张拉顺序应按先长后短、先边后中、先上后下进行施作。

（a）拼装前接缝涂胶　　（b）拼装后日期

图 8–49　胶接缝施工

7. 体系转换

体系转换应按设计顺序进行。

学习评价

根据所学内容完成下面的一体化学习任务单。

职业能力养成任务名称：悬臂拼装法施工技术

姓名：________　　所属学习小组：________　　得分：________

说明：在规定时间内交回一体化学习任务单以便教师评价学习效果。

悬臂拼装法施工技术

- 1. 相关知识
  - 梁段预制方法分（　　）法及（　　）法。
  - 简述悬臂拼装法施工优点。
- 2. 施工要点
  - 吊装试验荷载按设计荷载的（　　）%、（　　）%、（　　）%分别进行吊装。
  - 简述悬臂拼装施工时，1#块的施工过程。
  - 场内运输预制梁节段时，最大纵坡不超过（　　）%。
  - 简述湿接缝施工注意事项。
  - 预应力孔道连接铁皮管深入梁段长度不应小于（　　）cm，并应进行密封处理。
  - 湿接缝应待混凝土强度达到设计强度的（　　）%以上方可张拉。
  - 胶接缝施工时对称张拉临时预应力筋并进行挤压，挤压应在（　　）h以内完成。
  - 胶接缝拼装完毕，需在挤胶（　　）h后进行张拉。

工作情境 9

高速铁路桥梁养护维修

思政目标

（1）厚植家国情怀和责任担当。
（2）培养吃苦耐劳精神。
（3）具备一定的组织协调能力。

学习目标

1. 知识目标

（1）高速铁路桥梁养护维修认知。

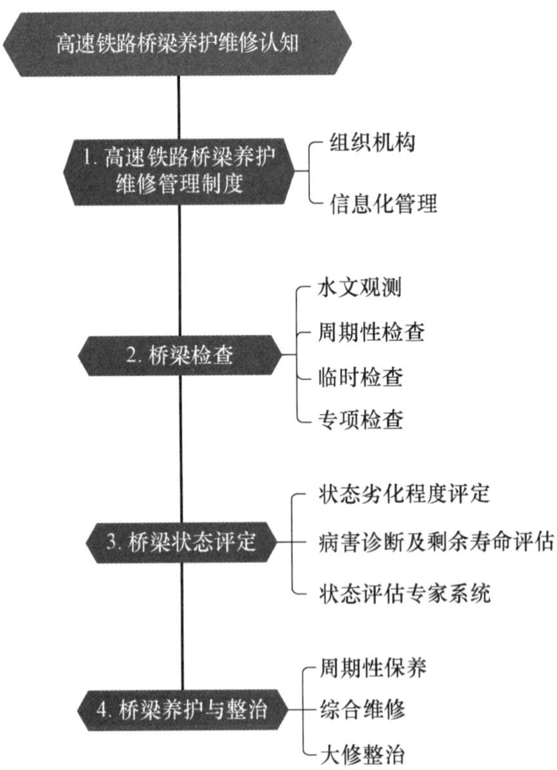

（2）高速铁路桥梁墩台养护维修技术。

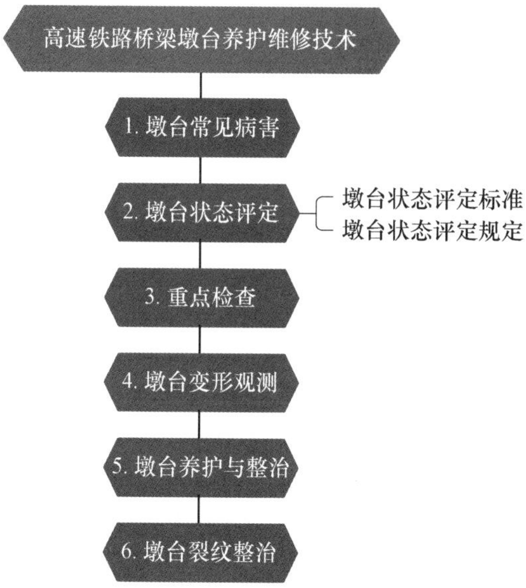

（3）高速铁路桥梁基础病害检查与维修加固技术。

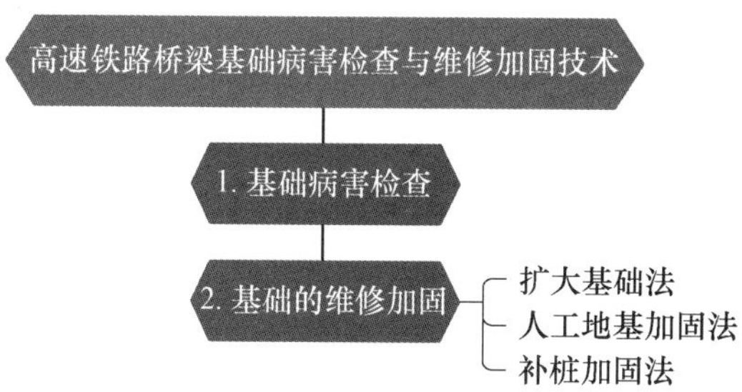

（4）高速铁路桥梁支座病害检查与维修加固技术。

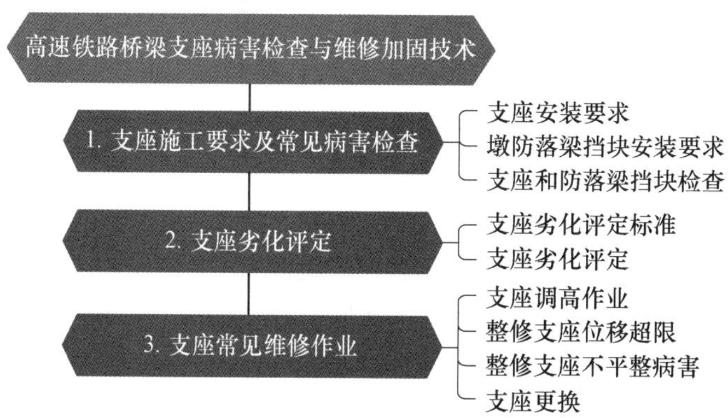

（5）上部结构养护维修技术。

（6）桥面系养护维修技术。

2. 能力目标

（1）具备根据高速铁路桥梁现状，评定高速铁路桥梁各部分状态的能力。

（2）具备根据高速铁路桥梁各部分质量评定标准和桥梁现状，填写高速铁路桥梁各部分检查记录的能力。

（3）依据相关规范和规程，具备查阅高速铁路有关桥梁各部分修理规程的能力。

（4）具备在工程师指导下编写高速铁路桥梁各部分维修保养计划的能力。

3. 素质目标

（1）养成忠于职守、以数据说话的工作作风。

（2）培养综合运用知识与技能从事较复杂的技术工作的职业素养。

职业能力 9.1　高速铁路桥梁养护维修认知

职业能力情境引入

桥梁建筑物是高速铁路的重要组成部分，其长度占线路总长度的比例高，结构复杂，修建困难，但高速铁路桥梁具有较大的竖向、横向、抗扭和纵向刚度，能满足严格的工后沉降控制要求，为保证高速铁路安全性、平稳性和乘车舒适性要求，高速铁路多采用桥梁代替路基，例如，京沪高速铁路桥梁长度占线路全长的80%以上，武广客运专线桥梁长度占线路全长的40%以上，我国已建成的高速铁路桥梁以中小跨度为主，刚度较大，整体性好，结构便于检查和维修。

知识链接

桥梁建筑物维修工作应遵循“预防为主，防治结合”的原则，强化设备检查，采取周期性保养和综合维修相结合的方式，预防病害发生，保持桥隧建筑物使用状态均衡完好，使列车能以规定的速度安全、平稳和不间断地运行。

根据高速铁路高密度和高强度运行的特点，高速铁路工务安全管理应坚持“安全第一，预防为主，综合治理”的方针，遵循“行车不施工，施工不行车”的原则，实行天窗养护维修制度。通过严格作业纪律和劳动纪律，突出设备检查和分析环节，严检慎修，保持线路设备满足高可靠性、高稳定性和高平顺性的要求，确保行车和人身安全。

9.1.1　高速铁路桥梁养护维修管理制度

高速铁路桥梁养护维修工作必须认真执行检查、计划、作业、验收等基本工作制度，依靠科技手段，强化基础建设，大力发展机械化作业，不断提高工作效率和经济效益，全面实行科学化管理。

我国铁路桥梁养护维修工作管理的程序、桥梁养护工作总的方针、原则和标准，由中国国家铁路集团有限公司（国铁集团）制订发布；养护工作的计划由铁路局集团有限公司（铁路局）决策；养护工作的任务由工务段执行。高速铁路桥梁的养护维修工作多采用机械化作业，与普通铁路桥梁相比维护人员配置数量大为减少，并逐步向综合养护模式过渡。

1. 组织机构

工务段设置路桥检查车间，负责桥隧、路基设备的日常管理，检查车间下设检查工区。管辖高速铁路长度较短，不足以设置车间的，必须设置检查工区。检查车间的管辖营业长度宜在 300 km 左右，且不超过 400 km；检查工区管辖营业长度在 100 km 左右，山区路段适当缩小管辖长度；大型桥梁、长大隧道应设置专门的检查工区。跨越大江大河的大型钢梁桥，宜专门设置钢梁、机修工区。桥隧检查工区负责桥隧设备、附属及安全检查设施的日常检查、观测和适量的保养工作。检查车间、工区按照专业化管理的需要应配备相应的交通运输工具、动力机械、专用检测设备及作业机具、高空检查平台等。

桥梁静态检查主要包括：工务工区或维修组按规定周期对线路桥隧、路基设备进行检查；精测网复测、沉降观测工作则委托有资质的专业公司负责，测量结果提供给工务部门。

桥隧设备维修实行委托方式，委托铁路局组织实施。维修技术特别复杂，难度大且铁路局专业维修单位不能胜任的，经充分论证，按规定程序，委托具备资质的公司实施。

2. 信息化管理

桥隧设备管理、修理和防灾工作应实行建筑信息模型（building information modeling，BIM）管理，建立完善的网络系统，实现对桥隧设备状态、灾害的有效监控。建立桥隧设备从设计、施工至运营的全寿命信息化 BIM 管理，日常运营管理信息纳入信息化管理系统。桥隧设备信息化管理的技术文件包括：桥梁登记簿、桥梁设备图表和检查报表、桥梁卷宗。

高速铁路桥梁的养护维修工作按业务范围和工作性质可分为桥梁检查、周期性保养、综合维修和大修整治等内容。

9.1.2　桥梁检查

桥梁检查是做好桥梁大修、维修工作的重要依据，是桥梁维修工作中极其重要的组成部分。对桥梁进行周密检查的目的是详细了解桥梁在运营中发生的变化，及时发现病害和分析病害原因，并据以采取有效防治措施，合理安排大修工作；积累技术资料，系统地掌握桥梁状态，准确规定其使用条件，使其经常保持完好状态，保证列车安全和不间断地运行。

由于高速铁路列车运行速度高，作业天窗时间多安排在夜晚，对桥梁检查、作业的要求如下。

（1）所有桥梁的桥面部分检查必须在天窗点内进行，其他时间不得进入。

（2）桥梁梁体、墩台、支座等桥面以下设施，可以利用其他时间进行检查。

（3）混凝土箱梁内的检查，天桥、涵洞的检查可以在其他时间内进行。需要进入铁路面检查的应在天窗点内进行。

（4）车间、班组要结合所在的区间和设备数量，确定每月检查的地点和检查的位置，要结合检查、作业天窗点安排人员在天窗点内进行。

（5）所有的检查必须由 2 人及 2 人以上联合进行，进入混凝土箱梁内的检查必须携带照明设备。

桥涵检查包括：水文观测、周期性检查、临时检查、专项检查、检定试验等。对跨越大江大河的大型钢梁桥、公铁两用桥梁应制订专门的检查制度。各项检查必须建立相应的责任制度，保证各项检查工作的落实。检查单位应建立检查登记簿、病害观测记录簿，并按规定认真填写，保证数据准确可靠。

检查人员按规定认真填写检查登记簿、病害观测记录簿，保证数据准确可靠。为保证检查的精度，检查人员应配备必要的检查工具和仪器、仪表，并定期标定，统一计量标准。

1. 水文观测

凡需要了解墩台基础冲刷、河床变化、河道变迁、流量、冰凌等情况的桥梁，均应进行河床断面、水位、洪水通过时流速、流向、结冰及流冰情况的观测。

河床断面测量每 2 年测量 1 次（对季节性河流上的桥梁，洪水冲刷河床断面发生变化时，汛后测量 1 次）；测量地点一般在桥下及桥梁上下游各 25 m 的 3 个断面上，测点间隔不应超过 10 m，每次测量的断面应固定；测量应在河道全宽范围进行。每次测量结果，应绘在图纸上，用不同色笔绘制历年冲刷总图，每 5 年更换 1 次。图上应绘有各种水位、轨底、墩台顶、基底、河床的高程，以及水深、墩台中心线及河床断面。

对排洪能力和墩台稳定有疑问的桥涵，洪水通过时，应特别加强对墩台、调节河流建筑物、防护设施和桥头锥体护坡、路基的观测和检查；对冲刷严重的墩台，可在该处设置自动记录的测深装置或在洪水通过时使用铅鱼进行测深，必要时使用仪器测深。洪水过后，须立即检查河道、河床、防护设备、调节河流建筑物和桥头路基的状态。

需了解桥墩周围冲淤变化时，应以桥墩中心为圆心，以一定距离为半径，测量该范围内的水下地形；需了解翼墙、锥体护坡的冲刷情况时，应在其周围另加测点或潜水摸探。

2. 周期性检查

（1）检查车间承担桥隧建筑物周期性检查的管理责任。设备管理单位主要领导每年应有计划地检查技术复杂及有严重病害的桥隧设备。

（2）经常检查：工长每月对未设桥梁巡守工的桥梁及其他重要桥涵检查一遍；领工员每月有计划地对重点桥涵检查一遍。有病害的桥涵，更应勤加检查。

（3）定期检查：每年春秋两次，铁路桥梁一般由工务段进行检查，春季检查是在春融或汛前对桥梁进行一次全面检查，重点是流冰过桥的安全，桥梁排水的疏浚，调节河流建筑物及防护设备的完好等。秋季检查是对桥梁的技术状态进行全面、细致的检查。

（4）对特殊结构（钢桁梁、拱、斜拉桥等）和重要桥隧设备每季度检查一遍；对桥面及以上部位、涵洞排水、桥涵限高防护架每半年检查一遍；桥面以下结构、支座、涵洞每年检查一遍；桥隧周边环境每年检查一遍。汛期应对桥梁防洪设施进行专门检查。

每次检查情况，应填写《高速铁路桥隧建筑物检查记录簿》，发现重要病害或病害发展较快时，应及时逐级上报，必要时绘制病害示意图，记入桥隧检查记录簿或桥隧卷宗内。

3. 临时检查

当设备遭受地震、洪水、台风、火灾及车船撞击等紧急情况或发生突发性严重病害时，应进行临时检查，及时掌握结构物状态。

4. 专项检查

对于特别长大的、构造复杂、高墩、有严重病害或新型结构的桥梁应进行专项检查。

9.1.3 桥梁状态评定

通过各项检查掌握桥梁实际工作状态后，还需进一步进行科学的分析判断，评定桥梁的劣化程度，以便进行有针对性的维修或大修。每年秋季应对每座桥隧建筑物按项目进行一次状态评定，填写《高速铁路桥隧建筑物状态评定记录表》。

1. 状态劣化程度评定

桥梁状态的劣化是指桥梁在运营过程中，承受荷载的作用和环境的侵害，引起的结构功能变化，构成对行车安全的影响。由于荷载作用和环境侵害的程度不同，影响结构功能和行车安全的程度也不相同，因此桥涵的劣化程度也是不同的。

根据《高速铁路桥隧建筑物状态评定标准》，高速铁路桥梁状态按劣化程度分为 A、B、C 三级，A 级又分为 AA、A1 两等，具体评定标准如下。

（1）凡结构物或主要构件功能严重劣化，危及行车安全，评定为 A 级 AA 等；

（2）凡结构物或主要构件功能严重劣化，进一步发展会危及行车安全，评定为 A 级 A1 等；

（3）凡结构物或构件功能劣化，进一步发展将会升为 A 级，评定为 B 级；

（4）凡结构物或构件劣化，对其使用功能和行车安全影响较小，评定为 C 级。

结构物或构件状态评定为 A 级者，其病害一般需要通过大修或更新改造进行整治；当结构物存在影响行车安全的病害，应采取相应的限速或限载措施，遇紧急情况，应立即采取临时加固措施，并视具体情况，尽快安排彻底整治或列入下一年度的桥隧大修或更新改造计划及时整治。

结构物或构件状态评定为 B 级者，其病害一般需要通过维修整治（个别病害需要通过大修整治）。

结构物或构件状态评定为 C 级者，其病害可通过维修进行整治，个别病害需加强观测并根据其变化情况采取相应的措施。

2. 病害诊断及剩余寿命评估

桥梁在运营检修的寿命周期内，根据状态变化和健全度（指结构物完成其特定功能的健康安全度或损伤度）衰退的程度，进行适时的修理，使其最大限度地恢复原有的功能。但随着时间的推移，其健全度必将逐步丧失，以至失去应有功能而报废。因此，桥梁在运用过程中，科学地诊断病害，对于有效地整治病害，在确保行车安全和适应运输发展的前提下，充分发挥应有功能的潜力，最大限度地延长使用寿命，取得最佳的技术经济效益，具有十分重要的意义。

3. 状态评估专家系统

随着计算机技术的普及应用，人们运用专家知识和模拟专家行为进行计算机编程，解决了较为复杂的疑难问题，这就是所谓的专家系统，如桥梁损伤评估专家系统，随着评估专家系统的进一步完善和推广，将使桥梁状态评估更为简捷、准确。

9.1.4 桥梁养护与整治

桥梁的养护维修工作，是在做好设备检查和状态评定的基础上，根据设备不同的劣化程度，有针对性地进行周期性保养、综合维修和大修整治，并做好各项作业的检查验收工作，有效地预防或控制病害的发生或发展。

1. 周期性保养

周期性保养是桥梁养护维修的主要环节。通过对桥梁的周期性保养，及时消灭超限和临近超限处所，保持设备状态经常均衡完好，确保行车安全平稳。保养计划的编制与实施，应通过设备的周期性检查，除对发现的超限处所及时整修外，还应对临近超限处所进行预防性周期保养，编制季度保养计划，经上级部门批准后实施，并将实施情况、班前安全质量预想防控项点及措施记录在保养日计划及完成表内。

周期性保养工作一般应以整座设备进行，长大桥隧设备也可分区段进行保养，保养周期应按不同设备类型的状态变化加以控制，钢桥（含混合桥钢梁、钢拱桥、钢箱拱、钢管混凝土拱，钢–混凝土结合梁等）半年，其他设备一年。在做好适时保养的同时，还应加强预防性的周期保养，使设备经常保持在合格状态。

桥梁日常保养工作：保持桥梁清洁，清除积水、冰雪、煤烟、污垢和尘土等；保养好各种螺栓，打紧道钉和防爬器；修理桥面木质的个别部分；修补桥梁小片的油漆；添换防火用的砂、水；维护标识和标志等。

桥梁计划维修工作：桥面修理，钢梁局部油漆处理；钢结构（包括支座）修理；圬工梁拱及墩台修理；防护设备及调节河流建筑物的修理；安全检查及照明设备的修理。

桥梁保养质量应定期进行评定，由设备管理单位组织有关人员，结合春检和秋检，每半年对钢梁桥及每年对其他设备，进行一次保养质量评定。每座设备的保养质量评定是根据该设备各部分存在的问题，按照《高速铁路桥隧建筑物保养质量评定标准》的规定，根据扣分情况来评定保养质量。

2. 综合维修

综合维修是桥梁养护的重要修程。桥梁的综合维修应全面推行预防修，按照年度维修计划分月组织实施。按照不同设备类型确定桥梁综合维修周期：钢梁桥（含混合桥钢梁、钢拱桥）3 年；混凝土桥及救援疏散通道 5 年；涵洞等视设备状态而定，一般 5～8 年。

综合维修年度计划，由设备管理单位编制《高速铁路桥隧建筑物综合维修年度计划表》，经铁路局批准后实施，其完成情况按月统计，逐级上报。月度综合维修计划，按照设备管理单位下达的任务，根据综合维修的要求，以工作量调查结果为依据，编制《高速铁路桥隧建筑物综合维修月计划及完成表》，经批准后执行。

承担综合维修的单位，按照批准后的综合维修计划，制订实施计划和措施，并根据计划进度要求，编制综合维修日计划，填写《高速铁路桥隧建筑物维修保养日计划及完成表》，并组织实施。

综合维修工作的范围主要包括：钢结构维护性涂装、混凝土结构裂缝和露筋的修补、防排水设施整修、支座整修、基础防护整修、涵洞整修、安全防护设施整修、淤积清理等。

综合维修作业应严格按照作业标准进行，实行质量控制，保证达到规定的质量要求。作业过程中，每天应在作业中及收工前进行质量自检、互检和回检，发现不符合标准的项目应及时返修达标。做到每项作业勤检细修，一次达标。每次检查的情况都应填写在日计划及完成表内或施工记录上。每座设备综合维修作业全部完工后，应按《高速铁路桥隧建筑物修理作业验收标准》的有关规定进行质量验收评定。长大桥梁或混合桥可分孔或分段进行验收。

综合维修作业质量评定分为合格、不合格两个等级。全部项目一次验收达到合格，可评为“合格”，否则为“不合格”。若出现不合格处所，经返修复验合格，评为“合格”。

3. 大修整治

大修整治是桥梁养护全盘工作的重点，大修工作的基本任务是恢复或提高设备运用能力，以充分发挥桥梁的使用效能。桥梁大修按照设备状态劣化程度、工程性质、复杂程度和工程量大小，可分为周期大修、重点大修和一般大修等。

周期大修属于预防性的整修工程，包括整孔钢梁重新涂装或罩涂面漆等；重点大修属于重点病害整治或加固改善工程，包括墩台大修、支座更换、桥涵基础加固、钢梁加固等；一般大修属于重点病害整治或加固改善工程，包括其他病害整治的大修。

桥梁大修的主要工作范围包括：整孔钢梁重新涂装或罩涂面漆；成批更换高强度螺栓；加固钢梁；更换支座或支座螺栓；整孔混凝土梁裂缝注浆、封闭涂装、钢筋锈蚀整治；大面积修复无砟轨道桥面防水层；加固混凝土墩台及基础；更换梁端伸缩装置；整孔更换作业通道步行板、栏杆；加固或恢复桥涵限高防护架等。

涵洞大修的主要工作范围包括：加固涵洞；修复或加固防护及河道建筑物；整治危及涵洞安全的河道等。

1）计划和设计文件编制

设备管理单位应根据设备技术状态，每年在设备检查后，提出次年的《高速铁路桥隧建筑物大修项目建议书》，报送铁路局和高速铁路公司审核。高速铁路公司会同铁路局，根据轻重缓急和投资能力，确定次年度大修任务计划。每项桥隧大修工程均应进行设计并编制设计文件。周期大修和一般大修可直接进行设计。重点桥隧大修工程可分两阶段进行设计，即先提出初步设计和概算，经铁路局和高速铁路公司审查确定后，再编制技术设计。

凡列入桥隧大修计划的件名，其设计文件编制完成后，均应经过铁路局和高速铁路公司审查批准。设计单位根据鉴定提出的问题做修改后编成正式文件。

2）施工管理

桥梁大修原则上由专业施工单位施工，零小的一般大修或周期性大修工程，亦可由设备管理单位施工。大修工程的施工应视工程规模的大小、性质实施工程监理制度。工程的监理应严格执行国家铁路局发布的《铁路建设工程监理规范》中的各项条款。

桥梁大修施工应建立施工安全质量负责制，严格按照设计文件和有关施工规范、规则、营业线施工安全管理的规定施工，保证行车安全、人身安全和工程质量。

大修工程竣工后应恢复施工中拆除和受损部分的原状，及时清理工地，并整理好施工记录和竣工图等资料。对于技术复杂，采用新技术、新工艺的大修工程，应做好施工技术总结，交付验收。

3）检查验收

桥梁大修施工单位应建立严格的检查制度，做好施工检查工作。大修验收以每件为单位，工程项目工作量较大的工程，亦可分项或分孔（个）进行验收，但全部工程竣工后，须再进行一次总的质量评定。

桥梁大修工程的施工质量，以每件工程为单位综合评定，分为“合格”“不合格”两个等级。全部工作项目的质量达到合格则评为“合格”，任何一项工作项目的质量未达到合格则评为“不合格”。若不合格项目返工整修，经复验达到合格，评为“合格”。

职业能力 9.2　高速铁路桥梁墩台养护维修技术

职业能力情境引入

在我国北方广大地区，混凝土的抗冻性不足是造成耐久性破坏的主要原因，特别是在既触水又受冻的环境下，混凝土的冻害尤为严重，如墩顶防落梁支架安装孔积水、托盘冻裂、桥墩干湿交替部位混凝土冻酥等。

桥梁墩台的养护包括：清除墩台顶面的污秽、防止顶面积水、疏通和改善排水设备、修补或添设防水层；修整有蜂窝或剥落的混凝土保护层、处理风化表面、修补局部表面破损；处理裂纹及因砂浆流失或施工不良而造成的内部空洞蜂窝；修整损坏的支承垫石；加固墩台、翻砌墩台等。

9.2.1　墩台常见病害

桥墩病害的主要表现为：水平、竖向和网状裂缝；混凝土脱落、空洞、材料老化；受外力冲击产生破坏；钢筋外露和锈蚀；结构变形、位移等。

桥台的常见病害是桥台的前墙向桥孔倾斜及各种伴随裂缝（主要是桥台承受的土压力过大造成的）。从外观看，裂缝是桥梁墩台最主要的病害，桥台裂缝如图 9–1 所示，桥墩裂缝如图 9–2 所示。

图 9–1　桥台裂缝

图 9–2　桥墩裂缝

9.2.2 墩台状态评定

1. 墩台状态评定标准

桥梁维修处理以前，需先进行桥梁状态评估。参照《高速铁路桥隧建筑物维修规则》中的墩台评定标准的相关规定，对桥梁墩台状态进行评估。桥梁墩台状态评估标准（墩台劣化）如表 9–1 所示。

表 9–1　桥梁墩台状态评估标准（墩台劣化）

类型等级	（1）从基础发展至墩台身的竖向裂缝	（2）复线墩台中间竖向裂缝	（3）墩台身的竖向裂缝	（4）墩台水平裂缝	（5）支承垫石下竖向裂缝	（6）墩顶面裂缝
A1	裂缝有发展（如图 9–3 所示）	裂缝有发展（如图 9–4 所示）	裂缝向墩帽或基础有发展（如图 9–5 所示）	列车作用下裂缝有开合现象（如图 9–6 所示）	裂缝有发展和开合现象（如图 9–7 所示）	—
B	裂缝无发展	裂缝无发展	裂缝无发展	裂缝无开合现象	裂缝无发展和开合现象	放射状裂缝（如图 9–8 所示）

类型等级	（7）墩台变位（倾斜、滑动、沉陷、冻起）	（8）墩台身混凝土内部空隙	（9）墩台身腐蚀剥落	（10）墩台身断裂	（11）空心墩台内积水
AA	变位影响桥上线路轨道几何状态超限或导致支座状态劣化达 AA 级	—	大面积腐蚀剥落达墩台身截面积 5%以上	墩台身断裂（水平裂缝环向裂通）	—
A1	变位引起梁端顶死或导致支座状态劣化达 A1 级	影响墩台正常使用	局部腐蚀剥落小于墩台身截面积的 5%	—	空心墩台内积水引起冻胀
B	变位未造成上述病害	内部有空隙	—	—	空心墩台有积水

类型等级	（12）基础或承台腐蚀、风化、剥落、空洞（桩基除外）	（13）桩基础断裂、腐蚀、缺损
AA	导致墩台变位，影响行车安全	影响承载能力、引起沉降
A1	侵入刚性角	—
B	深度＞30 mm 且面积＞0.3 m^2，未侵入刚性角	—

注：表中裂缝指宽度超过《高速铁路桥隧建筑物大修维修规则》（暂行）表 3.6.6 规定限值的裂缝。

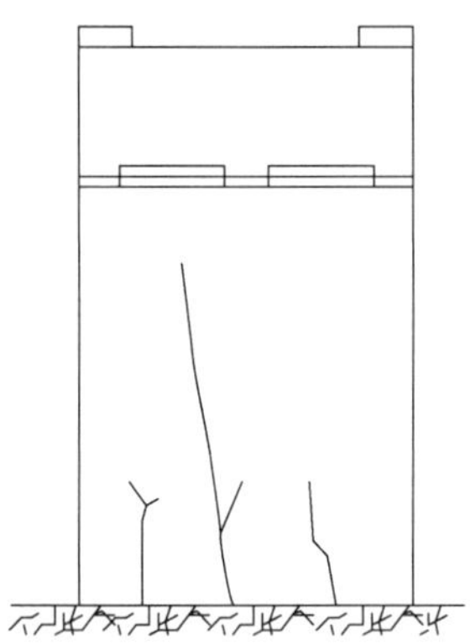

图 9–3　从基础发展至墩台身的竖向裂缝

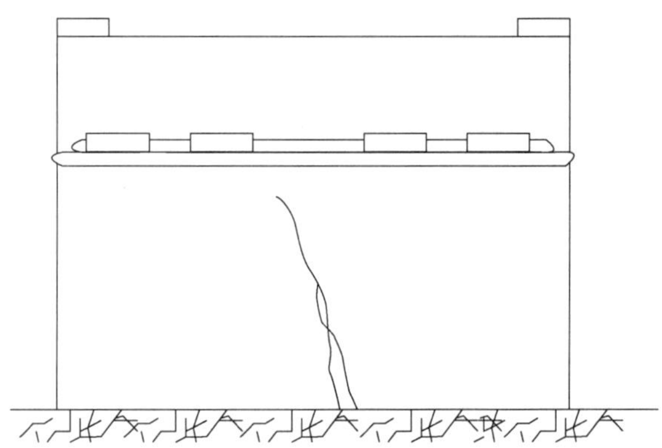

图 9–4　复线墩台中间竖向裂缝

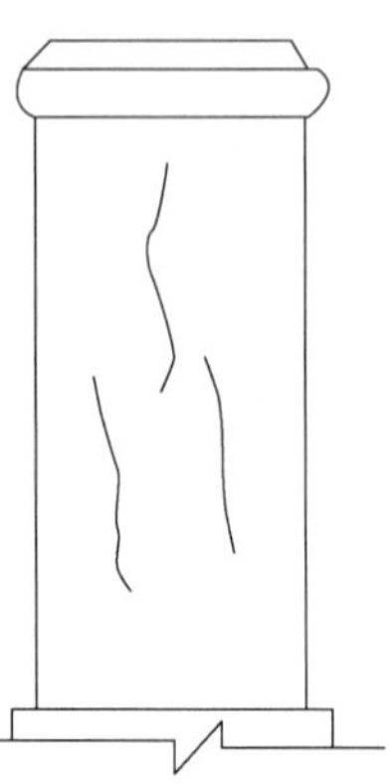

图 9–5　墩台身的竖向裂缝

图 9–6　墩台水平裂缝

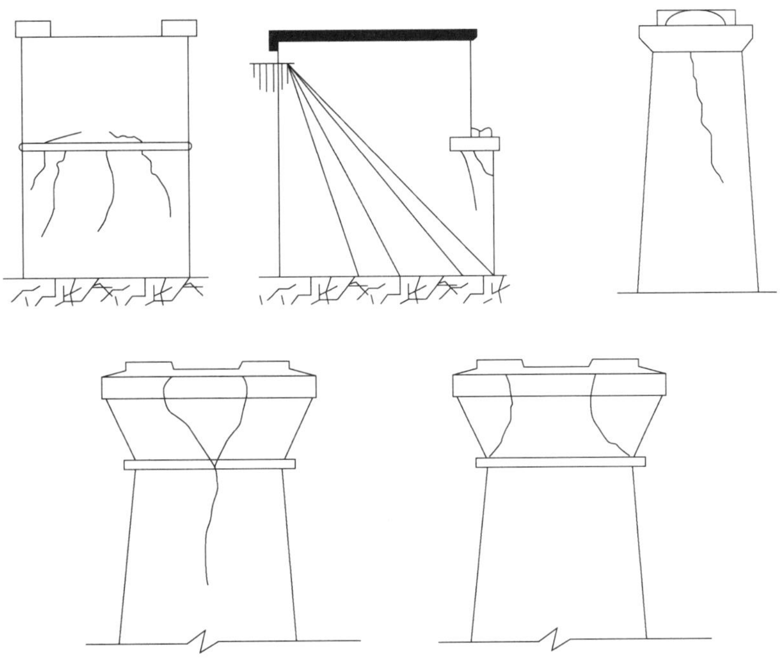

图 9–7　支承垫石下竖向裂缝

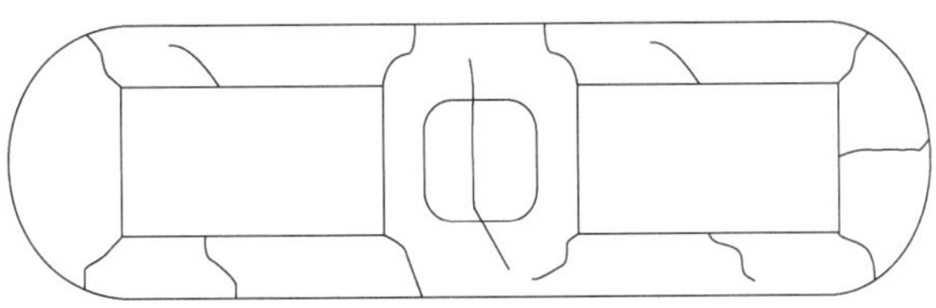

图 9–8　墩顶面裂缝

2. 墩台状态评定规定

墩台出现下列状态，应及时处理。

（1）混凝土保护层中性化深度大于 25 mm。

（2）钢筋混凝土裂缝流锈水。

（3）混凝土墩台恒载裂缝宽度大于表 9–2 规定的限值。

表 9–2　墩台恒载裂缝宽度限值

梁别	裂缝部位		最大裂缝限值/mm
墩台	顶　帽		0.3
	墩台身	经常受侵蚀性环境水影响	有筋 0.2，无筋 0.30
		常年有水但无侵蚀性	有筋 0.25，无筋 0.35
		干沟或季节性有水河流	0.4
	有冻结作用部分		0.2

（4）相邻跨梁端或梁端与桥台胸墙间顶紧，或相邻跨作业通道栏杆、电缆槽道、遮板等顶紧，影响自由伸缩。

（5）意外事故造成墩台混凝土局部溃碎或钢筋变形、折断。

（6）寒冷地区，空心墩台内部积水。

混凝土墩台严重裂损，可采用修补、灌浆、表面封闭、加固等办法处理，并符合相应技术标准要求。墩台倾斜、下沉、加固等病害，可采用地基加固、加深或扩大基础、后台换填、卸载等办法处理。

9.2.3 重点检查

（1）墩台应进行裂缝、腐蚀、倾斜、滑动、下沉、冻融、空洞等病害的检查。

（2）高桥墩须观测墩顶位移。高墩曲线桥应注意线路与梁跨中线、梁跨与墩台中线所造成的叠加偏心对墩台的不利影响。

（3）空心墩检查内外温差，注意因温度变化造成裂纹的发展。当发现裂纹内外对应时，应查明是否贯通。检查因进水而造成的冻胀裂损。

（4）检查桩柱式桥墩不均匀下沉而产生的墩顶剪切裂纹。

（5）检查墩台在水面及以下有无环状腐蚀松散剥落或冲失缺损形成空洞。

（6）高桩承台桥墩，当发现支座位移、墩身有位移时，应详细检查承台下基桩有无环状裂纹或断裂。

（7）检查桥台护锥和背后盲沟有无损坏、空洞，雨天有无水从锥体排出，锥体有无下沉，土体有无陷穴等。

（8）寒冷地区的中小桥应检查基础襟边水平裂纹。

9.2.4 墩台变形观测

1. 墩台位移及下沉观测

固定的观测点一般应设在墩台顶面的下游两端且能全桥通视。为保证观测精度，应埋设强制归心装置，归心装置的“标心”既是仪器固定点，又是位移的观测基点。为正确掌握微小变化，使用精密水准仪、全站仪及相应的配套设备。

下沉观测应根据具体情况采用适宜的观测方案进行。为求得各墩下沉的绝对值，墩台高程应与桥梁设计基准点或附近国家水准点相联系。水平横向位移可观测在上下游方向测点离基线的距离变化而得，水平纵向位移可测量各墩间距离变化而得。为求得墩台平面位移的绝对值，基线在观测区以外应有控制系统。

2. 桥墩振动检查

桥墩振动检查的方法是测量墩顶横向水平振动，观测其频率、振幅和波形并进行综合评判，可判断桥墩下隐蔽部位有无严重病害。

3. 墩台倾斜观察

（1）用全站仪和横放的水准尺进行观察。

（2）将两个较长的水准器互相垂直地水平埋置在墩台面上，看水泡移动的刻度来测得墩台倾斜程度。

9.2.5 墩台养护与整治

1. 墩台排水

在养护工作中，必须经常维护墩台顶面的清洁及排水畅通，以免水流入圬工内造成病害。

墩台顶面原有流水坡面上有破裂处所或表面脱落、凹凸不平等，须清洁后将不平及凹坑处用砂浆抹平。如流水坡坡度过小，可用增加流水坡表层厚度的方法来改正，必要时另行加铺一层一定厚度的混凝土并进行表面抹光，做成3%的坡度。

桥台和护锥接触处一般常有裂缝。如用砂浆勾缝不久就会裂开，可用浸过沥青的麻筋填紧，防止雨水浸入。

2. 墩台表面风化的整治

墩台表面风化、剥落，出现蜂窝麻面时可加一层 M10 的水泥砂浆防护。抹面方法可采用手工抹砂浆和压力喷浆。

3. 墩台表面局部修补

当墩台表面局部损伤、脱落不太严重时，可以将破损部分清除，凿毛洗净，然后用 M10 的水泥砂浆分层填补至需要的厚度，并将表面抹平。当损坏深度和范围较大时可在新旧混凝土结合处设置牵钉，必要时挂钢筋网，立好模板，浇灌混凝土，其做法如图 9–9 所示。

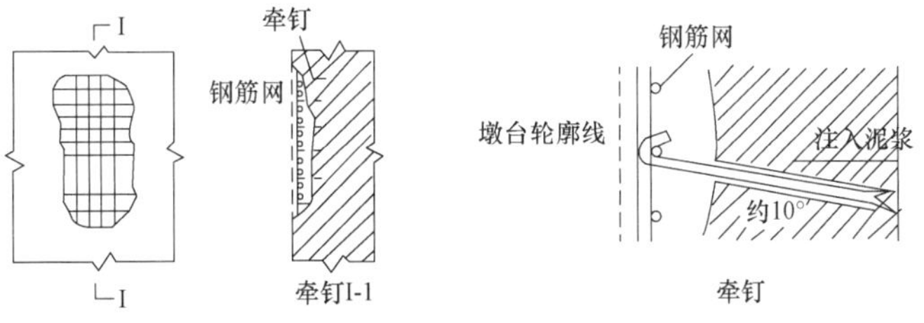

图 9–9　墩台表面局部修补示意图

（1）清除破损部分，边缘应修凿整齐，凿深不浅于 3～5 cm。

（2）埋设牵钉，其直径为 16～25 mm，随破损深度而定。牵钉间距在纵横方向均不得大于 50 cm。埋设办法为打眼、冲洗孔眼、孔内注满水泥砂浆、插入牵钉。

（3）在固定牵钉的砂浆凝固后设置钢筋网，钢筋网由牵钉锚定，钢筋网一般用直径 12 mm 钢筋制成，网孔为 20 cm×20 cm。

（4）按墩台轮廓线立模，并进行支撑。

（5）浇灌混凝土。如有喷射混凝土设备时也可采用喷射混凝土的方法作业。

9.2.6　墩台裂纹整治

1. 墩台裂纹原因分析

（1）由于内外温差产生温度拉应力，如墩身向阳部分网状裂纹。

（2）因混凝土收缩引起的裂纹，如墩身少量裂纹。

（3）由于局部应力的受拉区引起裂纹，如桥墩上顺桥轴线横贯墩帽的水平裂纹与支承垫石的放射形裂纹；空心墩内壁四角的垂直裂纹，有的上下贯通，有的断断续续。

（4）基础松软，桥台下沉或倾斜而产生的裂纹。

（5）养护不良，活动支座不能发挥作用时，墩台身侧面自上而下的垂直方向产生裂纹的原因是很复杂的，还可能是由于几个因素综合作用的结果，必须仔细观测并找出产生裂纹的原因，才能“对症”整治。

2. 墩台裂纹、内部空隙的观测与监视

发现裂纹后，应在裂纹的起点和终点画上与裂纹走向相垂直的红油漆记号，并进行裂纹编号，仔细观测裂纹的部位、走向、宽度、分布状况、大小和长度等。在观测裂纹时，要记录气温的情况，因为气温降低时，墩台的外层比内层冷却得要快一些，因而外表收缩较快，这时裂纹宽度较大；当气温增高时，则情况相反。

墩台内部如有空洞或空隙，可用非金属超声波探测仪进行检查，或用小锤轻敲圬工表面听声。

3. 裂纹宽度限值

裂纹一经出现，就有扩展的趋势。因为水渗进裂缝中，在冬季由于冰冻可将其胀裂得更长、更宽。另外，由于活载的作用，引起裂纹的开合，同样会促使裂纹扩展。裂纹一经查明并确知其不再扩展时，或裂纹宽度超过限值时，即应进行处理。

4. 裂纹的处理

（1）网状裂纹一般无须修补，仅在墩台顶部或易积水处，进行封闭涂装。

（2）不影响墩台安全的裂纹，凡裂纹宽度小，已趋稳定的，可进行修补整治。

裂纹表面补强的方法：圬工表面风化、剥落、裂纹比较细密且面积较大时，可用挂网喷射水泥砂浆、钢纤维水泥砂浆和碳纤维等方法进行修补加固。挂网的钢丝网的铁丝直径为 2～4 mm，网格 5～10 cm，每隔 30～80 cm 在混凝土结构中埋放牵钉与钢丝网扎牢。水泥砂浆用 C32.5 及以上水泥，灰砂配合比为 1:1.5～1:1.2（体积比）。喷层厚度一般为 2～4 mm，分 2～3 层喷射，在第一层砂浆凝固后再喷第二层，也可用手工抹面修补进行补强。图 9–10 所示为压注环氧树脂加固。

（3）对继续发展且裂纹较宽、上下贯通、左右前后对称，或过车时有明显张合现象的受力裂纹，应找出裂纹发生的原因，采取相应的加固措施。如因墩台圬工质量不良而发生的裂纹，可采取躯体包箍、局部翻修、压浆注胶等措施或拆除重建，U 形桥台可采用更换填土、增大截面等加固措施。

（4）对有急剧发展、张合严重、缝口错牙影响承载能力、危及行车安全的裂缝，在加固改善前，应采取临时加固或其他应急措施。

（5）墩台支承垫石在压力分布范围内发生裂纹或损坏时，必须予以更换。

（a）裂缝表面处理　（b）安装注浆座　（c）封闭裂缝外口　（d）注胶

图 9–10　压注环氧树脂加固

职业能力 9.3　高速铁路桥梁基础病害检查与维修加固技术

职业能力情境引入

墩台常见病害主要有基础沉降和不均匀沉降、基础滑移和倾斜、桩基破坏。应针对这些病害进行检查及加固，以保证桥涵基础的稳定。

9.3.1　基础病害检查

（1）寒冷地区检查水位变化部位对墩台基础的冻害、腐蚀程度。有冲刷的桥梁检查局部冲刷深度及基底有无被冲空的情况。

（2）浅基或基础埋深不明时的检查方法有：① 直接挖验。河床无水时可直接在墩台基础的一角，挖验墩台基底的埋置深度；② 钻探检查。采用钻机穿过基础襟边，钻探出墩台基底的高程；③ 无损检测。采用物探、声波、遥感等技术探明基础埋深；④ 查阅设计及竣工文件，了解施工时是否有为赶进度而盲目提高基底高程造成浅基的情况。

（3）墩台下部病害检查，方法有：① 直接挖验或钻探；② 刨冰检查。③ 潜水触探；④ 水下电视检查。检查时将探头放入水中紧靠墩台（水中含泥量太大时，探头前应安装特制清水箱），在墩台顶可从屏幕上看出水中部分墩身及基础的各种病害，也可录像。

（4）桥梁基础类型及常见病害见表 9–3。

表 9–3　桥梁基础类型及常见病害

基础类型		常见缺陷
扩大基础	天然地基	1. 埋深前容易遭受冲刷和掏空； 2. 埋深不够，受冻害影响； 3. 地基不稳定，出现滑移和倾斜
	岩石基础	1. 基础置于风化岩石层上，风化部分未处理好，经水流冲刷而掏空； 2. 受地震的剪切作用，产生裂缝
	人工地基基础	处于软土地基上，在竖向荷载作用下压实沉陷，地基下沉
桩基础	钢筋混凝土预制桩	1. 打桩时，桩身受损； 2. 受流水冲刷、侵蚀，产生空洞、剥落等病害； 3. 受船只或其他漂流物的撞击而损坏
	钻孔桩	1. 施工时孔底淤泥未完全清除，使桩基下沉； 2. 施工不当或受洪水冲刷、侵蚀等作用产生的空洞、剥落等病害； 3. 灌注混凝土过程中发生塌孔未做处理，桩身部分脱空； 4. 受外力冲击而发生破坏
	灌注桩基础	承载能力不足，基础下沉
沉井基础	沉井基础	1. 地基下沉引起基础下沉； 2. 地基下沉不均匀引起基础滑移、倾斜

9.3.2　基础的维修加固

基础加固的常用方法有：扩大基础法、人工地基加固法和补桩加固法等。

1. 扩大基础法

扩大基础法指扩大基础的底面积以减轻基底压力的加固方法。该法适用于圬工墩台的明挖基础，且其承载力不足或埋置较浅的情况。具体方法是在原基础周围加打基桩或下沉井、灌注钢筋混凝土承台，并与原墩台基础混凝土相联结（通过埋设牵钉实现），使新旧基础共同受力。基础开挖施工中应特别注意墩台的变位，以免影响行车安全，如图 9–11 所示。

2. 人工地基加固法

人工地基加固法指在基底土壤中压注水泥浆或硅化土层，以增强基底承载力。在基础之下斜向钻孔（均向墩台中心）或打入钻管至需要深度，通过孔眼及管孔压注水泥砂浆（砾石或粗砂粒土壤）、水泥浆（中砂土壤）或沸腾的沥青浆（地下水流速较大时）。最好在墩台周围作一圈旋喷桩，然后在圈内进行静压灌浆。对大孔隙土壤，采用硅化土壤（灌水玻璃和氯化钙）效果比较显著，但一般不适用于细砂或黏土等比较紧密的土层。

3. 补桩加固法

根据成桩方法的不同，补桩加固法常用钻孔桩、旋喷桩对墩台基础进行加固。

（1）钻孔桩整治浅基。将桩孔布置在墩台周围，钻孔至要求深度或岩层内，在桩头上围绕墩台修筑钢筋混凝土承台（修筑承台处旧墩台或基础应凿槽并埋设牵钉），包箍承台与墩身连成坚固的整体，即构成高桩承台结构，使浅基转化为深基。钻孔桩整治浅基础如图 9–12 所示。

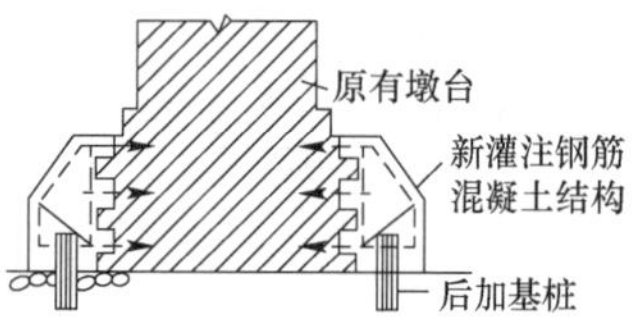

图 9–11　扩大基础法

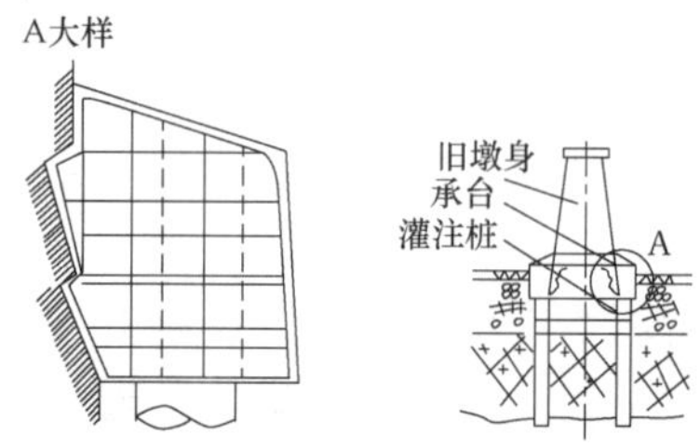

图 9–12　钻孔桩整治浅基础

（2）旋喷桩加固基础。当墩台基础有不均匀下沉时，可采用旋喷桩加固基础。旋喷桩在喷嘴力影响的范围内，改良土质，浆液几乎不流失到预定区域以外的地方，灵活性大，能较均匀地加固淤泥质软土和粉细砂等静压灌浆难以改良的软弱地基，且水平方向、垂直方向均可采用。

职业能力 9.4　高速铁路桥梁支座病害检查与维修加固技术

职业能力情境引入

京沪线 K462+852 某特大桥位于山东省济南市，大桥铺设双线铁路，如图 9–13 所示。

该特大桥正桥长 530.65 m，正桥桥孔跨度由 1 联 4 孔 112 m+120 m+120 m+112 m 连续钢桁梁和 1 孔跨度 64 m 的简支钢桁梁组成。桁高 12.8 m，桁宽 10 m，材质为 16Mnq 钢。

2016 年，相关单位对连续钢桁梁桥的边墩辊轴活动支座进行了维修，单个活动支座设计竖向承载力 709 t，纵桥向滑动量 ± 120 mm。

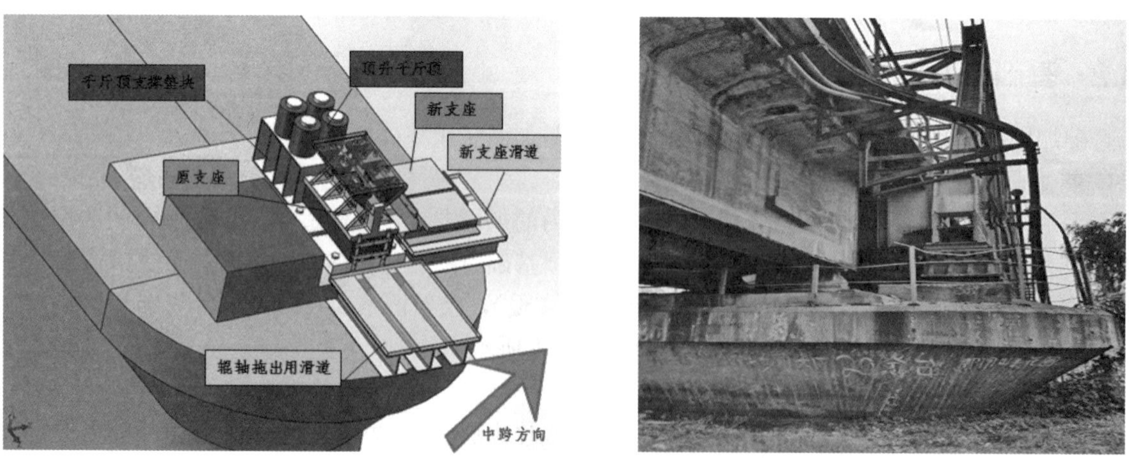

（a）支座构造　　（b）支座细节

图 9–13　某特大桥支座病害

9.4.1　支座施工要求及常见病害检查

高速铁路桥梁支座应满足以下要求：① 支座应有足够的竖向和水平向的承载能力；② 支座应有可靠的横向限位，在列车行驶时支座的横向位移应控制在±1 mm 以内；③ 支座用橡胶材料和聚四氟乙烯等滑板材料应具有可靠的耐久性和耐磨耗性能；④ 支座应具有良好的外防护和油漆涂装。

高速铁路桥梁一般采用盆式橡胶支座、球形钢支座，大跨度梁也可采用铰轴滑板支座，墩台基础工后沉降大的桥梁应采用调高支座。地震设防地段梁端或墩台顶应设置防落梁挡块。盆式橡胶支座质量应满足《铁路桥梁盆式橡胶支座》（TB/T 2331—2013）的要求，常温型支座适用于 25～60 ℃，耐寒型支座适用于–40～60 ℃。钢支座质量应满足《铁路桥梁钢支座》（TB/T 1853—2018）要求，其适用的温度范围为–40～60 ℃。

1. 支座安装要求

高速铁路桥梁主要采用双线整孔箱梁，因横向宽度大，故桥梁支座分为固定支座（GD）、横向活动支座（HX）、纵向活动支座（ZX）和多向活动支座（DX），以解决纵、横向受力变位和温度位移、转动。对支座架梁时的临时连接件，使用中应解开或拆除。

支座位置安装应符合下列规定。

（1）同一座桥上固定支座的设置，应避免梁缝处相邻梁端横向反方向温度位移。

（2）在坡道上，固定支座宜设在较低一端；在车站附近，宜设在靠车站一端。

（3）对斜交梁，支座纵向位移方向应与梁轴线或切线一致。

（4）双线整孔简支箱梁，每孔梁一端应安装一个固定支座和一个横向活动支座，另一端安装一个纵向活动支座和一个多向活动支座。固定支座和纵向活动支座应在梁的同一侧，横向活动支座与多向活动支座应在梁的另一侧。

双线整孔简支箱梁支座布置如图 9–14 所示。

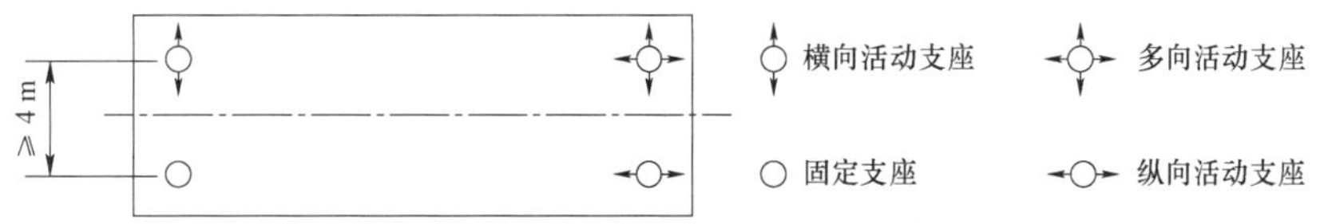

图 9–14　双线整孔简支箱梁支座布置

（5）双线并置简支箱梁，每孔梁一端应安装两个固定支座和两个横向活动支座，另一端安装两个纵向活动支座和两个多向活动支座。固定支座、纵向活动支座应安装在内侧，横向活动支座和多向活动支座应安装在外侧。

（6）单线简支箱梁（支座中心距＜4.0 m）和简支 T 梁，每孔梁一端应安装两个固定支座，另一端应安装两个纵向活动支座。单线简支箱梁支座布置如图 9–15 所示。

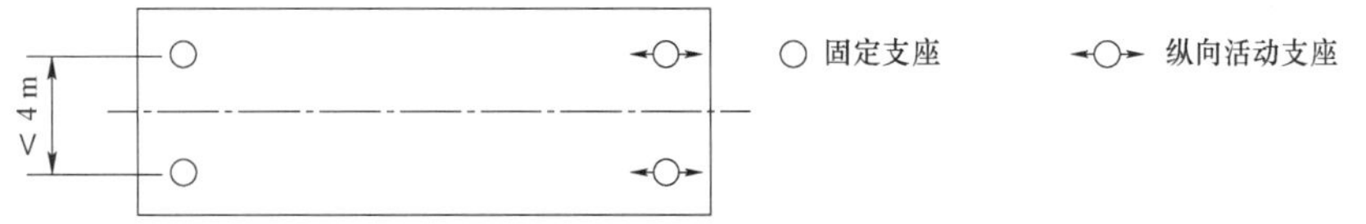

图 9–15　单线简支箱梁支座布置

（7）多片简支 T 梁，中梁一端应安装固定支座，另一端安装纵向活动支座，边梁在中梁固定支座端应全部安装横向活动支座，另一端应全部安装多向活动支座。多片简支 T 梁支座布置如图 9–16 所示。

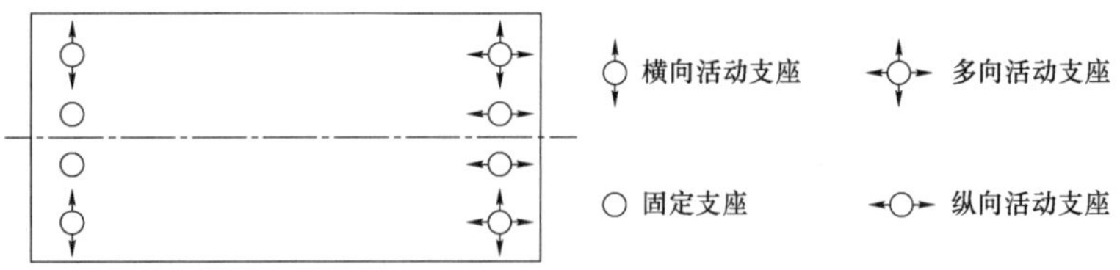

图 9–16　多片简支 T 梁支座布置

（8）双线连续梁，每联梁应在一个墩顶（一般为中间墩）安装固定支座和横向活动支座，其余墩顶安装纵向活动支座和多向活动支座。固定支座和纵向活动支座在梁的同一侧，横向活动支座与多向活动支座在梁的另一侧。双线连续梁支座布置如图 9–17 所示。

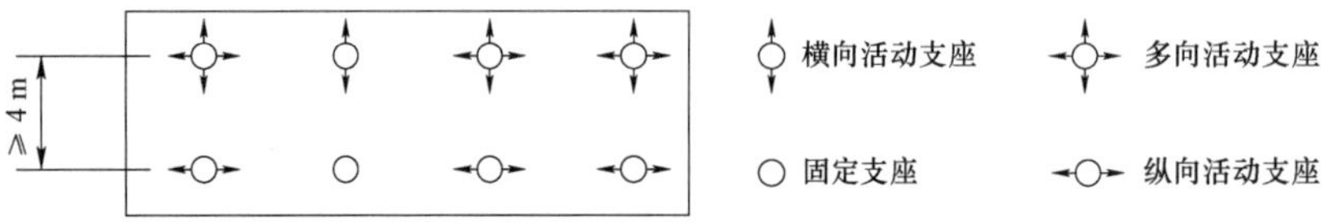

图 9–17　双线连续梁支座布置

（9）单线连续梁，每联梁应在一个墩顶（一般为中间墩）安装两个固定支座，其余墩顶全部安装纵向活动支座。单线连续梁支座布置如图 9–18 所示。

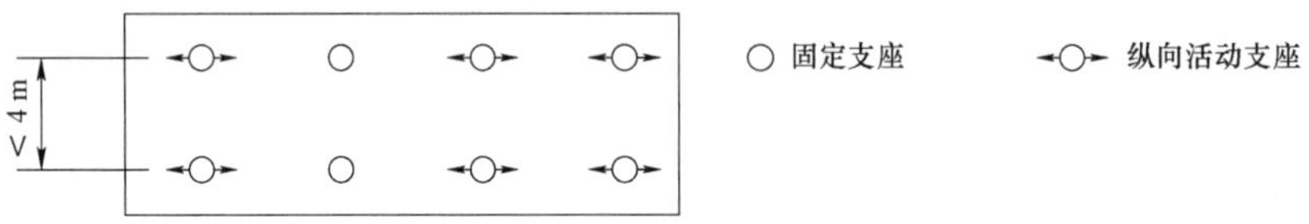

图 9–18　单线连续梁支座布置

（10）同一座桥梁中，当各桥跨固定支座安装条件相互抵触时，应首先满足线路一侧的支座横向位移约束条件相同的要求，即同桥同侧的要求。其次再按水平力作用有利情况设置。

（11）同一座桥梁中，当各桥跨固定支座安装条件相互抵触时，应首先满足线路一侧的支座横向位移约束条件相同的要求，即同桥同侧的要求。其次再按水平力作用有利情况设置。

（12）支座安装应稳固可靠，支座的上下座板应水平安装，支座与梁底及支承垫石间必须密贴无缝隙，水平各层部件间应密贴无缝。活动支座滑动面应保持洁净、滑润，保证梁跨自由伸缩、转动。支座板边缘至墩台边缘的距离应符合表 9–4 的规定。

表 9–4　支座板边缘至墩台边缘的距离

跨度 L/m	$L<16$	$16\leqslant L<20$	$20\leqslant L<32$	$32\leqslant L<40$	$L\geqslant 40$
距离/cm	15	20	25	35	40

支承垫石的高度应满足维修养护的需要，其高度不应小于 35 cm。支承垫石顶面与下支座板之间应采用 20～30 mm 厚的无收缩灌浆料重力灌浆填实；四个支点的反力与平均值相差不应超过±5%。支座锚栓直径不应小于 24 mm，支承垫石顶的套筒孔应采用无收缩灌浆料重力灌浆填实。支座钢质外露部分应进行防腐涂装；支座应按环境要求设置防尘装置，便于拆装。

2. 墩防落梁挡块安装要求

墩防落梁挡块有钢挡块和混凝土挡块，如图 9–19 所示。其中钢挡块有 2 种形式：一种是由相对独立的一对 H 型钢组成；另一种是由一对 H 型钢和将两 H 型钢连成一体的一对纵向槽钢组成，H 型钢和槽钢采用螺栓连接。

挡块中心与支座中心一致，挡块与支承垫石之间的空隙宜在 20～40 mm 之间。挡块联结螺栓强度应满足抗震要求，螺栓螺纹与梁底预埋套筒有效接合长度应大于 1.2 倍的螺栓直径。横向活动支座和多向活动支座处，挡块严禁与墩台顶面、支承垫石侧面接触。

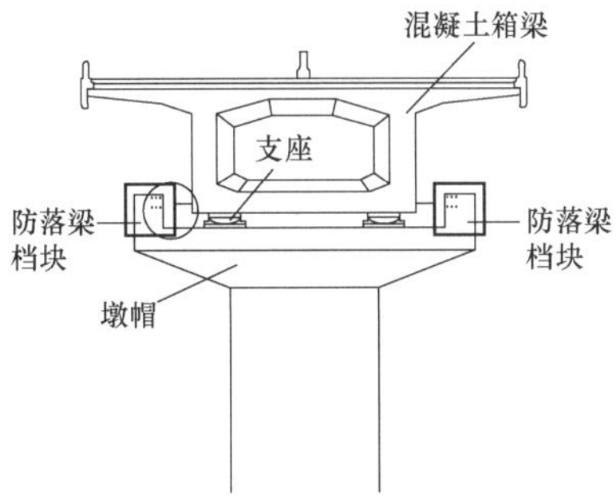

（a）墩防落梁挡块安装位置示意

（b）墩防落梁钢挡块安装前

（c）墩防落梁钢挡块安装后

（d）墩防落梁混凝土挡块

图 9–19　墩防落梁挡块

3. 支座和防落梁挡块检查

桥梁支座的正常使用与日常的检查、养护、维修密不可分。支座一般可每年检查一次，并应检查支座附近梁体有无裂缝。支座检查可借助检查小车进行，或修建专用检查梯。

盆式橡胶支座易出现的病害：支座螺栓缺少；支座防尘罩缺失、螺栓松动（螺栓常见病害如图 9–20 所示）；下座板与支承垫石间灌浆料、干硬性砂浆开裂；上座板与梁底、下座板与支承垫石间不密贴；橡胶密封件老化、外翻，聚四氟乙烯板脱出、磨损、凸出中间钢衬板高度，外露摩擦面等，支座常见病害如图 9–21 所示。

（a）螺帽与底板疑似存在间隙

（b）螺帽下部脱空，丝牙破坏

图 9–20　螺栓常见病害

（c）螺帽与底板存在间隙　　（d）在松螺帽过程中已扭断

图 9-20　螺栓常见病害（续）

盆式橡胶支座应重点检查的部位有：上、下锚栓是否缺少、松动、弯曲或断裂，螺纹是否锈蚀，锚栓是否剪断，锚栓剪断时支座是否变位；上座板与梁底、下座板与支承垫石之间是否有脱空造成支座不平整现象，支承垫石是否不平、开裂、压碎。支座钢件是否锈蚀、裂纹、脱焊；聚四氟乙烯板是否有脱出、磨损、凸出钢衬板高度、外露摩擦面现象；支座位移、转角是否超限；大吨位活动支座的相对位移是否不均匀；橡胶密封件是否有老化外翻现象；调高支座的预留孔是否损伤、锈蚀、堵塞，预留孔防护盖是否损坏、丢失。支座防尘罩是否损坏、丢失；支座临时连接是否未解除。

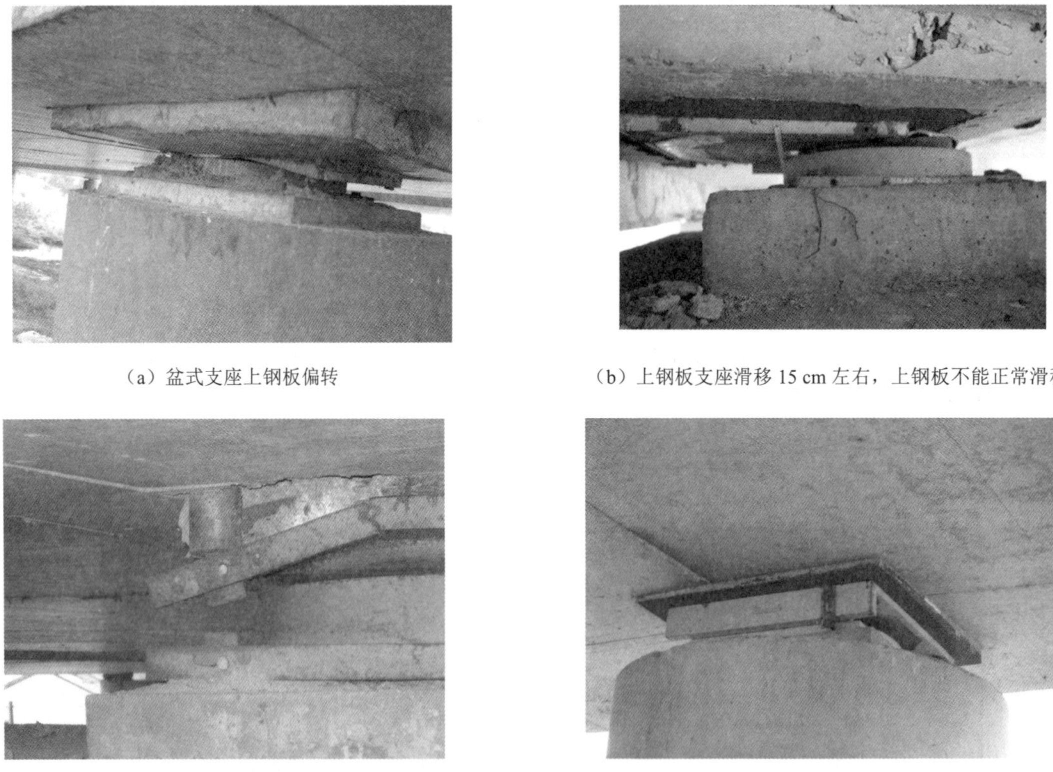

（a）盆式支座上钢板偏转　　（b）上钢板支座滑移 15 cm 左右，上钢板不能正常滑移

（c）上钢板断裂　　（d）连接板未切割

图 9－21　支座常见病害

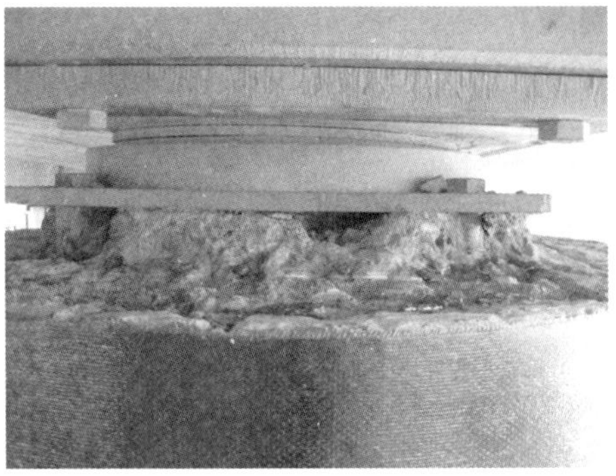

（e）下垫石砼空鼓，造成下座钢板弯曲，内钢盆翘曲

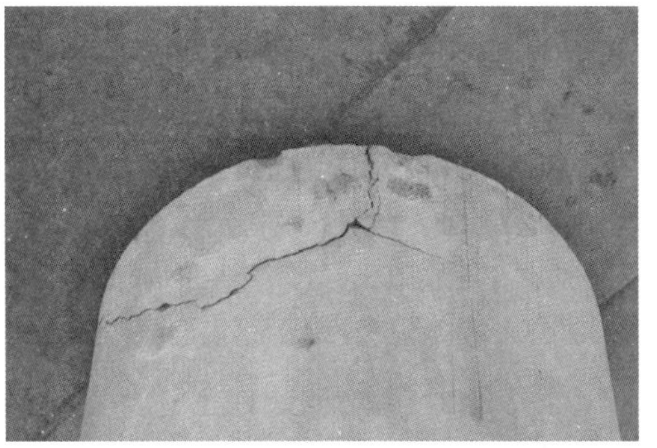

（f）柱顶无垫石，挡块与柱顶接触，造成柱顶砼破损

图 9–21　支座常见病害（续）

9.4.2　支座劣化评定

1. 支座劣化评定标准

支座劣化等级分为 A、B、C 三级，A 级又分为 AA、A1 二等，如表 9–5 所示。

表 9–5　支座劣化等级评定

类型等级	（1）钢件裂纹及变形	（2）钢件脱焊	（3）聚四氟乙烯板磨损（凸出钢衬板高 h）	（4）位移超限	（5）转角超限	（6）锚栓剪断	（7）钢件锈蚀	（8）上下座板与梁底及支承垫石不密贴或垫石劣化
AA	主要部件折断	主要受力部位脱焊	h≤0.2 mm			剪断数量达 25%		
A1	裂缝深度达 10 mm		0.2 mm＜h＜0.5 mm	聚四氟乙烯板脱出不锈钢板达 10 mm	超出设计转角 20%以上	剪断数量小于 25%		支承垫石裂损，影响支座受力
B	裂纹深度达 5 mm 但小于 10 mm	非主要受力部位脱焊	0.5 mm≤h＜1 mm	聚四氟乙烯板脱出不锈钢板小于 10 mm	超出设计转角 10%～20%			上下座板与梁底及支承垫石不密贴，支座下翻浆积水
C	微裂				超出设计转角小于 10%		钢件锈蚀	

未按规定（包括规格和位置）安装各种支座，均评定为 A1 级。

2. 支座劣化评定

（1）确定支座劣化类型和劣化等级应在光线明亮的条件下用肉眼及适当的检测设备（如裂缝放大镜、角尺、塞尺等）检查。

（2）有多项劣化项目，在评定等级时，应按劣化最严重的一项评定。

（3）支座出现下列状态之一时，应及时处理。

① 聚四氟乙烯板磨耗严重，凸出钢衬板高度不足 0.2 mm。

② 聚四氟乙烯板滑出，滑出长度超出不锈钢板边缘 10 mm 以上。

③ 位移和转角超限，位移量超出设计值 10 mm，转角超过设计值的 20%。

④ 锚栓缺少或剪断。

⑤ 橡胶密封圈脱落或外翻。

⑥ 下支座板与支座垫石间灌浆料、干硬性砂浆开裂。

⑦ 支承垫石开裂、积水、翻浆。

⑧ 钢筋裂纹深度≥10 mm，主要受力部位焊缝脱焊。

（4）防落梁挡块出现下列状态之一时，应及时处理。

① 活动支座旁挡块与支承垫石顶死。

② 活动支座旁挡块与墩台顶面顶死。

③ 墩顶相邻跨挡块连成整体，影响梁体自由伸缩。

④ 挡块与支承垫石之间的空隙大于 40 mm。

9.4.3 支座常见维修作业

1. 支座调高作业

支座调高作业可分为普通机械式支座调高和压注式支座调高。

普通机械式支座调高原理：起顶梁后，通过在支座上锚板与梁体或下锚板与支承垫石之间，插入符合厚度的钢板来实现支座的调高，此种调高方式不可实现无级调高。压注式支座调高原理：通过液压泵设备向支座底盆内压注特殊的钢化树脂材料，可实现多次无级调高。

1）机械式支座调高

机械式支座调高作业（支座上板与梁体预埋钢板间插入钢板作业）的程序如下。

（1）检查支座实际工作状态，并根据桥上轨道高程调整要求及桥墩不均匀沉降差情况，确定拟调高各支座的预计调高量（在调高预留量范围之内）。

（2）根据支座尺寸及拟定的调高量，加工调高用钢垫板，厚度规格符合调高量要求。

（3）拧松待调高支座的上或下锚的螺栓。

（4）在待调高的支座旁用千斤顶进行起顶梁（高出所需调高量 1～5 mm）工作，拧松上支座板锚螺栓，但不拧下栓帽，插入调高钢垫板。

（5）落下千斤顶，使支座受压，然后拧紧锚螺栓。

（6）检查支座就位状态，对支座与调高钢垫板之间的缝隙进行封堵，在调高钢垫板外露面上涂油漆进行防锈保护。

TGPZ 盆式橡胶调高支座为机械式调高支座，其承压橡胶板中油腔可取代千斤顶实现自顶升，最大调高量为 60 mm。支座因受长期荷载和环境影响，油腔状态不确定，是否使用自顶升功能视具体情况而定。TGPZ 盆式橡胶调高支座的作业程序如下。

（1）根据拟定调高量预制出与其高度相同厚度的永久性钢垫板，永久钢垫板需喷锌处理。

（2）在需要调高的支座旁，布置临时刚性支撑，临时刚性支撑可采用砂箱加楔形块，楔形块也可采用多块不等厚的临时钢垫板（其厚度可分为 1 mm、2 mm、5 mm、10 mm 四级）代替。临时支撑也可采用千斤顶。

（3）拆卸支座钢围板和橡胶围板，安装上、下支座的连接板及连接螺栓（螺母不可拧紧，预留一定间隙），以备后续排空油腔操作需要。

（4）梁底螺栓（或地脚螺栓，优先选择梁底螺栓）的旋出长度应大于调高量，为防止梁体发生偏移，螺栓不可旋出套筒。

（5）将油泵油管与支座油腔的外露油嘴连通。

（6）油泵加压，将二甲硅油压入支座油腔内，以液压动力起梁。支座顶升过程中用 8 mm 量块测量并控制升起位移量。

（7）支座顶升至额定值（分次起梁时），停止油泵加压并锁住油路，调整临时刚性支撑高度，将梁顶紧。

（8）油泵回油，拧紧支座板的连接螺栓将油腔内的硅脂油压出，用（或调换）临时钢垫板（分次起梁时用，平面上分 4 块均匀布置，其厚度采用 5～6 mm），插入上座板顶与梁底之间的间隙。拧松支座连接锚螺栓，重复步骤（6）～（8），直到顶升到需要调整的高度为止。

（9）梁体起顶至预定调整位置后，用刚性支撑将梁临时撑住，拧紧支座板的连接螺栓，将油腔内的硅脂油压出。为防止梁体发生偏移，将预先准备的永久钢垫板插入上座板顶与梁底之间，拧好一个对正的梁底锚螺栓，但不拧紧，把钢垫板旋转对正，最后拧紧所有梁底锚螺栓。

（10）油泵再次加压将梁稍稍顶起，拆除临时刚性支撑，油泵回油后拆除连接板及螺栓，安装上支座围板，支座调高完毕。

2）压注式支座调高

压注式支座调高作业的程序如下。

（1）检查支座实际工作状态，并根据桥上轨道高程调整及墩身不均匀沉降差要求，会同桥梁设计单位，确定拟调高各支座的预计调高量（在调高预留量范围之内）。

（2）根据支座钢盆直径，确定所需快速钢化树脂材料数量，在实施支座高度调整前准备足够数量的快速钢化树脂材料。

（3）压注施工操作开始前，检查支座调高所用液压设备（油泵、油管、阀门、液压表等）的性能及工作状态的可靠性。

（4）压注操作过程中，检查同一墩台上相邻支座调高过程的同步性，避免产生过大的高差，以免对相应梁体造成不利影响。

（5）支座高度调整完成后，检查支座高程及支座反力是否符合设计要求。之后关闭压注孔阀门，防止钢化树脂材料固化前从预留孔处流出。

（6）支座调高完成后，及时拆除液压设备，并用溶剂清洗设备管道和阀门，防止设备孔道发生堵塞。

支座调高作业的技术要求是：① 在支座调高的同时进行支座反力的测量，将压力传感器安装在压注孔阀门处，利用液压原理对支座的反力进行测定。② 压注施工的设备及材料要求，高压泵最大输出压力为 30 MPa；压注用钢化树脂材料现场进行调配，固化时间根据需要确定。③ 全部调高施工操作，应在专业技术人员的指导下完成。

支座调高作业的质量标准：支座位置正确，各部相互密贴。支座调高符合设计要求，支座各构件符合技术标准。

2. 整修支座位移超限

整修支座位移超限病害的作业程序如下。

（1）事先在位移超限支座的锚栓旁斜向 45° 进行部分的混凝土凿除，不扰动支座锚栓的稳固。

（2）待准备工作全部就绪后，彻底从锚栓旁的斜向 45° 凿除固定锚栓的剩余混凝土，使锚栓松动并扩大预埋锚栓孔眼。

（3）检查桥面轨道几何尺寸并做好记录，拆除支座上方线路钢轨扣件（根据顶起梁的高度，确定拆除扣件的数量，支座上方前后各 20 根轨枕为宜）。

（4）布置千斤顶，顶起梁的高度以支座松动为宜（起梁高度控制在 1～5 mm 为宜），梁身临时采取支垫。

（5）对凿除部分进行修整、扩孔并冲洗干净。

（6）拨动支座下摆使其与上摆对位。

（7）支座对位后，抽取梁身临时支垫，统一口令，回落千斤顶使梁回落就位。

（8）落梁后恢复线路并检查线路几何尺寸，使线路几何尺寸达到放行列车条件。

（9）准备好无收缩灌浆料，捣垫无收缩灌浆料重力灌浆对支座锚栓进行固定。

3. 整修支座不平整病害

1）捣垫无收缩灌浆料重力灌浆整修支座不平整病害

捣垫无收缩灌浆料重力灌浆整修支座不平整病害的作业程序如下。

（1）检查桥面轨道几何尺寸并做好记录，拆除支座上方线路钢轨扣件（根据顶起梁的高度，确定拆除扣件的数量，以支座上方前后各 20 根轨枕为宜）。

（2）准备好无收缩灌浆料。

（3）顶起梁跨，将梁身临时支垫，用小撬棍撬起支座，凿除支座下污垢，冲洗干净。

（4）捣垫无收缩灌浆料重力灌浆，捣垫无收缩灌浆料的厚度根据实际要求进行。

（5）落梁后恢复线路并检查线路几何尺寸，使线路几何尺寸达到放行列车条件。

2）捣垫钢纤维环氧树脂砂浆整修支座不平整病害

捣垫钢纤维环氧树脂砂浆整修支座不平整病害的作业程序如下。

（1）检查桥面轨道几何尺寸并做好记录，拆除支座上方线路钢轨扣件（根据顶起梁的高度，确定拆除扣件的数量，以支座上方前后各 20 根轨枕为宜）。

（2）按比例配制钢纤维环氧树脂砂浆。

（3）顶起梁跨，将梁身临时支垫。用小撬棍撬起支座，凿除支座下污垢，用氧气火焰烧烤至 50～70℃停火，用自制加长把的钢丝刷清理杂物，如果污垢较多，用氧气乙炔火焰连续烧烤清理，将垫石上面彻底清理干净为止。

（4）待垫石上温度冷却到 25℃左右，在垫石上面涂刷配制好的环氧树脂浆液，不宜过厚，涂刷均匀，然后用自制木条（或铁条），摊平配制好的钢纤维环氧树脂砂浆，厚度不低于 10 mm，不高于 20 mm，达到所需的厚度为宜，平稳落下支座下摆，抽出撬棍。

（5）落梁后恢复线路并检查线路几何尺寸，使线路几何尺寸达到放行列车条件。

整修桥梁支座不平整病害的作业质量标准：支座螺栓灌浆孔内凿除彻底、清孔干净，灌浆后平整密实、无空隙。支座位置正确，与座板密贴，平整密实，与座板间缝隙小于 0.5 mm，深度小于 30 mm，各部相互密贴。砂浆配合比符合规定、拌和均匀；捣固密实、周围抹面平整、无裂缝、空响。支座垫高高度符合设计要求，支座各构件符合相关技术标准。排水良好，无积水。防尘罩安装符合设计要求。

4. 支座更换

盆式橡胶支座开裂、严重变形、老化及支座失效时，应将整个支座进行更换。

为方便维护及进行支座更换，桥梁上部结构和下部结构设计时应考虑千斤顶的顶升位置，还要考虑如何将支座移出。

千斤顶顶升更换施工前，首先计算顶升的重量，确定千斤顶的型号和顶升能力。各千斤顶应同步顶升，为保证同步，采用一台油泵进行控制，现已有专业软件控制千斤顶的同步性。起顶前详细检查各支座情况，包括支座位置、梁底距支座底面高度等，以保证支座更换后梁体位置保持不变。

为保证安全，千斤顶应具有优秀的自锁功能，防止油压泄漏而发生事故。顶升前，安装位移计或百分表，以控制顶升高度及监控顶升的同步情况。

梁体顶升采用梁体位移与顶力双控，以梁体位移为主要控制指标。当油压表显示千斤顶超过了计算顶力或百分表显示梁体出现异常位移时，应立即停止加压，查明原因后再进行梁体的顶升工作。

顶升到位后，立即进行支座更换。先移出旧支座，修整支承垫石顶面并找平。支座顶面和梁底之间必要时须设置一块楔形钢板以保证梁底与支座顶面水平密贴，楔形钢板可用环氧树脂粘贴于梁底，应保证钢板底面水平。

更换完毕并检查各支座准确到位后，方可开始同步落梁。落梁后仔细检查支座有无脱空现象，梁体同一端的支座高差不允许超过 2 mm，整孔箱梁不允许有“三条腿”现象，否则需将梁重新顶升，调整到位后再落梁。

支座安装允许偏差见表 9–6。

表 9–6　支座安装允许偏差

<table>
<tr><th>序号</th><th colspan="4">项　目</th><th>允许偏差/mm</th></tr>
<tr><td rowspan="2">1</td><td colspan="2" rowspan="2">支座下座板中心与墩台支座设计中心纵向错动量</td><td colspan="2">墩台高度<30 m</td><td>20</td></tr>
<tr><td colspan="2">墩台高度≥30 m</td><td>15</td></tr>
<tr><td rowspan="2">2</td><td colspan="2" rowspan="2">支座下座板中心与墩台支座设计中心横向错动量</td><td colspan="2">墩台高度<30 m</td><td>15</td></tr>
<tr><td colspan="2">墩台高度≥30 m</td><td>10</td></tr>
<tr><td rowspan="2">3</td><td colspan="2" rowspan="2">同端支座中心横向距离</td><td colspan="2">偏差与桥梁设计中心对称时</td><td>+30
−10</td></tr>
<tr><td colspan="2">偏差与桥梁设计中心不对称时</td><td>+15
−10</td></tr>
<tr><td>4</td><td colspan="4">聚四氟乙烯板 4 个角点的外露高度</td><td>+0.6
0</td></tr>
<tr><td rowspan="6">5</td><td rowspan="6">盆式橡胶支座</td><td colspan="3">支座板四角高差</td><td>1</td></tr>
<tr><td colspan="3">上下座板十字线扭转</td><td>1</td></tr>
<tr><td colspan="3">同一梁端两支座高差</td><td>1</td></tr>
<tr><td colspan="3">一孔箱梁四个支座中，一个支座不平整限值</td><td>3</td></tr>
<tr><td colspan="3">固定支座上下座板及中线的纵、横错动量</td><td>1</td></tr>
<tr><td colspan="3">活动支座中线的纵横错动量（按设计温度定位后）</td><td>3</td></tr>
<tr><td rowspan="9">6</td><td rowspan="9">钢支座</td><td colspan="2" rowspan="2">下座板中心十字线扭转</td><td>下座板尺寸<2 000 mm</td><td>1</td></tr>
<tr><td>下座板尺寸≥2 000 mm</td><td>1‰边宽</td></tr>
<tr><td colspan="2" rowspan="2">固定支座十字线中心与全桥贯通测量后墩台中心线纵向偏差</td><td>连续梁或跨度≥60 m 简支梁</td><td>20</td></tr>
<tr><td>跨度<60 m 简支梁</td><td>10</td></tr>
<tr><td colspan="3">活动支座中心线的纵向错动量（按设计气温定位后）</td><td>3</td></tr>
<tr><td colspan="3">固定支座上下座板中线的纵横错动量</td><td>3</td></tr>
<tr><td colspan="3">支座底板四角相对高差</td><td>2</td></tr>
<tr><td colspan="3">活动支座的横向错动量</td><td>3</td></tr>
<tr><td colspan="3">上下座板及轴之间的扭转</td><td>1</td></tr>
</table>

职业能力 9.5　上部结构养护维修技术

职业能力情境引入

与设计施工相比，我国高速铁路桥涵在运营管理方面，显得滞后，管养制度建设长期被忽视，管养费用不足，桥涵的技术状态未得到及时、细致的观测和掌握。在多年寒冬酷暑、暴雨烈日、洪水冲刷、车船撞击等影响下，许多桥梁发生大大小小的病害，如桥面破损、栏杆断裂、伸缩缝损坏、梁板或拱体开裂、梁体混凝土剥落、钢筋钢索锈蚀、钢结构裂纹锈烂、墩台断裂位移、挡墙倾斜错位、锥坡下挫坍塌，墩台基底冲空、桥头路基冲塌、河床护底冲翻，以及河道冲刷严重变迁而危及桥头路基等，破坏了桥涵的正常使用状态。这些不良状况，不仅会缩短桥梁的使用寿命，还将危及行车安全。

高速铁路桥梁主要形式有梁桥、拱桥、连续刚构桥、刚构连续梁桥、梁拱组合梁桥和斜拉桥等。其中，桥梁主型为预应力混凝土简支箱梁。桥梁养护的主要任务是检查、维修与大修。相关保养标准参见《高速铁路桥隧建筑物修理规则（试行）》附录二高速铁路桥隧建筑物保养质量评定标准。修理后须达到《高速铁路桥隧建筑物修理规则（试行）》附录三高速铁路桥隧建筑物修理作业验收标准的规定。

9.5.1 混凝土梁劣化评定标准

混凝土梁劣化等级评定（孔）如表 9–7 所示。

表 9–7 混凝土梁劣化等级评定（孔）

类型等级	（1）防排水设施失效	（2）混凝土裂缝	（3）混凝土劣化	（4）梁体损伤	（5）钢筋锈蚀
AA	—	① 钢筋混凝土梁、板竖向和主拉应力方向裂缝宽度≥0.5 mm ② 预应力梁有竖向及主拉应力方向的裂缝 ③ 预应力梁纵向裂缝≥0.3 mm，有发展	—	① 梁体混凝土局部溃碎及主筋变形、断裂 ② 梁体支承部位混凝土局部溃碎 ③ 保护层脱落，已危及桥下行人及交通安全	① 钢筋混凝土梁主筋严重锈蚀，锈蚀量超过所在截面主筋 6% ② 预应力钢筋表面已有锈坑
A1	① 桥面板、主梁、锚具及其封堵渗水并伴有锈迹 ② 道砟槽严重积水溢出梁体 ③ 梁体表面泛白浆 ④ 拱桥渗水、漏水	① 钢筋混凝土梁、板裂缝宽度达 0.3～0.5 mm ② 预应力梁纵向裂缝宽度达 0.2～0.3 mm 或封端混凝土开裂 ③ 混凝土拱圈横、斜向裂缝宽度达 0.3 mm，纵向裂缝宽度＞0.5 mm ④ 框构裂缝宽度＞0.5 mm	① 混凝土中性化深度普遍超过 25 mm ② 碱—集料反应导致沿管道或主筋裂缝 ③ 混凝土表面大面积粉化	梁体混凝土有溃碎脱落迹象	① 钢筋混凝土梁沿主筋出现严重纵向裂缝，流出锈； ② 混凝土保护层鼓起，敲击发出空响 ③ 构造筋锈蚀已有断面缺损 ④ 预应力管道外露，预应力筋已有浮锈
B	① 梁体泄水孔附近长期潮湿，泄水管损坏或腐蚀严重 ② 道砟槽积水	① 钢筋混凝土梁、板竖向和纵向裂缝宽度达 0.2～0.3 mm，主拉应力裂缝宽度达 0.1～0.3 mm，其他裂缝宽度＞0.2 mm ② 预应力梁纵向裂缝宽度＜0.2 mm ③ 混凝土拱圈横、斜向裂缝宽度达 0.2～0.3 mm，纵向裂缝宽度达 0.3～0.5 mm ④ 框构桥裂缝宽度达 0.2～0.5 mm	① 中性化深度超过 20 mm ② 混凝土表面开始粉化并有发展趋势 ③ 混凝土内部有空洞	梁体混凝土局部缺损（掉角及少量露筋等）	① 构造筋有局部锈蚀或因保护层过薄有外露 ② 预应力管道外露但钢筋未锈
C	泄水管泄水不畅	① 钢筋混凝土梁、板竖向和纵向裂缝宽度＜0.2 mm，主拉应力裂缝宽度＜0.1 mm ② 混凝土拱圈横、斜向裂缝宽度＜0.2 mm，纵向裂缝宽度＜0.3 mm	① 混凝土表面有细微网状裂缝 ② 混凝土表面有蜂窝麻面 ③ 混凝土保护层不足		梁体表面偶有锈迹

续表

类型 等级	（6）湿接缝、横隔板开裂	（7）上拱度异常	（8）梁体不能自由伸缩	（9）道砟厚度不足或超厚
AA	湿接缝、横隔板开裂达总量 1/2 及以上，已危及行车安全		相邻跨梁端或梁端与桥台顶紧、底座板顶紧	
A1	湿接缝、横隔板开裂未达总量的 1 /2	跨度大于 50 m 简支梁上拱度超过 1/5 000 且不大于 20 mm；跨度不大于 50 m 简支梁上拱度超过 10 mm	相邻跨梁人行道顶紧；相邻跨梁端或梁端与墩台间隙小于 30 mm，有顶紧的可能	跨中道砟厚度不足 300 mm，或超过 450 mm（框构桥除外）
B	个别湿接缝、横隔板混凝土裂缝宽度≥0.3 mm		相邻跨其他附属结构顶紧	
C	个别隔板混凝土有裂缝，宽度小于 0.3 mm			

9.5.2 混凝土桥梁检查

1. 混凝土桥梁重点检查项目

1）对混凝土梁（拱），主要检查任务

（1）检查桥面防水层破损、开裂和起鼓；（2）泄水孔堵塞、漏水、丢失管盖；（3）桥面、箱梁内积水；（4）遮板端部挤死；（5）排水管破损和漏水；（6）排水孔、电缆孔尿梁；（7）防护墙开裂、掉块；（8）作业通道盖板损坏、缺少、翘动、大缝隙。（9）封锚混凝土开裂、脱落、空鼓；（10）梁与梁之间、异形墩上梁端与桥墩挤死；（11）吊装孔、检查孔附近、倒角变截面处裂纹，矮墩防护门状态；（12）拱脚与拱肋、拱脚与梁体连接部位混凝土裂缝；（13）吊杆在拱、梁上的锚固混凝土裂缝、脱落；（14）梁体渗水、流白浆。

2）拱肋、吊杆、拉索、立柱、索塔检查任务

（1）拱吊杆拉力、斜拉桥拉索拉力（可采用索力仪测量）；（2）拱吊杆拉力、斜拉桥拉索锚具防护及锈蚀状态；（3）钢管混凝土拱肋内填充与钢管脱空情况（可采用敲击或超声波检查）；（4）钢管混凝土拱脚周围混凝土裂缝；（5）拉索阻尼器状态；（6）拱上立柱混凝土裂缝、掉块；（7）索塔裂缝、掉块。

2. 桥梁专项检查项目

（1）桥梁基础沉降观测对象的选择，可通过以下条件确定：① 调查设计和施工文件、沉降评估资料，根据设计情况和施工质量，选择有代表性的孔跨。② 根据桥上轨道状态的变化幅度和整修频率。③ 根据可能影响桥梁基础沉降的周边环境变化（如抽水、堆载、开挖等）。

（2）选择沉降量大的桥涵，测量基础沉降。运营后第一年，每半年进行一次检查；第二年起，每年进行一次检查，若基础沉降稳定，五年后可不再测量。对沉降速率较大的应缩短测量周期；对沉降速率较小、基本趋于稳定的，可延长观测周期。观测资料应妥善保存并绘制图表，以分析、了解其变化趋势。

（3）选择有代表性的桥梁孔跨测量上拱度，运营后第一年，每半年观测一次；第二年起，每年观测一次，或根据情况确定观测周期。若上拱度稳定，五年后可不再测量。

（4）上拱度测量应使用桥上的预设测点，基础沉降测量应利用高程控制网水准基点和控制基桩网（CPIII）精密水准点进行。测量应在恒载、气温比较恒定的夜间或阴天条件下进行。

（5）对运营中轨道状态出现频繁变化的位置，应在基础沉降观测、上拱度测量的基础上， 分析对轨道状态的影响。

（6）大跨度桥梁梁端伸缩装置应进行状态检查和位移量观测。

（7）判断桥墩水下墩身和基础有无裂损、冲空时，可使用水下摄影、摄像或人工摸探进行。判断墩台及基础是否存在严重病害，可由专业机构通过测量墩台顶水平横向振动，与同类型墩台比较，观测其波形、振幅和频率来进行。

（8）桥隧结构发生变化，可能影响建筑限界时，应进行限界测量。

9.5.3 桥梁养护维修

桥梁养护维修分为周期性保养和综合维修。

1. 桥梁周期性保养工作任务

通过对桥隧建筑物的周期性保养，及时消灭超限和临近超限处所，保持桥隧设备状态经常均衡完好，确保行车安全平稳。周期性保养工作一般应以整座设备进行，长大桥隧设备也可分区段进行。保养周期应按不同桥梁类型的状态变化加以控制，钢桥（含混合桥钢梁、钢拱桥、钢箱拱、钢管混凝土拱，钢–混凝土结合梁等）半年，其他设备一年。在做好适时保养的同时，还应加强预防性的周期保养，使桥梁经常保持在合格状态。

桥梁周期性保养工作任务包括以下方面。

① 补充连接铁件并除锈，螺栓涂油。② 清洁钢梁，补充、复紧少量高强螺栓，局部涂层修补。③ 支座清洁、涂油，整修排水坡。④ 补充、整理作业通道步行板，整修危及人身安全的检查设备。⑤ 清除梁端碎石及梁缝止水带内的杂物。⑥ 疏通桥面各部位过水孔。⑦ 整修桥面栏杆等。⑧ 拧紧、复位防落梁挡块螺栓，补充挡块。⑨ 大跨度梁梁端伸缩装置连杆系统钢件整修，联动失灵调整。⑩ 拱吊杆、斜拉桥拉索锚具防护。⑪ 采用螺纹连接的刚性吊杆连接部位，要定期添加黄油，更换密封条或密封膏等。⑫ 整修桥梁救援疏散通道栏杆，修补围墙墙体裂缝，疏通排水管。⑬ 清理隧道进出口坡面危石及隧道衬砌掉块。⑭ 疏通隧道排水系统，修补侧沟等。⑮ 清理涵洞，修复、补充倒虹吸盖板或拦污栅。⑯ 刷新和修补各种标志。

除对发现的超限处所及时整修消除外，还应对临近超限处所进行预防性周期保养，编制季度保养计划，经上级部门批准后实施，并将实施情况、班前安全质量预想防控项点及措施记录在保养日计划及完成表内。

桥跨结构保养质量是否合格参见高速铁路桥隧建筑物保养质量评定标准。

2. 综合维修作业任务

综合维修作业任务包括以下方面。

① 钢结构局部维护性涂装、死角防锈、更换失效螺栓。② 混凝土梁裂缝、露筋修补，防水层局部修理，桥梁防排水设施局部整修，梁端伸缩装置整修。③ 支座整治空吊翻浆，处理折断锚栓，整修防尘装置，钢质部分涂装，整修墩顶排水坡等。④ 墩台裂缝缺损修补，顶面排水处理，基础防护整修等。⑤ 桥面及作业通道栏杆的局部更换。⑥ 涵洞裂缝整治，接缝渗漏处理、小量喷浆和压浆。⑦ 涵洞排水设备的修理和部分增设。⑧ 涵洞淤积清理疏通，进出口铺砌整修等。⑨ 桥梁防护设备及河调建筑物整修。⑩ 各种防护设备的砌体勾缝修补。⑪ 防护墙、作业通道、救援疏散通道、安全检查设备、抗震设施、空心墩检查梯等的局部整修。⑫ 各种桥隧涵标志的增设、修理和更换。⑬ 小桥、涵洞上下游各 30 m 河道范围内的淤积清理；泥石流、沟淤清理。

3. 高速铁路桥梁大修主要工作任务

高速铁路桥梁大修主要工作任务包括以下方面。

① 整孔钢梁重新涂装或罩涂面漆；钢构件保护涂装，成批更换高强螺栓等。② 加固钢梁，更换、修理损伤杆件、斜拉索、吊索。③ 抬梁、更换支座。④ 支座的起顶整正、更换折断的支座锚栓。⑤ 整孔混凝土梁裂缝注浆、封闭涂装、钢筋锈蚀整治。⑥ 大面积修复无砟轨道桥面防水层。⑦ 加固混凝土墩台及基础，桥旁救援疏散通道。⑧ 混凝土梁横隔板加固，横隔板断裂修补，梁体、拱、立柱加固。⑨ 修复或加固防护及河调建筑物。⑩ 更换梁端伸缩装置、排水管、挡砟板。⑪ 整治威胁桥梁安全的河道。⑫ 整孔更换作业通道步行板、栏杆。⑬ 加固或恢复桥涵限高防护架。

综合维修及大修作业验收均按《高速铁路桥隧建筑物修理作业验收标准》进行验收。

职业能力 9.6　桥面系养护维修技术

职业能力情境引入

经过长期运营，高速铁路桥面会存在积水现象，桥面积水的原因是该长度范围内无泄水孔、泄水孔堵塞、桥面横向排水坡设置不良呈凹槽形状等，应采取相应措施修整。止水带剥离，需整治。部分桥面防水层出现起鼓、上翘、脱落、破损等现象，防水层破损容易使桥面积水渗入混凝土内部，影响桥梁结构的耐久性，要重新涂装。作业通道栏杆与遮板连接螺栓松动，有砟轨道伸缩缝钢板锈蚀漏砟、漏水需要修整。这些问题均需要维修解决。

根据桥面主要工务设施组成和桥面宽度、防排水设施标准及要求，对桥面系统进行维修，保证各项指标处于良好状态。混凝土梁（拱）桥面及防水等重点检查任务如下：① 检查桥面防水层破损、开裂和起鼓。② 泄水孔堵塞、漏水、丢失管盖。③ 梁端止水带漏水、脱落、破损、堵塞，有砟轨道梁缝挡板脱落、盖板脱出。④ 遮板端部挤死。⑤ 栏杆松动、裂损、掉块、开裂，连接处脱落，栏杆螺栓松动缺少、锈蚀。⑥ 作业通道盖板损坏、缺少、翘动、大缝隙。⑦ 防护墙开裂、掉块。⑧ 轨道底座板、侧向挡块和桥面接合状态。⑨ 封锚混凝土开裂、脱落、空鼓。⑩ 梁与梁之间、异形墩上梁端与桥墩挤死。⑪ 吊装孔、检查孔附近、倒角变截面处裂纹，矮墩防护门状态。⑫ 拱脚与拱肋、拱脚与梁体连接部位混凝土裂缝。⑬ 吊杆在拱、梁上的锚固混凝土裂缝、脱落。⑭ 桥面、箱梁内积水。⑮ 梁体渗水、流白浆。⑯ 排水管破损和漏水。⑰ 排水孔、电缆孔尿梁等。

桥梁救援通道：① 救援疏散通道与地面道路接驳情况。② 平台顶面与桥面遮板之间的缝隙。③ 栏杆、安全防护罩锈蚀、损坏。④ 围墙墙体裂缝、变形，排水管堵塞。⑤ 栏杆、边框钢管与梯板连接是否牢固。⑥ 门锁、插销损坏、缺失。

根据所查病害维修技术复杂程度，由铁路局实施或者按规定程序委托具有资质的公司实施。

中、小跨度的高速铁路桥梁多采用有砟、无砟轨道的预应力混凝土桥结构。大跨度高速铁路桥梁多采用有砟轨道的钢桥结构，桥面截面形式一般为钢–混结合桥面和整体钢桥面 2 种，钢–混结合桥面和整体钢桥面各有优缺点。钢–混结合桥面具有噪声污染小、钢材用量相对少的优点，但由于钢混材料对温度荷载的敏感性差异大，日照引起的局部温差使钢–混结合桥面混凝土桥面板的拉应力值增加较大，桥面板在拉应力反复作用下，不可避免地会产生裂缝，在一定程度上会使得整个结构的刚度降低，并且剪力钉和横梁有可能锈蚀，一旦锈蚀，维修困难，将影响结构的耐久性；钢–混结合桥面混凝土桥面板混凝土裂缝宽度控制十分重要，是满足耐久性要求的关键环节。

9.6.1　有砟轨道桥面防水

有砟桥面所有排水管道出水口必须伸出建筑物外，不够长的要接长或进行更换，以免排出的水弄脏桥面及墩台表面。要及时清除桥上及墩台上的污秽，疏通排水管，堵塞严重的要更换，冬季要除冰。桥上道砟不洁或拱桥中填筑材料风化不良要及时清筛或更换，以求经常保持排水畅通。

桥面凡是可能被积水渗入的隐藏面均应铺设防水层，防止水渗入建筑物内。如外露面发现有潮湿斑点、流白浆或其他潮湿的痕迹时，要立即查明防水层的情况并进行处理，必要时更换防水层。修补或更换防水层是一项比较复杂的工作，需要较长的作业时间，通常先设置轨束梁，将线路上部建筑暂时移到轨束梁上，然后分段挖除道砟，拆除破损的防水层，换以新的防水层。

防水层严禁在雨、雪天和五级风及其以上时施工，防水层铺设前应采用高压风枪清除基层面灰尘，其施工材料和施工环境应符合设计要求。防水卷材纵向宜整幅铺设，当防水卷材进行搭接时，先进行纵向搭接，再进行横向搭接，纵向搭接接头应错开。防水卷材应在桥面铺设至挡砟墙、竖墙根部，并顺上坡方向逐幅铺设，并伸至悬臂人行道或边墙。在温度伸缩缝上铺设防水层必须用适当的结构承托，避免因梁的伸缩而使防水层断裂。

9.6.2 无砟轨道桥面防水

与传统防水设计相比，喷涂弹性防护膜具有较多的优良特性，但该防水层施工质量及工艺均较难有效控制，目前高速铁路已采取提高梁体混凝土的抗渗等级的方式，不再设置防水层。

若发现混凝土表面有湿润渗水、流锈水、白浆时，或无砟轨道桥面防水层出现起泡、脱皮、空鼓、开裂、掉块等病害时，应查明原因并及时修理，必要时予以更换或增设。防水层应采用耐久性好的新型材料，保护层应采用 C40 及以上纤维混凝土；厚度不小于 6 cm。修补防水层的标准不应低于既有的防水层标准。修补部位的防水层搭接宽度不小于 20 cm。

电缆槽、排水管内不得积水，不得有影响排水的砂土、垃圾等杂物。

在养护工作中，要经常维护桥面的清洁，注意保持桥面的排水畅通，以免水流入桥体内造成病害。桥面要有足够的纵向和横向流水坡，使雨水能随时流至较低地点经由泄水管（或槽）排出。原有流水坡面上有破裂处所或表面脱落、凹凸不平等，须清除后将不平及凹坑处用砂浆抹平。如流水坡坡度过小，可用增加流水坡表层厚度的方法来改正，必要时也可另行加铺一层一定厚度的混凝土并进行表面抹光，做成 3%的坡度。

9.6.3 桥面栏杆维修

栏杆松动或脱落处用镀锌铁丝临时固定，保证作业人员安全。将准备好的栏杆装好，用连接螺栓固定。拆除镀锌铁线并收回。栏杆安装要求顺直、连接牢固、无破损、无掉块。

栏杆掉块修补，凿除破损的栏杆表面混凝土。将混凝土表面灰屑清理干净。在裂纹处涂一层 PBAC 塑料乳液。待 PBAC 塑料乳液涂层稍干后，用已拌好的 PVAC 塑料砂浆进行补强。要求连接牢固，表面补修平整、新旧结合密实、无飞边、无断裂。

9.6.4 声屏障维修

声屏障维修包括声屏障松动螺栓的紧固、声屏障吸声板的修补等。准备好泡沫混凝土吸声板。将声屏障旧缝或表面灰屑除净，用铁丝刷除去粉尘，冲洗干净。在泡沫混凝土吸声板表面涂一层 PVAC 塑料乳液，待其稍干后，将拌好的塑料水泥砂浆抹上并将吸声板粘到主体结构上压实。吸声板边缘要进行勾缝处理。作业要求粘接牢固，表面平整、光滑、密实、无空洞。勾缝要压实、抹光、无裂纹、无飞边、无断裂。

图 9–22 有砟轨道伸缩缝

9.6.5 桥梁梁端伸缩装置

相邻梁间及梁端与桥台挡砟墙间，应有供梁自由伸缩的缝隙，缝隙上盖以铁板。养护工作人员应经常检查其状态是否正常。如缝隙内有道砟、泥土等应及时予以清除。有砟轨道伸缩缝如图 9–22 所示。若盖板不严造成漏砟，要予修整。如因墩台有位移、倾斜造成桥台上梁端顶住挡砟墙时，应凿除部分挡砟墙混凝土，使之保持一定缝隙，如桥墩上两梁端顶死时，应视情况采取措施，顶起梁身进行纵向调整，以保持一定缝隙。伸缩量应满足结构伸缩要求。

学习评价

根据所学内容完成下面的一体化学习任务单。

职业能力养成任务名称：高速铁路桥梁养护维修技术

姓名：________　所属学习小组：________　得分：________

说明：请完成任务单，并在规定时间交回任务单以便教师评价学习效果。

高速铁路桥梁养护维修技术

- **1. 高速铁路桥梁维修养护基本要求**
  - 根据高速铁路高密度和高强度运行的特点，遵循“行车不施工，施工不行车”的原则，实行（　　）养护维修制度。
  - 简述我国铁路桥梁养护维修工作管理的程序。
  - 高速铁路运营中，对桥梁检查、作业有哪些要求?
  - 根据《高速铁路桥隧建筑物状态评定标准》，状态按劣化程度分为（　　）、（　　）、（　　）三级。
  - 凡结构物或主要构件功能严重劣化，进一步发展会危及行车安全，评定为（　　）等。
  - 周期性保养工作一般应以整座设备进行，长大桥隧设备也可分（　　）进行保养，保养周期应按不同设备类型的状态变化加以控制，钢桥（　　）半年，其他设备（　　）年。
  - 简述桥梁计划维修工作包括哪些内容。
  - 综合维修是桥梁养护的重要修程。桥梁的综合维修应全面推行（　　）修，按照年度维修计划分月组织实施。按照不同设备类型确定桥梁综合维修周期：钢梁桥（含混合桥钢梁、钢拱）（　　）年；混凝土桥及救援疏散通道（　　）年；涵洞等视设备状态而定，一般（　　）年。
  - 简述高速铁路综合维修工作的范围。
  - 桥梁大修工程的施工质量，以每件工程为单位综合评定，分为（　　）和（　　）两个等级。
  - 桥梁大修按照设备状态劣化程度、工程性质、复杂程度和工程量大小，可分为（　　）大修、（　　）大修和（　　）大修等。
  - 综合维修作业质量评定分为（　　）、（　　）两个等级。
- **2. 高速铁路桥梁细部养护维修要点**
  - 桥墩病害的主要表现为：（　　）裂缝、（　　）裂缝和（　　）裂缝；混凝土脱落、空洞、材料老化；（　　）；（　　）；结构变形、位移等。
  - 简述高速铁路墩台检查内容。
  - 简述墩台表面局部修补的具体做法。
  - 简述基础病害检查内容。
  - 支座劣化等级分为A、B、C三级，A级又分为（　　）、（　　）两等。
  - 简述支座调高作业程序。
  - 简述支座更换作业程序。
  - 简述混凝土劣化评定标准。

工作情境 10

隧道洞口施工

思政目标

（1）培养创新精神。

（2）培养一丝不苟、精益求精的工匠精神。

（3）树立施工安全第一的思想，适应隧道施工环境，具备吃苦耐劳的品质。

学习目标

1. 知识目标

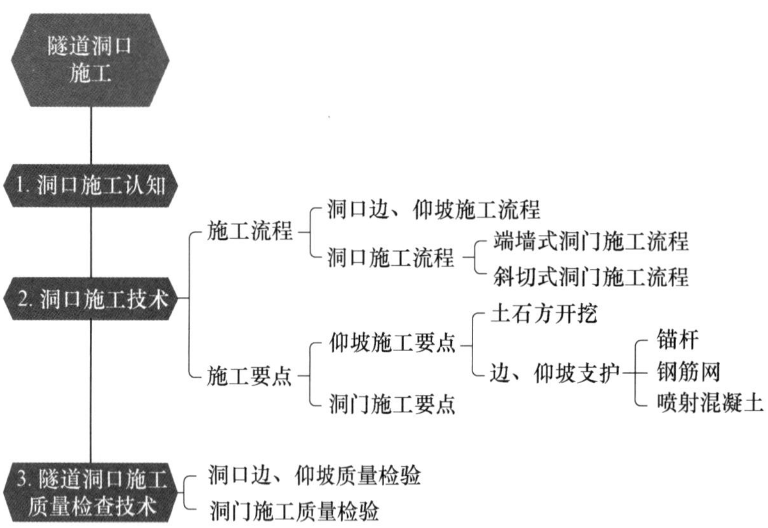

2. 能力目标

（1）能够围绕洞门施工技术交底文件进行资料收集，能够熟练运用办公软件编写技术交底文件。

（2）能够熟练运用边、仰坡，洞门施工的具体施工方法，并具备编制桥梁墩台施工方案的能力。

（3）根据现场的施工条件，具备在工程师指导下对边、仰坡，洞门施工过程中出现的一般事故提出处理方案的能力。

（4）具备在工程师指导下对边、仰坡，洞门施工质量进行检查的能力。

（5）具备撰写边、仰坡，洞门施工汇报材料的能力。

3. 素质目标

（1）养成忠于职守、以数据说话的工作作风。

（2）培养综合运用知识从事较复杂技术工作的职业素养。

工作情境引入

红岭隧道位于湖南省新化县境内，隧道全长 2 625 m，为单洞双线隧道，隧道最大埋深 201 m。

隧道进口设计为 35 m 偏压式洞门，出口设计为 14 m 帽檐斜切式洞门。洞口开挖前，先做好边、仰坡外的截水沟、排水沟和洞口排水沟，方可进行洞门边、仰坡及路堑土石方施工。在边、仰坡施工中，边开挖边防护，同时加强检测，切实掌握边、仰坡的稳定情况。洞口开挖作业中要做到及时开挖，及时支护，及时衬砌，确保洞口围岩的稳定。洞口开挖严禁放大炮而影响边、仰坡稳定，以确保进洞施工安全。洞口边、仰坡施工前，在距洞口开挖线 5～10 m 处设截水天沟，截水天沟长 280 m，并与线路排水沟相连。按设计开挖边、仰坡：进口段右侧为 1∶0.75 的边、仰坡，左侧一级边坡为 1∶1 永久边坡，二、三级为 1∶0.75 临时边坡，二、三级边坡之间设 2 m 的台阶。出口段采用二级 1∶1.5 的永久边坡，中间设置 2 m 的台阶，及时进行边、仰坡挂网锚喷防护，以防雨水渗透而塌滑。边、仰坡开挖面的防护措施按设计要求为：永久性边坡防护采用骨架护坡；临时边坡采用锚、网、喷防护，喷 15 cm 厚 C20 混凝土，ϕ8 钢筋网间距为 25 cm×25 cm，锚杆采用 ϕ22 砂浆锚杆，长 4 m，间距为 1.5 m×1.5 m，梅花形布置。坡面喷射混凝土防护时，岩面浮渣及危岩应清除干净。其他部位边坡喷播植草，防止边坡水土流失，保护边坡稳定。

职业能力 10.1　洞口施工认知

隧道洞口地段一般埋深浅，地质条件差，且常位于松散堆积或风化破碎的岩层中，地表水汇集，地下水丰富，施工稍有疏忽，极易发生坍塌事故，甚至破坏山体稳定，引起地表开裂、山体滑坡等病害，严重威胁施工安全，影响施工的正常进展。隧道洞口是隧道施工中的关键地段，在隧道工程施工中应充分重视。

隧道洞口工程一般包括洞口边、仰坡的土石方开挖、防护；端墙、翼墙等洞门圬工；洞口排水系统；洞口检查设备安装、洞口加强段、洞门工程、明洞及缓冲结构。

洞口边、仰坡施工要满足以下要求。

（1）洞口边、仰坡开挖尽可能避开雨季和融雪期。

（2）开挖前先完成坡顶的截排水系统。

（3）应分层、分段、分区开挖，及时按设计施作支护。

（4）设计有管棚的洞口，应随开挖及时进行管棚施工，既可节省作业平台的搭设，方便钻机安设，也有利于作业人员操作，提高钻孔施工质量。

职业能力 10.2　洞口施工技术

10.2.1　施工流程

1. 洞口边、仰坡施工流程

洞口边、仰坡开挖及防护施工流程如图 10–1 所示。

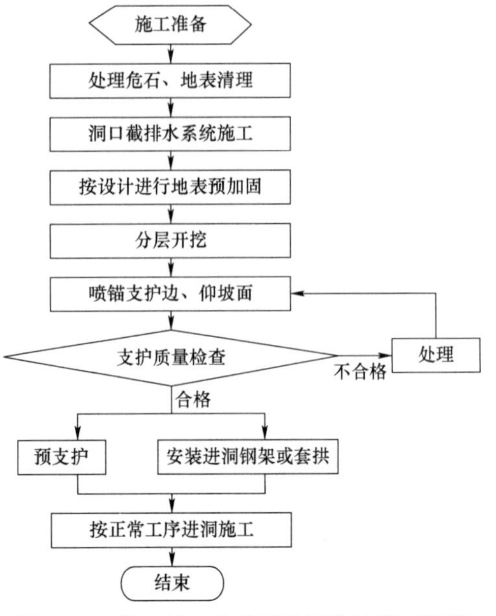

图 10–1　洞口边、仰坡开挖及防护施工流程

2. 洞门施工流程

端墙式洞门施工流程如图 10–2 所示，斜切式洞门施工流程如图 10–3 所示。

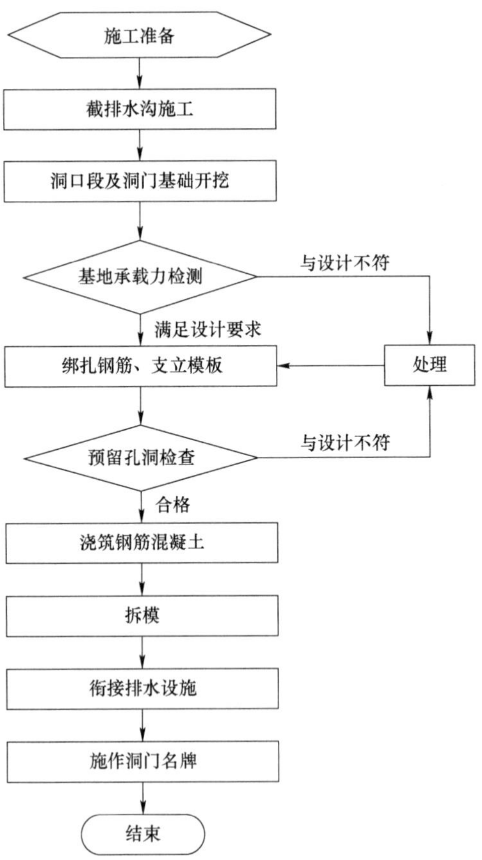

图 10–2　端墙式洞门施工流程

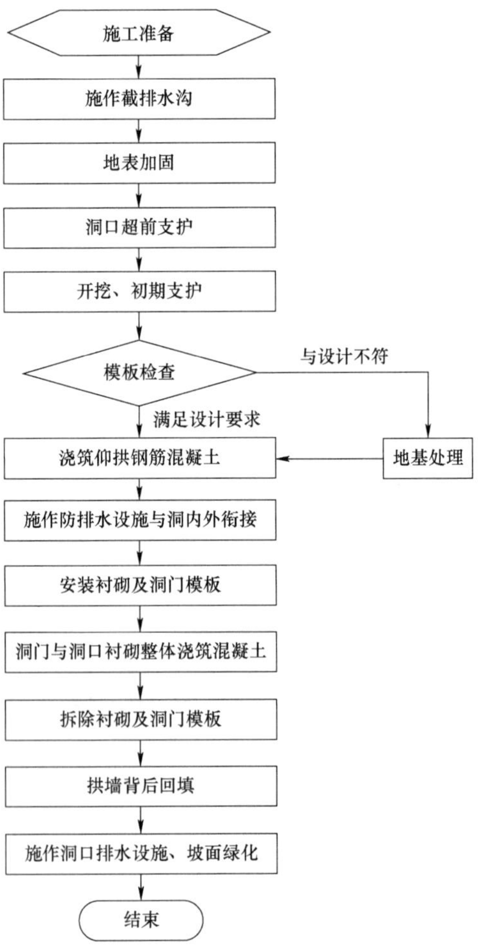

图 10–3　斜切式洞门施工流程

10.2.2　施工要点

1. 边、仰坡施工要点

1）土石方开挖

（1）洞口土方开挖。

洞口土方开挖按纵向分段、竖向分层、横向分区方法进行施工。为便于边坡支护作业，每个循环开挖的边、仰坡面不宜太大，每层开挖高度不宜超过 3 m，支护完成后再进行下一循环的开挖。若开挖过程发现土层性质发生变化，应及时进行分析，必要时修改开挖、支护方案，确保边、仰坡的稳定。

（2）洞口石方开挖。

洞口石方开挖同样按纵向分段、竖向分层、横向分区的开挖方法。开挖前根据岩石的类别、风化程度、岩层产状、岩体断裂构造、施工环境等因素确定合理的开挖方案。能采用机械设备进行开挖的石方尽量采用机械设备，若必须进行爆破宜采用预裂爆破，并做好爆破设计。

施工一般先用挖掘机自上而下剥离石方风化层，局部辅以小炮进行整平爆破形成台阶，之后采用潜孔钻机由上而下进行梯段控制爆破。台阶高度一般为 5～9 m，孔径为 48～76 mm，炮孔倾斜角为 3:1～2:1。边坡预裂控制爆破根据周边环境合理选择孔网参数和起爆方式，严格控制爆破飞石、振动，确保爆破块度均匀。采用挖掘机装渣并通过自卸汽车外运至弃渣场，优质渣料可用于加工喷射混凝土大堆料和临时工程。

预裂爆破周边孔应采用导爆索、药串的装药不耦合结构，孔底加强、孔口减弱，药卷直径选取保证不耦合系数大于 2。接近路堑底部时严格控制台阶高度，合理确定超深，以保证基岩的完整性。严格控制钻孔偏差，深孔爆破，每米偏差不大于 10 cm；排间采用 V 形起爆方式，考虑爆破块度和振动要求两个因素确定微差时间，通常深孔爆破取 25～50 ms。装药前验收炮孔，重点检查炮孔的实际深度、倾角、孔距、排距及最小抵抗线是否符合设计要求，并根据实际孔网参数进行药量调整。起爆前严格做好警戒。

2）边、仰坡支护

洞口边、仰坡支护一般采用锚杆、钢筋网，以及喷射混凝土。

（1）锚杆。

一般情况下，洞口边、仰坡支护的锚杆采用钢筋砂浆锚杆，若遇杂填土层或节理裂隙十分发育的软弱围岩层，也可采用注浆锚管、中空注浆锚杆和自进式锚杆。

钢筋砂浆锚杆采用 ϕ18～ϕ20 mm 普通螺纹钢筋制作。按设计平面形状（梅花形、长方形等）及间距布置，垂直打入开挖完成后的边、仰坡面上的围岩中，钻眼前根据受喷面情况和设计要求布置孔位，采用手持风钻钻眼，钻孔与岩面垂直，孔径 42～50 mm。注浆前将孔眼吹干净，注浆时将注浆管插至孔底，随浆体的注入匀速拔出注浆管。注浆后立即插入杆体，位置居中；孔口可用木楔临时固定；钢筋尾端外露长度稍小于喷层厚度；及时安装垫板，垫板密贴岩面，安装好后不得敲击和碰撞。若洞口边、仰坡设计为注浆锚管或中空注浆锚杆，其施工工艺与砂浆锚杆类似，只是其不需利用外管灌浆，而直接用管体或杆体灌浆；若洞口边、仰坡成孔困难，可采用自进式锚杆，其施工工艺与中空注浆锚杆不同之处是锚杆体兼作钻杆，成孔后钻头不拔出。

（2）钢筋网。

洞口边、仰坡面上的钢筋网一般采用 ϕ6～ϕ10 mm HPB235 钢筋。当锚杆施作完后，在坡面上按设计网格间距现场绑扎成形。当坡面需要较强支护时，坡面锚杆布置呈长方形，横、竖向采用螺纹钢筋夹焊加固锚杆头，形成坡面大格粗钢筋网。

（3）喷射混凝土。

洞口边、仰坡面喷射混凝土应采用湿喷工艺。喷射混凝土前，利用埋设标志或锚杆外露长度控制喷射混凝土的厚度。若岩面有较大凹洼时，先喷凹处找平。喷射作业应分段、分片按照由下而上的顺序进行。施工时先送风，后打开速凝剂，再开始进料，根据受喷面部位和岩面光滑潮湿情况，适当调节风压和速凝剂掺量以减少回弹量。喷嘴与受喷面保持垂直，同时与受喷面保持一定的距离，一般取1.0～1.2 m。

分层喷射时，后一层混凝土喷射应在前一层混凝土终凝后进行。若终凝后间隔 1 h 以上再次喷射时，需用风、水对受喷面进行清洗、润湿。新喷射混凝土按规定进行适当喷水养护。当气温低于施工规定值时，应对砂、石材料进行加热或掺防冻剂。

2. 洞门施工要点

洞门施工要点如下。

（1）应积极创造条件尽早完成隧道洞门施工。

（2）隧道洞门的截、排水设施应与洞门工程同步施工，当洞门顶部水沟置于填土上时，填土应夯填密实，必要时应铺砌。

（3）隧道洞门端墙和翼墙、挡护墙的反滤层、泄水孔、变形缝设置应符合设计要求，泄水孔排水应通畅。

（4）隧道洞门拱墙应与洞内相邻的拱墙衬砌同时施工并连成整体。

（5）施工放样位置应准确、墙面应平顺，浇筑混凝土时应杜绝漏浆、跑模。

（6）基底不得有虚渣、杂物、积水、软层，基底承载力应符合设计要求，超挖部分应采用同级混凝土与基础同步浇筑。

（7）模板及支（拱）架应根据洞门结构形式、荷载大小、地基土类别、施工设备、施工工艺等条件设计。斜切式洞门内外模板和挡头板应专门设计和制作，配套使用。

（8）隧道洞门采用端墙式时，浇筑与回填应两侧对称进行，不得对衬砌产生偏压。

（9）模板及支（拱）架拆除时，混凝土强度应符合设计要求；设计无要求时，混凝土强度应达到8 MPa。

学习评价

根据所学内容完成下面的一体化学习任务单。

职业能力养成任务名称：隧道洞口施工技术

姓名：__________ 所属学习小组：__________ 得分：________

说明：按照任务单的指令和步骤完成各项内容，在规定时间内交回一体化学习任务单以便教师评价学习效果。

隧道洞口施工技术

- 1. 相关知识
  - 隧道洞口工程一般包括洞口边、仰坡的土石方开挖、防护；（ ）；洞口排水系统；洞口检查设备安装、洞口加强段、洞门工程、明洞及缓冲结构。
  - 洞口边、仰坡施工应满足哪些原则？
- 2. 施工
  - 仰拱施工时支护质量检查的紧前工作是（ ）。
  - 仰拱施工时洞口截排水系统工程施工的紧后工作是（ ）。
  - 端墙式洞门施工时，洞口段及洞门基础开挖的紧前工作是（ ）。
  - 隧道洞口土方开挖按（ ）、（ ）、（ ）方法进行施工。每层开挖高度不宜超过（ ）。
  - 简述洞门施工要点。
  - 简述边、仰坡施工要点。

职业能力 10.3　隧道洞口施工质量检查技术

10.3.1　洞口边、仰坡质量检验

（1）回填材料种类和粒径应符合设计要求

① 检验数量：施工、监理单位全数检查。

② 检验方法：检查质量证明文件，观察。

（2）回填分层厚度、回填高度和坡度允许偏差见表 10–1 的规定。

表 10–1　回填分层厚度、回填高度和坡度允许偏差

序号	项目	允许偏差
1	分层厚度	±100 mm
2	回填高度	+500 0 mm
3	坡度	+1% 0

① 检验数量：全面检查。

② 检验方法：测量。

（3）边、仰坡防护的范围、型式应符合设计要求。

① 检验数量：施工、监理单位全数检查。

② 检验方法：观察、测量。

10.3.2　洞门施工质量检验

（1）隧道洞门结构、挡（端）墙的几何允许尺寸偏差及检验方法应符合表 10–2 的规定。

表 10–2　隧道洞门结构、挡（端）墙的几何允许尺寸偏差及检验方法

序号	项目	允许偏差/mm	检验数量	检验方法
1	基础中线平面位置	±10	每一浇筑段检查一个断面	测量，每边不少于 4 处
2	基础长度、宽度	+100 −10		
3	基础顶面高程	±20		
4	端、翼墙边缘平面位置	+10 0		
5	端、翼墙边缘顶面高程	±20		

（2）预埋件和预留孔洞中心位置、尺寸允许偏差及检验方法应符合表 10–3 的规定。

表 10–3　预埋件和预留孔洞中心位置、尺寸允许偏差及检验方法

<table>
<tr><th>序号</th><th colspan="2">项目</th><th>允许偏差/mm</th><th>检验数量</th><th>检验方法</th></tr>
<tr><td rowspan="2">1</td><td rowspan="2">预留孔洞</td><td>中心位置</td><td>15</td><td rowspan="4">每一浇筑段检查一次</td><td rowspan="4">尺量</td></tr>
<tr><td>尺寸</td><td>+15
0</td></tr>
<tr><td rowspan="2">2</td><td rowspan="2">预埋件</td><td>中心位置</td><td>5</td></tr>
<tr><td>外露长度</td><td>+10
0</td></tr>
</table>

工作情境 11

隧道洞身施工

思政目标

（1）培养安全责任意识和环境保护意识。

（2）培养一丝不苟、精益求精的工匠精神。

（3）树立施工安全第一的思想，适应隧道施工环境，具备吃苦耐劳的品质。

学习目标

1. 知识目标

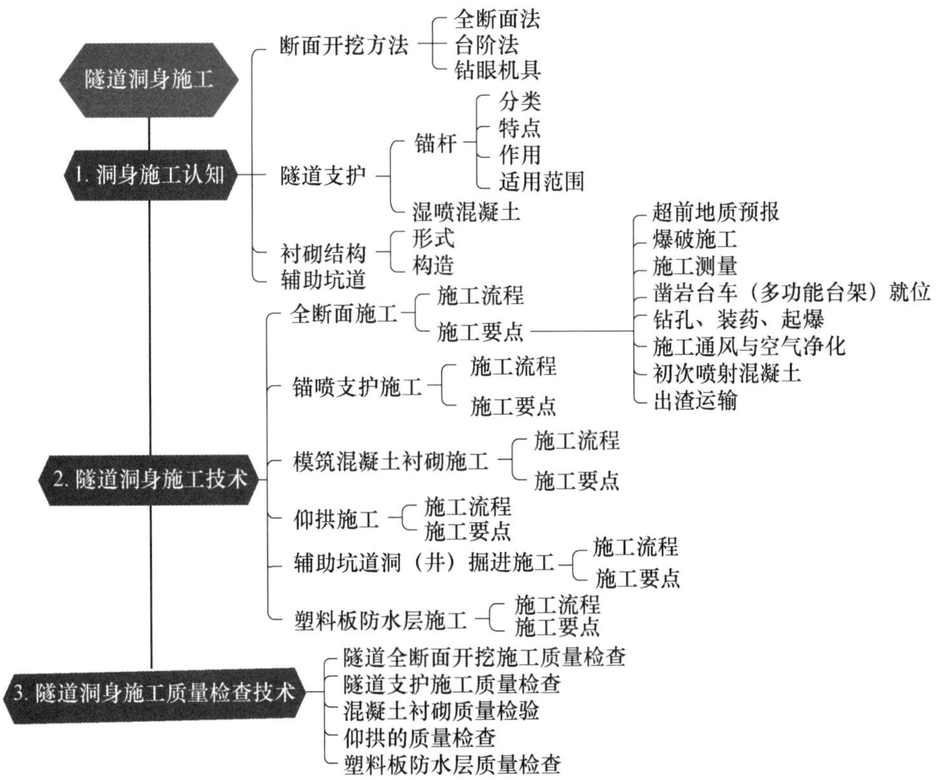

2. 能力目标

（1）能够围绕钻爆法施工技术交底文件进行资料收集，能够熟练运用办公软件编制技术交底文件。

（2）能够熟练运用钻爆法进行隧道洞身开挖、弃渣、锚喷支护、复合衬砌施工、辅助坑道、隧道防水等施工工艺，并具备编制隧道洞身施工方案的能力。

（3）根据现场的施工条件，具备在工程师指导下对钻爆法施工过程中出现的一般事故提出处理方案的能力。

（4）具备在工程师指导下对钻爆法施工质量进行检查的能力。

（5）具备撰写钻爆法施工汇报材料的能力。

3. 素质目标

（1）养成忠于职守、以数据说话的工作作风。

（2）培养综合运用知识从事较复杂的技术工作的职业素养。

职业能力情境引入

太行山特长隧道是石家庄至太原铁路客运专线穿越太行山脉的关键控制性工程，如图 11–1 所示，其为双洞单线，穿越海拔 1 311 m 的太行山山脉，最大埋深 445 m，两线间距 35 m，下行线全长 27 839 m，上行线全长 27 848 m，2007 年底贯通。

图 11–1　太行山隧道开挖施工

太行山隧道地处地质结构复杂、极易发生坍塌和大变形的山区，存在膏溶角砾岩、断层破碎带、高地应力、岩溶地下水等多种重大不良地质问题。施工采用长隧短打的快速施工技术，即钻爆法施工。中间设斜井、多斜井、多工作面并同时开挖。工程共设进口 1 个、斜井 9 个、出口 1 个，共 11 处施工通道，共计展开 24 个工作面。正洞Ⅱ、Ⅲ级围岩采用全断面法施工，Ⅳ级围岩采用台阶法施工，Ⅴ级围岩和Ⅳ、Ⅴ级膏溶角砾岩地段采用短台阶法施工，并加设临时仰拱、辅助坑道（斜井）、双车道斜井。Ⅱ、Ⅲ、Ⅳ级一般围岩衬砌断面采用全断面法施工，Ⅴ级一般围岩衬砌单车道断面采用全断面法施工，双车道断面采用短台阶法施工，必要时设施工临时仰拱。

职业能力 11.1　洞身施工认知

11.1.1　断面开挖方法

隧道断面开挖的方法包括全断面法、台阶法、中隔壁法、双侧壁导坑法等，本任务仅介绍全断面法、台阶法。

1. 全断面法

全断面法是指按照隧道设计轮廓线将隧道一次爆破开挖成形，再进行下道工序施工的方法。

全断面法施工工序如图 11–2 所示。

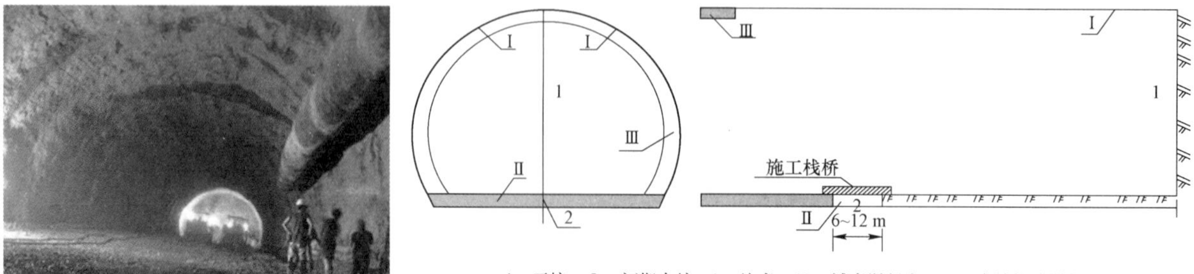

1—开挖；Ⅰ—初期支护；2—检底；Ⅱ—铺底混凝土；Ⅲ—浇筑拱墙混凝土。

图 11–2　全断面法施工工序

1）全断面法施工适用条件

全断面法施工一般适用于Ⅰ、Ⅱ、Ⅲ级围岩，Ⅳ、Ⅴ级围岩在采取有效的超前预加固措施，稳定开挖工作面后，也可采用全断面法开挖。

2）全断面法施工工序

全断面法施工工序包括开挖、初期支护、检底、铺底混凝土、浇筑拱墙混凝土。

2. 台阶法

台阶法是先开挖隧道上部断面（上台阶），上台阶超前一定距离后开始开挖下部断面（下台阶），上下台阶同时并进的施工方法。

1）台阶法分类

根据台阶长度，台阶法可分为短台阶、长台阶、超短台阶（微台阶）法等。

① 长台阶：上台阶超前 50 m 以上或大于 5 倍洞跨。

② 短台阶：上台阶长度小于 5 倍但大于 1～1.5 倍洞跨。

③ 超短台阶：上台阶仅超前 3～5 m，断面闭合较快。

根据台阶数量，台阶法可分为两台阶法（见图 11–3）、三台阶法（见图 11–4）、三台阶预留核心土法（见图 11–5）等。

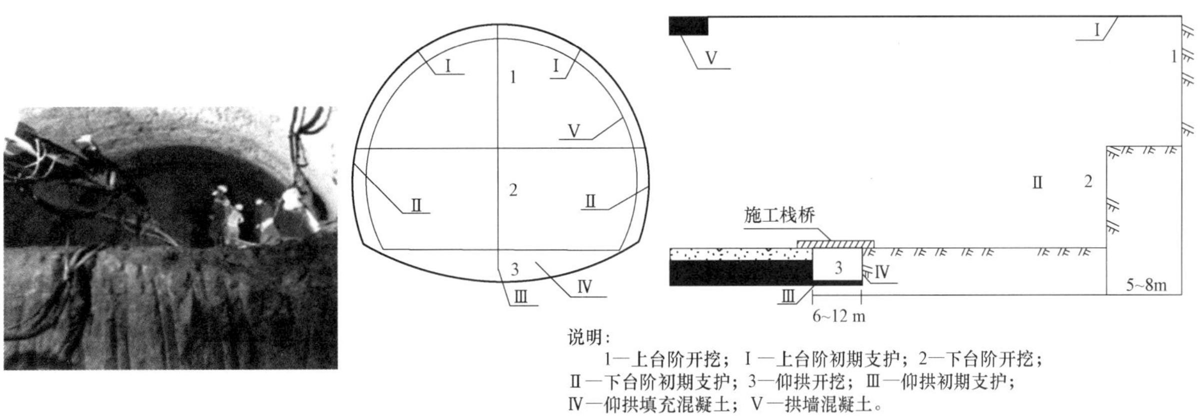

（a）两台阶法开挖施工　　（b）两台阶法施工示意图

图 11–3　两台阶法

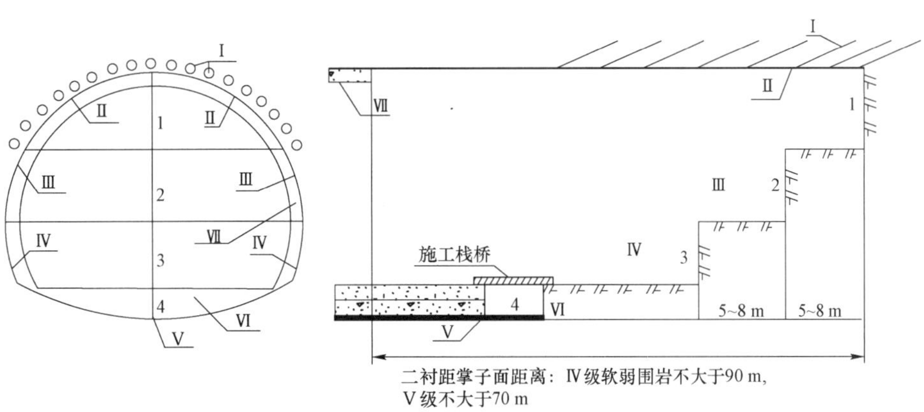

Ⅰ　超前小导管；1　上台阶开挖；Ⅱ　上台阶初期支护；2—中台阶开挖；
Ⅲ—中台阶初期支护；3—下台阶开挖；Ⅳ—下台阶初期支护；4—仰拱开挖；
Ⅴ—仰拱初期支护；Ⅵ—仰拱填充混凝土；Ⅶ—拱墙混凝土。

图 11–4　三台阶法

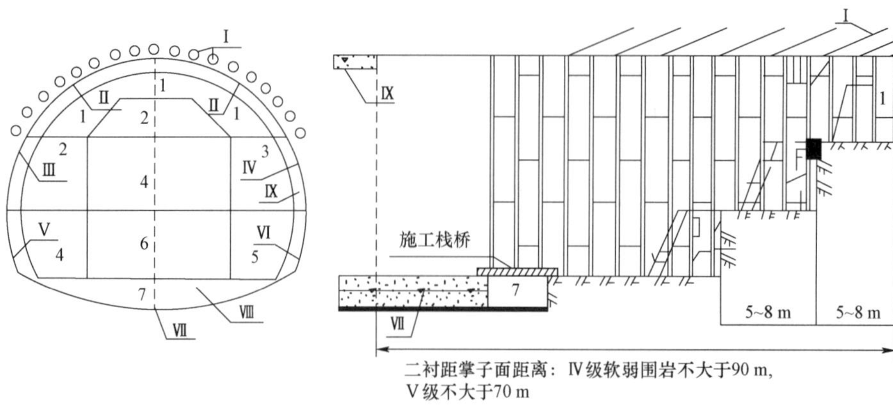

Ⅰ—超前小导管；1—上台阶开挖；Ⅱ—上台阶初期支护；
2—上台阶核心土开挖、中台阶左侧开挖；
Ⅲ—中台阶左侧初期支护；3—中台阶右侧开挖；
Ⅳ—中台阶右侧初期支护；4—中台阶核心土开挖、下台阶左侧开挖；
Ⅴ—下台阶左侧初期支护；5—下台阶右侧开挖；Ⅵ—下台阶右侧初期支护；
6—下台阶核心土开挖；7—仰拱开挖；Ⅶ—仰拱初期支护；
Ⅷ—仰拱填充混凝土；Ⅸ—拱墙混凝土。

图 11-5　三台阶预留核心土法

2）台阶法施工适用条件

台阶法施工一般适用于Ⅲ级围岩，Ⅳ、Ⅴ级围岩在采取必要的超前支护措施，稳定开挖工作面后也可选用台阶法。

① 单线隧道及围岩地质条件较好的双线隧道可采用二台阶法施工。

② 隧道断面较高、单层台阶断面尺寸较大时可采用三台阶法；当地质条件较差时，为增加掌子面自稳能力，可采用三台阶预留核心土法开挖。

3）台阶法施工工序

两台阶法施工可参考图 11-3（b），三台阶法施工可参考图 11-4，三台阶预留核心土法施工可参考图 11-5。

4）台阶法施工应符合的要求

（1）采用台阶法开挖隧道时，应根据围岩条件合理确定台阶长度和高度。台阶长度不宜过长，宜控制在一倍洞径以内。

（2）台阶形成后，各台阶开挖、支护宜平行作业。

（3）下台阶开挖，左右侧宜交错进行。

（4）循环进尺应根据围岩的地质条件、自稳能力和初期支护钢架间距合理确定。Ⅲ级围岩循环进尺不宜超过 3.0 m；Ⅳ级软弱围岩上台阶循环进尺不宜超过 2 榀钢架设计间距，Ⅴ、Ⅵ级围岩上台阶循环进尺不宜超过 1 榀钢架设计间距；Ⅳ、Ⅴ级围岩下台阶循环进尺不宜超过 2 榀钢架设计间距；初期支护设计钢架未封闭成环的隧道，仰拱一次开挖长度不宜大于 3 m。

3. 钻眼机具

隧道工程中常使用的凿岩机有风动凿岩机和液压凿岩机。其工作原理都是利用镶嵌在钻头体前端的凿刃反复冲击并转动破碎岩石而成孔。施工时可通过调节冲击功大小和转动速度以适应不同硬度的石质，达到最佳成孔效果。

11.1.2　隧道支护

1. 锚杆

通过国内外高速铁路隧道多年的设计、施工经验，隧道施工支护主要有以下几种类型：大管棚、超前小导管、锚杆、钢筋网、钢架、喷射混凝土等。这几种支护类型并不是单一使用的，往往是根据隧道的地质条件，选择两种或几种类型对围岩进行联合支护。其中最常用的支护类型是锚喷支护。

1）分类

锚杆是指在岩土体内部钻孔中，用黏结剂（如水泥砂浆、锚固剂、水玻璃双液浆等）将钢筋（或其他杆材）与岩土体黏结成一个整体，对岩体起支承、加固、提高层间摩阻力的作用，并将因施工引起岩土体产生的重新分布力传至稳定结构物或岩土层的一种构件。当采用钢绞线或高强钢丝束作杆体材料时，也可称为锚索。目前国内外使用锚杆种类已达数百种，如图 11–6 所示。

按锚固形式锚杆可划分为全长黏结型锚杆、端头锚固型锚杆、摩擦型锚杆和其他类型锚杆。

按受力状态锚杆可划分为非张拉型锚杆和张拉型锚杆，张拉型锚杆又分为张拉锚杆和预应力锚杆。

端头锚固型锚杆分为机械锚固型锚杆和黏结锚固型锚杆。机械锚固型锚杆分为楔缝锚杆、倒楔锚杆和涨壳锚杆；黏结锚固型锚杆分为砂浆锚杆、快硬水泥卷锚杆和树脂药卷锚杆。

全长黏结型锚杆分为树脂锚杆和砂浆锚杆。

摩擦型锚杆分为缝管锚杆和楔管锚杆。

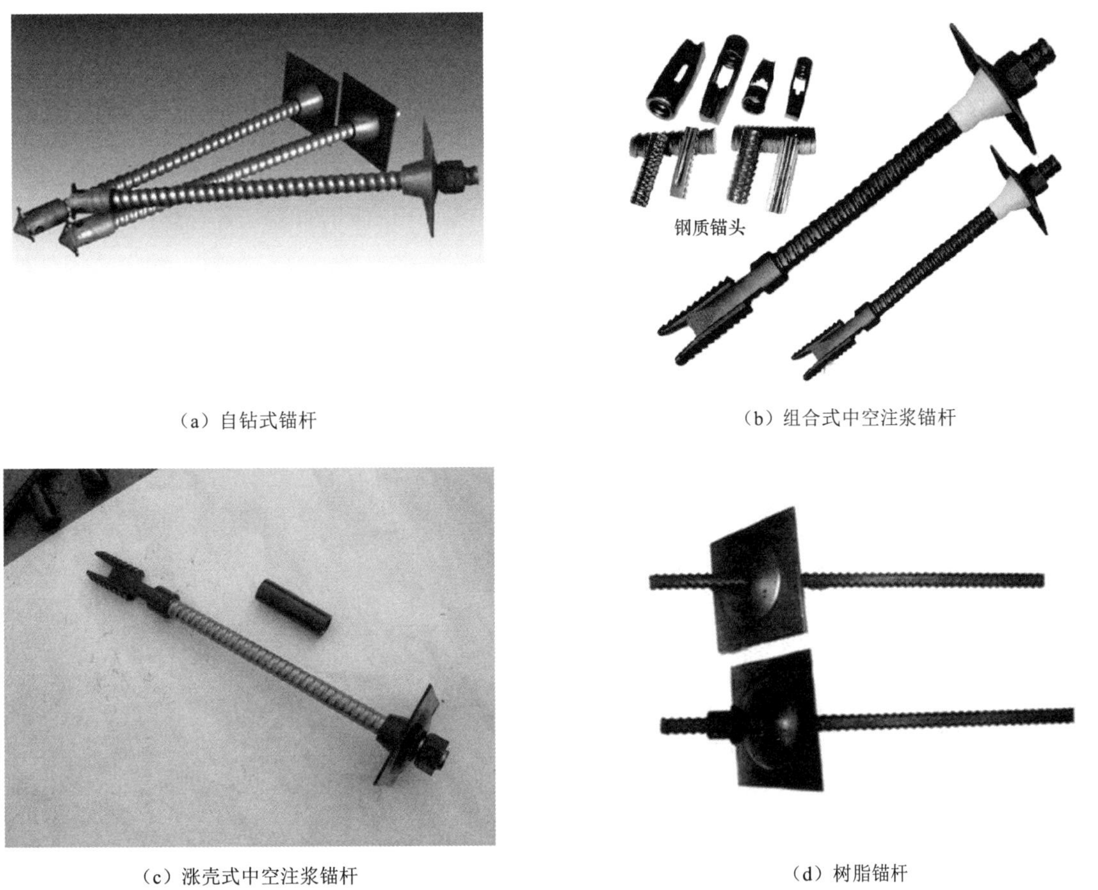

（a）自钻式锚杆　　（b）组合式中空注浆锚杆

（c）涨壳式中空注浆锚杆　　（d）树脂锚杆

图 11–6　各类锚杆产品

2）特点

（1）在岩土体开挖后，能较快提供支护力，有利于保护岩土体的固有强度，阻止岩土体的进一步扰动，控制岩土体变形的发展，提高施工过程的安全性。

（2）提高岩土体软弱结构面、潜在滑移面的抗剪强度，改善岩土体的其他力学性能。

（3）改善岩土体的应力状态，使其向有利于稳定的方向转化。

（4）锚杆的作用部位、方向、结构参数、密度和施作时机可以根据需要方便地进行设定和调整，以获得最佳的稳定效果。

（5）将结构物与岩土体紧密地联锁在一起，形成共同工作体系。

（6）锚杆施工理念是尽可能通过锚杆发挥岩土体自稳性能，而使外支护结构变得简单。

（7）对预防、整治滑坡，加固、抢修出现病害的结构物具有独特的作用。

3）作用

（1）支承围岩：系统锚杆是嵌入隧道开挖后未扰动的稳定围岩中，对隧道开挖后周边已扰动（重新分布应力）的围岩起限制约束变形与支撑围岩的作用。

（2）加固围岩：隧道系统锚杆使围岩松动区的节理裂隙、破裂面等得以联结，增大了锚固区围岩的强度（即 c、ψ值）。实践证明，隧道施工中锚杆对加固节理发育的岩体和围岩松动区是十分有效的，有助于裂隙岩体和松动区形成整体，成为“加固带”。

（3）提高层间摩阻力，形成“组合梁”：水平或缓倾斜的层状围岩，用锚杆群能把数层岩层连在一起，增大岩层间摩阻力，从结构力学观点来看，就形成了“组合梁”。

（4）“悬吊”作用：所谓“悬吊”作用是指隧道开挖后，为防止个别危石的掉落或滑落，用锚杆将其同稳定围岩联结起来，主要表现在加固局部失稳的岩体。

4）适用范围

（1）不太稳定的岩土体，为确保不在一般情况下出现崩坍等地质灾害而需要的加固。

（2）工程改变岩土体结构而形成的边坡和自然边坡支护。

（3）坑道开挖后形成的临空面支护。

2. 湿喷混凝土

喷射混凝土是通过混凝土喷射机具、压缩空气、喷射管道来实现混凝土布料、输送、添外加剂并把混凝土直接喷贴到岩土面的施工方法。根据混凝土类型，喷射混凝土可分为喷射普通混凝土和喷射纤维混凝土；按照具体施工工艺可分为干喷、潮喷和湿喷。高速铁路隧道喷混凝土应采用湿喷工艺。

湿喷工艺是采用拌和机将骨料、水泥、水拌制成混凝土后，利用湿喷机械设备，通过压缩空气将混凝土送至喷头，在喷头处添加液态速凝剂后喷射到岩土面上，在很短的时间内拌和料凝结成具有一定强度的混凝土，达到支护和封闭围岩的目的。湿喷工艺相对前两类工艺具有喷射回弹量小、粉尘少、对环境污染小、喷射混凝土强度高的特点，但喷射设备相对复杂，对混凝土的骨料和坍落度要求较高，对风压及风量要求较大，液态速凝剂成本也较高。

目前，湿喷混凝土主要使用湿喷混凝土机械手（图 11–7）和小型湿喷机（图 11–8）两种方式施工。

图 11–7　湿喷混凝土机械手

图 11–8　小型湿喷机

11.1.3　衬砌结构

目前，高速铁路隧道衬砌主要采用复合式衬砌、单层衬砌（模筑混凝土衬砌）、拼装式衬砌等结构形式。隧道衬砌结构类型的选择往往综合考虑地质及埋深等环境条件、隧道断面形状与大小、防水要求、使用功能、施工方法与措施等因素。衬砌结构必须满足运营安全、防水及美观的要求。

按照现代支护理论和新奥法施工原则，作为安全储备的二次衬砌一般在围岩或初期支护体系稳定后施作，主要采用由下到上、先墙后拱的顺序连续浇筑混凝土；而在隧道纵向上，通常按 9～12 m 分段施作。

1. 形式

满足时速 300 km、350 km 的高速铁路隧道，净空有效面积双线不小于 100 m^2，单线不小于 70 m^2；满足时速 250 km 的高速铁路隧道，净空有效面积双线不小于 90 m^2，单线不小于 58 m^2。

与普速铁路隧道相比，高速铁路隧道由于开挖断面面积增大，开挖时围岩自稳能力变差，变形加快，松弛范围加大，因此支护和衬砌必须及时施作。

钻爆法施工的隧道最有效的快速支护手段是采用喷锚支护和复合式衬砌。在围岩自稳能力好的地段，可采用单层衬砌（模筑混凝土衬砌）；采用盾构法施工的隧道，则主要采用拼装式衬砌。根据《高速铁路设计规范》（TB 10621—2014），高速铁路暗挖隧道应采用复合式衬砌，明挖隧道应采用整体式衬砌（类似单层衬砌）。

（1）复合式衬砌。复合式衬砌结构由中间设置隔离层（防水层）的内、外两层结构组成，内层结构与外层结构之间可以传递压力，但一般不传递剪力。外层结构采用喷锚支护，内层结构采用模筑混凝土（或钢筋混凝土）衬砌。

复合式衬砌结构具有以下优点。

① 防水性能好，从工程实践经验看，在地下水发育地段，复合式衬砌结构的防水性能明显优于单层衬砌。

② 外层结构采用喷锚支护，能适应围岩变形并能充分发挥围岩自身的承载能力。

③ 内层结构采用模筑混凝土，既可以保证隧道内表面光滑平整，也能进一步提高结构的安全性。采用复合式衬砌时，二次衬砌可根据设计要求和围岩稳定情况及时施作。

（2）单层衬砌。单层衬砌一般是由单层或多层混凝土构成的承载结构，其支护层与衬砌层是一体的，共同组成支护体系，各层间能够充分传递剪力。单层衬砌示意图如图 11–9 所示。

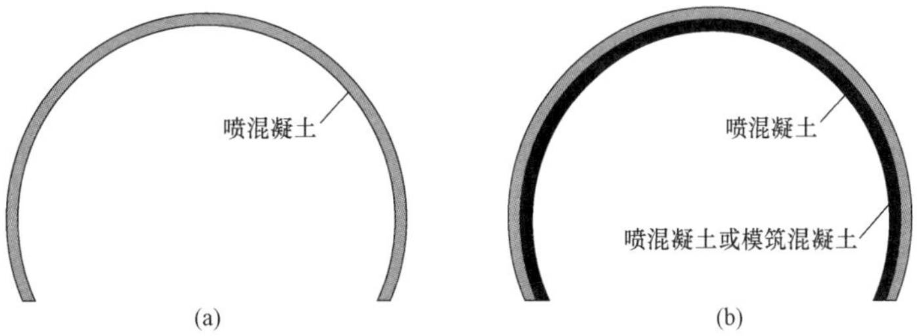

图 11–9　单层衬砌示意图

单层衬砌不同于喷锚衬砌，喷锚衬砌仅是单层衬砌的一种，单层衬砌可以是单层的，也可以是多层的；可以是模筑混凝土，也可以喷混凝土或喷纤维混凝土，其组合形态多种多样。单层衬砌与复合式衬砌的本质区别就是各支护层间不设置隔离层（防水板）。其承载机理是支护层与衬砌层的力学动态是一体的，各层间能够充分传递剪力，组成共同承载体系。

在围岩稳定性较好、地下水较少地段的高速铁路隧道可采用单层衬砌，合肥至武汉客运专线大别山隧道就采用了模筑混凝土单层衬砌和喷射混凝土结合模筑混凝土单层衬砌。但大量的工程实践表明，开挖时无水的地段经过若干年后仍可能有一定的地下水。因此，高速铁路隧道采用单层衬砌时应采用多种有效的措施确保衬砌结构自防水性能。

（3）拼装式衬砌。拼装式衬砌主要用于采用盾构掘进机施工的隧道。隧道开挖后，利用管片拼装机将预制好的管片按规定的形状拼装成隧道衬砌结构。管片的类型有钢筋混凝土管片、钢管片、铸铁管片、钢–混凝土复合管片等，目前最常用的是钢筋混凝土管片。各管片接缝面设有防水橡胶垫。

拼装式衬砌结构断面形状一般为圆形。也有矩形、单拱形、连拱形等形式。我国广深港客运专线狮子洋水下隧道采用盾构法施工，其衬砌结构形式为钢筋混凝土管片拼装式衬砌。

2. 构造

（1）复合式衬砌结构。根据二次衬砌在运营期间是否承受水压力，复合式衬砌结构可分为排水型衬砌和防水型衬砌两种类型。前者二次衬砌不承受水压力，后者承受水压力。

时速 350 km 双线铁路隧道Ⅴ级围岩和Ⅱ级围岩下排水型复合式衬砌的代表性衬砌结构断面如图 11–10 和图 11–11 所示。

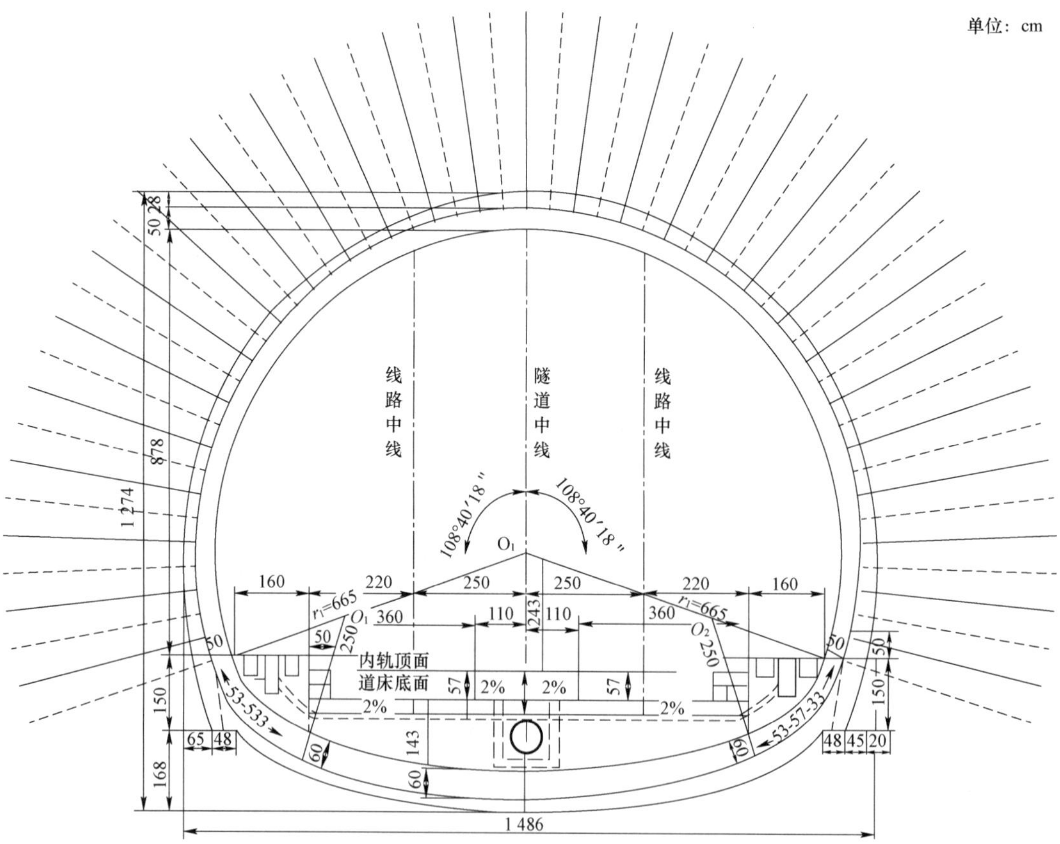

图 11–10　衬砌结构断面（双线，Ⅴ级围岩）

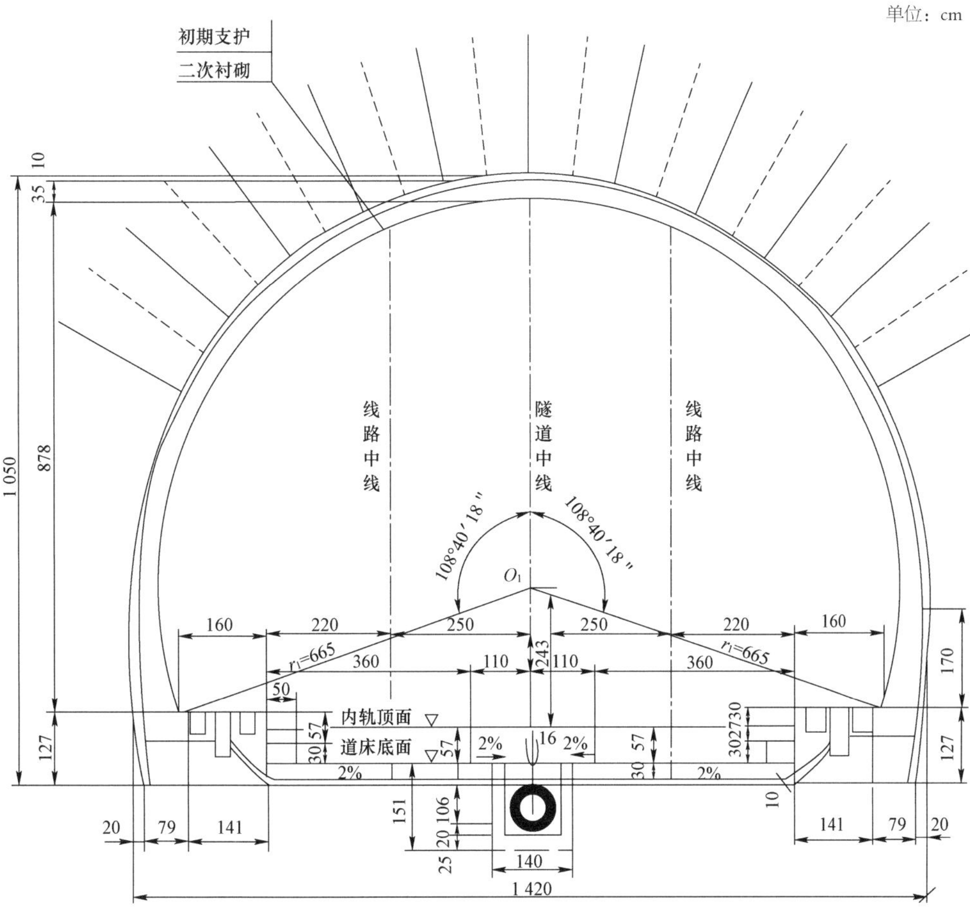

图 11–11　衬砌结构断面（双线，Ⅱ级围岩）

（2）单层衬砌结构。单层衬砌结构形式是随着喷射混凝土技术的出现和发展而不断发展和完善起来的，特别是湿喷技术的出现及纤维混凝土在隧道工程中的应用，成功地解决了混凝土衬砌的防裂和耐久性问题，为单层衬砌的发展创造了良好的条件。最早的单层衬砌结构形式主要是单层喷射混凝土与锚杆构成的支护体系，后来逐渐发展出现了两层或多层的喷射混凝土和模筑混凝土构造。

与复合式衬砌相比，单层衬砌最显著的特征之一就是支护层与衬砌层之间取消了防水板，结构的防水靠衬砌材料的自防水来实现。目前，单层衬砌主要采用硅树脂钢纤维混凝土、聚合物水泥混凝土来提高防水性能。

（3）管片衬砌结构。管片衬砌结构主要采用圆形结构，其主要参数有衬砌环类型、环宽、楔形量、衬砌环分块方式、拼装方式、管片厚度等。

衬砌环类型一般根据线路曲线分布、衬砌断面大小、模板数量及施工单位的习惯等因素综合比选确定。常用的衬砌环类型有直线环、楔形环（楔形环又可分为左、右转弯环和通用楔形环），也有螺旋形等形式。

衬砌环的宽度主要依据线路曲线、断面大小、盾构设备、施工进度及造价等因素确定。高速铁路隧道断面较大，曲线段半径大，不影响施工。从降低衬砌制造成本、减少接缝和漏水、加快施工进度等方面考虑，希望管片宽度大一些。常用的管片宽度一般为 1.5～1.8 m。目前，在大直径盾构中，管片宽度有增大的趋势，广深港高速铁路狮子洋隧道采用了宽度 2 m 的管片。

楔形量根据线路曲线、衬砌环类型、断面大小、围岩条件、施工纠偏、管片制造等条件确定。一般管片环径在 10～12 m 时，楔形量约为 35～80 mm。

衬砌环一般由数块 A 型管片、2 块 B 型管片和 1 块 K 型（封顶块）管片组成。一般直径 10 m 左右的隧道由 8 块管片组成，直径 14 m 左右的隧道由 10 块管片组成。

管片拼接方式有通缝和错缝两种。通缝拼装的施工工艺相对简单，管片的制作精度要求较低。当制作精度不高时，引起的顶碎比错缝少。错缝拼装在控制结构变形方面比通缝好。在拼装质量有保证的情况下。接缝防水丁字缝比十字缝容易，但在拼装质量不高的情况下可能导致管片容易顶碎。管片厚度根据结构受力及使用要求确定，一般为隧道外径的 4%～6%。

管片连接主要采用有螺栓连接方式，螺栓接头又有直螺栓、弯螺栓和斜螺栓等三种连接方式，如图 11–12 所示。

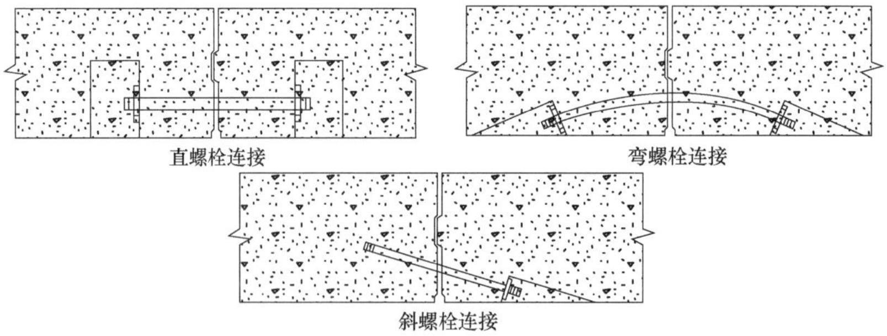

图 11–12　管片有螺栓连接方式

11.1.4　辅助坑道

辅助坑道一般分为横洞、平行导坑、斜井、竖井四种。它是为增加隧道工作面以缩短工期、改善施工通风、施工排水和施工运输等施工条件所设置的临时性隧道附属工程。

一部分辅助坑道作为运营通风、排水和防灾害使用，成为永久性的隧道附属建筑。辅助坑道需要提前开工，为隧道施工创造有利条件。辅助坑道一般由设计单位设计。

辅助坑道的适用条件及特点见表 11–1。

表 11–1　辅助坑道的适用条件及特点

类型	适用条件	特点
横洞	（1）隧道沿河傍山，侧面覆盖不厚； （2）隧道洞口桥隧相连施工，互相干扰，或影响弃渣及场地布置； （3）洞口地质不良或路堑土石方数量大，工期紧迫，难以及时从正洞口组织掘进； （4）横洞长度一般小于 1/7～1/10 隧道长度	能增加隧道正洞工作面，设备简单，施工及管理方便，出渣、进料运输距离较短，但通风排烟较差，应做好通风机具准备工作，施工中做好通风管理
平行导坑	（1）长度较大的深埋隧道，难以采用其他类型的辅助坑道； （2）有大量地下水或瓦斯	能增加隧道正洞工作面，提高施工速度，解决施工通风、排水及运输问题，其超前掘进还可以起到地质预报的作用
斜井	（1）隧道旁侧有较低地形，覆盖不厚； （2）井身地质较好，地下水不大	能增加隧道正洞工作面，出渣、进料运输距离较短，但坡度较大时需要提升设备
竖井	（1）隧道洞身局部地段覆盖层较薄； （2）井身地质较好，地下水不大	能增加隧道正洞工作面，出渣、进料运输距离较短，但提升设备较复杂，深度大于 150 m 时施工，正洞造价增加很大

职业能力 11.2　隧道洞身施工技术

隧道洞身施工包括隧道开挖、隧道支护、衬砌和基底处理施工、辅助坑道施工和防水隔离层铺设等工序。

11.2.1　全断面施工

1. 施工流程

本书以钻爆法全断面施工为例讲解隧道开挖施工工艺，全断面施工流程如图 11–13 所示。

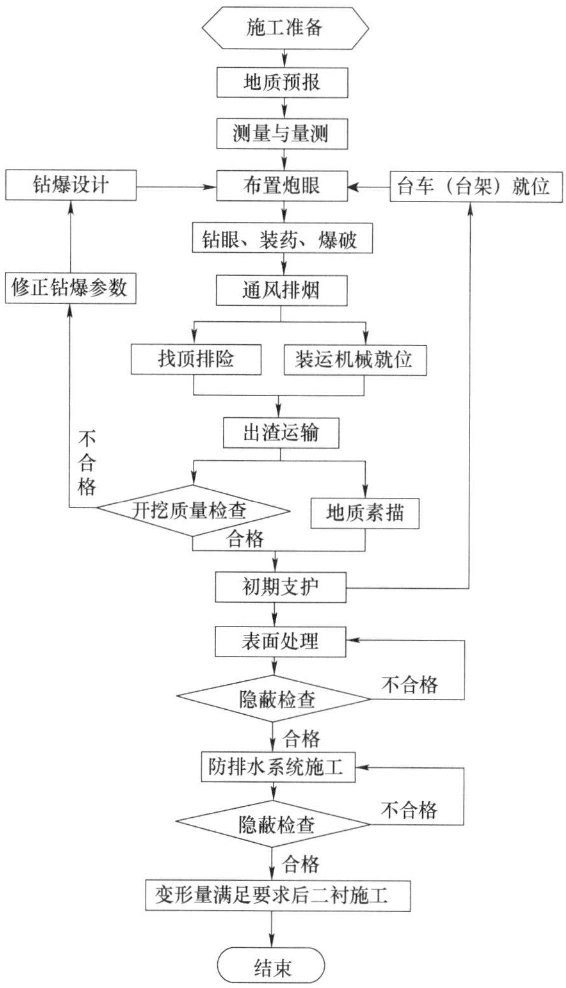

图 11–13　全断面施工流程

2. 施工要点

1）超前地质预报

超前地质预报是合理确定开挖方法、预防地质灾害、保障隧道施工安全的重要手段，须纳入工序管理。

2）爆破施工

（1）根据工程地质、开挖断面、开挖方法、循环进尺、钻孔机具和爆破材料等，在隧道开挖前进行钻爆设计。

（2）钻爆设计的内容包括钻孔（掏槽眼、辅助眼、周边眼）的布置、数目、深度和角度，爆破器材，装药量和装药结构，起爆方法和爆破顺序，钻孔要求等。

（3）以Ⅱ级围岩隧道的爆破作业为例，综合爆破参数见表 11–2、Ⅱ级围岩全断面开挖爆破设计参数见表 11–3。炮孔布置及起爆顺序如图 11–14 所示，掏槽孔大样如图 11–15 所示。

表 11–2　综合爆破参数

围岩级别	周边眼间距 E/cm	周边眼抵抗线 W/cm	相对距离 E/W	周边眼装药集中度/（kg/m）
Ⅱ	60	75	0.8	0.21

表 11–3　Ⅱ级围岩全断面开挖爆破设计参数

钻孔名称	段号	孔深/m	眼数	炸药类型	单孔条数/条	单孔药量/kg	单段药量/kg	装药长度/m	装药结构
掏槽眼	1	0.83	4	0.20	3	0.60	2.40	0.6	集中
掏槽眼	3	2.3	4	0.20	7	1.4	5.6	1.0	集中
掏槽眼	5	4.0	4	0.20	12	2.4	9.6	2.4	集中
扩槽眼	7	3.5	20	0.20	9	1.8	36	1.8	集中
扩槽眼	9	3.5	10	0.20	9	1.8	18	1.8	集中
扩槽眼	10	3.5	15	0.20	9	1.8	27	1.8	集中
扩槽眼	11	3.5	31	0.20	9	1.8	55.8	1.8	集中
内圈眼	13	3.5	35	0.20	9	1.8	63	1.8	集中
周边眼	15	3.5	44	0.15	5	0.75	33	1.9	集中
底板眼	15	3.5	19	0.20	10	2.0	38	2.0	集中

单位：cm

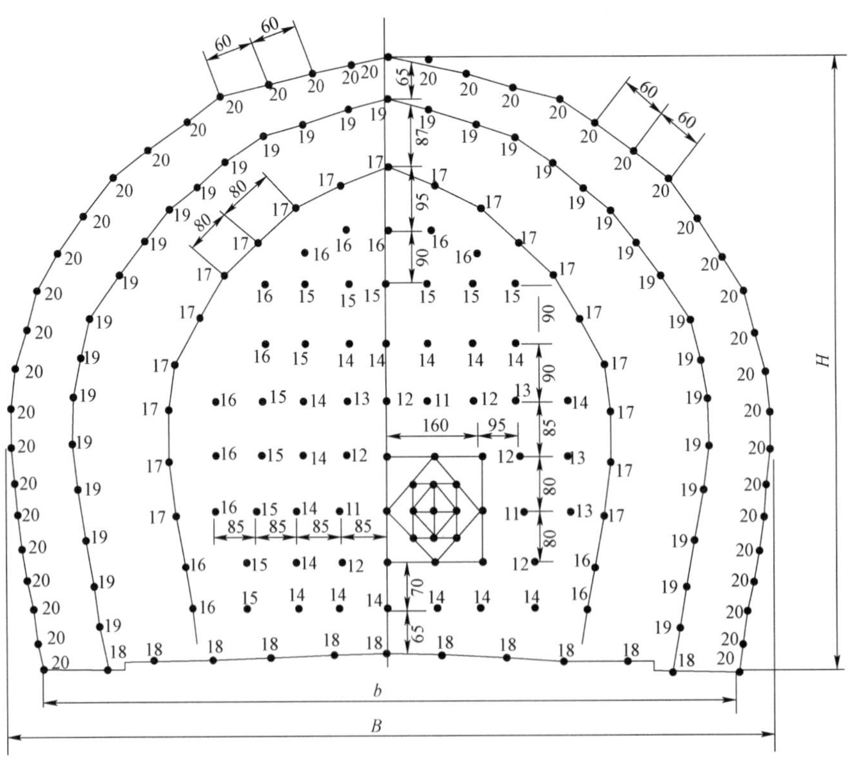

图 11–14　炮孔布置及起爆顺序

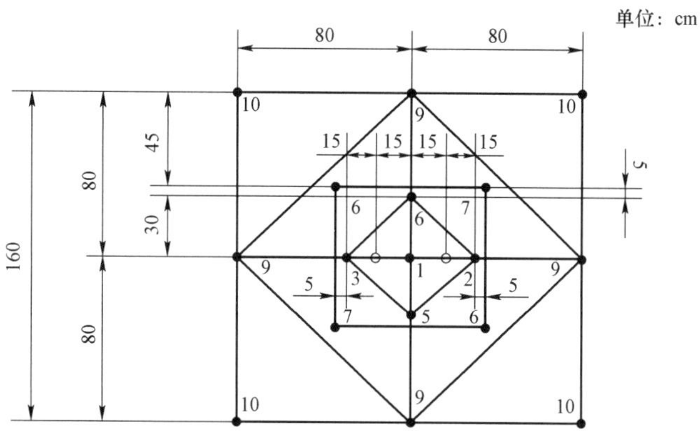

图 11–15　掏槽孔大样

（4）钻孔布置规定。

① 掏槽眼采用直眼掏槽或斜眼掏槽。

② 周边眼沿隧道开挖轮廓线布置，保证开挖断面符合施工图要求。

③ 掘进眼均匀交错布置在内圈眼与掏槽眼之间，力求爆破出的石渣块度适合装渣的需求。

④ 周边眼、内圈眼与辅助眼的孔底保持在同一垂直面上，掏槽钻孔应加深 10 cm。

⑤ 应采用光面爆破，其参数可通过试验确定。无试验条件时，有关参数可参照表 11–4 选用。

表 11–4　光面爆破参数

岩石类别	周边眼间距 E/cm	周边眼抵抗线 W/cm	相对距离 E/W	装药集中度 q/（kg/m）
极硬岩	50～60	55～75	0.8～0.85	0.25～0.40
硬岩	40～55	50～60	0.8～0.85	0.15～0.25
软质岩	30～45	45～60	0.75～0.8	0.04～0.15

注：1. 表中参数适用于炮眼深度 1.0～3.5 m，炮眼直径 40～50 mm，药卷直径 20～35 mm。

2. 断面较小或围岩软弱、破碎或对开挖成形要求较高时，周边眼间距 E 应取较小值。

3. 周边眼抵抗线 W 值应大于周边眼间距 E 值。软岩取较小的 E 值时，W 值应适当增大。E/W：软岩取小值，硬岩及小断面取大值。

4. 装药集中度 q 以装药长度的平均线装药密度计，施工中应根据炸药类型和爆破试验确定。

3. 施工测量

测量技术人员利用洞内中线控制桩和水平控制点，画出工作面开挖轮廓线，并标记主要钻孔位置。每一循环爆破作业开始时对上一循环断面进行检查并对下一循环进行施测。

4. 凿岩台车（多功能台架）就位

根据工作面的开挖轮廓线把凿岩台车（多功能台架）移动到指定位置，固定台车，调整台车的高度，准备钻孔作业的各项工作内容。

5. 钻孔、装药、起爆

根据爆破设计要求和工作面的钻孔位置，开始人工操作凿岩台车机械手（或人工利用风钻）钻孔，在钻进过程中要根据钻进速度、围岩软弱程度等，及时调整供风量和供水量。钻孔位置和角度要准确，钻孔结束后，吹孔并开始装药。应采用低密度、低爆速、低猛度的炸药。严格控制周边眼装药量，间隔装药，同时使药量沿钻孔全长适当分布。采用毫秒微差雷管有序起爆，周边眼采用导爆索起爆，以减小起爆时差。

6. 施工通风与空气净化

工作面起爆后，进行施工通风，净化洞内空气，形成洞内安全、健康的作业环境。隧道施工通风方式可根据现场实际情况采用压入式、压出式、混合式或巷道式。

长大隧道施工通风方案确定是一个动态过程，应随着隧道掘进长度和平行导洞的跟进（或超前）情况、空间关系、断面大小及洞内的施工组织情况动态地调整和优化。工程实践证明，充分利用平行辅助隧道，采用巷道式通风技术，可以大幅度地提高通风效率和效果，降低通风能耗，减少通风设备（风机、风管等）投入，达到安全、高效、经济、合理的施工通风目的。

针对长大隧道长距离通风能耗大，成本高，通风效果不佳，洞内空气质量差等突出问题，提倡引入施工隧道空气净化技术，对隧道内造成人体损害最大的首要污染源——粉尘进行集中过滤净化处理，既可减小施工通风的工作量，降低能源消耗，减少通风成本，又可提高仰拱、防水系统、二衬等工序施工作业集中区的空气质量。

7. 初次喷射混凝土

爆破后应及时清除爆破面危石，进行初次喷射混凝土作业，保护裸露围岩。隧道内喷射混凝土的主要类型有普通混凝土、纤维混凝土、耐腐蚀混凝土等。

8. 出渣运输

隧道超欠挖控制对隧道工程的施工质量和成本控制意义重大，为保证隧道支护、衬砌等结构尺寸满足设计要求，现场一般遵循“宁超勿欠”的开挖原则，避免二次开挖带来的质量和安全风险，但过量超挖不仅会额外增加支护和二衬混凝土的消耗量，增加工程成本，还会影响围岩的成拱自稳能力，增加隧道结构承受的外部荷载，影响隧道结构的整体安全和耐久性。

全断面开挖隧道作业空间大，可使用大功率装载机装渣，大型自卸汽车运输。出渣过程要保证工作面的照明，便于司机操作，出渣机械状态良好，装运能力应大于开挖能力并有备用。运输道路平整通畅，安全警示和标志要齐全，在关键地段设车辆调度，协调保障洞内外运输安全与畅通。

11.2.2 锚喷支护施工

1. 施工流程

1）锚杆施工流程

隧道系统锚杆施工工艺各不相同，同一类锚杆，不同的杆材和锚固黏接剂，以及不同组合支护形式，其施工工艺差别也很大。比如系统锚杆采用砂浆锚杆或药卷锚杆其施工工艺就不同；采用普通钢筋锚杆或装配式锚杆（中空注浆锚杆、自进式锚杆）其施工工艺也不相同。本书介绍普通钢筋药卷锚杆（系统锚杆）施工，普通钢筋药卷锚杆施工流程如图 11–16 所示。

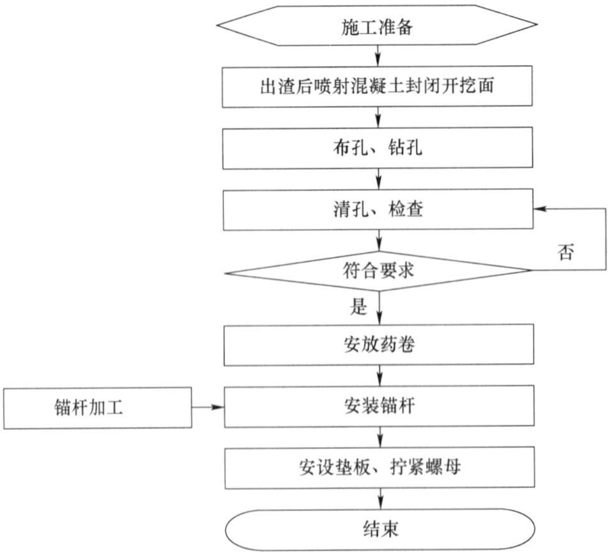

图 11–16　普通钢筋药卷锚杆施工流程

2）湿喷混凝土施工流程

湿喷混凝土施工流程如图 11–17 所示。

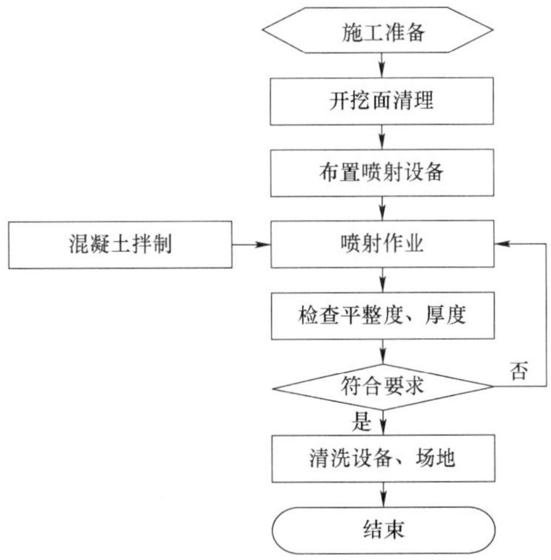

图 11–17　湿喷混凝土施工流程

2. 施工要点

1）锚杆施工要点

（1）施工准备。

① 锚杆孔定位。锚杆钻孔前根据设计要求定出孔位，作出明显标记。锚杆孔通常采用挂中线，通过尺量来定位；采用了自动极坐标测量系统的隧道掘进，系统锚杆可通过自动极坐标测量系统定位。

② 锚杆及配件的加工或采购。

a）普通钢筋锚杆及垫板加工。用于加工锚杆及垫板的钢筋和钢板材料通过复检合格，统一在场地加工房内加工；锚杆根据隧道不同围岩级别支护类型，截取成需要的长度，杆体需调直，表面无缺损、无锈、无杂物。加工后的锚杆尺寸符合设计要求，车丝部分无偏心，焊缝表面不得有裂纹、焊瘤等缺陷；垫板采用设计厚度的钢板加工，按要求规格下料，中间钻孔。

b）装配式特种锚杆采购。常用的装配式特种锚杆有中空注浆锚杆和自进式锚杆，配件主要包括分段杆材、接头套筒、特制垫板，自进式锚杆还包括特种钻头。进场锚杆需进行检查、验收后，才能用于现场施工。

③ 锚杆辅助材料准备。

a）水泥：普通水泥砂浆选用普通硅酸盐水泥，在自稳时间短的围岩条件下，宜采用早强水泥。

b）砂：宜采用清洁、坚硬的中细砂，粒径值不宜大于 3 mm。

c）砂浆制备：砂浆严格按设计配合比拌和均匀，随拌随用。一次拌和的砂浆在初凝前用完。

d）外加剂：一般采用减水剂、早强剂、膨胀剂。

e）锚固剂：若采用药卷锚杆，药卷锚固剂应提前浸泡。

④ 设备检查。锚杆施工前，全面检查钻孔机具、风压动力、注浆设备，以及其他机械是否正常，确保锚杆施工持续进行。

（2）锚杆成孔。

① 锚杆钻孔设备。目前，锚杆钻孔设备主要有锚杆钻孔台车、凿岩台车、手持凿岩机等，它们各有优缺点。

锚杆钻孔台车和凿岩台车成孔速度快，工效高，能够有效保证锚杆的施工质量；锚杆台车能够用于任何部位的锚杆，并且确保锚杆的施工角度，施工安全风险相对较低。两者主要的缺点是设备一次性投入较大。

手持凿岩台车设备一次性投入少，基本不受作业断面大小的影响。其主要缺点是：施工工效相对较低；锚杆施工质量不易得到可靠保证，尤其是隧道拱部锚杆施工角度很难按照设计施工；由于人员紧靠开挖面，锚杆施工的安全风险相对较大。

目前，国外锚杆钻孔设备技术已相当成熟，Boltec LD 锚杆台车（见图 11–18）就是一款全机械化锚杆台车，它具有锚杆定位、钻孔和安装锚固多种功能，其技术指标为：锚杆长度为 1.5～6 m，施工高度最大为 12 m。此外，隧道开挖钻孔也可采用凿岩台车（见图 11–19）。

图 11–18 Boltec LD 锚杆台车

图 11–19 凿岩台车

② 钻孔作业。

a）隧道锚杆钻孔一般在分部开挖台阶上或洞内钻爆支护台架上进行。钻孔前严格按照设计间距布孔，选择与孔径大小相对应的钻头。钻孔方向尽可能垂直于结构面或初喷混凝土表面。

b）钻孔过程中随时检查钻孔方向和钻进深度，随时密切观察岩层特性，为支护提供依据。

c）锚杆钻孔完成，立即用高压风、水冲净孔内碎屑，确保顺利插入锚杆。

d）钻孔过程常会卡钻头，当钻头确实无法取出时，应在孔位旁边补钻孔；当隧道位于软弱围岩或不均匀岩层中，出现卡钻头导致无法成孔，或者钻孔容易，取出钻杆后钻孔产生变形，无法插入锚杆时，可考虑将原设计锚杆更改为自进式锚杆。

（3）锚杆安装。

以早强药卷锚杆为例。

① 选择好药卷直径和药卷长度，使用前检查药卷有无结块和受潮。安装前需将药卷浸泡在清水中（浸透）。

② 采用专用装药卷工具，缓慢地把药卷推入孔底，推入过程中保证药卷不破裂。

③ 锚杆杆体插入后注意旋转，使药卷充分搅拌。

2）湿喷混凝土施工

（1）现场准备。

平整场地，将喷射机移至喷射地点，将高压风管与喷射机连接，用电缆线将喷射机与配电箱连接，喷射管与喷射机、速凝剂管与喷头连接、喷头与喷射管也应进行相应连接。全部连接完成后先开风调试喷射管路是否通畅，再启动速凝剂泵并设置速凝剂掺量，最后启动喷射机电源调试喷射机。

（2）混合料或混凝土加工运输。

湿喷混凝土的加工采用大型拌和站拌制，用配料机严格按确定配合比将 0～15 mm 的碎石、中粗砂进行配料，通过拌和机将骨料、水泥、水均匀拌和形成混凝土，用混凝土运输车运至喷射地点。

（3）外加剂的添加。

湿喷混凝土的外加剂采用机械添加，掺量控制比较准确。尤其是机器人喷射手可根据所设置的每小时喷射量及外加剂掺量精确控制外加剂用量。

（4）混凝土喷射作业。

① 喷射时喷嘴垂直于受喷岩面并保持 1 m 左右距离分区域作螺旋往复运动，直到达到规定厚度，并控制好喷射混凝土表面的平整度。

② 对渗漏水比较小的地方，喷射从无水处向有水处进行；对于渗漏水较大的地方，应采取先引流后喷混凝土的措施。

③ 喷射时先开风、后开喷射机；停喷时先停喷射机、后停风。喷射手应佩戴好防护面罩和手套，避免被速凝剂灼伤和腐蚀，避免吸入粉尘。喷射作业前检查喷射机和喷射管连接是否牢固、喷射管之间的连接是否牢固、喷射管和喷头之间的连接是否牢固，避免喷射中连接处脱落发生事故。遇堵塞时，应先把出料端固定，避免喷射管摆动伤及施工人员。

11.2.3　模筑混凝土衬砌施工

1. 施工流程

模筑混凝土衬砌施工作业程序是先浇筑仰拱、仰拱填充层和边墙基础，然后采用模板台车一次浇筑拱墙。混凝土采用自动计量装置计量，集中拌和后由混凝土输送车运送到现场，混凝土泵泵送入模，浇筑完毕后进行养护、拆模，然后进入下一循环。模筑混凝土衬砌施工分为整体移动式台车衬砌施工和分离式衬砌台车施工两大类，本书介绍整体移动式台车衬砌施工。整体移动式台车衬砌施工流程如图 11–20 所示。

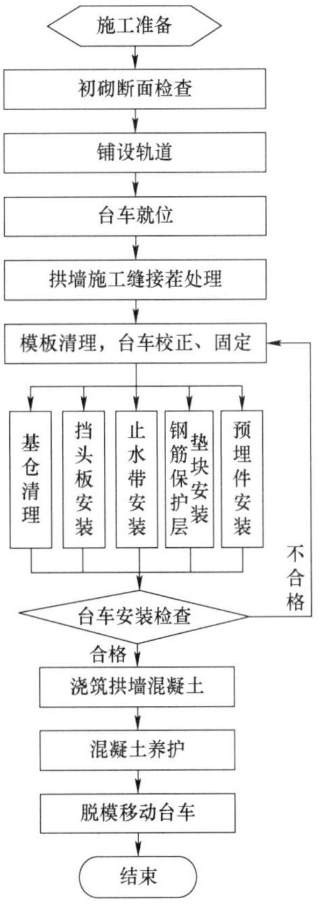

图 11–20　整体移动式台车衬砌施工流程

2. 施工要点

衬砌往往是在围岩或支护基本稳定后施作，采用由下而上，先墙后拱的顺序浇筑，须具有足够的混凝土连续生产能力及衬砌台车。衬砌台车的长度即单次模筑混凝土段长度，应根据施工进度要求、混凝土生产能力和浇筑技术要求及曲线隧道的曲线半径等条件来确定，一般为 9～12 m；衬砌台车腹部应留通行空间，以保证洞内运输的畅通；上部应留通风管的通过空间。

目前暗挖隧道主要采用整体移动式衬砌台车，明挖隧道主要采用分离式移动衬砌台车。

整体移动式衬砌台车主要用于全断面一次开挖成型或大断面开挖成型的隧道衬砌施工。它采用大块曲模板、机械或液压脱模、背附式振捣设备集装成整体，并在轨道上走行，有的还设有自行设备，从而缩短立模时间，加快衬砌施工速度，如图 11–21 所示。

图 11–21　整体移动式模板台车

1）施工准备

在浇筑衬砌混凝土之前，要做好隧道中线和水平测量、开挖断面检查、放线定位、立模、混凝土制备和运输等准备工作。

2）断面检查

根据隧道中线和水平测量，检查开挖断面是否符合设计要求，欠挖部分按规范要求进行修凿。墙脚地基应挖至设计高程，并在浇筑前清除虚渣、排除积水、找平支承面。

3）放线定位

根据隧道中线、高程及断面设计尺寸，测量并确定轨道的铺设位置。轨道铺设应稳固，其位移和沉降量均应符合施工误差要求。轨道铺设和台车就位后，进一步检查位置、尺寸。

放线定位时，为了保证衬砌不侵入建筑限界，须预留误差量和预留沉落量。

一般在模板制作时即将衬砌内轮廓尺寸扩大 5 cm。

预留沉落量是考虑到混凝土的荷载作用会使拱架模板变形和下沉；后期围岩压力作用和衬砌自重作用（尤其是先拱后墙法施工时的拱部衬砌）会使衬砌变形和下沉，故须预留沉落量。这部分预留沉落量根据实测数据确定或参照经验确定。

预留误差量和预留沉落量应在拱架模板定位放线时一并考虑确定，并按此架设拱架模板和确定模板架的加工尺寸。

4）模板准备

整体式衬砌台车一般在隧道外拼装，拼装时应检查模板尺寸、形状，不符合要求的应予以修整，配齐配件。每一次混凝土浇筑施工前要认真检查模板外观，并在表面涂抹防锈剂。

5）衬砌台车就位

衬砌台车就位后应做好各项检查，包括位置、尺寸、方向、高程、坡度、稳定性等，注意台车的行走轨道应铺设稳定，轨枕间距要适当。

台车模板千斤顶顶升到位后，对边墙侧模要进行加固，一般采用螺旋丝杆加固。个别衬砌台车主体结构刚度不够，边墙混凝土浇筑时，易造成模板和主体结构内移，施工中还必须使用横向支撑，但这将影响洞内交通。因此，施工前必须检算衬砌台车的刚度。

衬砌台车加工时，必须一并将内圈挡头钢板加工完毕，并一同送达施工现场；外圈挡头模板一般采用木板加工，现场拼铺，应安装稳固并将其与岩壁之间的缝隙嵌堵严密（可采用气囊式堵头）。各种防水卷材、背贴式止水带应先行安装好，并注意挡头板不得损伤防水材料，以免影响防水效果。

6）混凝土制备与运输

混凝土在集中拌和站拌制好后，用运输工具运送到工作面浇筑。须选择装卸方便、运输快速的运输工具，保证混凝土在运输过程中不发生漏浆、离析泌水、初凝等现象。结合工程情况，一般选用各种罐式混凝土运输车、斗车、输送泵等机械运输。

7）混凝土浇筑

墙拱混凝土均采用混凝土泵泵送入模。浇筑前先在输送主管的端部安装三岔管和控制阀，然后接输送支管，分别插入台车两侧中部起拱线附近的浇筑窗内，由控制阀控制两侧边墙浇筑速度，使两侧混凝土高差不大于 0.5 m。混凝土面上升至浇筑窗时，拆除三岔管，将输送主管固定在拱顶第一浇筑口上，前段拱顶浇完后再移动至第二浇筑口，以保证混凝土的流动性和混凝土泵的压力，逐渐将拱部混凝土浇满。混凝土强度达到允许拆模强度时即可拆模。

11.2.4 仰拱施工

1. 施工流程

为保证隧道衬砌工程质量。高速铁路隧道施工中要求仰拱必须分段一次整体施作。因此，为使开挖仰拱底及浇筑混凝土时出渣、进料等运输工序能平行作业，需要采用仰拱栈桥施工。仰拱施工流程如图 11–22 所示。

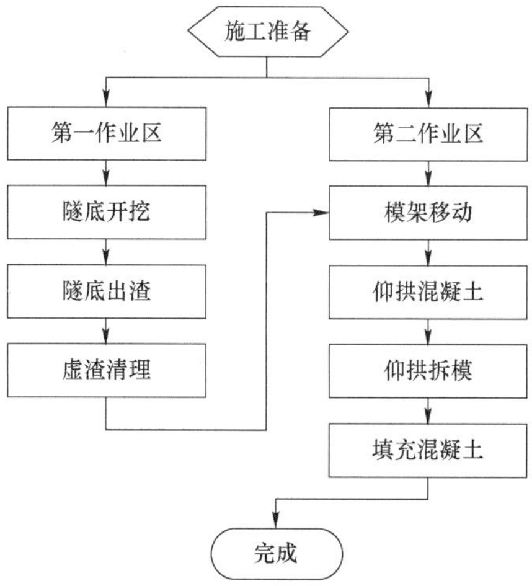

图 11–22　仰拱施工流程

2. 施工要点

（1）隧底开挖、出渣、清底（此步骤为第一工作区作业内容，可在后续第二工作区作业时同时进行）。

（2）测量放样，确定端头梁位置。

（3）栈桥就位，使栈桥与隧道中线平行。

（4）用拉杆把端头梁与两边栈桥吊车连接拉紧后，收起端头梁的支腿，使模架系统处于悬吊状态。

（5）启动电动绞车，拉动模架系统向前移动 6 m（模板设计长度）。

（6）利用挂在栈桥上的两个手动葫芦吊住端头梁两端，轨道吊车卸载。

（7）松开轨道吊车与端梁之间的拉杆，用手动葫芦上下调整端头梁高程至设计位置。

（8）用千斤顶横向调整端头梁至设计平面位置。

（9）放下端头梁支柱，使端头梁固定。

（10）仰拱排架一端靠紧端头梁上的端头立柱，另一端利用仰拱接茬钢筋和绞车自重固定。

（11）用绞车拉住翻折的仰拱模板，人工配合放下仰拱模板至预先布设的销钉上，固定模板。

（12）撑开中心沟模架，一端在端头梁上定位，另一端在已施作混凝土上定位。

（13）安设仰拱填充端头木板和止水带等防排水系统。

（14）浇筑仰拱混凝土，中部无模板部分混凝土通过自然摊铺的方式，从仰拱中部开始纵向摊铺，再向左右两边同时浇筑，混凝土浇至仰拱模板下沿时，混凝土改由仰拱两侧的顶部入模，使仰拱混凝土不留施工缝，一次浇筑完成。

（15）仰拱模板拆除：利用绞车和滑轮拉起模板翻折到模架上。

（16）浇筑填充混凝土。

（17）中心沟脱模后，模架系统整体移到下一作业区。

11.2.5　辅助坑道洞（井）掘进施工

1. 施工流程

辅助坑道洞（井）掘进流程如图 11–23 所示。

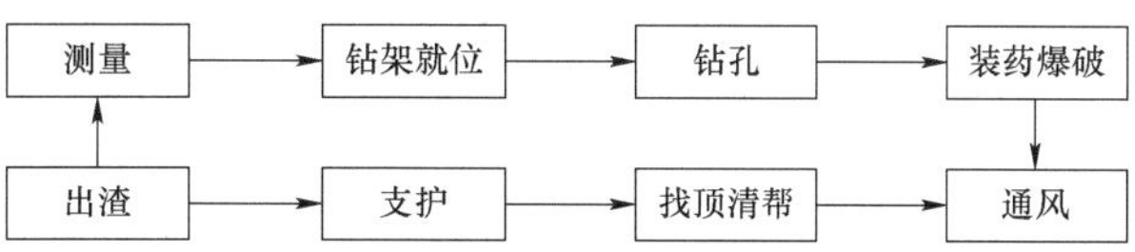

图 11–23　辅助坑道洞（井）掘进流程

2. 施工要点

辅助坑道洞（井）掘进施工包括斜井、竖井、平行导坑、横洞等，辅助坑道洞（井）是为增加隧道工作面以缩短工期，改善施工通风、施工排水和施工运输等施工条件所设置的临时性隧道附属工程。本书介绍斜井施工要点。

1）斜井洞口施工

井口土石方开挖，根据斜井设计并结合实际地形情况选定洞口后，人工清除洞口范围植被及覆盖层。土方采用挖掘机配合自卸车挖、装、运，石方采用手持风钻钻孔，浅眼爆破，装载机装运。所有土石方均就地作为场地填料。洞口土石方施工完成后，根据洞门边、仰坡地质情况确定是否施作锚网，喷混凝土。并根据边、仰坡稳定情况和岩体破碎程度确定锚杆间距和喷混凝土厚度。洞口坡面防护施工完成后，及时施作截排水沟，防止地表水进入斜井，影响施工。

斜井开挖进洞后，及时衬砌洞口 5～8 m 段，混凝土采用全断面一次浇筑成型，拱架采用型钢弯制加工，边墙采用方木加固支撑，模板采用隧道专用组合钢模。在建井初期，混凝土由临时拌和站拌制。作为辅助施工的斜井可用前倾式翻斗车运输，人工翻铲入模，插入式捣固器振捣；用作隧道附属建筑而永久使用的斜井，衬砌采用泵送混凝土。为了增加洞口段衬砌在受载时的稳定，衬砌边墙脚人工挖成不少于 1.5～2.0 m 长的台阶。

2）斜井井身开挖

斜井井身开挖是斜井施工的关键工序。由于井身断面小，爆破难度大，在进行钻爆方案设计前认真调查和研究地质情况对钻爆设计十分重要，在施工过程中根据不同的地质情况须不断修正各项参数。钻爆设计一般以楔形掏槽、光面爆破为主。根据围岩稳定情况每循环进尺在 1.5～2.0 m，手持风钻钻孔作业时要求做到：稳、准、直，必要时用炮棍设置参考方向。炮眼精度要求与正洞施工相同。当工作面积水不能完全排除，影响钻爆进度时，可将井身分部开挖。

在建井初期，由于设备到位、安装、调试均需要较长的时间，不能形成生产能力，井口段以人工装渣为主，运输方式选择 0.7 m^3 矿车或手扶胶轮车用小型卷扬机提升，或采用小型四轮车运输，均能保证施工进度要求，随着掘进深度的增加，设备生产能力逐步形成，出渣转为正常施工。

（1）装渣：根据井身围岩情况，中硬围岩段爆破块体均匀，可采用 ZYP-30 型平斜两用耙斗装渣机，软岩或坚硬围岩段爆破块体小、粉末多，可采用铲斗式 EI 型斜井装渣或 146 型正装侧卸装岩机。

（2）运输：可采用 2 m^3 侧卸矿车运输，XKT1×2.5×2B—30 型绞车提升，最大提升能力 9 t，最快提升速度 3 m/s，功率 200 kW。运距 450m 以上。轨道采用 24 kg/m 轻型钢轨，轨距 762 mm。

（3）卸渣：采用万能杆件或贝雷梁拼装天轮架、卸渣架、上架栈桥。绞车将矿车拖上卸渣架后，用 5t 电运葫芦单侧提升矿车倾倒矿渣。卸渣架下用斗车或 4.5 t 自卸车接渣，运到指定渣场。

3）斜井支护

为了保证施工安全，在斜井围岩较差段一般采取锚喷支护，必要时采取衬砌混凝土加强支护。喷锚支护紧跟开挖作业面，在放炮、找顶后拱部初喷混凝土 3～5 cm 厚，待开挖面前进后，用 ϕ40 mm 钢管搭设临时作业台架，安装拱部锚杆。锚杆间距根据围岩类别及稳定情况确定，最后复喷 5～8 cm 混凝土。锚喷支护施工完成后，随时观测支护变形情况，发现裂缝，查明原因，加设锚杆或局部撬掉重喷。

喷射混凝土时将喷射机布置在井口旁边，用管道作远距离压风送料。这样喷射机不必频繁移动且可减少井内噪声及粉尘。喷射机的工作风压需随输料管距离的增长而增大，以确保喷射混凝土质量。

采用混凝土衬砌时，沿井身自下而上浇筑，边墙基础挖成台阶，其他工序与洞口混凝土衬砌相同。

4）排水

斜井井口边仰坡上方设置截水口，下方设置排水沟，采用浆砌石砌筑，断面尺寸根据汇水量大小确定。斜井在建井期间，由于反坡施工，围岩裂隙水和钻孔高压水均汇集到掌子面，不能自动排出，可在掌子面一角设集水坑，采用小型抽水机将水抽到水箱内，再由大型抽水机排出斜井。

斜井裂隙水较多时在斜坡段的人行道下及平坡段的靠水仓侧设置排泄水沟，将水引排到斜井与正洞交叉口设置的水仓。同时正洞施工阶段施工排入也是流入水仓后由泵房内安装的离心泵排出。

正洞施工期间认真做好水文地质的超前预报工作，落实防涌水的应急措施，一旦涌水，在排水无效的情况下，立即转移机械设备并迅速撤离危险区。

11.2.6　塑料板防水层施工

1. 施工流程

隧道在开挖时或在喷射混凝土施工后有渗漏水出现，或虽未发生渗漏水现象，但根据围岩的状况，将来仍有可能出现渗漏水的地段，都必须设置相应的衬砌防水工程。尤其是隧道洞口段，为保证安全，不管有无渗漏水发生都要设置防水工程。衬砌防水工程可采取浇筑抗渗混凝土与铺设防水层相结合的办法进行。

抗渗混凝土是在混凝土中掺加防水剂，以提高防水抗渗效果。防水层一般采用外贴式防水层。对复合式衬砌，宜设置夹层防水层。防水材料常用合成树脂与土工布聚合物制作的防水薄膜或防水板。防水板分橡胶防水板、塑料防水板。隧道施工多采用塑料防水板，所以本节主要介绍塑料板防水层施工，防水层施工流程见图 11–24。

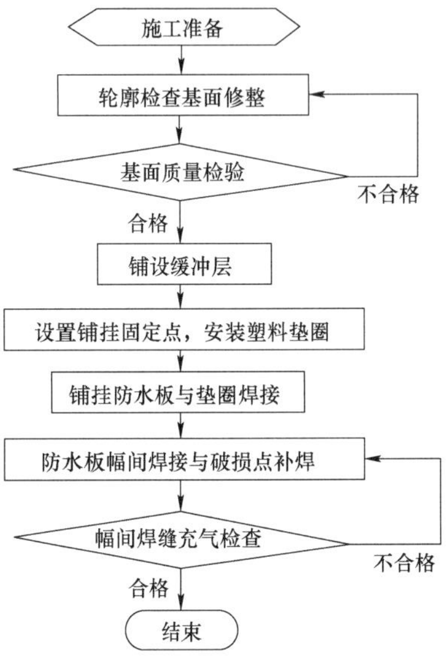

图 11–24　防水层施工流程

2. 施工要点

1）塑料板防水层铺设前的准备工作

（1）测量隧道开挖断面，对欠挖部位进行补凿，对喷射混凝土表面凹凸显著部位应分层喷射找平。外露的锚杆头及钢筋网头应齐根切除，并用水泥砂浆抹平。

（2）检查塑料板有无断裂、变形、穿孔等缺陷，保证材料符合设计要求。

（3）检查施工机械设备、工具是否完好无缺，并检查施工组织计划是否科学、合理等。

2）塑料板防水层铺设的主要技术要求

（1）塑料板防水层的施作，应在初期支护变形基本稳定和二次衬砌灌注前进行。开挖和衬砌作业不得损坏已铺设的防水层。因此，防水层铺设施作点距爆破面应大于 150 m，距二次衬砌灌注处应大于 20 m；当发现层面有损坏时应及时修补；当喷层表面漏水时，应及时引排。

（2）根据《隧道工程防水技术规范》（CECS 370：2014）的相关规定：防水层可在拱部和边墙按环状铺设，并视材质采取相应接合方法，搭接处应覆盖一层同类材料的防水板材，用热熔焊接法焊接。接缝应采用双焊缝热熔焊接，当采用单条焊缝焊接时，有效焊接宽度不应小于 15 mm，焊缝若有漏焊、假焊应予补焊，烤焦、焊穿处，以及外露的固定点，应用塑料片覆盖焊接。最佳焊接温度和速度应根据材质试验确定，采用聚氯乙烯时，可参考表 11–5。

表 11–5　PVC 板和 PE 板最佳焊接温度和速度

项目	PVC 板	PE 板
焊接温度/℃	130～180	230～265
焊接速度/（m/min）	0.15	0.13～0.2

（3）防水层接头处应擦干净。防水层接头处不得有气泡、褶皱及空隙；接头处应牢固，强度应不小于防水层本身的强度。

（4）防水层用垫圈和绳扣吊挂在固定点上。其固定点的间距：拱部应为 0.5～0.7 m，侧墙为 1.0～1.2 m，在凹凸处应适当增加固定点；固定点之间防水层不得绷紧，以保证灌注混凝土时板面与混凝土面能密贴。

（5）采用无纺布做滤层时，防水板与无纺布应密切叠合，整体铺挂。

（6）防水层纵横向一次铺设长度，应根据开挖方法和设计断面确定。铺设前宜先行试铺，并加以调整。防水层的连接部分，在下一阶段施工前应保护好，不得弄脏和破损。

（7）防水层属隐蔽工程，浇筑混凝土前应检查防水层质量，做好接头记录和质量检查记录。

3. 塑料板应满足的要求

（1）塑料板的抗拉强度应大于 15 MPa，伸长率大于 200%。

（2）塑料板面无变色、波纹（厚薄不均）、斑点、撕裂、刀痕、小孔等缺陷。

（3）塑料板可采用厚 1.5～2.0 mm，宽 1.0～1.24 m 的浅色聚氯乙烯软板。

4. 塑料板防水层铺设范围

（1）全封闭铺设。

在拱部、墙部衬砌及避车洞衬砌均设置塑料板防水层，隧底为防水混凝土，如图 11–25 所示。

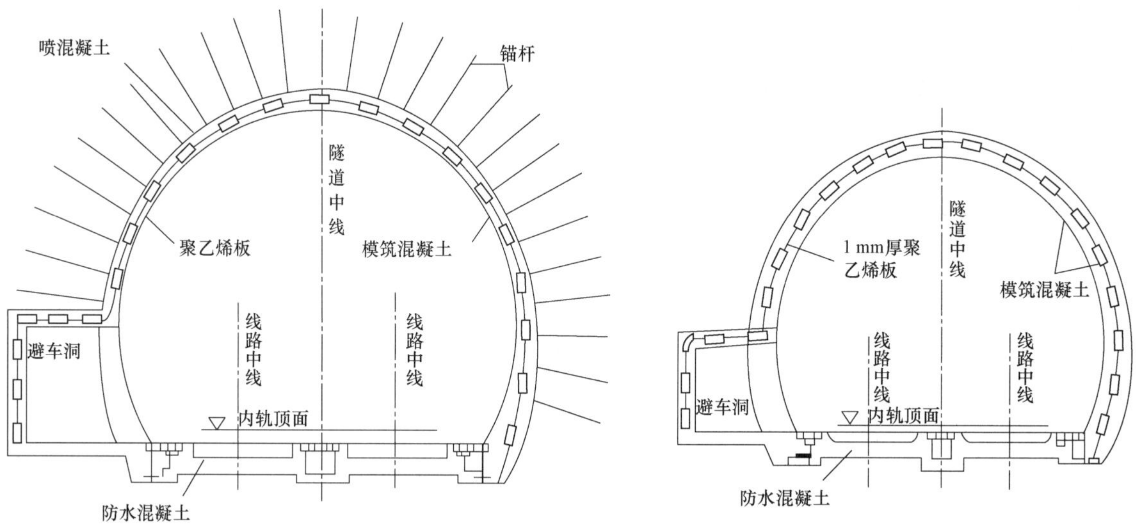

图 11–25　全封闭式拱墙部衬砌塑料板防水层

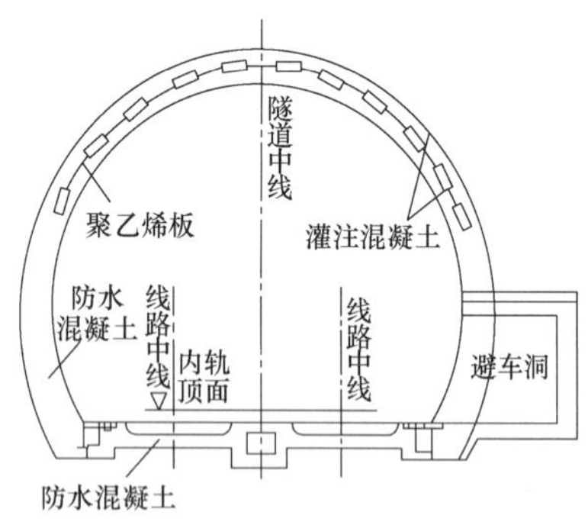

图 11–26　半封闭式拱部聚乙烯塑料板防水层

（2）半封闭铺设。

仅在拱部设置塑料板防水层，墙部和拱底铺设防水混凝土，如图 11–26 所示。

5. 塑料板防水层搭接方法

（1）环向搭接。

每卷塑料板材沿衬砌横断面环向进行设置。

（2）纵向搭接。

板材沿隧道纵断面方向排列。要求铺设成鱼鳞状，以利于排水，如图 11–27 所示。止水带安装见图 11–28。

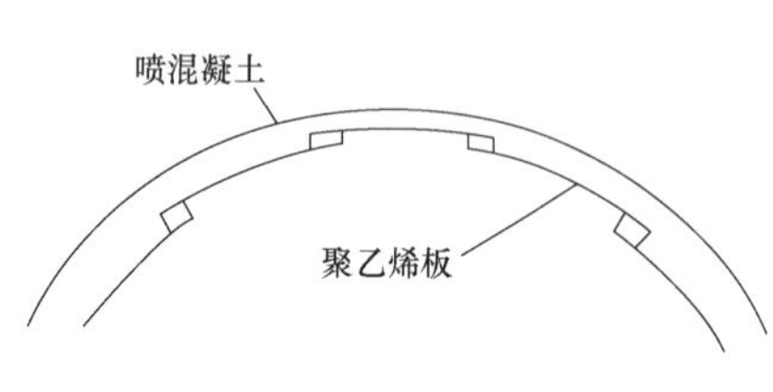

图 11–27　聚乙烯板纵向搭接

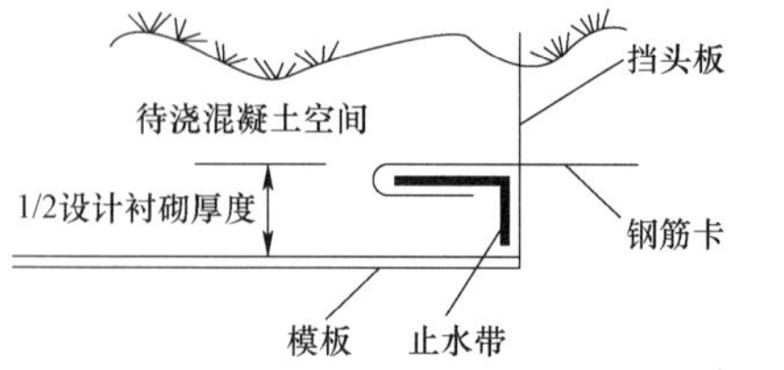

图 11–28　止水带安装

学习评价

根据所学内容完成下面的一体化学习任务单。

职业能力养成任务名称：隧道洞身施工技术

姓名：________　所属学习小组：________　得分：________

说明：在规定时间内交回一体化学习任务单以便教师评价学习效果。

- 隧道洞身施工技术
  - 1.相关知识
    - 隧道断面开挖的方法包括全断面法施工、（　　）施工、中隔壁法施工、（　　）施工等。
    - 简述全断面法施工适用范围。
    - 简述台阶法施工适用范围、施工要求。
    - 简述锚杆分类、作用、特点、适用范围。
    - 根据《高速铁路设计规范》（TB10621—2014），高速铁路暗挖隧道应采用（　　）衬砌，明挖隧道应采用（　　）衬砌。
    - 简述各种辅助坑道的特点和适用条件。
  - 2. 洞身施工
    - 模筑混凝土衬砌施工作业程序是先浇筑（　　）、仰拱填充层和（　　），然后采用模板台车一次浇筑拱墙。
    - 全断面开挖隧道洞身施工时，钻孔布置有哪些相关规定?
    - 简述全断面开挖施工要点。
    - 目前，锚杆钻孔设备主要有锚杆钻孔台车、（　　）、手持凿岩机等。
    - 整体移动式衬砌台车主要用于全断面一次开挖成型或大断面开挖成型的隧道衬砌施工。
    - 简述洞身仰拱施工要点。
    - 塑料板的抗拉强度应大于（　　）MPa，伸长率大于200%。
    - 塑料板防水层搭接方法分为（　　）搭接和（　　）搭接。
    - （　　）是指最大超挖处至设计开挖轮廓切线的垂直距离。
    - 隧道应严格控制欠挖。岩石个别突出部分（每1 m^2不大于0.1 m^2）欠挖不应大于（　　）cm。
    - 喷射混凝土抗压强度检测时，隧道每隔（　　）m至少在拱部和边墙上各取一组试样。
    - 防水板的搭接宽度不应小于（　　）mm。

职业能力 11.3　隧道洞身施工质量检查技术

11.3.1　隧道全断面开挖施工质量检查

根据《高速铁路隧道工程施工质量验收标准》（TB 10753—2018）的相关规定，隧道全断面开挖质量要满足以下规定。

（1）隧道开挖断面的中线和高程应符合设计要求。

① 检验数量：每一开挖循环检查一次。

② 检验方法：测量。

（2）隧道开挖轮廓尺寸应符合设计要求，并应控制超欠挖，围岩完整、石质坚硬岩石个别突出部位最大欠挖值不大于 50 mm，且每 1 m^2 不大于 0.1 m^2。

① 检验数量：每一开挖循环检查一次。

② 检验方法：观察、测量，留存影像资料。

（3）隧底开挖后应对地质情况进行确认，有地基承载力设计要求时应符合设计要求。

① 检验数量：每一开挖循环检查一次。

② 检验方法：地质描述，留存影像资料，有地基承载力检验要求时应符合《铁路工程地质原位测试规程》（TB 10018—2018）的规定。

（4）岩溶隧道应按设计要求对隧底情况进行探测。

① 检验数量：岩溶发育段每不大于 12 m 检查一次。

② 检验方法：钎探、钻孔或物探，留存影像资料。

（5）隧道超欠挖的相关规定。

① 根据《高速铁路隧道工程施工技术规程》（Q/CR 9604—2015），隧道开挖的允许超挖值应符合表 11–6 的要求。

表 11–6　隧道开挖的允许超挖值　　单位：cm

围岩级别		Ⅰ	Ⅱ～Ⅳ	Ⅴ、Ⅵ
拱部	平均线形超挖	10	15	10
	最大超挖	20	25	15
边墙平均线形超挖		10	10	10
仰拱、隧底	平均线形超挖	10		
	最大超挖	25		

注：1. 本表适用炮眼深度不大于 3.0 m。炮眼深度大于 3.0 m 时，可根据实际情况另作规定。
2. 平均线形超挖值=超挖横断面积/爆破设计开挖断面周长（不含隧底）。
3. 最大超挖值是指最大超挖处至设计开挖轮廓切线的垂直距离。

② 隧道应严格控制欠挖。岩石个别突出部分（每 1 m^2 不大于 0.1 m^2）欠挖不应大于 5 cm。

③ 隧道超欠挖可按表 11–7 所列方法测量。

表 11–7　隧道欠挖的测定方法

测定方法及采用的仪器	方法简述
利用激光束测定	用激光指向仪或激光经纬仪射在开挖工作面上的光束测定特定部位的超欠挖的线性值
全站仪测定	在要测的点位粘贴反光片，用全站仪测定各点的三维坐标，通过计算绘制开挖断面，与设计断面进行比较确定
激光隧道限界测量仪测定	由免棱镜测距全站仪和笔记本计算机组成，对开挖工作面（或任一断面）进行测量，直接打印设计断面与实际断面，并标出设定点的超欠挖值

11.3.2　隧道支护施工质量检查

1. 锚杆施工质量检查

（1）锚杆的种类、规格和长度应符合设计要求。

① 检验数量：每循环检验不少于 3 根。

② 检验方法：观察、测量。

（2）锚杆安装的数量应符合设计要求。

① 检验数量：施工、监理单位全数检查。

② 检验方法：计数，留存影像资料。

（3）各类锚杆的胶结、锚固质量应符合设计要求，全长胶结锚杆的锚固长度不应小于设计长度的

95%。

① 检验数量：每循环按设计数量的 10%检验，且不少于 2 根。

② 检验方法：检查施工记录、冲击弹性波法检测，必要时拉拔或钻孔检验。

（4）锚固浆液的强度等级应符合设计要求。

① 检验数量：同一配合比、同一围岩段且不大于 60 m 检验一次。

② 检验方法：抗压强度试验。

（5）锚杆安装允许偏差应符合表 11–8 的规定。

① 检验数量：每循环检验设计数量的 10%，且不少于 3 根。

② 检验方法：尺量。

表 11–8　锚杆安装允许偏差

序号	项目	允许偏差/mm
1	孔口距	±150
2	孔深	+50 0

（6）锚杆垫板应与基面密贴。

① 检验数量：全数检查。

② 检验方法：观察。

2. 喷射混凝土质量评估

（1）喷射混凝土抗压强度检测。

① 隧道每隔 10 m 至少在拱部和边墙上各取一组试样；材料或配合比变更时需另取一组，每组至少取 3 个试块进行抗压强度试验。试块制作可采用大板切割法，也可采用凿方切割法。试验结果同时满足以下条件者为合格，否则为不合格。

② 同批（指同一配合比）试块的抗压强度平均值不低于设计强度或 C20 混凝土强度。

③ 任意一组试块抗压强度平均值不低于设计强度的 80%。

④ 同批试块为 3～5 组时，低于设计强度的试块组数不多于 1 组；试块为 6～16 组时，不多于 2 组；17 组以上时，不得多于总数的 15%。

检测发现强度不合格时需查明原因并采取加厚喷射层或增设锚杆等补强措施。

（2）喷射混凝土厚度检测。喷射混凝土厚度可采用凿孔或激光断面仪、光带摄影等方法检查。凿孔检查宜在混凝土喷后 8 h 以内，发现厚度不够时需及时补喷。喷射混凝土厚度每 10 m 至少检查一个断面，并沿拱顶中线每隔 2 m 凿孔检查一个点。每个断面拱、墙分别进行统计，达到以下要求为合格：

① 全部检查孔喷层厚度有 60%以上不小于设计厚度。

② 平均厚度不小于设计厚度，最小厚度不小于设计厚度的 1/2。

③ 钢筋网喷射混凝土的厚度不小于 60 mm。

当发现喷射混凝土表面有裂缝、脱落、露筋、渗漏水等情况，应立即予以修补、凿除重喷或进行整治。

11.3.3　混凝土衬砌质量检验

高速铁路隧道衬砌主要检查模板安装、结构外形尺寸、预埋件和预留孔洞的允许偏差（见表 11–9～表 11–12）。

表 11–9　模板安装允许偏差和检验方法

<table>
<tr><th>序号</th><th>项目</th><th>允许偏差/mm</th><th>检验方法</th></tr>
<tr><td>1</td><td>边墙脚平面位置及高程</td><td>±15</td><td rowspan="2">尺量</td></tr>
<tr><td>2</td><td>起拱线高程</td><td>±10</td></tr>
<tr><td>3</td><td>拱顶高程</td><td>+10
0</td><td>水准测量</td></tr>
<tr><td>4</td><td>模板表面平整度</td><td>5</td><td>2 m 靠尺和塞尺</td></tr>
<tr><td>5</td><td>相邻浇筑段表面高低差</td><td>±10</td><td>尺量</td></tr>
</table>

表 11–10　模板预埋件和预留孔洞的允许偏差和检验方法

<table>
<tr><th>序号</th><th colspan="2">项目</th><th>允许偏差/mm</th><th>检验方法</th></tr>
<tr><td rowspan="2">1</td><td rowspan="2">预留孔洞</td><td>中心线位置</td><td>10</td><td rowspan="4">尺量</td></tr>
<tr><td>尺寸</td><td>+10
0</td></tr>
<tr><td rowspan="2">2</td><td rowspan="2">预埋件</td><td>中心位置</td><td>3</td></tr>
<tr><td>外露长度</td><td>+10
0</td></tr>
</table>

表 11–11　衬砌结构外形尺寸允许偏差和检验方法

序号	项目	允许偏差/mm	检验方法
1	边墙面位置	±10	尺量
2	拱顶高程	+30 0	水准测量
3	边墙、拱部平面整度	8	2 m 靠尺检查或自动断面仪测量

表 11–12　衬砌预埋件和预留孔洞的允许偏差和检验方法

<table>
<tr><th>序号</th><th colspan="2">项目</th><th>允许偏差/mm</th><th>检验方法</th></tr>
<tr><td rowspan="2">1</td><td rowspan="2">预留孔洞</td><td>中心线位置</td><td>15</td><td rowspan="4">尺量</td></tr>
<tr><td>尺寸</td><td>+15
0</td></tr>
<tr><td rowspan="2">2</td><td rowspan="2">预埋件</td><td>中心位置</td><td>5</td></tr>
<tr><td>外露长度</td><td>+10
0</td></tr>
</table>

11.3.4　仰拱的质量检查

（1）仰拱和填充混凝土厚度应符合设计要求。

① 检验数量：同一围岩浇筑检验不少于 2 个横断面。

② 检验方法：观察、测量，留存影像资料。

（2）仰拱的钢筋混凝土规格、数量及安装符合设计要求，混凝土的强度和抗渗等级满足设计要求，检验应符合《铁路混凝土工程施工质量验收标准》（TB 10424—2018）的规定。

（3）仰拱、填充应进行实体检测，混凝土应密实、无空洞、杂物。

① 检验数量：每 120 m 检查钻芯不少于 1 次，地质雷达隧底两条测线，见证或平行检验。

② 检验方法：地质雷达法检测厚度、密实度，取芯法检测强度、厚度、密实度。取芯位置：居中

（有中心水沟的，偏离中心水沟 1 m）并距施工缝不小于 1 m，全包防水隧道应特殊处理。

（4）仰拱和填充的横向坡度应符合设计要求，表面应平顺、不积水。

① 检验数量：全数检查。

② 检验方法：观察测量。

11.3.5　塑料板防水层质量检查

1. 塑料板防水层质量检查方法

塑料板防水层施工，必须建立健全质量检验机制，并认真填写隐蔽工程核查验收记录。塑料板防水层可按隧道工程的防水等级，采用不同的质量检查方法，如表 11–13 所示。

表 11–13　塑料板防水层质量检查方法

检查方法	检查内容	适用范围
直观检查	① 用手托起塑料板，看其是否与喷射混凝土层密贴； ② 看塑料板是否有被划破、扯破、扎破等破损现象； ③ 看焊缝宽度是否符合要求，有无漏焊、假焊、烤焦等现象； ④ 外露的锚固点（钉子）是否有塑料片覆盖	一般防水要求的工程
焊缝检查	①②③④ 项同上； ⑤ 每铺设 20～30 延长米，剪开焊缝 2～3 处，每处 0.5 m，看其是否有假焊、漏焊等现象	有较高防水要求的工程
漏水检查	①②③④ 项同上； ⑤ 焊缝采用双焊缝，进行压水（气）试验，看其有无漏水（气）现象	有特殊防水要求的工程

2. 防水层的铺设质量规定

（1）防水层铺设应与基层密贴、平整，无褶皱、无塌落、无破损。

（2）防水板的搭接宽度不应小于 150 mm。

（3）防水板焊接采用双缝焊接，每条焊缝有效宽度不应小于 15 mm，无漏焊、假焊、焊焦、焊穿。

（4）采用固定点铺设的防水板，固定点间距拱部宜为 0.5 m～0.8 m，边墙宜为 0.8 m～1.0 m。

① 检查数量：施工、监理单位全数检查。

② 检查方法：观察、尺量，留存影像资料。

质量检查中发现的问题，除应详细记录外，应立即进行修补，不合格的应坚决返工。

工作情境 12

高速铁路隧道养护维修

思政目标

（1）培养按规范操作的职业精神。

（2）培养一丝不苟、精益求精的工匠精神。

（3）树立安全第一的思想，适应隧道施工环境，具备吃苦耐劳的品质。

学习目标

1. 知识目标

- 高速铁路隧道养护维修
  - 1. 隧道养护认知
    - 高速铁路隧道维修管理的现状
    - 高速铁路隧道维修管理的目的及基本原则
    - 我国高速铁路隧道的维修管理组织
    - 高速铁路隧道保养管理
    - 高速铁路隧道维修管理
    - 综合维修作业质量验收
    - 高速铁路隧道大修管理
  - 2. 常见隧道病害及养护维修整治技术
    - 隧道水害与防治
      - 隧道水害的主要类型及危害
      - 隧道水害的成因
      - 隧道防水原则
      - 隧道水害整治措施
    - 隧道衬砌裂损与防治
      - 隧道衬砌裂损类型及危害
      - 隧道衬砌裂损原因
      - 隧道衬砌裂损的预防和整治措施
    - 隧道冻害与防治
      - 隧道冻害种类
      - 隧道冻害成因
      - 隧道冻害的防治措施

2. 能力目标

（1）能够围绕高速铁路隧道维修管理现状和我国高速铁路隧道维修养护实际进行资料收集。

（2）能够熟练运用所学知识分析隧道病害（水害、冻害、衬砌裂损和衬砌侵蚀）的产生原因和整治措施，并具备对隧道施工过程中出现的一般事故进行分析的能力。

（3）具备在工程师指导下对隧道施工过程中出现的一般事故提出处理方案的能力。

（4）具备撰写隧道病害处理方案的能力。

3. 素质目标

（1）养成忠于职守、以数据说话的工作作风。

（2）培养综合运用知识从事较复杂的技术工作的职业素养，培养从理论联系实际的角度分析问题的能力。

职业能力情境引入

隧道结构寿命是指设计阶段预计的结构安全、稳定地工作的年限。影响隧道结构寿命长短的因素有：① 隧道的结构形式；② 使用的建筑材料；③ 外界因素，如人为因素、工程地质和水文地质状况等。经验表明，由砖石材料砌筑成的隧道结构寿命一般为 70～80 年，而钢筋混凝土的隧道结构寿命可达 100 年。当然，一些外界因素和偶然因素会使结构的寿命出现较大波动。

为了尽量延长隧道结构寿命，应对隧道进行经常性的养护。并在隧道结构寿命内，进行以下防护与养护工作：运营状态监视；经常性检查以便及时发现隧道结构出现的病害；分析引起隧道病害的原因；采取适当的维修措施；评价隧道结构的安全性及稳定性。

本工作情境介绍了高速铁路隧道养护的内容，针对隧道常见病害分析其原因，并给出维修措施。

职业能力 12.1　隧道养护认知

隧道建筑物的修理工作分为检查、维修和大修，维修工作分为周期性保养和综合维修。隧道维修工作应按照“预防为主，防治结合”的原则进行，采取综合维修与周期性保养相结合的方式，修复既有缺陷，预防病害发生，保持隧道建筑物状态完好，使列车能以规定的速度安全、平稳和不间断地运行。

1. 高速铁路隧道维修管理的现状

1）国外高速铁路隧道维修管理现状

目前世界上已有多个国家建成或正在修建高速铁路，其中在综合维修管理上比较成熟的国家有日本、法国和德国，这些国家在高速铁路的运营维护方面积累了不少宝贵的经验。

国外高速铁路维修工作的突出特点是管理、检测、维护、维修严格分开。他们在铁路维修组织方面的共性是维护维修由两部分组成：一部分是保养人员，另一部分是维修人员。上述三个国家都在推进高速铁路维修的社会化，大的维修项目基本委托第三方机构进行。

2）我国高速铁路隧道维修管理现状

截至 2020 年底我国高速铁路隧道的总里程约 6 003 km，这是一笔巨大的社会财富。管好、用好这笔财富，是维修管理工作的重要任务。因此，从设计阶段、施工阶段就开始考虑今后的维修管理问题，为运营阶段的维修管理工作创造良好的条件是非常重要的。目前，我国在高速铁路隧道维修管理方面有以下不足。

（1）缺乏早期发现高速铁路隧道缺陷或病害等变异现象的检查和检测方法，因此在日常检查中，充实、改进和完善检查和检测方法是当务之急。

（2）对高速铁路隧道功能状态的判定和评估方法有待进一步提高。

（3）必须改变“重工程、轻维护”“重治理、轻检查”“重晚期、轻早期”等错误观念，建立“预防为主、早期发现、及时维护、对症下药”的基本理念。

（4）高速铁路隧道缺陷修复或病害整治方法落后，需将一些先进的材料、成熟的工艺和有效的措施等引入高速铁路隧道的缺陷修复或病害整治方案之中。

2. 高速铁路隧道维修管理的目的及基本原则

维修是指隧道混凝土结构物在使用期间，保持结构物性能在容许范围内的技术行为。即在合理的设计、施工和维修管理条件下，隧道结构物会具有良好的承载性、耐久性和满足耐久性要求的使用寿命。但如果设计、施工不当或对某些潜在的因素考虑不周，或维修管理不善，就会出现劣化现象或加速劣化的发展，从而造成结构物耐久性的降低或使用寿命的缩短。

高速铁路隧道维修管理的目的就是保证隧道良好的运营条件和结构物的使用功能，不断地延长结构物的使用寿命。

高速铁路隧道维修管理的基本原则是确保隧道的功能和运营环境的质量，而对影响隧道结构物安全性、耐久性的变异现象进行检查及调查，并采取适当的对策和措施。

3. 我国高速铁路隧道的维修管理组织

我国高速铁路隧道维修实行委托方式，委托铁路局组织实施。维修技术特别复杂，难度大且铁路局专业维修单位难以胜任的，经充分论证，按规定程序，可委托具备资质的公司实施。

4. 高速铁路隧道保养管理

1）保养工作的目的

高速铁路隧道保养工作的目的主要是及时消灭超限处所和临近超限处所，保持隧道设备状态均衡、完好，确保行车安全、平稳。

2）保养工作的原则

隧道构筑物保养工作按照“预防为主，消灭超限”的原则，宏观上以周期控制为主，微观上以状态控制为主。

保养分紧急保养和周期保养。检查发现的超限处所，应立即安排紧急保养，消灭超限。周期保养为预防性保养，根据保养周期进行，可分区段进行。

3）保养工作的范围

（1）隧道进出口坡面危石及隧道衬砌掉块的清理。

（2）隧道排水系统疏通，侧沟修补等。

（3）涵洞清淤，倒虹吸盖板或拦污栅修复、补充。

（4）各种标志的刷新和修补。

4）保养工作计划的编制与实施

通过设备的周期性检查，除对发现的超限处所及时进行整修消除外，还应对临近超限处所进行预防性周期保养，编制季度保养计划，经上级部门批准后实施，并将实施情况、班前安全质量预想防控项点及措施记录在保养日计划及完成表内。

5）保养质量的评定

定期评定工作应由设备管理单位组织有关人员，结合春检和秋检，每年对隧道设备进行一次保养质量评定。

每座隧道设备的保养质量评定根据该设备各部分存在的问题，按照《高速铁路桥隧建筑物保养质量评定标准》的规定，根据扣分情况评定保养质量。每座设备扣分总和，除以该设备的长度（取整数）即该设备的保养质量平均分（取小数点后一位）。保养质量每米长度平均分在 5 分及以下且无单项质量扣 10 分者为合格，否则为不合格。

每次评定的情况，均应填写《高速铁路桥隧建筑物保养质量评定记录表》（高桥–10）。

设备管理单位应对保养质量和数量进行不定期的现场抽查核实。

5. 高速铁路隧道维修管理

1）维修工作的目的

高速铁路隧道建筑物综合维修工作主要是预防性修理，恢复各部件的功能，保持整座隧道设备质量均衡完好。

2）维修工作的原则

高速铁路隧道建筑物维修工作按照“预防为主，防治结合，有病治病，治病除根”的原则，宏观上以周期控制为主，微观上以状态控制为主。一般以整座设备，全项目进行，特长隧道可分段进行。

3）综合维修工作的范围

（1）整治少量的隧道漏水，修补小工程量的衬砌圬工。

（2）隧道排水沟清理。

（3）隧道洞口边、仰坡危石处理，防护设施局部整修。

（4）隧道通风设施整修。

（5）各种防护设备的砌体勾缝修补。

（6）防护墙、作业通道、救援疏散通道、安全检查设备、抗震设施等的局部整修。

（7）各种标志的增设、修理和更换。

4）综合维修计划的编制与实施

高速铁路隧道综合维修年度计划，由设备管理单位编制《高速铁路桥隧建筑物综合维修年度计划表》（高桥—11），经铁路局批准后实施。其完成情况按月统计，逐级上报。

隧道设备的月度综合维修计划，按照设备管理单位下达的任务，根据综合维修的要求，以工作量调查结果为依据，编制《高速铁路桥隧建筑物综合维修月计划及完成表》（高桥–12），经批准后执行。

承担综合维修的单位，按照批准后的综合维修计划，制订实施计划和措施，并根据计划进度要求，编制综合维修日计划，填写《高速铁路桥隧建筑物维修保养日计划及完成表》（高桥–9），并组织实施。

高速铁路隧道综合维修作业应严格按照作业标准进行，实行质量控制，保证达到规定的质量要求。

6. 综合维修作业质量验收

高速铁路隧道综合维修作业质量的验收，要严格执行逐级验收制，分级把关，异体监督，控制综合维修质量。

作业过程中，每天应在作业中及收工前进行质量自检、互检和回检，发现不符合标准的项目应及时返修达标。做到每项作业勤检细修，一次达标。每次检查的情况都应填写在《高速铁路桥隧建筑物维修保养日计划及完成表》内或施工记录上。

每座隧道综合维修作业全部完工后，应按《高速铁路桥隧建筑物修理作业验收标准》的有关规定进行质量验收评定。长大桥可分孔或分段进行验收。

每次维修验收时，应根据验收记录在《高速铁路桥隧建筑物综合维修验收证》（高桥–13）内填写验收质量评定结果。

综合维修作业质量评定分为合格、不合格两个等级。全部项目一次验收达到合格，可评为“合格”，否则为“不合格”。若出现不合格处所，经返修复验合格，评为“合格”。

7. 高速铁路隧道大修管理

1）大修工作的目的

高速铁路隧道建筑物大修是搞好隧道设备运营管理的一项重要措施，其作用是根据设备状态劣化程度和运输发展需要，恢复或改善设备功能，提高抗灾能力，最大限度地延长使用寿命。

隧道建筑物大修根据铁路运输需要和设备技术状态，有计划地对设备进行加固或改建，整治重大病害，恢复或提高设备承载、抗洪、抗震能力，改善建筑物限界，以充分发挥隧道建筑物的使用效能。

隧道建筑物大修必须认真执行检查、计划、作业、验收等基本工作制度，依靠科技进步，实行全面管理，不断提高工作效率和经济效益，力求以最经济的人力、物力，取得最大的效果，提高大修工作质量。

隧道建筑物大修的计划、设计、施工和检查验收等工作，应严格按照《高速铁路桥隧建筑物修理规则（试行）》执行。

2）大修工作的范围

桥隧大修按照设备状态劣化等级、工程性质、工程量大小和复杂程度，分为周期大修、重点大修和一般大修等。高速铁路隧道衬砌加固，洞口边、仰坡整治，严重漏水整治等为重点大修项目，其他隧道病害整治大修为一般大修项目。高速铁路隧道大修工作范围如下。

（1）整治漏水，改善和增设排水设备。

（2）整治洞口边、仰坡。

（3）铺底成段整治。

（4）衬砌裂损整治。

3）大修计划的编制

高速铁路隧道大修件名以每座建筑物为单位，将需要进行大修的各个工程项目，均安排在同一次大修件名内。

每年设备检查后，设备管理单位应根据设备技术状态，提出次年的《高速铁路桥隧建筑物大修项目建议书》（高桥—14），报送铁路局和高速铁路公司审核。高速铁路公司会同铁路局，根据轻重缓急和投资能力，确定次年度大修任务计划。

对病害原因复杂的隧道大修项目，应对病害原因、程度、发展趋势和整治方案进行专家论证。

4）大修施工管理

高速铁路隧道大修工程，必须有批准的设计、施工文件才能施工。

隧道大修原则上由专业施工单位施工，零小的一般大修或周期性大修工程，亦可由设备管理单位施工。

（1）隧道大修施工准备。

施工单位在接到批准的设计文件后，应做好以下工作。

① 详细了解设计文件内容，编制施工组织设计，以确定施工组织、施工方法、施工步骤、工程进度和安全防护措施，对施工较复杂的工程，必要时绘制施工网络图。

② 充分做好施工前的准备工作，特别要做好施工计划，以及材料、机具和劳动力的具体安排，保证大修任务按计划进行。

③ 每件大修工程开工前，应组织设计人员及有关人员向设备管理、使用单位和施工人员进行技术交底。对重点大修工程，铁路局相关部门和单位必须严格按照施工等级规定确定现场监控人员，做好组织协调和安全监控。

（2）隧道大修监理制度。

隧道大修工程的施工应视工程规模的大小、性质，实施工程监理制度。工程的监理应严格执行铁路主管部门发布的《铁路建设工程监理规范》（TB 10402—2019）中的各项条款。

（3）隧道大修计划编制。

隧道大修施工应编制年度分季、季度分月计划。

① 年度分季计划由铁路局根据批准的年度大修计划编制，并下达施工单位实施。施工单位按照计

划进度要求，提出材料申请和施工封锁计划等。

② 季度分月施工计划，由施工单位根据下达的季度任务编制，报铁路局和高速铁路公司批准后执行，并每月向施工工班下达任务。

③ 隧道大修材料管理。

隧道大修使用的主要材料应配有材质说明书和合格证，并按有关规定进行检验，检验合格并经监理或监护员审核签认后，才准领用和运往工地。使用代用材料时，应征得原设计单位同意。加强料具管理，建立和健全料具保管、领发、盘点等制度，防止散失或受损；应特别注意对易燃、易爆、有毒及易受潮变质材料的保管工作，同时注意动力设备、施工机械、运输工具等主要生产机具的保养和管理工作。

5）隧道大修的注意事项

隧道大修工程竣工后应做好以下工作。

（1）由于施工而拆除和受损的部分，应全部恢复原状。

（2）及时清理和回收遗存的材料、工具、备品。

（3）大修施工单位应将施工记录和竣工图等资料整理齐全。技术复杂，采用新技术、新工艺的大修工程，应做好施工技术总结，交付验收。

（4）建立施工安全质量负责制，严格按照设计文件和有关施工规范、规则、营业线施工安全管理的规定施工，保证行车安全、人身安全和工程质量。

（5）大修封锁施工，必须充分做好施工前的各项准备，施工前设计施工单位应将施工方案、施工步骤、封锁时间、人员分工、安全注意事项及质量要求，详细向设备管理、使用单位及施工单位人员进行技术交底，保证安全正点，质量良好地进行施工。

（6）每日施工的工作内容、安全情况、质量情况、使用材料、施工方法及施工中发现的主要问题及处理情况等，施工负责人应详细记录在《高速铁路桥隧建筑物大修施工日志簿》（高桥—15）内。大修隐蔽工程应填写《高速铁路桥隧建筑物大修隐蔽工程检查记录表》（高桥—16）或相应的专门施工记录，由监理或设备管理单位主管工程师签认。

6）大修施工的检查

高速铁路隧道大修施工应建立严格的检查制度，做好施工检查工作。施工负责人应在每日作业中、收工前，对当日作业质量和安全情况进行全面检查。严格执行《铁路营业线施工安全管理办法》的规定。施工单位应加强经常性技术指导，至少每月进行一次检查，尤其是封锁施工时，主管领导必须亲自检查。慢行施工，应派专人对线路变化情况进行检查，及时对线路不良处所进行整修和保养，并做好记录。

为保证大修工程质量，应做好质量监督工作。

（1）铁路局和高速铁路公司应指派专人认真检查大修工程的安全质量情况。设备管理单位应与施工单位密切配合，指派有关人员经常检查管内大修工程的安全质量。还应签订有关协议，明确安全责任。

（2）隐蔽部分的施工，要求现场应旁站监理或监护。施工单位必须派技术人员临场监督，并应事先通知设备管理单位派员会验，检验合格方可继续施工并应详细填写《高速铁路桥隧建筑物大修隐蔽工程检查记录表》（高桥—16）。重大工程应通知铁路局和高速铁路公司进行监督。

7）大修竣工验收

高速铁路隧道大修验收以每件为单位，工程项目工作量较大的工程，亦可分项进行验收，但全部工程竣工后，须再进行一次总的质量评定。

隧道大修工程竣工验收程序如下。

（1）工程竣工后，应先由施工单位按设计文件、施工质量验收标准和《高速铁路桥隧建筑物修理作业验收标准》逐项检验施工质量，并完成检验记录及质量评定。如质量不合格或有漏项等缺陷，应及时整修完好，同时备齐竣工文件，报请铁路局和高速铁路公司验收，并通知有关设备管理单位。

（2）铁路局和高速铁路公司在接到施工单位申请办理正式验收的报告后，应立即组织验收，经验收合格，组织设备管理单位和施工单位办理验交手续。

（3）经验收人员检查认为工程内容符合设计文件，工程质量符合验收标准的要求、竣工文件齐全完整时，验收人应签发《高速铁路桥隧建筑物大修竣工验收证》（高桥—17）。如经检查认为不符合要求时，应指出不合格处所和改正意见，由施工单位继续整修，限期完成，达到标准时，再行复验。

隧道大修工程的施工质量，以每件工程为单位综合评定，分为“合格”和“不合格”两个等级。合格是指全部工作项目的质量达到合格，不合格是指任何一项工作项目的质量未达到合格。若不合格项目返工整修，经复验达到合格，评为“合格”。

职业能力 12.2　常见隧道病害及养护维修整治技术

职业能力情境引入

截至 2020 年底，我国已建成约 16 798 座铁路隧道，总延长近 19 630 km，长度居世界领先地位，但隧道病害发生较多。通过分析隧道病害调查的资料，我国大部分铁路隧道存在不同程度的病害。隧道病害的类型主要有水害、冻害、衬砌裂损和衬砌侵蚀。通过学习本部分内容，应掌握常见隧道病害知识及养护维修整治技术。

12.2.1　隧道水害与防治

1. 隧道水害的主要类型及危害

隧道水害是指在隧道修建和运营过程中遇到水的干扰和危害，其是最常见的隧道病害，如图 12-1 所示。隧道水害，即围岩的地下水和地表水直接或间接地以渗漏或涌出的形式进入隧道内造成的危害。隧道水害主要类型有隧道漏水、涌水，衬砌周围积水，潜流冲刷等。

（a）隧道拱部成线型漏水情况　（b）隧道边墙喷水现象　（c）隧道混凝土腐蚀严重

图 12-1　隧道常见水害

1）隧道渗漏水的影响和危害

隧道渗漏水对隧道稳定、洞内设施、行车安全、地面建筑和隧道周围水环境产生诸多不良影响甚至威胁。

（1）渗漏水促使混凝土衬砌风化、剥蚀，造成衬砌结构破坏；渗漏水还会软化围岩，引起围岩变形，有些隧道渗漏水中含有侵蚀性介质，造成一般的衬砌混凝土和衬砌砂浆腐蚀损坏，使衬砌的承载能力下降；在寒冷和严寒地区，隧道漏水会造成边墙结冰、拱部挂冰，侵入隧道建筑限界时，还会造成衬砌冻胀裂损。

（2）渗漏水加快内部设备（通信、照明、钢轨等）锈蚀，影响设备的正常使用，缩短线路设备使用寿命，增加维修费用。

（3）水害引发路基下沉、基底裂损、翻浆冒泥等病害，导致铁路线路轨距、水平变形超限；冻胀引发洞内线路起伏不平，以及洞内漏水潮湿降低轮轨黏着力，均会影响行车安全；水害使电绝缘失效、短路、跳闸，影响安全运营，引发漏电伤人事故；少数隧道，暴雨后隧道铺底破损涌水，造成淹没轨道、冲空道床，影响行车安全。

（4）严重渗漏水引发地面和地面建筑物的不均匀沉降和破坏。

（5）隧道渗漏造成地表水和含水层水大量流失，破坏周围水环境，造成环境破坏。

2）衬砌周围积水的影响和危害

（1）水压较大时导致衬砌破裂。

（2）围岩浸水软化，承载力降低，对衬砌压力加大，导致衬砌破裂。

（3）膨胀性围岩体积膨胀，导致衬砌破裂。

（4）寒冷地区引发冻胀病害。

3）潜流冲刷的影响和危害

（1）衬砌基础下沉，边墙开裂或仰拱、整体道床下沉开裂。

（2）围岩滑移错动导致衬砌变形、开裂。

（3）超挖围岩回填不实或未全部回填，引起围岩坍塌，导致衬砌破坏。

2. 隧道水害的成因

修建隧道，破坏了山体原始的水系统平衡，隧道成为所穿过山体附近地下水集聚的通道。当隧道围岩与含水地层连通，而衬砌的防水及排水设施、方法不完善时，就必然要发生隧道水害。隧道水害的成因也可归纳为客观和主观两种因素。

1）隧道穿过含水的地层

含水的地层主要包括砂土类和漂卵石类土含水地层；节理、裂隙发育，含裂隙水的岩层；石灰岩、白云岩等可溶性地层。

当有充水的溶槽、溶洞或暗河等与隧道相连通时，在浅埋隧道地段，地表水可沿覆盖层的裂隙、孔洞渗透到隧道内。

2）隧道衬砌防水及排水设施不完善

隧道衬砌防水及排水设施不完善主要包括原建隧道衬砌防水、排水设施不全；混凝土衬砌施工质量差，蜂窝、孔隙、裂缝多，自身防水能力差；防水层（内贴式、外贴式或中间夹层）施工质量不良或材质耐久性差，经使用数年后失效；混凝土的工作缝、伸缩缝、沉降缝等未做好防水处理。

3. 隧道防水原则

隧道防水要“防患于未然”，首先从设计做起，要在水文地质调查的基础上，从工程规划、结构设计、材料选择、施工工艺等方面进行合理设计。防水设计应考虑地表水、地下水、毛细管水等的作用，以及由于人为因素引起的附近水文地质改变的影响。防水设计要遵循隧道防水原则，定级准确、方案可靠、施工简便、经济合理。

隧道与地下工程防水设计内容包括以下方面。

（1）防水等级和防水方案。

（2）防水混凝土的抗渗等级和其他技术措施、质量保证措施。

（3）其他防水层选用的材料及其技术指标、质量保证措施。

（4）工程细部结构的防水措施，选用的材料及其技术指标、质量保证措施。

（5）工程的防排水系统，地面挡水、截水系统，以及各种洞口的防倒灌措施。

不同防水观念的优缺点对比及地下工程防水方案见表 12–1、表 12–2。

表 12–1　不同防水观念的优缺点对比

技术措施	优点	缺点
以防为主	水害少	成本高，施工复杂
以排为主	工程简单，投资节约	水害多，发展快，影响行车安全，洞顶地表水枯竭，地表土坍塌、下沉

表 12–2　地下工程防水方案

<table>
<tr><td colspan="2">工程部位</td><td colspan="4">主体</td><td colspan="5">内衬砌施工缝</td><td colspan="5">内衬砌变形缝、沉降缝</td></tr>
<tr><td colspan="2">防水措施</td><td>复合式衬砌</td><td>高壁式衬砌、衬套</td><td>贴壁式衬砌</td><td>喷射混凝土</td><td>外贴式止水带</td><td>遇水膨胀止水带</td><td>防水嵌缝材料</td><td>中埋式止水带</td><td>外涂防水材料</td><td>中埋式止水带</td><td>外贴式止水带</td><td>可卸式止水带</td><td>防水嵌缝材料</td><td>遇水膨胀止水带</td></tr>
<tr><td rowspan="4">防水等级</td><td>一级</td><td colspan="3">应选择 1 种</td><td rowspan="2">—</td><td colspan="5">应选择 2 种</td><td>应选</td><td colspan="4">应选择 2 种</td></tr>
<tr><td>二级</td><td colspan="3">应选择 1 种</td><td colspan="5">应选择 1～2 种</td><td>应选</td><td colspan="4">应选择 1～2 种</td></tr>
<tr><td>三级</td><td colspan="2" rowspan="2">—</td><td colspan="2">应选择 1 种</td><td colspan="5">应选择 1～2 种</td><td>应选</td><td colspan="4">只选 1 种</td></tr>
<tr><td>四级</td><td colspan="2">应选择 1 种</td><td colspan="5">只选 1 种</td><td>应选</td><td colspan="4">只选 1 种</td></tr>
</table>

4. 隧道水害整治措施

隧道漏水应在周密调查、弄清水源和既有衬砌防排水设备现状的基础上，根据隧道的具体情况，因地制宜地贯彻“截、排、堵”相结合，综合整治的原则，力求达到建立完善的隧道防排水系统，使用的材料安全且耐久，工艺先进，质量可靠，方便维修，经济合理的目的。

环境水有侵蚀性时，应采取可靠的抗侵蚀措施。

在寒冷、严寒地区，应防止冬季水流冻结造成衬砌和轨道冻胀及电力牵引区段挂冰、放电危及行车和人身安全。

1）适当疏排

对地表水丰富的浅埋隧道，当地表沟谷坑洼积水、渗水对隧道有影响时，用疏导积水、填平沟谷、砌沟排水等措施，使洞顶地表形成良好的排水系统，不使洞顶的地表水流入或渗入隧道。洞口仰坡边缘周围设截水沟和排水沟，并保持良好的状态。

对地下水丰富，隧道内无排水沟或排水沟不足而导致隧底积水的，应增设排水沟。将单侧沟改为双侧沟，加深侧沟，或采取设置密井暗管、加深水沟措施。既有隧道侧沟沟底低于基床底面以上，排水沟只能排除基底以上衬砌的渗漏水，隧道底部的地下水排不出去，集聚在基底以下，在列车荷载作用下基底软化，沟墙开裂或倾倒，铺底或仰拱破碎，道床翻浆。实践证明，消除这一病害的有效方法是将侧沟加深至轨面以下 1.5 m 左右，排除基底以下的积水，以保持隧底干燥和稳定。

增设或疏通平行导洞。长大隧道中，当仅靠隧道内的排水沟不能将流入隧道的地表水及地下水排出时，往往引起水漫道床，中断行车。

2）注浆堵水

对注浆材料总的要求是：可灌性好；凝结时间可控制，固化最好是突变的；固化体强度高、抗渗性能好、黏结力强、微膨胀、耐久性好；材料来源广，价格便宜；施工工艺简单，无毒，对环境影响小。

向衬砌背后围岩或回填层注浆。一般使用普通水泥净浆或砂浆。普通水泥净浆或砂浆原料丰富，价格低廉，且结硬强度高，耐久性好；但是普通水泥浆初凝时间长，且难以准确控制，易造成浆液流失，同时早期强度低，强度增长慢，易沉淀析水。因此使用时必须加入速凝剂、膨胀剂、减水剂等，使普通水泥浆具有快凝、早强、微膨胀的性能。

3）增设内防水层

新建隧道衬砌防水一般采用防水混凝土或外贴式防水层。然而运营隧道发生水害，增设外贴式防水层几乎不可能，因此通常增设内防水层。内防水层虽然不能阻止水流进入衬砌，但可阻止水流进入隧道。当水在衬砌内停止流动，衬砌内的孔洞可能因碳酸钙沉积而有一定程度的愈合。

增设内防水层是比较经济的。增设内防水层的方式有三种：涂刷、刮压、喷涂。

12.2.2 隧道衬砌裂损与防治

铁路隧道衬砌，是承受山岭地层压力、防止围岩变形塌落的工程建筑物。地层压力的大小，主要取决于工程地质、水文地质条件和围岩的物理力学特性，同时与施工方法、支护衬砌是否及时和工程质量的好坏等因素有关。

由于地层压力（含原始地应力场和地下水）作用、温度和收缩应力作用、围岩膨胀性或冻胀性压力作用、腐蚀性介质作用、原建施工中人为因素等的影响，衬砌结构物产生裂纹变形，影响到隧道的正常使用，统称为隧道衬砌裂损病害。

1. 隧道衬砌裂损类型及危害

1）衬砌裂损的类型

衬砌裂损的类型主要有：衬砌开裂、衬砌变形、衬砌腐蚀破坏（见图 12–2）、衬砌背后空洞、仰拱破碎、道床下沉、翻浆冒泥等。

图 12–2　衬砌腐蚀破坏

2）隧道衬砌裂损的危害

隧道衬砌裂损是隧道病害的主要形式，其主要危害如下。

（1）降低衬砌结构对围岩的承载能力。

（2）使隧道净空变小，侵入建筑限界，影响行车安全。

（3）拱部衬砌掉块，影响行车和人身安全。

（4）裂缝漏水，造成钢轨扣件锈蚀，道床翻浆，在严寒和寒冷地区会产生冻害。

（5）铺底和仰拱破损，基床翻浆、线路变形、危及行车安全，被迫降低列车运行速度，养护维修工作量大量增加。

在运营条件下对裂损衬砌进行大修整治，施工和运输互相干扰，费用较大。

2. 隧道衬砌裂损原因

隧道衬砌裂损既有外力造成的原因，也有衬砌结构内部原因。外因包括隧道围岩松弛、偏压、承载力不足、地层下沉、地震和膨胀性土压等。内因有衬砌材料劣化、施工不当、设计缺陷等。衬砌裂损是多方面原因共同联合并且反复作用的结果。衬砌裂损原因如图 12–3 所示。

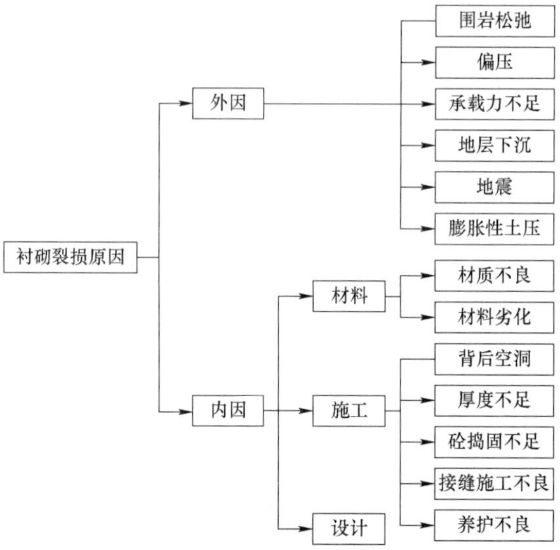

图 12–3　衬砌裂损原因

1）围岩松弛引起隧道裂损

松弛地压是由于围岩自然松弛，无法支持围岩自重而作用在衬砌上的荷载，其以垂直压力为主。隧道拱顶处在该压力下沿纵向多产生张开性的裂纹。

围岩松弛地压在各种围岩中表现为：在硬岩中，岩层节理面受到常年风化，结合力降低；在软岩、砂土中，因干湿和冻融反复导致围岩松弛；在软岩和黏性土中，因地下水增加使围岩黏结力降低。

2）偏压引起隧道裂损

隧道衬砌作用的围岩压力显著不对称导致衬砌裂损，一般多发生在斜坡地形处。洞口的偏压衬砌强度不足、填压土不足、隧道无仰拱，以及地表水渗透使土压增加都会导致隧道偏压。从地质因素来说，岩堆地、崩塌地、滑坡地带、河流冲击地带、软岩、强风化地带、硬岩倾斜节理，以及断层和岩石破碎带都容易产生隧道衬砌裂损；从人为因素来说，施工中崩塌处回填不足是导致偏压发生裂损的重要原因。

3）膨胀性土压引起隧道裂损

膨胀性土压是指膨胀性土挤压围岩使隧道净空缩小而作用于衬砌和支护结构上的土压。这主要是由于风化围岩或黏粒成分主要由强亲水性矿物质组成，并且含有具有显著膨胀性的黏性土，体积膨胀引起土压力增大。

隧道的开挖改变了隧道周边的地层应力状态，当围岩强度小于埋深压力或强度劣化显著时，隧道周边的塑性区会扩大，使得作用在衬砌上的围岩压力增加。另外，隧道经过长期使用，会产生一些构造上的缺陷，比如衬砌背后的空洞，也会扩大隧道的塑性区，增大膨胀土压，引起衬砌结构的裂损。

4）承载力不足引起隧道裂损

隧道边墙底脚承载力不足会造成隧道不均匀沉降，常见于风化变质围岩和倾斜地形的隧道，而且隧道产生的变异会进一步加速不均匀下沉。

造成承载力不足的主要原因有：土压力增加、围岩劣化、塑性区扩张到边墙底部、围岩含水量增加、寒冷地区围岩的冻结与解冻作用、边墙底部支持面积不足、基础深度不足等。

5）地层下沉引起隧道裂损

地层下沉大多是由地下空洞形成，这种空洞有溶洞等自然因素造成的，也有人为因素如地下采矿造成的。地层下沉导致隧道在纵向方向发生曲折，并产生环向裂缝。地下空洞不仅造成隧道本身下沉，隧道周围的结构物也会受到影响。

6）地震引起隧道裂损

地震对围岩地质条件较差的隧道会造成影响，这类围岩容易发生坡体滑动、崩塌、断层错动，且隧道本身已经发生的或潜在的缺陷会加剧隧道衬砌裂损。地震灾害的严重程度不仅与地震规模、距震中的距离有关，而且与隧道本身的弱点密切相关。

3. 隧道衬砌裂损的预防和整治措施

1）预防措施

加强地质勘探工作，为隧道衬砌结构设计提供准确的工程地质和水文条件资料。采用开挖面超前钻探等方法，加强施工中的地质复查核实工作，正确选择施工方法和衬砌断面。对不良地质地段衬砌，应贯彻“宁强勿弱，宁曲勿直，加强衬砌过渡段，宁长勿短”的设计原则。

采用先进的施工技术设备，尽量减少施工对围岩的扰动，提高衬砌质量。对隧道拱部应大力推广光面爆破，锚喷支护，提高喷混凝土永久性衬砌的抗裂、抗渗性能。

2）整治措施

在运营条件下对隧道衬砌裂损病害的整治原则：应加强观测，在掌握裂纹变形情况和地质资料，查清病害原因的基础上，对不同裂损地段，采用不同的工程措施，注意对衬砌漏水、腐蚀等病害，一并综合进行整治，贯彻彻底整治的原则，达到稳定围岩，加强衬砌，确保运营安全的目的；合理安排施工慢行封锁计划，尽量减少对正常运营的干扰；精心测量，保证加固后的隧道净空满足隧道限界的要求；精心施工，确保锚喷加固衬砌、拱部压浆等整治措施的施工质量。

有小裂缝而无渗水时，可用水泥浆嵌补，或先凿槽后用 1:1 水泥砂浆或环氧树脂砂浆涂抹，为防止砂浆固结收缩，可在制备砂浆时加入 10%～17%的膨胀剂；裂损严重，拱圈有多道裂缝，部分失去承载能力时，原则上应拆除重建，一般可用锚网喷混凝土或喷射早强钢纤维混凝土处理；开裂严重，但拱圈基本形状无较大变形时，可采用素喷或网喷混凝土整治。

对于严重裂损变形的隧道衬砌，为了保证行车安全和隧道的正常使用，应有计划地进行整治加固。以往的临时加固措施和施工安全防护措施，常使用钢拱架支护，当隧道净空足够时，可在衬砌内边架设；净空不富裕时，采用凿槽嵌入衬砌。作为永久性加固措施，在净空富裕时，过去常采用在隧道内增设钢筋混凝土套拱加固的方法；当衬砌严重裂损变形陷入隧道建筑限界的地段，则采用更换衬砌的办法整治。但套拱与更换衬砌的办法，都具有施工进度慢、劳动强度大、工程费用高、行车干扰大等缺点。特别是爆破拆除旧衬砌时，不可避免地要对围岩产生再一次扰动，导致地层压力进一步增大，塌方断道事故时有发生，不仅增加工程处理难度，而且严重干扰正常运营。

锚喷加固裂损，喷层与原衬砌之间具有紧密黏结能力，使新旧拱形成刚度更大的组合拱结构，可以恢复和提高原衬砌的承载能力；布设了钢筋网后，大大提高了组合拱结构的抗裂性和抗剪强度，因而可大幅度地提高衬砌的承载能力。锚喷加固衬砌新技术较套拱、换拱的旧方法，还具有施工进度快、劳动强度小、工程费用低、行车干扰少、安全可靠性高等优点。

在采用钢筋网喷射混凝土加固裂损衬砌的同时，还需要对拱背空隙压浆回填，以增加拱顶抗力，改善衬砌结构外部的受力条件，这也是提高既有隧道衬砌结构承载能力的重要措施。

喷射早强钢纤维混凝土，具有早期强度特别高、抗裂、抗震、抗渗、抗硫酸盐腐蚀性能好等优点，特别适用于铁路桥隧建筑物抢修工程、抗震加固，以及隧道拱顶裂损、漏水的综合整治，对运营隧道裂损、腐蚀病害的综合整治也是适用的。

压浆填充拱背空隙，是改善衬砌受力状态，提高衬砌承载能力的一项必要措施。隧道压浆耗费水泥量较大，为了节省水泥和投资，可采用水泥粉煤灰砂浆、水泥沸石粉砂浆、水泥核土砂浆等可灌性好，抗渗性、耐腐蚀性较好的廉价材料。

改建侧沟、更换铺底，易风化、泥化的泥质岩类隧道，排水不畅，铺底容易损坏，产生翻浆冒泥病害，是运营隧道线路常见的一种病害，一般采用改建加深侧沟或增建深侧沟、更换铺底的方法整治。当为黏土质泥岩或为有膨胀特性的页岩时，宜增设仰拱，以防止边墙下沉、内移和隧底隆起。

换拱、换边墙，一般情况下不宜采用。隧道承载力模型试验证明，开裂的衬砌仍然具有一定的承载能力。即使是严重裂损错台，且局部侵限的衬砌，在钢拱架的临时支护下，可采用凿除其侵限部分，加强网喷的办法来恢复和提高承载能力。只有在衬砌严重变形，其断面大部分侵入建筑限界，必须拆除扩大限界的情况下，才采用更换衬砌的整治方法。

12.2.3 隧道冻害与防治

隧道冻害是寒冷地区和严寒地区的隧道内水流和围岩积水冻结，引起隧道拱部挂冰、边墙结冰、洞内网线设备挂冰、围岩冻胀、衬砌胀裂、隧底冰流、水沟冰塞、线路冻起等，影响隧道安全运营和建筑物正常使用的各种病害。

1. 隧道冻害种类

隧道常见冻害如图 12–4 所示。

1）拱部挂冰、边墙结冰

隧道漏水冻结，在拱部形成挂冰，不断增长变粗；在边墙形成冰柱，多条相近的冰柱连成冰侧墙，如不及时清除，挂冰、冰柱和冰侧墙侵入限界，会对行车安全造成严重危害。

2）衬砌发生冰楔

隧道衬砌背后与围岩之间若有空隙，则渗透岩层的地下水就会在排水不通畅时积在衬砌与围岩之间结冰冻胀，产生冰冻压力，再传递给衬砌。慢慢发展，常年积累冰冻的压力像楔子似的，使衬砌发生破碎、断裂、掉块现象。

3）围岩冻胀破坏

Ⅵ～Ⅳ级围岩和风化破碎、裂隙发育的Ⅲ级围岩，在隧道冻结圈范围内含水量达到起始冻胀含水量及以上，并在水分迁移和聚冰作用的条件下，围岩产生强烈的冻胀。这时，抗冻能力差的直墙式衬砌产生变形，限界缩小，衬砌裂损；洞门墙和翼墙前倾裂损；洞口仰拱坍塌。

4）洞内网线挂冰

隧道漏水落在铁路电力牵引区段的接触网和电力、通信、信号线路上结冰。如不及时除掉，会挂断网线，使接触网短路、放电、跳闸，中断信号、通信，危及行车和人身安全。

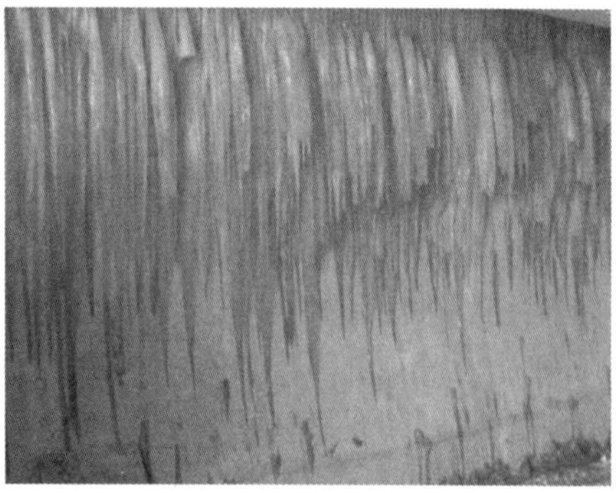

（a）衬砌漏水、挂冰

（b）隧底冒水、积冰、冻胀

图 12–4　隧道常见冻害

（c）隧道路面溢水结冰

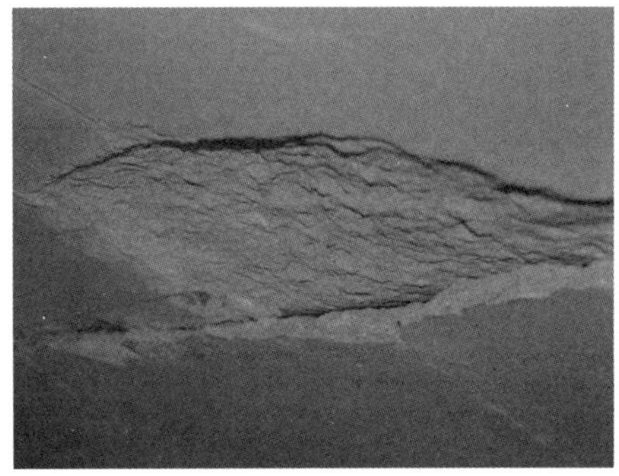

（d）隧道衬砌开裂剥落

（e）洞门墙开裂

（f）隧道洞口处热融滑塌

图 12–4　隧道常见冻害（续）

2. 隧道冻害成因

1）寒冷气温的作用

隧道冻害与所在地区的低气温（低于 0 ℃或正负交替）有直接关系。

2）季节冻结圈的形成

沿衬砌周围各最大冻结深度连成的一个圈叫作季节冻结圈。当衬砌周围超挖尺寸大小不等，超挖回填用料不当及回填密实不够产生积水时，则形成冻结圈。

在严寒冬季，较长的隧道两端各有一段长度能形成冻结圈，叫作季节冻结段。中部的一段，因不会形成季节冻结圈，叫作不冻结段。隧道两端冻结段长度不一定相等。同一座隧道内季节冻结段的长度恒小于洞内季节负温段的长度。

隧道的排水设备如埋在冻结圈内，冬季易发生冰塞。在冻结圈范围内的岩土，由于受到强烈、频繁的冻融破坏，风化破碎程度与日俱增，也是冻害成因之一。

3）围岩的岩性对冻胀的影响

隧道的季节冻结圈内如果是非冻胀土，就不会发生冻胀性病害。冻结圈内冻土的分布情况决定了发生冻害的部位。如果隧道围岩全是冻胀性土且分布均匀，则冻胀沿衬砌外围对称均匀分布；如果是冻胀性土与非冻胀性土成层状分布，就可能出现冻胀部位不对称和非均匀分布。

4）隧道设计和施工的影响

隧道在设计和施工时，对防冻问题没有考虑或考虑不周，造成衬砌防水能力不足，洞内排水设施埋深不够，治水措施不当，加上施工单位未能按规范认真施工等，都会造成和加重运营阶段隧道的冻害。

3. 隧道冻害的防治措施

严寒及寒冷地区隧道冻害的防治，其基本措施是综合治水、更换土壤、保温防冻、加强结构、防止融坍等，可根据实际情况综合运用。

1）综合治水

隧道冻害形成的主要原因是水和低温，这二者共同作用是产生冻害的直接原因，因此冻害的治理最关键的还是要解决好水的治理。如果能将衬砌、围岩和隧道中的积水及时排到洞外，没有积水，温度再低也不会出现冰冻和冻胀力等现象，因此治水是防止冻害的最基本措施。它的主要内容包括以下两个方面。

（1）对有冻害的地段增设或改进防排水措施，使衬砌背后无积水。提高排水设施的防冻保温，防止因气温过低导致管道堵塞。常用的排水设施有双侧保温水沟、中心埋深水沟、防寒泄水洞等。

（2）提高衬砌抗冻能力。在混凝土拌合物中加入引气剂，在混凝土内部产生大量密闭、稳定的小气泡，从而提高混凝土抗渗能力，减少内部含水量，还能提高混凝土抵抗变形的能力。

2）更换或改造土壤

更换土壤的实质就是把冻胀性土改造为非冻胀性土，对冻结范围内的围岩进行更换或改造，从而使水不能留在围岩之中，在寒冷季节由于土和围岩的排水性较好，没有过多的积水从而不会发生冻胀。理论换土厚度为：允许保留总冻胀量不大于允许值的冻胀土时，可取为冻深的 0.8～0.9 倍；若充分发挥排水设施的作用，可降冻深的 0.7 倍。

3）保温防冻

保温防冻就是通过控制温度，使围岩中的水分达不到冰点，以达到防治冻害的目的。采用保温层时，主要是在隧道内加保温层，在消除隧道渗漏水的基础上，将隧道衬砌的内缘加筑形成季节冻结圈。现在常用的保温材料有：加气混凝土、浮石混凝土、泡沫混凝土等。保温衬层的四周应设防潮层，避免保温层受潮失效。保温层还能保持衬砌混凝土干燥。也可通过加设加热设施提高温度，使水无法达到结冰温度。

4）设置弹性层

弹性层可以缓冲和减弱水体结冰后对结构变形的影响。采用弹性垫层是一种简单、易于实施的冻害防治措施，可极大地降低冻融对隧道结构的破坏。

5）围岩注浆措施

在隧道地下水丰富区段及常年都有地下水补给的地段多采用局部注浆的方法。浆液材料凝固后充满围岩的空隙，防止水通过裂缝流进衬砌和隧道，同时有利于围岩稳定，减弱冻胀对围岩整体性的破坏。围岩注浆措施对于围岩中含水裂隙层和富水的破碎带效果明显，可以起到防止围岩渗水、提高堵水、增强隧道围岩稳定性和强度，以及削弱冻胀力对围岩破坏的作用。

学习评价

根据所学内容完成下面的一体化学习任务单。

职业能力养成任务名称：常见隧道病害及养护维修整治技术

姓名：________________ 所属学习小组：______________ 得分：___________

说明：在规定时间内交回一体化学习任务单以便教师评价学习效果。

常见隧道病害及养护维修整治技术

- 1. 隧道养护知识
  - 影响隧道结构寿命长短的因素有：（　　）；（　　）；（　　），如人为因素、工程地质和水文地质状况等。
  - 隧道建筑物的修理工作分为检查、（　　）和（　　），维修工作分为（　　）保养和（　　）维修。
  - 隧道维修工作应按照“（　　），（　　）”的原则进行。
  - 路桥检查车间的管辖营业长度一般在（　　）km左右，且不超过400 km；路桥检查工区管辖营业线长度一般在（　　）km左右。
  - 隧道保养工作包括哪些范围?
  - 定期评定工作应由设备管理单位组织有关人员，结合春检和秋检，（　　）对隧道设备进行一次保养质量评定。
  - 简述隧道综合维修工作范围。
  - 综合维修作业质量评定分为（　　）、（　　）两个等级。
  - 简述隧道大修工作范围。
- 2. 常见隧道病害及养护维修整治措施
  - 隧道病害的类型主要有水害、（　　）、衬砌裂损和（　　）。
  - 隧道水害主要类型有隧道漏水、（　　），衬砌周围积水，（　　）等。
  - 简述隧道水害的成因和整治措施。
  - 衬砌裂损的类型主要有：（　　）、衬砌变形、（　　）、衬砌背后空洞、仰拱破碎、（　　）、翻浆冒泥等。
  - 管片衬砌破损的内因包括哪些影响因素?
  - 如何整治隧道衬砌裂损?
  - 简述隧道冻害的类型、成因和防治措施。

参考文献

[1] 焦胜军. 高速铁路桥涵施工与维护[M]. 成都：西南交通大学出版社，2017.

[2] 边育生. 桥隧工[M]. 成都：西南交通大学出版社，2009.

[3] 马艳霞，马悦茵. 高速铁路桥梁工程施工技术[M]. 2 版. 北京：中国铁道出版社，2019.

[4] 王继斌，于小四. 高速铁路桥梁工程建造工艺技术[M]. 北京：中国建筑工业出版社，2018.

[5] 付慧. 高速铁路桥梁工程施工技术[M]. 北京：中国铁道出版社，2014.

[6] 张运波，王国安，张卓杰. 漫谈高速铁路桥梁工程施工[M]. 北京：中国铁道出版社，2010.

[7] 卢刚. 隧道构造与施工[M]. 成都：西南交通大学出版社，2010.

[8] 李树忱，俞文生，马腾飞，等. 隧道施工百问[M]. 北京：人民交通出版社，2014.

[9] 孙洪硕，卞家胜，刘阳. 隧道施工养护实训指导书[M]. 成都：西南交通大学出版社，2019.

[10] 肖广智. 铁路隧道施工新技术[M]. 北京：人民交通出版社，2016.

[11] 卿三惠等. 高速铁路施工技术：桥梁工程分册[M]. 北京：中国铁道出版社，2013.

[12] 卿三惠等. 高速铁路施工技术：隧道工程分册[M]. 北京：中国铁道出版社，2013.

[13] 赵勇，肖明清，肖广智. 中国高速铁路隧道[M]. 北京：中国铁道出版社，2016.

[14] 孟维军，王国博. 高速铁路隧道工程施工技术[M]. 北京：中国铁道出版社，2014.

[15] 郑健. 中国高速铁路桥梁[M]. 北京：高等教育出版社，2008.

[16] 何学科. 铁道工务[M]. 北京：中国铁道出版社，2007.

[17] 罗建华，付润生. 桥梁施工技术[M]. 成都：西南交通大学出版社，2009.

[18] 徐伟. 桥梁施工[M]. 北京：人民交通出版社，2008.

[19] 岳祖润. 高速铁路施工技术与管理[M]. 北京：中国铁道出版社，2010.

[20] 铁道部劳动和卫生司，铁道部运输局. 高速铁路桥隧维修岗位[M]. 北京：中国铁道出版社，2013.